D1930167

EM – Effektive Mikroorganismen

Dr. Anne Katharina Zschocke

EM Die Effektiven Mikroorganismen

Bakterien als Ursprung und Wegweiser alles Lebendigen

Mikroorganismen verstehen und praktisch anwenden

AT Verlag

© 2012
AT Verlag, Aarau und München
Lektorat: Ralf Lay, Mönchengladbach
Bildaufbereitung: Vogt-Schild Druck, Derendingen
Druck und Bindearbeiten: Offizin Andersen Nexö, Leipzig
Printed in Germany

ISBN 978-3-03800-600-8

www.at-verlag.ch

Das Gesetz der Liebe wird wirken,
wie das Gesetz der Schwerkraft wirken wird,
ob wir es anerkennen oder nicht …

Die Kraft der Gewaltlosigkeit
ist unendlich wunderbarer und feiner
als die materiellen Naturkräfte …

Je mehr ich mit diesem Gesetz wirke,
umso mehr empfinde ich
Wonne im Leben,
im Entwurf des Universums.

Es schenkt mir einen Frieden
und eine Schau in die Geheimnisse der Natur,
wie ich es nicht beschreiben kann.

Mahatma Gandhi

Inhalt

Anhang

Vorwort

Von dem befreundeten Landwirtschaftsmeister Adolf Daenecke hörte ich im Jahre 2000 erstmals von dem Vorkommen der Effektiven Mikroorganismen (EM), dieser Mischung verschiedener Bakterienstämme, Hefepilze und Fotosynthesebakterien, die imstande ist, Pflanzen und Böden zu beleben, Ernten zu steigern, Gerüche zu neutralisieren, Wasser zu verbessern, das Reinigen zu erleichtern und Fäulnis in Regeneration umzukehren.

Es gab zu der Zeit keine genauen Informationen über Effektive Mikroorganismen in Deutschland. Aus dem Japanischen übersetzte Schriftstücke waren unzulänglich, Anwendungserfahrungen spärlich, systematische Untersuchungen fehlten. Also arbeiteten wir beide uns zunächst neu in die Mikrobiologie ein und sammelten eigene Erfahrungen in Haushalt, Garten und im Ackerbau. Die Effektiven Mikroorganismen steigerten die Ernteerträge, wandelten organische Abfälle in Dünger um, verbesserten Gesundheit und Geschmack von Tomaten, heilten Wunden und vertilgten Gestank und Flecken. Wir standen staunend vor der Erkenntnis, dass es etwas gab, was etliche der Probleme lösen kann, in denen die Menschheit derzeit steht.

Wir fühlten, dass es wichtig war, unsere Erfahrungen mit vielen Menschen zu teilen. Bald boten wir in Nettersheim in der Eifel erste Seminare an, kurz darauf wurden wir zu Vorträgen und Beratungen in ganz Deutschland und schließlich in andere Länder Europas, nach Afrika und Südamerika eingeladen. Dass es Spaß macht, mit Bakterien zusammenzuarbeiten, dass die Freude wächst, wo Frieden mit Bakterien gelebt wird, und dass erfolgreich ist, wer Bakterien zu seinen Freunden erkoren hat, war für viele Menschen geradezu befreiend. Überall begeisterten sich Menschen für die Idee, dass Bakterien heilen können, und lösten Probleme im eigenen Umfeld und für die größere Gemeinschaft mit der Hilfe von Effektiven Mikroorganismen. Durch die Erfolge wurden die Effektiven Mikroorganismen rasch bekannter, und bei zahlreichen Menschen veränderten sie das Leben gänzlich. Sie wurden geheilt, hatten eine Lösung für eine scheinbar aussichtslose Situation oder fanden mit Effektiven Mikroorganismen eine neue Tätigkeit. Die Effektiven Mikroorganismen wandelten für viele den Blick hin zu einer positiven Sicht der Zukunft.

Unsere Arbeit mit den Effektiven Mikroorganismen in diesen elf Jahren gibt uns die Gewissheit, dass Frieden mit der Welt im Kleinsten beginnt und die Effektiven Mikroorganismen dabei helfen können, Frieden auch in die Welt im Großen zu bringen, in eine Welt, die so sehr nach Liebe, Zuwendung, Wertschätzung, Heilung und Miteinander hungert. Was wir mit den Effektiven Mikroorganismen und den Menschen erleben, die sich auf vielfältigste Weise für die Verbesserung der Welt einsetzen, lässt uns hoffen, dass wir alle gemeinsam die Erde in eine bessere Zukunft führen werden.

Effektive Mikroorganismen sind mittlerweile weitläufig bekannt. Man findet sie in Gärtnereien und Hundepensionen, in Kläranlagen und Kliniken, bei den Stadtwerken und in Kindergärten, in Töpfereien und Biergärten. An vielen Orten helfen sie, ein gestörtes

Gleichgewicht im Lebensraum wiederherzustellen, und sie sind für viele Menschen selbstverständliche Begleiter im Alltag geworden.

Von Beginn unserer Arbeit an wurde ich wieder und wieder gefragt, ob ich aufschreiben könne, was wir über Mikroorganismen wissen und vermitteln. Viele wollten das Gehörte nachlesen und weitergeben. Denn ohne die Hintergründe fehlte Menschen, die erstmals von Effektiven Mikroorganismen hörten, oft die tiefergehende Erklärung dafür, warum sie wirken. Aus der Fülle des Wissens und der eigenen Erkenntnisse und Erfahrungen ist nun dieses Buch entstanden als Angebot an alle, die offen für neue Gedanken sind und Spaß daran haben, mit Kleinstlebewesen zusammenzuarbeiten.

Dabei habe ich mich bemüht, sowohl die wichtigen Hintergründe als auch bisherige Erfahrungen weltweit und den praktischen Einsatz der Effektiven Mikroorganismen in allen wichtigen Lebensbereichen darzustellen, soweit dies in der gegebenen Vielfalt überhaupt möglich ist. Wer die Effektiven Mikroorganismen noch nicht kennt, findet hier alles, was man für ihre Anwendung braucht, wer sie schon anwendet, vertiefende Antworten auf mögliche Fragen.

Ich hoffe, dass dieses Buch dazu beiträgt, besser und im Herzen zu verstehen, dass unsere unsichtbaren Mitbewohner, von denen wir bisher sehr wenig wissen, die wahren Hüter des Lebens auf dem Planeten Erde sind. Sie sind an allem beteiligt. Ohne sie geht gar nichts.

Effektive Mikroorganismen sind einfach zu handhaben, preiswert erhältlich und universell einsetzbar. Jeder kann dies sofort in Haus und Garten ausprobieren. Ihre segensreichen Möglichkeiten sind wahrscheinlich noch umfangreicher, als wir bislang erfasst haben.

Unser Weg in eine friedlichere und hoffnungsvollere Zukunft wird nur in einem Miteinander, auch mit den Mikroorganismen, möglich sein.

Dieses Buch drückt meinen tiefen Herzenswunsch aus, unsere Beziehung zu Bakterien zu heilen und damit uns selbst und auch der Erde Heilung zu bringen. Möge es viele Herzen beschenken.

Anne Katharina Zschocke,
im Frühjahr 2012

Mikrobe und Mensch

Eine »mikrophilosophische« Vorbemerkung

Von esoterischen Bakterien, verbindenden Mikroorganismen und der Art des Menschen, die Welt zu betrachten

Nachdem ich in einer Radiosendung des WDR live zum Thema »Effektive Mikroorganismen« interviewt worden war, wandten sich noch tagelang danach interessierte Anrufer an die Hotline des Senders. Die Redaktion war begeistert, sah sich aber auch genötigt, mich noch einmal kritisch zum Thema zu befragen, denn einige Hörer fanden das Gesagte zu »esoterisch«. Ein Gremium musste die aufgezeichnete Sendung daraufhin überprüfen, fand aber nichts Esoterisches darin.

Warum wunderten sich Menschen über die erstaunlichen Möglichkeiten der Mikroorganismen? Was fanden manche befremdlich, während andere restlos begeistert waren? Um dies zu beantworten, müssen wir erst verstehen, was wir gewöhnlich über Mikroorganismen denken. Was sie hörten, war für die Radiohörer nämlich einfach nur neu, viele fanden das befreiend und Einzelne verunsichernd.

Fragen wir uns also, welches Verhältnis zu Mikroorganismen wir eigentlich haben. Was stellen wir uns darunter vor? Was assoziieren wir mit den Wörtern »Bakterien« oder »Mikroben«? Welche Gefühle verbinden sich damit?

Um zu verstehen, warum wir genau das fühlen und denken, was wir fühlen und denken, wenn von Bakterien die Rede ist, müssen wir tatsächlich unsere ganze Weltsicht hinterfragen. Es geht nämlich in Wirklichkeit um viel mehr. Warum Menschen nichts von der Heilkraft der Bakterien halten, wenn sie davon erfahren, warum manche die erfolgreiche Anwendung der Effektiven Mikroorganismen bezweifeln, warum Einzelne die Arbeit mit ihnen sogar für »esoterisch« halten, dies alles gründet in der Art und Weise, wie wir gelernt haben, unsere Welt zu betrachten, und diese wiederum lässt sich aus der Menschheitsgeschichte ableiten. Wir stehen an einem Punkt unserer Entwicklung, wo es überlebensnotwendig und allerhöchste Zeit ist, uns vorbehaltlos damit zu befassen, ob es nicht Anschauungsweisen gibt, die uns eher in eine glückliche, frohe und gesunde Zukunft führen als die bisherigen. Da Mikroorganismen die Urgeschöpfe unseres Planeten sind, bieten sie sich als Helfer auf diesem Weg an, und zwar auf einfache und praktische Weise, preisgünstig und für jeden anwendbar.

Das Wort »esoterisch« meint im ursprünglichen Sinne etwas, was »weiter innen« ist: Man kann damit ausdrücken, dass etwas mehr von innen her betrachtet wird.* Ein »Esoteriker« entspricht also dem modernen »Insider«, der wörtlich »die innere Seite« einer Sache kennt. Was manche Menschen aber heutzutage als »esoterisch« bezeichnen, ist nebst dem, was sich vielleicht an pseudospirituellen Konsumartikeln auf Märkten kaufen lässt,

* Das Wort »esoterisch« stammt vom griechischen *ésōterós* ab, einer Steigerungsform von *esō*, *eíso* für »innen, drinnen«.

das, was ihr Verständnis überschreitet. Als »esoterisch« gilt, was jenseits des persönlichen Horizonts liegt, insbesondere wenn es um Unsichtbares geht. Je inflexibler man in seinen vorgefertigten Meinungen ist, desto mehr tendiert man dazu, »esoterisch« sogar als eine Art Schimpfwort zu verwenden. Historisch gesehen bezeichnete man als »Esoteriker« auch diejenigen Menschen, die ein Wissen hatten, das »nur für Eingeweihte verständlich« war. Das wäre also auch das Gros der heutigen Fachleute, und die Gebrauchsanleitung meiner Digitalkamera wäre dann ebenfalls ziemlich »esoterisch«. Nachdem Sie dieses Buch gelesen haben, werden auch Sie in Hintergründe und die praktische Anwendung von Mikroorganismen eingeweiht sein, ohne sich dann jedoch als »Esoteriker« bezeichnen zu wollen. Etwas »von innen her« zu betrachten meint nämlich etwas ganz anderes, als das abgegriffene Wort »Esoterik« heute sagt. Es ist etwas, wonach wir uns alle sehnen: den Bezug zu allem Leben zu spüren, sich verbunden zu erleben und den Sinn in dem zu erkennen, was ist.

Wir wurden von klein auf erzogen, Erkenntnisse über die Welt zu erlangen, indem wir sie analysieren. Was auch immer wir erforschen und erklären, vor allem wenn es heutigen Vorstellungen wissenschaftlicher Beweise genügen soll, wird auseinandergenommen. Ein Ding wird so lange in seine Teile zerlegt, bis es sich in der Summe dieser Teile als Einheiten, meist als Zahlen ausdrücken lässt. Und diese gelten als geeignetes Medium, Dinge zu vergleichen, zu beurteilen, einzuordnen und zu kontrollieren.

Das Wort »Analyse«* für »Auflösung« und »Zergliederung, Untersuchung« wird seit dem 15. Jahrhundert verwendet im Sinne von »etwas auf die Bestandteile zurückführen, aus denen es zusammengesetzt ist«. Es stammt aus der griechischen Sprache. »Analyse« beschreibt die Richtung vom Phänomen hin zu seiner Zerkleinerung und Auflösung. Etwas Ganzes wird seiner Ordnung enthoben und in seinen Grundbestandteilen untersucht.

Was tun wir? Wir teilen alles in und um uns in Stücke. Alles, was auch Individuum ist, wenngleich anders mit Geist begabt: Blume, Baum und Hund, Stern, Mykorrhizapilz und Elefant. Dem Schokoriegel mag es egal sein, wenn er analysiert wird, dem Lebendigen ist es das nicht.

Ein Mensch wird zum Beispiel analysiert, indem seine Organe getrennt betrachtet und diese immer weiter in verschiedene Gewebe, Zellen, Zellbestandteile, einzelne Stoffwechselschritte aufgeteilt werden, in Gene, Moleküle, Nanopartikel und Atome – immer kleiner, soweit uns die modernen Mittel dafür zur Verfügung stehen. Das griechische Wort *átomos* heißt »das Unzerschneidbare, Unteilbare«, doch längst kann man auch Atome zerlegen. Aus den durch solche Analyse entstandenen, immer kleineren Einzelteilen werden dann Rückschlüsse auf das Ganze gezogen.

Unsere Lebenswelt wird analysiert, indem sie in Räume getrennt wird: den Boden, für den die Ackerbauern zuständig sind, die Pflanzen, um die sich Gärtner und Förster kümmern, Tiere, die von Tierhaltern betreut werden, die Menschen, mit denen sich Sozialarbeiter, Lehrer, Ärzte und Juristen beschäftigen. Um das Wasser kümmert sich die Wasserbehörde, die Luft ist hoheitliche Aufgabe der Luftaufsicht oder der Wetterstationen,

* Das Wort »Analyse« stammt ab von den griechischen Wörtern *ana* für »(hin)auf, entlang, gemäß, entsprechend« und *lýein* für »lösen«.

alles ist aufgeteilt, und in jedem Lebensraum gibt es wiederum verschiedene Fachleute, die für einzelne Bereiche zuständig sind. Das ist die Struktur und Vorgehensweise, die uns allgemein vertraut ist.

Nicht nur Materielles wird zerkleinert. Auch Meinungen werden analysiert, genauso wie Wahlergebnisse, Firmenstrukturen und Beziehungen.

Doch jede Analyse trennt Zusammengehöriges, und Beziehungen gehen verloren. Analysieren löst auf. Angestellte fühlen sich ihrer Firma nicht mehr zugehörig, Bürger identifizieren sich nicht mehr mit ihrer Stadt, der Gemeinde oder ihrem Staat. Schließlich unterzieht sich der derart vom Zerkleinern »entheimatete« Mensch auch noch einer Psycho*analyse*, um sich wieder ganz zu fühlen. Wir haben uns dermaßen an all dieses Trennende gewöhnt, dass es sogar selbstverständlich geworden ist, am anderen Ende einer Telefonverbindung statt eines Ansprechpartners eine seelenlose, aus einzelnen Sprachsilben automatisch erzeugte Stimme zu hören, dem die menschliche Melodie völlig entzogen ist. Die Sprache als geistvoller Wesensausdruck des Menschen wird zu einem herzlosen Stückwerk aus Einzelteilen amputiert.

Interessanterweise nahm das Wort »Analyse« in der Neuzeit die Bedeutung »wissenschaftliche Untersuchung« an. Unsere gesamte akademische Wissenschaft beruht auf diesem Prinzip, und das lernt man paradoxerweise am besten in einem Universitätsstudium. Paradox ist dies insofern, als sich das Wort »Universität« vom genauen Gegenteil ableitet, nämlich vom lateinischen *unus* für »eins« und *versus* von *vertere* für »drehen, wenden, umkehren«. *Universus* bezeichnet demnach etwas, was »eines« ist, gedreht und gewendet und von allen Seiten betrachtet worden. Das Universum ist die *Gesamtheit*, die *Ganzheit* des Seins. Eine Universität die Schule, um dies zu lernen.

Doch diese Universalität findet sich heute selten, und Universalgelehrte sind weitgehend Geschichte. Nur Zahlen analytischer, am besten doppelblinder Studien gelten als allgemeingültig, als objektiv, als unabhängig und frei von Interessen und Einflussnahmen des untersuchenden Forschers. Er soll als Mensch keine Rolle dabei spielen, seine persönlichen Ideen, seine individuelle Prägung und jede subjektive Beeinflussung sollen vollständig ausgegrenzt werden. Mensch und Objekt sollen getrennt betrachtet sein. Dabei fängt die Einflussnahme bereits bei der Auswahl der Forschungsobjekte an, und diese wird wegen der Finanzsituation der universitären Forschung inzwischen sogar in gewissem Maße von Geldern aus Geschäftsinteressen gesteuert.

Allem Lebendigen liegt ein schöpferischer Gedanke zugrunde

Dass die völlige Objektivität grundsätzlich eine Illusion ist, beweist interessanterweise nun genau das Fach, das sich mit den allerkleinsten Teilen befasst: die Quantenphysik. Man stellte fest, dass Atome so viel Eigenleben besitzen, dass sie sich in Versuchen verschieden verhalten, je nachdem, ob sie beobachtet werden oder nicht.[1] Das sollte uns stutzig machen. Wenn sogar ein einzelnes Atom nachweislich die Fähigkeit besitzt, je nach der Art, wie es wahrgenommen wird, ein verschiedenes Verhalten zu zeigen – wie können dann wir, die wir bewiesenermaßen aus ziemlich vielen Atomen bestehen, die in einem Universum aus noch mehr Atomen leben, ernsthaft glauben, dass nicht alles mit allem durch Wahrnehmung, Bewegung und Austausch miteinander verbunden ist?

Wir sind es gewöhnt, etwas aus Teilen zusammenzubauen. Aus Legosteinen wird ein Spielzeugboot, aus Steinen ein Haus und aus Einzelteilen ein Auto. Dadurch liegt es nahe, die uns umgebenden Erscheinungen als zusammengesetzt zu denken. Das trifft für Lebendiges aber nicht zu. Lebewesen sind nicht aus Teilen zusammengesetzt, auch wenn wir das mit künstlicher Befruchtung und Gentechnologie heutzutage versuchen. Lebendiges entwickelt sich aus dem Leben heraus. Allem Lebendigen liegt ein schöpferischer Gedanke zugrunde, eine unsichtbare Matrix, die im Geistigen gründet und in die hinein sich Materie bildet. Löst sich diese unsichtbare Grundlage des Lebendigen aus dem Stofflichen heraus, wie beim Tod, so zerfällt auch sein materieller Zusammenhalt.

Wer etwas Lebendiges analysiert, also in seine Teile zerlegt, löst das Materielle vom Leben ab. Um ein Tier zu analysieren, muss man es töten. Um einen Apfel zu analysieren, muss man ihn zerstören. Die Einzelteile lassen sich beim besten Willen nicht wieder zu einem lebenden Tier oder einem Apfel zusammensetzen. Dasselbe gilt für Mikroorganismen. Sie leben als gemischte Population in einem bestimmten Lebensraum, und indem sie miteinander kommunizieren, wirken sie wie ein mehrzelliger Gemeinschaftsorganismus. Entnimmt man Einzelstämme daraus, führt man sie einer Reinkultur zu, und vermehrt man sie getrennt, wird man keine Aussage mehr über ihr Wirken in lebendigen Zusammenhängen treffen dürfen. Selbst wenn wir sie hinterher wieder zusammenmischten, hätten sie nicht dasselbe Leben wie zuvor. Analysen untersuchen also letztendlich Totes. Darüber kann man natürlich eine Aussage machen. Das Wesentliche des Untersuchten, nämlich das Leben selbst, geht jedoch dabei verloren, und damit ist das Ergebnis für das Lebendige irrelevant.

Johann Wolfgang von Goethe lässt dies im *Faust* den Mephistopheles so aussprechen:

> Wer will was Lebendigs erkennen und beschreiben,
> Sucht erst den Geist herauszutreiben.
> Dann hat er die Teile in seiner Hand,
> Fehlt, leider, nur das geistige Band.[2]

Übrig bleibt eine Aussage, die sich auf die stofflichen Anteile des Lebens beschränkt. Diese mag wertvoll sein, ist jedoch nicht geeignet, Lebendiges zu verstehen, und wenn sie das versucht, irritiert sie uns. Menschen wollen gern leben. Wir sehnen uns nach dem »Band«, von dem Goethe spricht, nach dem Verbindenden, was uns das Gefühl des Einsseins mit dem Universum gibt. In der Tiefe unserer Seele spüren wir die Sehnsucht nach Sinn. Wir brauchen kein Totes für unsere Lebendigkeit, eher fürchten wir es. Um uns lebendig zu fühlen, brauchen wir Ganzheit und Fülle, und wir sehnen uns danach, Frieden in der Harmonie der Welt zu er*leben*, die uns umgibt. Wir wollen uns zugehörig fühlen und geborgen in einem größeren Zusammenhang.

Goethes »geistiges Band« ist vielleicht schwer wahrnehmbar, weil es ungreifbar wirkt. Leichter ist es daher, die Grenze aufzusuchen, an der greifbares Leben ins Unfassbare übergeht, wo es beginnt, sich unseren groben Sinnen im Einzelnen zu entziehen, aber dennoch als Ganzes sichtbar ist: die Welt des Mikrokosmos. Dort wird dieses Band im Lebendigen von den Mikroorganismen gewoben.

Mikroorganismen vermitteln. Sie bewegen sich zwischen den verschiedenen Elementen und Lebensbereichen, Weltenräumen und Organismen, zwischen Himmel und Erde, Vergangenheit und Zukunft. Sie sind der Inbegriff verbindenden, synthetischen* Lebens.

In einer Welt, die von Analysen und Analytikern dominiert wird, sehnen wir uns nach Synthese. Wir sehnen uns nach dem Frieden der Ordnung, die durch Beziehungen lebendig ist. Die Folgen der Zerkleinerung hingegen erleben wir inzwischen als beängstigend. Materie wird in immer kleinere Einheiten zerlegt, noch viel weiter als die Teilung des »Unschneidbaren«, der Atome. Wir spalten ihre Kerne, und in allen Bereichen, in denen wir zerstückeln, versuchen wir anschließend, die Einzelteile zu unseren Zwecken zu nutzen. Gentechnologie, Atomtechnologie und Nanotechnologie sind mitsamt den Schäden, die sie verursachen, die destruktiven Folgen analytischer Dominanz und führen zu Bedrohung und Zerstörung unseres Planeten Erde.

Nimmt man die Wortbedeutung von Materie ernst, das vom lateinischen *mater* für »Mutter« abstammt, dann sind wir dabei, unsere Mutter zu spalten und zu zerkleinern. Wir dürfen uns fragen, ob wir das denn ernsthaft wollen. Setzen wir sie lieber behutsam wieder zusammen.

Wir leben also in einer Welt, die wir seit langer Zeit schon gedanklich und tätlich auseinander lösen, und wundern uns, dass sie sich jetzt offensichtlich tatsächlich aufzulösen beginnt. Für einen Ausgleich dieser Situation kann uns eine »synthetische« Vorgehensweise weiterhelfen. Die synthetische Anschauung stellt ein Phänomen in seinen größeren Zusammenhang und bindet es ein. Sie beobachtet seine Beziehungen, berücksichtigt Prozesse und Lebendigkeit und sieht Erscheinungen als einzigartige Aspekte wesenhafter Universalität, in der alles mit allem verbunden ist. Während Analysieren in Teilchen endet, die scheinbar beliebig und leblos nebeneinanderstehen und daher auch willkürlich manipulierbar sind, erkennt synthetisches Denken und Beobachten universelle Gesetzmäßigkeiten, die dem Leben innewohnen. Während das Analysieren mit der scheinbaren Unabhängigkeit des Verstandes erfolgt, geschieht Synthese mit der Schau der Sinne, erfasst mit dem Herzen. Dabei wird der Mensch als Betrachter eingeschlossen und findet seine Forschungsergebnisse im Bewusstsein von Einzigartigkeit. Er weiß, dass jedes Lebewesen in permanenter Veränderung begriffen ist und daher jede Beobachtung individuell, im ursprünglichen Sinne des lateinischen Wortes *in-dividuus,* also »unteilbar« ist. Sie gilt für Beobachter und Beobachtetes gleichermaßen im gegenwärtigen Moment. Synthese respektiert die Wandlungsfähigkeit der Organismen in der Zeitdimension der Ewigkeit und vor dem Hintergrund der kosmischen Ordnungskräfte. Ordnung, auf Griechisch *kósmos*, ist Einheit, lebendige Einheit in der Vielgestaltigkeit. Dies alles klingt nach einem hohen Anspruch, ist jedoch unbewusst jedem Menschen natürlicherweise zu eigen. Wer verliebt ist, wird nicht auf die Idee kommen, seine Gefühle zu analysieren, er will sie leben. Er folgt dem Ruf seines Herzens. Finge er an, sie mit dem Verstand auseinanderzunehmen, wäre es um seine Liebe bald geschehen.

* Der zunächst philosophische Terminus »Synthese« für »Zusammenfügung, Verknüpfung einzelner Teile zu einem höheren Ganzen« wurde erst später auch im Sinne von »Aufbau einer (komplizierten) chemischen Verbindung aus einfachen Stoffen« verwendet. Er stammt vom griechischen *sýnthesis* für »Zusammenlegung, Zusammensetzung, logische Verknüpfung«.

Einen Apfel im Zusammenhang zu betrachten heißt beispielsweise, alles zu beachten, was zu seinem Sein geführt hat, auch die Wechselwirkungen. Dazu gehören ebenso sein Heranwachsen, die Umgebung, der Standort des Baumes, an dem er reifte, seine Beziehungen zu Insekten im Laufe des Wachstums, die Witterung, die Bodenqualität, die Sorte, die individuelle Färbung und alles andere mehr. Ein Mensch, der ein Etwas synthetisch untersuchen will, geht mit all seinen Sinnen in Kontakt zu ihm und bemüht sich, es in seinem gesamten Kon*text* zu erfahren. Dieses zusammengefügte »Gewebe«, so die ursprüngliche Bedeutung des lateinischen Wortes *textus*, ist die schöpferische Ordnung unseres ganzen Seins bis hin in die Unendlichkeit des Universums. Er tut dies vor dem Hintergrund seiner Schulung und Erfahrung. Das ist nichts Außergewöhnliches. So lernt jedes heranwachsende Menschenkind gesunderweise von klein auf die Welt kennen: Es integriert die sinnliche Wahrnehmung mit Gefühlen, Gedanken, Geist und allen Sinnen in sich selbst, um daraus eine lebensbefähigende Entwicklung zu vollziehen.

Jeder Organismus funktioniert genau so: als ein Zusammenwirken aller Teile mittels Kommunikation in einer fließenden Dynamik, die Harmonie ergibt. Es ist wie das Bild vom Orchester, dessen einzelne Stimmen nur dann eine Symphonie ergeben, wenn jedes Instrument seine ihm zugedachten Noten spielt und zugleich auf jedes andere Instrument hört sowie auf den Dirigenten schaut, der die Partitur kennt.

Analytisches und synthetisches Betrachten sind altbekannte Sichtweisen, und schon die alten Griechen stritten sich, welches der richtige Weg sei. Doch es kann nicht um ein Entweder-oder gehen. Es handelt sich darum, beide Denk- und Sichtweisen im Gleichmaß zu praktizieren. In einem Weltmodell, das überwiegend auf Analysieren beruht, besteht schließlich alles aus der Summe toter Einzelteile, gedanklich abgetrennt vom Menschen, der dadurch der Illusion von beliebiger Machbarkeit erliegt. Unsere derzeitige Realität ist voll davon. Durch das Übermaß an analytischen Untersuchungen umgibt uns eine gigantische Flut unüberschaubarer Fachinformationen, die Heerscharen von Wissenschaftlern ununterbrochen und um die Wette publizieren. Darinnen stehen wir als moderne Menschen mit all unseren Problemen, die seltsamerweise trotz dieses »Fortschritts« größer statt kleiner werden. Anstatt leichter zu werden, wird das Leben so kompliziert, dass nur noch Fachleute auf Fachtagungen über ihre Spezialfächer fachsimpeln können und erst eine verallgemeinerte Zusammenfassung daraus (eine Synthese!), die vielleicht in der Zeitung erscheint, wieder der Allgemeinheit dient. Der unfreundliche Ausdruck »Fachidiot« drückt den Überdruss aus, der sich mit extremer gedanklicher Enge und Einseitigkeit verbindet.

Effektive Mikroorganismen verbinden

Warum Effektive Mikroorganismen oft von Anfang an großen Missverständnissen ausgesetzt waren, liegt vor allem daran, dass sie nicht rein analytisch zu erklären sind und nicht in dieses Schema passen. Effektive Mikroorganismen verbinden. Natürlich kann man auch Bakterien analysieren, und wir werden sehen, welche Folgen solches Herauslösen von Bakterien aus ihrem Zusammenhang historisch hatte. Der Erfolg der Effektiven Mikroorganismen ist aber durch eine analytische Betrachtung weder zu erklären noch zu verstehen. Er braucht eine synthetische Sichtweise.

Die Frage »Welche Bakterienarten befinden sich denn in EM?« wird daher den Effektiven Mikroorganismen nicht gerecht. Sie wird häufig gestellt, weil die meisten Menschen etwas Neues sofort gedanklich in Einzelteile zerlegen wollen, in der illusorischen Gewohnheit, es dadurch besser einordnen und beurteilen zu können. Immer wieder fragen Menschen, die zum ersten Mal von Effektiven Mikroorganismen hören, auch nach wissenschaftlichen Studien dazu. Natürlich gibt es solche. Sie sind aber nicht wirklich wichtig. Entscheidend ist die persönliche Erfahrung, denn diese motiviert und führt weiter. Was nutzt die beste wissenschaftliche Studie, wenn deren Ergebnisse nur für bestimmte Umstände gültig und nur von wenigen Menschen lesbar sind? Welche Konsequenz hat sie?

Die praktische Anwendung der Effektiven Mikroorganismen ist einfach, und die Ergebnisse sind für jeden erfahrbar. Die Welt zählt seit den dreißig Jahren, die die Effektiven Mikroorganismen nun schon angewendet werden, immer mehr Menschen, deren Begeisterung aus ihren eigenen positiven Erfahrungen gespeist wird. Die Freude an persönlichen Erfolgen mit Effektiven Mikroorganismen weckt auch den Wunsch, Verantwortung zu übernehmen, Verantwortung für unsere Erde und für die Lösung unserer immer größer werdenden Probleme. Unzählige erfolgreiche EM-Projekte im Kleinen und im Großen wurden durch die Initiative Einzelner oder weniger angestoßen: das Besprühen von Müllkippen, deren Gestank dann verschwand, die Sanierung von Gewässern, die wieder klar wurden, die Versorgung von Slumgebieten, deren Abwässer dank der Effektiven Mikroorganismen zu Düngemitteln genutzt werden können, und vieles mehr.

Die bisher übliche Trennung in Fachbereiche, die vom Leben der meisten Menschen abgekoppelt sind, bringt leicht die Vorstellung mit sich, die Fachkompetenz liege einzig bei studierten oder spezialisierten Fachleuten. Daraus entsteht in der Allgemeinheit der Eindruck, für die wichtigen Entscheidungen, insbesondere die Lösung schwerwiegender Probleme, seien andere zuständig, jedenfalls nicht man selbst. Bei vielen Menschen wächst das Gefühl, von wichtigen Bereichen des Lebens ausgeschlossen oder sogar minderwertig zu sein. Man schimpft höchstens auf die, die man für zuständig hält, oder macht sich gar über sie lustig. Dadurch bleiben viele Probleme ungelöst, und erstaunlicherweise gewöhnen wir uns einfach daran, dass sie da sind. Wir leben mit immensen Einschränkungen, anstatt gemeinsam alle Kraft in ihre Lösung zu stecken.

Bemerkenswerterweise spiegelt das Überwiegen der Trennung im Denken sich mittlerweile schon in unserem Sozialleben wider, wo es statt eines Miteinanders mehr ein »Aneinander vorbei« gibt und man sich selbst in Dörfern auf der Straße kaum noch grüßt.

Die Effektiven Mikroorganismen drehen diesen Prozess der Resignation um. Mit ihnen kann jeder sofort anfangen, Probleme zu lösen: bei sich zu Hause, in der Gemeinde oder in der Stadt. Die große Freude, die die Erfolge mit Effektiven Mikroorganismen bereiten, erklärt die Begeisterung, mit der die Zahl der EM-Anwender stetig zunimmt. EM-Stammtische entstehen, EM-Kreise treffen sich, EM-Netzwerke werden gebildet. Effektive Mikroorganismen führen Menschen zusammen, überall wachsen Initiativen, und die Selbstverantwortung nimmt zu.

All dies ist möglich, weil die Effektiven Mikroorganismen dem Grundprinzip des Lebendigen entsprechen: der Einfachheit, der Vielfalt, dem Frieden, der Gemeinschaft, der Ganzheitlichkeit und der Flexibilität.

Die Tragik der Gegenwart liegt nicht etwa lediglich darin, dass es verschiedene Sichtweisen der Welt gibt und eine davon sich als die dominante und gängige etabliert hat. Obendrein meinen die Menschen innerhalb der jeweiligen Denkart, ihre Sichtweise sei die allein richtige und einzig wahre und die andere sei falsch. Jeder glaubt, die Wahrheit für sich reserviert zu haben. Diejenigen, die – vereinfacht ausgedrückt – die übliche, auf dem »Auseinandernehmen« basierende akademisch-wissenschaftliche Ansicht vertreten, halten die synthetische Anschauung für unseriös und unwissenschaftlich und nehmen sie nicht ernst. Und manch einer von denjenigen, deren Weltbild eine Ganzheit umfasst, in einer Ordnung, Vielfalt, Entwicklung und Liebe, und die es wagen, sie sogar gelegentlich »Schöpfung« zu nennen, blickt mit Geringschätzung auf die Etablierten, die das noch nicht begriffen haben. So stehen sich die Menschen selbst im Wege.

Deutlich wird dies am Beispiel der Gegenwartsmedizin. Einerseits gibt es wissenschaftlich-akademisch geprägte Ärzte, nach Fachärzten gegliedert, die mit ausgefeilten technischen Methoden analysieren, diagnostizieren und therapieren. Die Qualität von Blut wird auf eine Reihe von Zahlenwerten reduziert, die eine Maschine in einem Labor aus Blutproben ermittelt. Das Menschenbild solcher Ärzte ähnelt manchmal dem Bauplan einer Maschine, in deren Mechanismen auf die eine oder andere Weise eingegriffen werden kann. Stoffwechselprozesse werden mittels chemischer Substanzen beeinflusst, Körperteile werden herausgenommen, andere eingesetzt, die aus künstlichen Stoffen oder von anderen Lebewesen hergestellt wurden. Was stört, wird eliminiert und bekämpft. Fast alles scheint machbar. Doch viele Patienten solcher Medizin fühlen sich nicht wirklich verstanden. Sie gehen immer wieder zur Sprechstunde und kehren enttäuscht nach Hause zurück.

Andererseits gibt es Ärzte, die den Menschen als Individuum im Erfahrungsprozess des Lebens mit all seinen Beziehungen verstehen, in dem Heilung nicht Eingriff sein soll, sondern ein Impuls zur Entfaltung regulierender Eigenkräfte. Diese Medizin ist bestrebt, Geist, Seele und Körper im Zusammenklang zu be-*hand*-eln. Blut spiegelt aus dieser Perspektive dann beispielsweise auch die bisherige Lebenserfahrung.

Hinlänglich bekannt sind die Diskussionen, die daraus entstehen, dass die eine Art der Medizin von der öffentlichen Gemeinschaft anerkannt und finanziert wird, die andere nicht oder kaum. Sticheleien zwischen beiden Richtungen gibt es zuhauf. Rein akademisch denkende Ärzte sprechen der Ganzheitsmedizin die Existenzberechtigung ab, und ganzheitlich arbeitende Ärzte blicken mit Herablassung auf deren Ignoranz. Wenn es darauf ankommt, verficht jede Richtung ihre Ansicht mit der Vehemenz eines Verzweiflungstäters.

Ähnliches spielt sich unter konventioneller und biologischer Landwirtschaft ab oder unter fossiler und alternativer Energiegewinnung. Der eigene Standpunkt wird verteidigt, das andere Denken als Bedrohung abgelehnt. Natürlich gibt es Ausnahmen, und allmählich beginnt ein Umdenken. Manche Studien wie zum Beispiel eine aus den Niederlanden[3] unterstützen den Ausgleich: Sie wies nach, dass Patienten, die sich von einem Arzt mit komplementärmedizinischer Zusatzausbildung behandeln ließen, geringere Kosten verursachen und länger leben. Glücklicherweise geschieht dieser Ausgleich immer mehr.

Eine Kultur der Vielfalt

Wie gesagt: Was wir brauchen, ist eine Kultur der Vielfalt – nicht ein Entweder-oder, sondern ein Sowohl-als-auch, kein Gegeneinander, sondern ein Miteinander, und zwar auf allen Ebenen. Unsere derzeitigen Gesetze sind Ausdruck von Einseitigkeit. Sie beruhen auf der analytischen und folglich materiellen Sicht der Welt, und die Probleme, die daraus entstehen, sind gigantisch; sie treiben uns über kurz oder lang nicht nur wirtschaftlich in den Ruin. Sie können endlich gelöst werden, wenn wir aufhören, eingefahrene Weltbilder voneinander abzugrenzen, und begreifen, dass *alles* seine Berechtigung hat. Leben sucht stets Begegnung und Miteinander. Es erschöpft sich nicht gern in Widersprüchen. Ein ausschließender Blickwinkel wird ihm nicht gerecht.

Der römische Gott Janus, Münze, um 220 n. Chr.

Wir brauchen einen Januar, einen Neuanfang. Janus war ein römischer Gott, dessen Kopf in zwei Richtungen zugleich schauen konnte. Das Bild von ihm auf einer Münze zeigt dazwischen ein Herz, das zu vielen Herzen heranwächst.

Es ist überlebensnotwendig, dass wir uns auf Alternativen besinnen, und die Mikroorganismen bieten uns alle Möglichkeiten dafür.

Das Wort »alternativ« bedeutete seit dem 15. Jahrhundert die »Wahl zwischen zwei Möglichkeiten«. In den vergangenen Jahrzehnten veränderte sich sein Sinngehalt unter amerikanischem Spracheinfluss und wird seither als »konkurrierend mit den bestehenden Normen« interpretiert. Die bis dato gleichwertig nebeneinander bestehenden Möglichkeiten wurden plötzlich hierarchisiert. Seither gibt es eine herrschende Meinung, *unterhalb* deren die »Alternativen« angesiedelt werden und dementsprechend als Außenseitermethoden gelten. Als solche untergeordneten Weisen, ein und dieselbe Sache anders anzugehen, werden heute »alternative« Medizin, Landwirtschaft oder auch Technik behandelt. Es ist höchste Zeit, dass wir zur freien Wahl zwischen den gegebenen Möglichkeiten zurückfinden, indem wir die finanzielle und gesetzliche Bevorzugung von nur einer Methodenrichtung konsequent beenden. Dann wird sich zeigen, in welcher Vielseitigkeit das Leben gesunde Lösungen für unsere Probleme bereithält, für eine viel bessere Zukunft, als wir uns dies heute vielleicht träumen lassen. Erst wenn wir alternative Denkrichtungen als gleichberechtigt akzeptieren, kommen wir zu einer Schau des Lebens, die umfassend ist und zu Harmonie und damit zu Kraft und Heilung führt.

Verschiedenste Sichtweisen haben ihre Berechtigung, und wir können sie uns gleichberechtigt zunutze machen. Aus den Ergebnissen einer Analyse können wir lernen, können sie anschließend zur Zusammenschau nutzen und daraus den Blick wieder auf Einzelnes lenken. Wir können aus der Analyse in der Synthese gehen und wieder zur Synthese und weiter zu anderen Anschauungen. Die ganze Fülle steht uns offen.

Mit Vereinzelung allein machen wir uns zu Waisenkindern auf der Erde, und das Betrachten von Einzelteilen wirft uns hin und her zwischen den unbegrenzten Möglichkeiten. Wir wissen nicht, woher wir kommen, wohin wir gehen und worauf wir bezogen sind. Das muss, wie wir im nächsten Kapitel sehen werden, Angst machen. Erst wenn sich in unserem Bewusstsein analytisches und synthetisches Denken als Ganzheit durchdringen, entgehen wir dieser Angst, einer Angst, von der uns die Erfahrung mit Effektiven Mikroorganismen auf sanfte Weise befreit.

Goethe fand für die Gleichzeitigkeit von Teilung und Verbindung das Bild des Ginkgo-biloba-Blattes:

> Dieses Baums Blatt, der von Osten
> Meinem Garten anvertraut,
> Giebt geheimen Sinn zu kosten,
> Wie's den Wissenden erbaut.
>
> Ist es *ein* lebendig Wesen,
> Das sich in sich selbst getrennt?
> Sind es zwei, die sich erlesen,
> Daß man sie als *eines* kennt?
>
> Solche Frage zu erwidern,
> Fand ich wohl den rechten Sinn,
> Fühlst du nicht an meinen Liedern,
> Daß ich *eins* und doppelt bin?[4]

Hören wir also auf, zu be- und zu verurteilen. Nichts ist nur gut oder schlecht, richtig oder falsch. Nicht akademische oder alternative Mikrobiologie, nicht Supermarkt oder Bioladen, nicht Chemotherapie oder Homöopathie. Sehen wir das Positive und die Schönheit in allem und bringen wir die Gegensätze zur Vollendung. Dann schließt sich der Kreis, als dessen Form sich unser Planet auf der Reise durch die Weltenzeiten dreht.

Natürlich ist jedes Um- und Andersdenken mühsam, insbesondere wenn wir unsere Identität damit verknüpft haben oder sich eine Institution darauf gründet. Aber um unserer Zukunft willen müssen wir uns fragen, ob wir wirklich bereit sein wollen, die Folgen unseres bisherigen Denksystems weiter zu verantworten.

Effektive Mikroorganismen provozieren die akademische Wissenschaft. Als Mischung von Bakterien und Hefen, deren Wirkung auf vernetztem Miteinander beruhen und Impulse in einen vorhandenen Lebensraum geben, passen sie nicht in den üblichen wissenschaftlichen Diskurs und noch weniger in die daraus hergeleiteten Gesetzmäßigkeiten. Effektive Mikroorganismen sind revolutionär*.

Es geht bei den Effektiven Mikroorganismen im ureigensten Sinne um Veränderung, und diese fängt im Kopf an. Scherzhaft könnte man sagen: Unser Gehirn hat Windungen, damit wir umkehren können, wenn wir zu lange in immer dieselbe Richtung gedacht haben.

* Das Wort »revolutionär« stammt vom lateinischen Verb *revolvere* ab, das »umwälzen, zurückrollen« heißt. Es bezog sich ursprünglich auf den ständigen Umlauf der Sterne. Ab dem 15. Jahrhundert wurde »Revolution« zum allgemeinen Begriff für »Veränderung«, und erst viel später erhielt dieses Wort seine politische Färbung.

Zur Anwendung der Effektiven Mikroorganismen gehört also eine Beweglichkeit im Denken beziehungsweise ein Umdenken bei denen, die ihr Weltbild auf analytisches Denken allein gründen: weg von der Teilung in getrennte Bereiche, hin zu einem Bewusstsein von Ganzheit und Lebenskreisläufen, in denen alles seinen angemessenen Platz hat.

Mit Effektiven Mikroorganismen lassen sich die Bodenfruchtbarkeit verbessern, Fenster putzen, der Kompostprozess beschleunigen, Heizkosten sparen, Silage stabilisieren, Leder pflegen, Geruchsbelästigungen beseitigen, Teiche sanieren, Ernteerträge erhöhen und auch Teppichflecken beseitigen. Warum bringt uns eine solche Aufzählung unweigerlich zum Lachen? Aus lauter Gewohnheit, analytisch zu denken. Wer alles getrennt betrachtet, kann beim besten Willen keinen Zusammenhang zwischen Ernteertrag auf dem Feld, Lederpflege und Algen im Teich herstellen. Wer die Welt in Einzelbereiche zu teilen gewöhnt ist, kann solche Gemeinsamkeiten nur kopfschüttelnd und ungläubig bezweifeln. Was um alles in der Welt haben ein Teppichfleck und Maissilage gemeinsam? Die Antwort ist: Sie stehen beide im Kreislauf des Lebendigen, der von den Mikroorganismen durch alle Lebensbereiche hindurch gewoben wird. Mikroorganismen sind das verbindende Reich aller Lebensräume der Erde, der belebten und – was es streng genommen eigentlich nicht gibt – auch der unbelebten.

Effektive Mikroorganismen wirken in allen Lebensbereichen, da sie eine universelle Mischung sind. Wenn wir nicht begonnen haben, anders zu denken, bevor wir EM anwenden, bringen sie es uns bei. Sie sind uns liebevolle Lehrer, die mit Geduld in eine ganzheitliche Lebensperspektive führen.

Wer sich davor scheut, wird mit den Effektiven Mikroorganismen noch nicht viel anfangen können. Das macht nichts. Wir werden uns früher oder später schon zur friedlichen Zusammenarbeit mit den Mikroorganismen bewegen, weil die Erfahrungen uns dabei helfen. Mikroorganismen setzen keine Naturgesetze außer Kraft, sie folgen allerdings anderen Gesetzmäßigkeiten innerhalb der Natur als alle Lebewesen, die wir mit bloßem Auge sehen. Ein sinnvoller Einsatz von Bakterien im Lebensalltag ist nur unter Berücksichtigung von Ganzheit möglich.

Jeder von uns ist ein Ganzes auf einem ganzen Planeten in einer ganzen Galaxie in einem ganzen Universum. Wir wünschen uns nichts sehnlicher, denn als Individuum, als unteilbar wahrgenommen, akzeptiert und wertgeschätzt zu werden. Den Mikroorganismen geht es ebenso. Und sie sind schon sehr viel länger auf der Erde als wir.

Effektive Mikroorganismen sind kein Wundermittel. Das Wunder ist unsere in Jahrmilliarden entwickelte Natur in ihrer unglaublichen Gleichzeitigkeit von Vielfalt und Einfachheit. Vielfalt in Einheit ist das Gegenbild von Trennung und Globalisierung. Einheit ist nicht, wenn alle dasselbe essen, denken und tun, nicht Jeans im Urwald, in der Kirche und im Iglu, nicht dasselbe Fernsehprogramm, nicht dieselben Pommes weltweit. Das ist Einheitlichkeit, Monokultur und anfällig für Untergang. Einheit ist Fülle in Frieden.

Wie viel Geld und Mühe stecken wir in unser Bemühen um weltweiten Frieden. Frieden kommt von Zufriedenheit, und zufrieden sind wir, wenn wir satt, gesund, sozial geborgen, ausgeschlafen, gekleidet und mit Liebe in der Seele ein freies und sinnvolles Leben führen dürfen.

Effektive Mikroorganismen können weltweit – und das ist an vielen Orten bewiesen – für qualitativ ausreichende Nahrung aus fruchtbaren Böden, für sauberes Wasser, reine Luft, Gesundheit, soziales Miteinander und sinnvolles Tun sorgen. Daher sind sie in der Gegenwart der einfachste und wirksamste Beitrag, den jeder Einzelne und Gemeinschaften zum Frieden auf dem Planeten Erde leisten kann.

Warum wir Angst haben

Die meisten Menschen haben Angst vor Bakterien. Woher kommt diese Angst? Ist sie berechtigt?

Auf die Frage »Was fällt Ihnen spontan zum Wort ›Bakterien‹ ein?« antwortet niemand mit: »Ich bin unendlich dankbar dafür, dass Bakterien den Nahrungspflanzen Wachstum ermöglichen, Tiere leben lassen, Abfälle abbauen, mein Immunsystem ›triggern‹, meine Haut schützen, die Luft reinigen, meine Speise verdauen, mir den Weg zum Geistigen ebnen und unentwegt dem Leben auf unserer Erde dienen. Ich verspeise jeden Tag ein paar für meine Gesundheit.« Meistens heißt es eher: »Bakterien verursachen Krankheiten. Sie sind gefährlich.«

Vielleicht gibt, wer dieses Buch gelesen hat, in der Zukunft wirklich die erste der Antworten. Und vielleicht schaffen wir es tatsächlich, zur Dankbarkeit den Einzellern gegenüber zu kommen. Selbst ohne Effektive Mikroorganismen anzuwenden, wäre dies ein Paradigmenwechsel und ein großer Schritt in eine gesündere Zukunft.

Natürlich können wir uns austricksen. Zu Beginn unserer EM-Seminare spreche ich statt von »Bakterien« gern erst einmal von »Mikroorganismen«. Sobald wir dieses Wort wählen, wird die Angst schon kleiner. Es klingt objektiver und ist geschichtlich nicht so vorbelastet. Für den Ernstfall habe ich auch schon den Begriff »mikroaktives Urlebewesen« kreiert, um deutlich zu machen, dass wir bloß aufgrund von Assoziationen und unreflektiert urteilen. »Mikroaktiv« klingt irgendwie nach Waschmittelwerbung und »Urlebewesen« nach Dinosauriermuseum, das stimmt neugierig und macht offen für die Wahrheit. Der Begriff »Bakterien« dagegen weckt Emotionen in uns, und zwar zuerst einmal Gefühle, Bilder und Gedanken von Krankheit, Bedrohung und Tod. Das Kapitel »Die Geschichte der Bakteriologie – einmal anders betrachtet« (Seite 113) widmet sich der historischen Entstehung dieser Verzerrung.

Sobald uns bewusst geworden ist, wie einseitig und ungerecht unsere herkömmliche Sicht auf die Mikrowelt ist, befreien wir uns auch aus der Angst vor ihr. Es gibt weder »gute« noch »schlechte« Bakterien, keine »nützlichen« oder »gefährlichen« und schon gar keine »bösen«, denn Bosheit setzt die Freiheit einer Entscheidung voraus, die ein der Moral fähiges, vernunftbegabtes Wesen wie der Mensch fällen kann, Mikroorganismen aber nicht. Bakterien *sind*. Sie existieren. Sie erfüllen unglaubliche Aufgaben in grandioser Vielfalt in grenzenlosen, jahrmilliardenalten Lebensweisen und bewundernswerter Anpassungsfähigkeit. Wir werden ihnen nicht gerecht, wenn wir menschliche Urteile auf sie projizieren. Doch warum haben wir vor Bakterien Angst? Haben wir sie selbst als bedrohlich erfahren? Nicht Krankheiten, wohlgemerkt, sondern die Mikroben selbst? Nein. Wir haben es in sie hineingedeutet. In erster Linie haben wir diese Ansicht *übernommen*. Irgendwer hat es uns gesagt, und wir haben es geglaubt. Wer auch immer dies war, hat es ebenfalls von irgendwem übernommen. Und dieser auch. Und irgendwann kommt niemand mehr auf die Idee, diese Ansicht zu hinterfragen. Tatsächlich ist es aber ein Vorurteil, vor dessen Hintergrund wir unsere Erlebnisse sehen und sie scheinbar bestätigt finden. Da Bakterien zu klein sind, als dass wir sie mit bloßem Auge erkennen können, und da sie selbst schlecht gegen unsere Projektionen protestieren können, ist es ein Leichtes, bei Vorurteilen zu bleiben. Werden wir krank, behaupten wir, wir hätten uns »angesteckt«. Die Bakterien seien schuld. Dabei kann man es auch ganz anders sehen (siehe das Kapitel »Die Geschichte der Bakteriologie – einmal anders betrachtet«).

Wäre das Prinzip von Erkrankung durch Ansteckung in der Weise gegeben, wie man es uns glauben machen will, wären wir alle ständig krank und die Menschheit längst ausgestorben. Solch eine Ansicht ist eher ein überliefertes Gerüst unserer Hilflosigkeit und Unwissenheit. Wir definieren uns dieses bestimmte Verhältnis zu Bakterien, was uns scheinbar Halt gibt und die Illusion, den Umgang mit ihnen zu kennen.

Indem sie uns angeblich krank machen, wurden die Bakterien vornehmlich in unseren Köpfen zu Krankheitserregern und rufen dort die eigentliche gefährlichste ansteckende Krankheit unserer Zivilisation hervor, eine Krankheit, die zahlenmäßig ständig zunimmt, durch besondere Ereignisse ausgelöst werden kann, häufig einen chronischen Verlauf nimmt, durch Medienkonsum verschlimmert wird, hochgradig ansteckend ist und leicht übertragbar. Die schwer behandelbar ist und unbehandelt zum Tode führt: weder Tuberkulose noch Krebs, nicht multiple Sklerose oder Aids, sondern – die Angst. Angstneurosen liegen an der Spitze der ärztlich diagnostizierten psychischen Erkrankungen in Deutschland, und ihre Zahl nimmt ständig zu. Laut statistischer Erhebung leidet jeder neunte Deutsche unter einer Angststörung, die sein Leben erheblich beeinträchtigt, und eine große Studie zur Kindergesundheit in Deutschland ergab, dass 10 Prozent aller Kinder Ängste in Form einer spezifischen psychischen Störung aufweisen.[5] Das sind etwa ein Drittel mehr Kinder als solche mit Verhaltensauffälligkeiten.

Angst folgt auf Trennung

Allen Angstphänomenen liegt die Angst vor dem Verlassenwerden, vor Trennung, Einsamkeit, Ausgrenzung und Verletztwerden zugrunde, und wir werden im Kapitel »Die Trennung und ihre Folgen« (Seite 31) sehen, dass genau dies mit den Bakterien geschah: Sie wurden getrennt, vereinzelt, als »pathogene Keime« oder andere ausgegrenzt und getötet. Unser Handeln gegenüber der Bakterienwelt kehrt nach dem Gesetz der Resonanz zu uns selbst zurück.

Das Wort »Angst« leitet sich von »bedrängend, einschnürend« ab, woraus auch das Wort »eng« gebildet wird. Angst tritt immer dann auf, wenn die Weite fehlt. Ein Mensch, der Angst hat, projiziert in die Zukunft eine Ursache, deren Auswirkung er in der Gegenwart erfährt. Gleichzeitig erinnert er sich an Schreckliches in der Vergangenheit. Leben wir hingegen in der Gegenwart, lässt sich in ihr eine Ursache sehen, deren Auswirkung in der Zukunft erfahren wird. Wir können gegebenenfalls handeln und fühlen uns vertrauensvoll im Strom des Lebens eingewoben.

Der Seelenzustand der »Angst« wurde erst ab Mitte des 19. Jahrhunderts zu einem Thema der Literatur und des Geisteslebens. Der Philosoph Søren Kierkegaard verfasste 1844 als Erster eine Schrift zum Begriff der Angst. Interessanterweise ist dies genau die Epoche, in welcher der Gedanke Fuß fasste, Bakterien seien womöglich Krankheitserreger und zu bekämpfen.

Wir haben vor so vielem und so tiefgründig Angst, dass diese in der heutigen Gesellschaft bereits als normal gilt und jemand, der vertrauensvoll lebt, schon fast mit Skepsis beäugt wird. Zu unseren größten Ängsten gehört die Angst vor Krankheit, insbesondere die Angst vor Ansteckung an einer Krankheit. In Deutschland starben im Jahre 2005 mehrere Menschen wegen der Vogelgrippe. Doch sie starben nicht etwa an der Grippe selbst, sondern an der Angst davor, nämlich an den Nebenwirkungen von Medikamenten, die sie aus Angst vor der Vogelgrippe »vorsorglich« einnahmen.

Aus der Psychologie wissen wir, dass die Wahrscheinlichkeit des Eintretens eines Ereignisses mit der Angst steigt, die wir genau davor haben. Unsere Angst lädt unsere Gedanken daran derart mit Energie auf, dass diese das gefürchtete Erlebnis geradezu anzieht. Umgekehrt helfen uns Vertrauen und Gelassenheit dabei, das Leben gut zu bewältigen.

Denken wir beispielsweise einmal an eine Gruppe von Menschen, die an irgendeiner Stelle beieinanderstehen. Eine Person unter ihnen hat fürchterliche Angst vor Hunden. Kommt nun zufällig ein Hund vorbei, wird er spüren, dass genau diese angstvolle Person besonders schutzbedürftig ist. Er wird auf sie zulaufen, um ihr beizustehen. Da sie aber Angst vor Hunden hat, rennt sie womöglich schreiend davon – und der Hund hinterher. Hat die Person sich zitternd irgendwohin gerettet, wohin der Hund nicht gelangen kann, fühlt sie sich in ihrer Angst bestätigt und wird jedermann vor diesen schrecklich gefährlichen Tieren warnen wollen. Mag jemand aber Hunde und einer läuft auf ihn zu, wird er ihm entsprechend entgegenkommend begegnen, und das zur Freude aller Beteiligten.

Mit Bakterien ist es ähnlich. Wenn wir vor ihnen davonrennen, indem wir sie bekämpfen, laufen sie uns als resistent gewordene Stämme nach. Zusammenarbeit mit ihnen und Vertrauen in die Weisheit der Natur helfen uns, einer Begegnung mit Bakterien gelassen entgegenzusehen und sie wie unsere lieben Haustiere zu betrachten. Dann sind sie uns die größten Helfer. Tatsächlich machen Menschen, die mit Effektiven Mikroorganismen arbeiten, die Erfahrung, dass sie die Angst vor »ansteckenden« Krankheiten verlieren, weil sie wissen, wie sehr eine ausgeglichene Bakterienflora der Gesundheit hilft.

Woher stammt dann die allgemeine Angst vor Bakterien? Sie speist sich aus:

- erstens Unwissenheit,
- zweitens historisch bedingten Missverständnissen und
- drittens der Einseitigkeit in der Art und Weise, die Welt zu betrachten.

Schauen wir uns die erste Ursache an: Dass wir von Mikroorganismen wenig wissen, verwundert nicht. Sie verdanken ihren Namen* definitionsgemäß der Tatsache, dass wir sie

* Aus den griechischen Wörtern *mikrós* für »klein, kurz, gering« und *órganon* für »(Sinnes)werkzeug, Instrument, Körperteil«, wobei die Endung »-ismus« hier die Bedeutung »Gesamtheit von Vorgängen und Erscheinungen« hat.

nicht mit bloßem Auge sehen können. Was wir nicht sehen, hören, fassen können, verunsichert uns und wird leicht zur Projektionsfläche unseres Seelenlebens. Fremdes wird zu Feinden, die zu lieben die meisten von uns auch in den letzten gut zweitausend Jahren noch nicht gelernt haben.

Interessanterweise hat das Wort »Energie« die gleichen sprachlichen Wurzeln.* Mikroorganismen teilen also den gleichen Wortursprung wie Energie. Und beides können wir nicht sehen.

Wir wissen natürlich schon einiges über Mikroorganismen, doch was wir nicht über sie wissen, ist um Dimensionen größer. Wir können ja immer nur sehen, was wir schon kennen. Alles andere liegt jenseits unseres Horizonts, oder es füllt sich mit unserer Fantasie. Allein der Anteil der uns bekannten Arten an den vermutlich existierenden ist bei Mikroorganismen verschwindend gering. Von geschätzten 50 000 Wirbeltierarten auf der Erde kennen wir circa 45 000, also 90 Prozent. Bei den Pflanzen sind es 84 Prozent, bei Insekten 12 Prozent. Von Bakterien sind heute allenfalls 0,5 Prozent der vermutlich lebenden Arten beschrieben worden. Das ist ein kümmerlicher Anteil bemessen an ihrer Bedeutung für unser Leben. Mindestens 99,5 Prozent aller Bakterien sind uns unbekannt, und wir maßen uns an zu behaupten, wir könnten Urteile über sie fällen?

Geschätzte Zahl der Arten der wichtigsten Lebewesen[6]

Gruppe	Zahl der beschriebenen Arten (in Tausend)	Geschätzte Zahl an Arten (in Tausend)	% bekannte Arten
Mikroorganismen			
Bakterien	5	1000	< 0,5
Pilze	72	1500	4,8
Protozoen	40	200	20
Algen	40	400	10
Pflanzen	270	320	84
Tiere			
Nematoden	25	400	6
Insekten	950	8000	12
Wirbeltiere	45	50	90

Wie diese Zahlen zeigen, begehen wir den Fehler, Mikroorganismen mit gleichen Maßstäben zu betrachten wie Lebewesen der anderen Reiche. Damit werden wir ihnen nicht gerecht. Natürlich ist der Wunsch verständlich, Bakterien in eine Taxonomie zu ordnen, mit einem Namen, der es uns ermöglicht, sich über sie zu unterhalten. Es ist ja ein wesentlicher Zug des Menschen, die Welt zu benennen. Allerdings entsteht durch diese Benennung von Bakterien leicht ein Missverständnis. Wir gewinnen den Eindruck, wir hätten es mit Einzelwesen zu tun, so wie wir selbst, Giraffe, Kuckuck oder Gänseblümchen es sind. Nachbars Hund ist gestern, heute und morgen derselbe schwarzgelockte Pudel von nebenan. Auch

* Das griechische *órganon* ist eine ablautende Bildung des Wortes *érgon*, das »Arbeit, Werk, Wirken« heißt. »Energie« lässt sich zurückführen auf *én* (»in«) und *érgon*.

die Katze turnt täglich wiedererkennbar über die Gartenmauer. Und so, wie wir den Elefanten, der heute im Zoo geboren wurde, wahrscheinlich unseren Kindern noch zeigen können, grüßt der Papagei die neue Geliebte mit dem Namen der alten, weil er als Individuum geprägt wurde.

Bakterien sind anders. Sie leben in einer Sphäre dauernden Wandels und passen sich in einer Schnelligkeit veränderten Umständen an, die verblüfft. Sie vermehren sich beispielsweise durch Teilung, sind also »Dividuum«, was vom lateinischen *dividere* für »teilen« kommt, statt »Individuum« und können bedingt durch ihre Weichheit in kürzester Zeit ihre Form, ihren Stoffwechsel, ihren Zustand und ihre Eigenschaften ändern.

Ein Bakterium, das sich am Abend unterm Mikroskop in Stäbchenform zeigt, also zu den Stäbchenbakterien zu zählen wäre, kann sich bis zum nächsten Morgen am selben Platz in eine Kugelform verwandeln, sodass es also zu den Kokken gerechnet werden müsste. Es ist definitiv dasselbe Bakterium, aber ist es noch das gleiche?

Für unsere Angst bedeutet dies: Wir wissen bei Bakterien nie genau, mit wem wir es eigentlich zu tun haben. Selbst mit den besten Methoden ist es bis heute nicht gelungen, eine umfassend gültige Klassifizierung für Bakterien zu entwickeln, die sie eindeutig ordnen kann. Ehrlicherweise müssen wir daher in Bezug auf Bakterien die Berechtigung unserer Art und Weise, die Welt zu sehen, einschließlich dem Wunsch nach Klassifizierung hinterfragen.

Betrachten wir noch einmal die übliche Art, die Welt zu erforschen und zu beschreiben, nämlich das Analysieren. Durch das Ordnen unserer Lebewelt in Systeme, in Reich, Klasse, Ordnung, Familie, Gattung, Art, in immer differenziertere kleine Einheiten, geschieht nämlich etwas, was unsere Angst beflügelt: Es wird immer enger. Je mehr »Kleinheiten« im selben Raum sind, desto bedrängter erscheint er uns. Jeder erlebt sich in einem weiten Raum anders als in einem engen. In einem geräumigen Wohnzimmer fühlen wir uns gewöhnlich wohler als in einer Gästetoilette. Gedanklich leisten wir uns aber erstaunlicherweise diese Enge und Bewegungsberaubung. Unsere wissenschaftliche, analytische und materialistische Methode führt uns in immer kleinere Räume, und aus dem einen großen Universum wird eine Welt von lauter kleinen Kästchen.

Da, wo ein Körper ist, kann im Materiellen nicht zugleich ein anderer sein. Sie stehen nebeneinander und schließen einander aus. Die materiellen Dinge erscheinen daher in unserer Vorstellung voneinander getrennt. Aus der großen Einheit wird ein Nebeneinander von Fakten, in denen sich niemand mehr zu Hause fühlt.

Diese Methode beschränkt sich inzwischen keineswegs auf die Naturbetrachtung. Die Folgen analytischen Zerkleinerns haben derart von uns Besitz ergriffen, dass auch unser Sozialleben davon verwundet ist. Nicht umsonst nehmen Single-Haushalte zu und werden wir immer mehr zu Einzelzellern. Vorbei sind die Zeiten, in denen man sich am Abend selbstverständlich zum gemeinsamen Reden, Singen und Spielen zusammensetzte und jedes Dorf seinen Theaterverein hatte. Man sitzt vor seinem Fernseher oder personalisierten Computer und sieht die Welt abgetrennt von der Wirklichkeit virtuell auf seinem Bildschirm vor sich.

Von erstarrtem Denken zu lebendigem Wandel

Viele Menschen fühlen sich als Opfer eines übermächtigen Systems aus einander ausschließenden Positionen. Da nicht jeder gleichzeitig am selben Platz sein kann, will jeder am besten Platz sein. Angst heißt ja: Angst davor, keinen angemessenen Platz mehr in der Welt zu haben, nicht genug zu essen und keine Arbeit, nicht anerkannt und nicht gut gekleidet zu sein, schlecht zu wohnen und nicht an Kultur und Miteinander teilzuhaben. Ein Entweder-oder einander ausschließender Einzelner lässt die Angst immer größer werden und mit ihr Konkurrenzkampf und Einsamkeit.

Erst wenn wir die Ebene wechseln, hin zur Gleichzeitigkeit und Ganzheit, nach dem Bild des Orchesters, das wir auf Erden sind, wo jeder sein ihm zustehendes Lebensinstrument gleichzeitig spielen kann, einer die erste Geige, ein anderer ein paar Töne auf der Triangel, ohne Bewertung, weil weder ohne Geige noch ohne Triangel die Symphonie stimmig erklingt, dann lösen wir Ausschließlichkeit und Enge auf. Leben ist mehr als Materie. Gedanken und Verstehen, Vorstellungen und Gefühle, Klänge und Geist kennen keine räumliche Grenze und schließen einander nicht aus. Sie können sich am selben Ort durchdringen, gleichzeitig sein, verbinden und dadurch Vertrauen schaffen.

Dass Enge mit Angst zu tun hat, sagt schon die sprachliche Herkunft des Wortes.* Es ist kein Wunder, dass ein eingeengter Blickwinkel Angst und Beklemmung auslöst. Überhaupt hängt Angst mit dem überproportional starken Gebrauch unserer Augen im Vergleich zu den Ohren zusammen. Während wir uns optisch immer nur auf ein Bild nach dem anderen fokussieren können, beschränkt auf den *Blick*winkel, der gerade eingenommen wird, ermöglicht uns das Gehör, Verschiedenes gleichzeitig wahrzunehmen: die Worte des Gesprächspartners, das Quietschen der Straßenbahn, Schritte auf dem Pflaster und den singenden Vogel, auch durch Mauern hindurch und hinter unserem Rücken. Unabhängig von Inhalten ist daher Bildschirmschauen geeignet, unsere Ängste zu steigern, angenehme Musik zu hören hingegen, sie zu mindern. Da, wo wir etwas nicht hören, etwas Sichtbares vermuten, aber tatsächlich nichts sehen, und das ist bei den Mikroorganismen der Fall, sitzt uns förmlich die »Angst im Nacken«. Obendrein betrachten wir die in Kästchen und Teile fragmentierte Welt als leblos und starr.

In einem aus analytisch gewonnenen Erkenntnissen dominierten leblosen Weltbild mit erstarrtem Denken findet man nur scheinbaren Halt. Da das Leben Veränderung ist, gibt es in ihm unweigerlich ständigen Wandel. Denken wir allerdings das Leben erstarrt, müssen wir uns gegen Veränderung wehren, denn alles, was anders wird, verunsichert uns und macht uns Angst. Im 19. Jahrhundert wurde die Erkenntnis der Evolution zu einem wichtigen Entwicklungsschritt, der die Vorstellung aufhob, alle Erscheinungen auf der Erde seien schon immer so gewesen wie jetzt. Paradoxerweise führte die gleichzeitig etablierte Wissenschaftsart zu einem Denken, das auf andere Weise wieder zum Festhalten neigt.

Viele Menschen halten an dem Irrtum fest, das Leben böte uns Halt, wenn alles so bliebe, wie es uns vertraut ist. An dieser Angst vor Änderung verdienen Versicherungs-

* »Angst« leitet sich im Sinne von »Enge, Beklemmung« aus dem Indogermanischen ab. Das lateinische Adjektiv *angustus* heißt »eng«, das Substantiv *angustiae* »Enge, Klemme, Schwierigkeiten«.

konzerne ein Vermögen. Leben jedoch ist ständige Bewegung, ist Veränderung, Rhythmus und ununterbrochene Wandlung. Sonnenauf- und -untergang, der Jahres- und der Lebenslauf lehren uns dies. Sie enden nicht umsonst mit »-lauf«.

Wer sich auf die Bewegungen des Lebens einlässt und dessen Veränderungen bejaht, findet Geborgenheit innerhalb des steten Änderungsprozesses.

Diesen Wandlungsprozess kann man in Bezug auf Mikroorganismen durchleben. Wenn man Bakterien zum ersten Mal dank der Vergrößerung eines leistungsfähigen Mikroskops erblickt, erstaunt es vielleicht am meisten, sie in unentwegten kleinen Bewegungen aktiv zu sehen. Was in aller Welt lässt diese Winzlinge in dieser Bewegung sein? Woher nehmen sie die Kraft dazu? Oftmals war man zuvor dem irrigen Denken in Unbelebtem erlegen gewesen und hatte sich vorgestellt, die Bakterien lägen dort auf dem Objektträger wie Murmeln in einer Schale, so wie man sie in den Momentaufnahmen der Makrofotografie sehen kann.

Mikroorganismen konfrontieren uns mit der Tatsache, dass Leben Bewegung ist. Wir lernen es durch sie neu kennen. Der Umgang mit Effektiven Mikroorganismen belebt auf diesem Wege auch unser Denken.

In einem Interview wurde ich einmal gefragt: »Was sind es für Menschen, die sich für Effektive Mikroorganismen interessieren?« Es sind Menschen, die keine Angst davor haben, offen für Neues und bereit zu sein, anders als gewohnt zu denken. Ihre Herkunft, ihre Bildung, ihr Alter oder ihr Beruf sind dabei belanglos.

Die Trennung und ihre Folgen

Um die Wirkweise der Effektiven Mikroorganismen verstehen zu können, müssen wir noch etwas tiefer in unsere Psyche blicken. Wir hatten gesehen, warum wir gewöhnlich vor Bakterien Angst haben und welchen Missverständnissen diese entspringt. Aus den Folgen der Angst entwachsen nun noch weitere Irrtümer, von denen wir uns besser befreien, wenn wir begreifen wollen, wie wir erfolgreich mit den Effektiven Mikroorganismen und allen anderen Bakterien umgehen.

Sobald wir Angst haben, trennen wir gedanklich das, wovor wir uns fürchten, von uns ab. Ich bin hier, und das, wovor ich Angst habe, ist dort. Es scheint uns fremd, wie beispielsweise die Bakterien, und hat angeblich nichts mit uns zu tun. Weil wir uns als Wesen dieser Schöpfung nur wohl fühlen, wenn wir positive Verbindungen und Zugehörigkeiten empfinden, wollen wir uns dessen, wovor wir Angst haben, entledigen. Ist das nicht wunderbar paradox? Wir meinen, Menschen und »Dinge« in oder um uns seien voneinander getrennte Einheiten, und beweisen gleichzeitig mit unserem »Loswerden-Wollen« all dessen, was vermeintlich nicht gut zu uns gehört, dass gesunderweise eben doch alles Teil unser selbst ist. Im angstfreien Zustand können wir dies erleben. Ich kenne zum Beispiel niemanden, der sich vor den Bakterien im Sauerkraut fürchtet. Vor sogenannten krankmachenden Bakterien ängstigen sich jedoch viele. Wir werden später sehen, dass solche Bakterien nur in unserer furchtsamen Vorstellung existieren.

Aus dem angstbedingten »Loswerden-Wollen« entspringen mindestens zwei Handlungswege:

- Entweder ich bekämpfe, was ich beseitigen möchte, in der Hoffnung, dass es irgendwann fort ist.
- Oder ich freunde mich mit dem, dessen ich mich entledigen will, an und versuche, es zu verstehen. Es wird mir dadurch vertraut; und weil ich dann keine Angst mehr davor habe, will ich es auch gar nicht mehr loswerden. Womöglich freue ich mich sogar daran.

Der zweite Weg ist derjenige, den wir mit den Effektiven Mikroorganismen beschreiten.

Es ist merkwürdig, wie sehr wir uns bisher auf den ersten Weg beschränken. Unentwegt be- und verurteilen wir, trennen in verschiedene Seiten und toben zwischen den Polaritäten herum. Dabei fühlen wir uns gern auf der Seite der »Guten« und grenzen uns von dem ab, was wir selbst als »schlecht« aburteilen. So driftet unsere Welt in Extreme ab, die daraufhin lauthals beklagt werden. Wir ergreifen unentwegt Partei, sind dafür oder dagegen und können in den Ergebnissen von Meinungsumfragen dann lesen, zu welcher Prozentzahl wir uns zählen.

Mit Bakterien zum Beispiel arbeiten wir entweder *gegen* das Leben, also *anti*biotisch, oder da*für*, also *pro*biotisch. Wir sind pro und kontra alles Mögliche, mit viel Aufwand und für sehr viel Geld. Sogar für und gegen das Altern – *pro-* und *anti-aging* – können wir uns stellen.* Dabei hat es noch keinen Menschen gegeben, der in seinem Leben nicht gealtert wäre. Es ist vielfach geradezu grotesk, »dafür« oder »dagegen« zu sein.

Dieses Abdriften in Extreme zieht sich durch unser ganzes Leben. Nach Erhebungen einer internationalen Studie[7] leben auf der Welt inzwischen 503 Millionen fettleibige Menschen, und die Zahl der Fettleibigen hat sich in den letzten drei Jahrzehnten fast verdoppelt. Gleichzeitig gibt es 950 Millionen Hungernde. Es gibt mehr Millionäre und mehr Arme, mehr Vergnügungen und mehr Depressionen, immer mehr Leistung und immer mehr Burn-outs**.

Die Folgen derartiger Polarisierungen sind Kampf, Leid, Schmerz und eine Vergeudung von Energie. Es ist noch nie vorgekommen, dass Angst auf diese Art und Weise verschwindet. Sie wird im Gegenteil immer größer, bis sie sich eines Tages womöglich in wütender Zerstörung entlädt. In einer Welt der Polarisierung bestehen weder Zufriedenheit noch gesunde Entfaltung.

In aufsehenerregenden Studien präsentierten die britischen Forscher Richard Wilkinson und Kate Pickett als Ergebnis dreißigjähriger Untersuchungen Fakten, die beweisen, dass umso mehr Ängste und Depressionen, Fettsucht, Teenagerschwangerschaften, Dro-

* Das lateinische *pro* heißt »für«, das Präfix *anti-* bedeutet im Griechischen »gegenüber, entgegen«. Das griechische *bíos* ist das »Leben«, und *contra* steht im Lateinischen für »gegen, entgegengesetzt«. Das englische Verb *to age*, Verlaufsform *aging*, heißt »altern«.

** Der Begriff »Burn-out«, auch »Burnout« (vom englischen *to burn out* für »ausbrennen«), wurde als Ausdruck für einen Kräfteverlust beim Menschen erstmals im Jahre 1974 verwendet und bezeichnet heute ein Syndrom mit großer emotionaler Erschöpfung und stark reduzierter Leistungsfähigkeit.

genabhängigkeit, Morde und Gefängnisaufenthalte auftreten, je größer die Einkommensunterschiede in einem Land sind.[8] In Nationen mit geringen Einkommensunterschieden entfaltet sich ein besseres Sozialleben, die Lebenserwartung ist höher, und zwar unabhängig von der Kultur und davon, ob es sich um ein insgesamt reiches oder armes Land handelt. Polarisierungen führen nachweislich bei allen Beteiligten zu weniger Wohlbefinden.

Das sehen wir auch bei den Bakterien. Je ungerechter wir sie behandeln und je stärker wir sie bekämpfen, desto größere Probleme entstehen. In einer Studie wiesen Ärzte aus Belgien nach, dass bis zu 60 Prozent der natürlicherweise auf der Rachenschleimhaut eines Menschen vorkommenden Streptokokken nach einer einwöchigen Antibiotikagabe verändert und resistent geworden waren.[9] Multiresistente* Bakterienstämme – also solche, die trotz antibiotischer Maßnahmen überleben – stellen in Krankenhäusern vielleicht das gewaltigste Problem dar. Es entsteht überhaupt nur dadurch, dass wir Bakterien bekämpfen, und die Erfahrung zeigt, dass dieses Problem sofort verschwindet, wenn der Kampf gegen Bakterien eingestellt und mit Bakterien zusammengearbeitet wird.

Die Vielfalt des Lebens in der Begegnung von Gegensätzen

Aus der Polarisierung heraus wird unsere Welt zunehmend einer Vereinheitlichung unterworfen. Aus Angst vor Aburteilung und davor, zu den »Schlechten« zu gehören, zu den »anderen«, die auffallen und ausgegrenzt werden, streben wir nach den gleichen vermeintlichen Idealbildern. Ob in einem Supermarkt in São Paolo, in Hongkong oder in Tondorf, wir finden das gleiche Katzenfutter. Die gleiche Kleidung, die gleiche Musik, die gleiche Nahrung, dieselben Fernsehbilder. Dieselbe Information überall auf der Welt führt dazu, dass wir uns vor Ort überfremdet fühlen mit dem Verallgemeinerten, weil unser Ur-Eige-

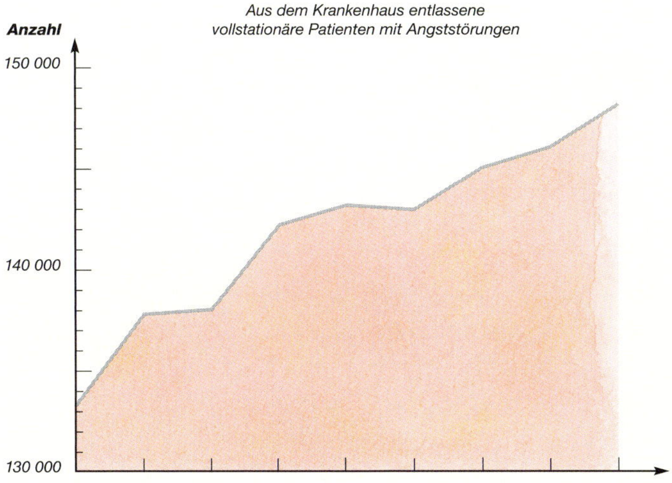

Angststörungen (nach Daten des Deutschen Statistischen Bundesamts, Wiesbaden 2011)

* Der Begriff »multiresistent« setzt sich zusammen aus den lateinischen Wörtern *multus* für »viel(fach), mehrfach« und *resistere* für »stehen bleiben, widerstehen«.

nes dadurch überschwemmt und unterdrückt wird. Die darunterliegende Sehnsucht nach Eigensein bahnt sich ihren Weg heute in Suchterkrankungen oder erstickt in Depressionen: Die Krankschreibungsrate bei 25- bis 29-jährigen Berufstätigen wegen Angststörungen oder Depressionen stieg von 1997 bis 2009 um 124 bis 139 Prozent,[10] und die Menge der verordneten Antidepressiva bei 20- bis 34-Jährigen nahm von 2006 bis 2010 um 174 Prozent zu.[11]

Auch auf der Ebene der Mikroorganismen sehen wir Folgen einer Globalisierung. Wir leben in einem mikrobiellen Kuddelmuddel. Störungen aufgrund von bakteriellen Fehlbesiedlungen im Körper nehmen zu, und die fehlende starke persönliche Bakterienflora macht uns Menschen ebenso wie Pflanzen und Tiere anfällig für Krankheiten.

Schließlich bedeutet Polarisierung auch Erstarrung. Wir kleben gedanklich ein Urteilsetikett auf die Polaritäten und führen sie zu Verhärtung und Stillstand. Solche Zustände können erfahrungsgemäß nur noch schmerzlich zerbrechen.

Wenn wir die uns umgebende Natur als unsere Lehrmeisterin ansehen, erkennen wir bei genauerer Betrachtung, dass sich die Vielfalt des Lebens gerade in der Spanne zwischen den Polaritäten entfaltet. Leben entsteht aus der Begegnung von Gegensätzen, und die höchsten Gefühle erlebt man bei ihrer Vereinigung. Daher führt die Liebe zur Paarung. Ja, Entwicklung ist nur aus Prozessen des Befruchtens, des Wandels, und aus dem Entstehen und Vergehen in allen Nuancen möglich. Aus dem befruchteten Ei wird erst dann ein schillernder Schmetterling, wenn es zur Raupe gewachsen ist und diese sich verpuppt, in fortwährendem Änderungsprozess, genannt »Metamorphose«. Wollte sie ewig Larve bleiben, niemals lernte sie fliegen.

Im Sommer ist es warm, im Winter kalt, und zwischendurch gibt es alle Übergänge. Ist der Sommer gut und der Winter schlecht? Bislang kam Gott sei Dank noch niemand ernsthaft auf die Idee, die Jahreszeiten bekämpfen zu wollen. Allerdings sind die Auswirkungen unseres polarisierenden Weltbildes bereits bedrohlich für das Klima der ganzen Erde. Ein Gänseblümchen ist klein und weiß, eine Sonnenblume ist groß und gelb. Müssen wir eine davon bekämpfen? Magnesium ist weich, Stahl ist hart. Kämen wir auf die Idee, eines davon abzulehnen? Vielleicht erschrecken wir bloß vor der grenzenlosen Fülle aller Erscheinungen, die unser kleines Sein kaum erfasst? Die gesamte Fülle des Lebendigen wird von Polaritäten umfasst, und ohne Rhythmen, welche die Bewegung zwischen Gegensätzen ausdrücken, wäre kein Leben auf dem Planeten möglich.

In Wirklichkeit finden wir alle diese Vielfalt interessant. Wir verreisen nicht, um dasselbe zu erleben wie zu Hause. Wir fahren in Urlaub, um andere, neue Aspekte der Welt kennenzulernen: karibische Strände, Pinguine am Südpol, ägyptische Pyramiden, afrikanische Tierwelt, thailändische Anmut oder Karneval in Köln. Das belebt und erholt uns und hält uns gesund. Warum sollten wir davon etwas bekämpfen?

Die Erfahrung zeigt, dass das, was wir bekämpfen, noch mehr Kraft allein dadurch bekommt, dass wir ihm so viel unserer Aufmerksamkeit zuwenden. Und weil wir den Bakterien in unseren Körpern mit dem Bekämpfen so zugesetzt haben, dass sie inzwischen schwach geworden sind, bringen wir aus dem Urlaub in Thailand womöglich einen Brechdurchfall mit. Denn auch in unserem Innern gilt: Je vielfältiger das Leben ist, in diesem Fall die Bakterienbesiedlung, desto gesünder ist der betreffende Lebensraum.

Im menschlichen Darm siedeln Mikroorganismen aus mehr als dreißig Gattungen mit über tausend Arten und Unterarten.[12] Im menschlichen Magen fanden Forscher über 120 verschiedene Bakterienstämme. Wahrscheinlich sind es sogar viel mehr. Niemand kann die unzähligen Beziehungen erfassen, die diese Bakterien untereinander pflegen. Aber wir wissen, dass Probleme auftreten, wenn keine Vielfalt von Bakterien mehr da ist und stattdessen Einseitigkeit und Monotonie.

Die der Angst entsprungene Vorstellung der Trennung zwischen uns und der uns umgebenden Welt hat obendrein die Folge, dass wir unser Bemühen um Gesundheit und Wohlergehen weitgehend auf uns selbst beschränken. Wir pflegen in erster Linie die uns nächstliegenden Hüllen: unseren Körper, unsere Kleidung, unsere Wohnung, vielleicht noch den Garten zu unserem Haus oder sogar ein Stück öffentlichen Gehwegs. Aber wer pflegt den Rest der »Hüllen«, die uns das Leben auf der Erde ermöglichen: Landschaft, Luft, Wasser, Erde oder Meere? Wer kümmert sich um den 60 Kilometer hohen Luftraum über unseren Häuptern? Wer pflegt die 35 Kilometer tiefe Gesteinshülle unter unseren Füßen? Was ist mit dem Rest der Erde? Weil wir unsere Umwelt so tot denken, klammern wir all dies aus unserer Fürsorge in der Regel aus. Wir trennen es von uns ab und denken vielleicht, dafür seien andere zuständig. Politiker zum Beispiel. Aber haben wir jemals in einem Wahlkampf gehört, jemand engagiere sich für die Pflege der Stratosphäre?

Zum Zwecke unserer Selbstpflege entnehmen wir der Erde alles, was unserem persönlichen Wohlbefinden dient: Wasser, Pflanzen, Metalle, Mineralien, Gestein, Erdöl, Kohle, Gas und so fort. Auch Mikroben. Wir plündern die Erde aus – und was geben wir ihr zurück? Unsere Abwässer, unseren Müll und am Ende unseres Lebens uns selbst – dies makabrerweise oft so mit Chemie getränkt, dass unser Leichnam streng genommen als sorgsam getrennter Sondermüll zu behandeln wäre. Wie viel Zeit unseres Lebens wenden wir dafür auf, unserer Erde die Liebe und Fürsorge zu schenken, die ihr gebührt?

Erst wenn wir das »Trenn-Denken« überwunden haben, das unserer Angst entsprungen ist, werden wir verstehen, dass alles mit allem verbunden ist und jede Entnahme aus dem Erdorganismus genauso Wirkung zeigt wie das, was wir mit dem Entnommenen anstellen. Kein bisschen unseres Tuns bleibt ohne Wirkung.

Wir sprechen von Fortschritt. Aber von was schreiten wir eigentlich dauernd fort? Wem kehren wir den Rücken? Wovor laufen wir davon? Mit einem Ziel vor Augen würden wir doch von »hingehen« oder »anstreben« reden. Wir sprechen aber nicht von »Hinschritt«, sondern von »Fortschritt«, also haben wir kein Ziel vor uns, sondern etwas hinter uns, was wir verlassen. War die Vergangenheit so schrecklich? Sind wir heute gesünder, fröhlicher, zufriedener und glücklicher als in der Vergangenheit? Freuen wir uns an den Resultaten der Art und Weise, wie wir bisher denken?

Wir sind anspruchsvoller geworden, manchmal unbescheidener und oft undankbar – trotz (oder wegen?) all des Fortschritts. Dabei geht es uns doch viel besser, wenn wir ein Ziel vor Augen haben, auf das wir hinschreiten können. Zum Beispiel das Ziel des gesunden Planeten Erde und des Wohlergehens für alle Menschen. Tun wir das, so werden wir eine bessere Zukunft haben. Tun wir es nicht, so müssen wir achtgeben, dass der Fortschritt uns nicht eines Tages hinrichtet. Wir brauchen nicht resigniert zu denken, dass das unmöglich ist, nur weil die Vergangenheit es nicht hergab. Die Effektiven Mikroorganismen bieten uns unzählige Möglichkeiten, unsere Zukunft zu verbessern. Mit solch einer positiven Vision vor Augen schreiten wir vom Fortschritt fort zur Entwicklung hin.

Alle hohen Kulturen pfleg(t)en das Geben und Nehmen als Ausdruck eines Gleichgewichtes zur Grundlage eines gesunden Lebens für alle. Modern ausgedrückt, geht es um die Ökobilanz unseres Tuns. Diese können wir mit Effektiven Mikroorganismen verbessern, weil die EM-Technologie eine energiegewinnende Technologie ist.

Jede Privatperson weiß, dass finanzielle Verbindlichkeiten lähmen und daher die eigenen Ausgaben nicht die Einnahmen übersteigen dürfen, will man auf Dauer glücklich sein. Was unseren Umgang mit der Erde angeht, häufen wir ein gigantisches Maß an Schulden aus Ausbeutung, Missbrauch, Missachtung und Egoismus an, das jetzt schon ein erdrückendes Volumen angenommen hat. Inzwischen spüren wir es bis in unsere Staatswirtschaft hinein. So viel Ungleichgewicht ist letztendlich auf unsere grundlegenden Denkmuster und das daraus resultierende einseitige Handeln zurückzuführen.

Gönnen wir uns also von den obengenannten Wegen den zweiten, und freunden wir uns mit der Erde einschließlich ihrer gesamten Schöpfung an. Wir können ganz klein mit den Bakterien beginnen.

Als die Effektiven Mikroorganismen gefunden wurden, erkannte man, dass das Zusammenwirken mehrerer Mikrobenarten in einem stabilen Milieu das Leben heilt. Ein Erfolgsgeheimnis ist ihr Miteinander in einer Vielfalt, anders als die Trennung in Einzelstämme. Man nannte das »friedliche Koexistenz«. Überall, wo Effektive Mikroorganismen angewendet werden, geben sie einen Impuls an das jeweilige Milieu, der das Zusammenwirken der Kleinstlebewesen vor Ort fördert. Darin liegt die große Bedeutung und der sensationelle Erfolg der Effektiven Mikroorganismen. Er mutet nur deshalb manchen merkwürdig an, weil wir uns so sehr an eine analytische Weltanschauung gewöhnt haben, die auf einer Trennungsillusion basiert und alles Andersartige bekämpft.

Bekämpfen: Eine Erfindung des Menschen, kein Naturgesetz

Das Kämpfen nimmt in unserem Alltag einen bedeutenden Stellenwert ein. Auch Bakterien werden bekämpft. Ausdauernd, gründlich, für sehr, sehr viel Geld – und völlig vergeblich. Allein die Nutzlosigkeit dieses Tuns hätte uns schon vor langer Zeit zeigen können, dass wir auf einem Holzweg sind.

Milliarden von Euro geben deutsche Krankenhäuser jährlich für die Beseitigung von Bakterien aus. Weltweit stieg allein der Anteil an Infektionen mit mehrfach resistenten gramnegativen Bakterien auf Intensivstationen in Krankenhäusern von 39 Prozent im Jahr 1992 auf 62,2 Prozent im Jahr 2007.[13] Die Zahl der resistenten *E.-coli*-Stämme stieg in den letzten zehn Jahren von 1 auf 13 Prozent.[14] Das spricht nicht gerade für einen Erfolg der Bekämpfungsmaßnahmen. Warum ändern wir nicht sofort unsere Strategie?

Das Kämpfen ist uns so selbstverständlich geworden, dass wir uns ein Leben ohne Kampf schier nicht mehr vorstellen können. Während »Gutmensch« ein Schimpfwort und Helfen im »Helfersyndrom« zu etwas Pathologischem geworden ist,[15] gilt der Kampf als probates, ja positives Mittel zum Zweck. Dabei kostet Kämpfen viel Kraft, führt nicht unbedingt zum Erfolg und hinterlässt mit Sicherheit Verlierer. Im Falle der Bakterien sind die Verlierer wir.

Unser Alltag ist vom Kämpfen durchzogen. Zeitungen, Fernsehen, Werbung und Radio sind voll davon: der Kampf gegen die Armut, gegen die Arbeitslosigkeit, gegen Pickel auf der Haut. Hunger wird bekämpft, Teppichflecken, die Masern, das Elend, das Gewicht und Eis und Schnee.

Frauen kämpfen gegen Männer, Sportler untereinander, Shampoos gegen Schuppen, demonstrierendes Volk gegen seine Volksvertreter und Volksvertreter im Wahlkampf um Stimmen. Im Gartenbeet werden die Schnecken bekämpft, im Teich die Algen, auf den Rosen die Läuse, unter der Erde die Mäuse, auf der Wiese der Löwenzahn, auf dem Acker der Senf.

Man kämpft um Anerkennung und Parkplätze, kämpft sich durchs Studium, gegen den Partner um die Kinder, für eine gute Sache, für Gerechtigkeit und um mehr Lohn. Oft kämpfen wir nicht mehr speziell für oder gegen etwas, sondern leben ständig im Kampf: mit uns selbst, mit unserem Schicksal, mit der Welt im Allgemeinen und mit diesem oder jenem im Besonderen.

Vor keinem Lebewesen macht dieser Kampf Halt. Haben wir Angst, packen wir einfach schnell zu. Fliegen, Mücken und Zecken werden sofort erschlagen, Bienenschwärme verbrannt, wenn sie krank sind, Rinder- und Schafherden gekeult. Nichts ist vor unserer Bekämpfung sicher. Wollen wir uns das alles wirklich weiter leisten?

»Alles, was mit Töten, mit der Vernichtung fremden Lebens zusammenhängt, schwächt die selbstbewusste Ich-Kraft im Menschen«,[16] sagte Rudolf Steiner vor gut hundert Jahren. Man muss keine Religionen zitieren, um zu fühlen, dass Kämpfen nicht guttut.

Der Kampf gegen alles Mögliche im Spiegel der Presse

Am absurdesten aber ist der Kampf gegeneinander um den Frieden. Man stelle sich das einmal ganz wörtlich und plastisch vor: Menschen im Zweikampf mit etwas Abstraktem wie einem Arbeitsplatz. Mit gezückten Schwertern, um Frieden zu erlangen. Im Clinch mit den Algen im Gartenteich, auf der Jagd nach Ungeziefer. Wie soll das sinnvoll sein? Es kann niemandem wirklich Spaß machen, auch wenn es bereits Kindern in digitalen Medien als Spiel zum Vergnügen verkauft wird.

Gegen etwas, was *ist*, anzukämpfen ist nicht nur das Überflüssigste, was es gibt. Seine Existenz wird dadurch nicht nur nicht verhindert. Im Gegenteil: Wir geben dem Bekämpften durch unsere Gewalt sogar noch viel mehr Macht. Und um etwas zu kämpfen, was *nicht ist*, führt das Gewünschte auch nicht herbei. Erleben wir nicht ständig, dass der Kampf zu immer größeren Schwierigkeiten führt? Dass ein Fußballspiel, das zum Mannschaftskampf voller Zweikämpfe geworden ist, auf den Zuschauerrängen Tote hinterlassen kann, brennende Autos und geplünderte Geschäfte statt fröhlicher Menschen, die sich an einem Spiel erfreuen? Dass die »Verlierer« der Gesellschaft in ihrer Not zu Mitteln der Zerstörung greifen? Dass bekämpfte Bakterien sich als größeres Hindernis für Gesundheit erweisen als jegliche natürliche Bakterien zuvor? Warum kämpfen wir also ständig und überall gegen und für alles und jeden an?

Das Wort »Kampf« stammt vom lateinischen *campus* für »Feld« und bezeichnete das abgesteckte Areal, in dem ein Zweikampf ausgetragen wurde. Die beiden Gegner waren die »Kämpfer«, die »kämpften«. Aus dieser Sprachgruppe stammt auch das moderne Wort »Camp«, das ursprünglich »Militärlager« hieß. Es handelt sich beim Kampf also um eine Erfindung des Menschen und nicht um ein Naturgesetz, auch wenn wir es gern in Naturprozesse hineininterpretieren.

Kämpfen hat die Vorgabe eines abgesteckten Gebietes, auf dem sich getrennte Einheiten befinden. Es entspringt einem materiellen Denken, das nur eins zu einer Zeit an einem Platz zulässt. Darin erkennt man den Zusammenhang zu unserer analytischen Weltsicht, die das Sein in Stücke teilt, deren Trennung uns Angst macht, und die Illusion verschafft, alles beseitigen zu müssen, was uns vermeintlich unseren Platz streitig macht. Es ist Ausdruck eines eingeschränkten Horizontes und eines einseitigen Blickfelds. Ein *campus* schließt andere als die Kämpfenden aus. Merkwürdigerweise spricht man auch vom Universitätsgelände als »Campus«. Forscher reden von ihrem Forschungs»feld« und kämpfen um Anerkennung …

Wer das Leben derart eingeschränkt denkt und seine verschwenderische Fülle und Vielfalt nicht mehr sieht, meint, das begrenzte Wenige sei nur für Einzelne da, nämlich die »Champions«. Dieses französische Wort leitet sich ebenfalls von *campus* in der Bedeutung von »Kampfplatz« ab. Der Sieger steht auf dem Treppchen, alle anderen sind unterlegen und daher weniger wert. Das ist heute in vielen Lebensbereichen die Illusion.

Wo in unserer Vorstellung Sieger und Verlierer existieren, hat jeder Angst zu unterliegen, und es entsteht das Bild einer Hierarchie, in der jeder jeden als Konkurrenz auf dem Weg zum Ziel betrachtet. Da jeder Champion sein will, um endlich zufrieden zu sein, ist die Versuchung groß, sich dafür jeglicher Mittel zu bedienen.

Im Sport das Doping, in der Wirtschaft die Korruption, am Arbeitsplatz das Mobbing und in der Politik der Terror sind die zwingenden Folgen eines Denkens, das auf Trennung,

Vereinzelung, Angst und Kämpfen baut. Sie hinterlassen trostlose Schlachtfelder. In einer Welt, in der jeder möglichst »oben« stehen will, muss sich niemand wundern, dass Egoismus, Vorteilsnahme und Gewalt eskalieren. In einer Gesellschaft, die von gewinnorientierter Wirtschaftsform dominiert wird, wo nicht Sieger ist, wer am menschlichsten wirtschaftet, sondern wer die größten Gewinne einstreicht, müssen Vereinzelung und Angst unter Menschen zunehmen. Auch diese Wirtschaftsform entspringt dem Reduzieren auf tote Zahlen, wie sie dem analytischen Denken erwächst. Bis in die Familie hinein wird Sozialleben zu teuer, wenn man in teure Autos, Häuser, Urlaube und andere Prestigeobjekte investieren muss, um sich zugehörig zu fühlen. Wohlfühlen wird mit Wohlstand verwechselt. Die Zahl der Kleinstfamilien nimmt zu, und es wachsen Einzelkinder auf, die wenig Chancen haben, früh ein Miteinander zu üben, sodass aus ihnen womöglich wiederum Scharen von »Einzelkämpfern« werden. Welcher Teufelskreis!

Die gute Botschaft ist: Es lässt sich ändern. Die Zeit dafür ist reif, und die Möglichkeiten dazu sind gegeben. Effektive Mikroorganismen sind eine davon.

Der Kampf gegen Bakterien spaltet unsere Psyche

Aus der modernen Gehirnforschung wissen wir, dass Aggression als biologisches Programm *unter bestimmten Bedingungen* aktiviert wird, um Schmerz abzuwehren und körperliche Unversehrtheit zu bewahren.

Daran lässt sich ablesen, dass wir Menschen natürlicherweise als Wesen der Kooperation und der Fürsorge geschaffen sind. Wer einem anderen Wesen eine Bedrohung suggeriert, macht es diesem also schwer, seine liebevolle und fürsorgliche Seite zu zeigen. Wer die Welt als Kampfplatz versteht, wird Widerständen begegnen, die ihn nicht zufriedenstellen können, sondern einen dauernden Weiterkampf provozieren. Glücklicherweise kann man damit einfach aufhören. Mahatma Gandhi, Karoline Mayer, Nelson Mandela und viele weniger bekannte Persönlichkeiten haben es uns im menschlichen Miteinander vorgelebt. Es ist hinreichend bewiesen, dass Frieden Frieden sät. Mit den Mikroorganismen Frieden zu schließen ist risikolos, niemand muss befürchten, deshalb ins Gefängnis geworfen zu werden. Es ist also ein guter Einstieg und ab sofort jedem möglich.

Ohne Propaganda käme niemand darauf, Eigenes als fremd zu bekämpfen. Ohne unsere spezielle Geschichte des Forschungsfeldes Mikrobiologie würden wir Bakterien nicht eliminieren wollen. Aus deren Sicht sind wir im vorletzten Jahrhundert in eine Propagandafalle geraten, und es ist höchste Zeit, uns wieder daraus zu entlassen. Bakterien sind ein existenziell notwendiger Teil unser selbst. Wir besitzen zahlenmäßig mehr Bakterien in und an uns als körpereigene Zellen, sind ergo Bakterien mit ein bisschen Mensch drum herum. Der derzeitige Kampf gegen Bakterien spaltet unsere Psyche und legt uns in den Kampf gegen uns selbst.

Es ist so absurd: Stellen Sie sich vor, Sie hätten eine Bakterie vor sich sitzen. Meinetwegen auf einem goldenen Tablett. Sie ist mit ihren ein bis drei tausendstel Millimetern Größe unvorstellbar winzig klein und für das menschliche Auge unsichtbar. Davor hat ein Mensch Angst? Nun ja, werden Sie sagen. Es geht nicht um eine Bakterie, es geht um viele. Es geht um die »Heerscharen gefährlicher« Bakterien, die in den Körper »eindringen«, sein Immunsystem »überrennen«, die Abwehrzellen »überlisten« und die Gesundheit »angreifen«. – Woher wissen Sie das? Ist das nicht Propagandavokabular? Selbst eine »Kolonie«, eine sichtbare Menge von Bakterien, ist noch vernachlässigbar klein im Vergleich zu einem Menschen. Davor haben wir Angst? Die müssen wir bekämpfen? Nein.

Natürlich ist Umdenken ein Brocken Arbeit, solange in Fachbüchern der Mikrobiologie eine Verzerrung der Realität vorgegeben wird. Ein 1175 Seiten umfassendes internationales mikrobiologisches Standardwerk beschäftigt sich in seinem Inhalt mit allem Möglichen. Von der völlig normalen mikrobiellen Besiedlung des Menschen handeln jedoch nur exakt neun Seiten. Der Abschnitt, der sich mit Mikroorganismen in Nahrungsmitteln beschäftigt, in dem das Stichwort »›Lebens‹mittel« gar nicht erst vorkommt, beginnt mit dem Satz: »Mikrobielles Wachstum vernichtet große Mengen an Nahrungsmitteln und führt dadurch zu wirtschaftlichen Problemen und beträchtlichen Verlusten bei der Nahrungsversorgung.«[17] Da kann man beim Lesen schon Angst haben zu verhungern. Böse Mikroben? Mit keinem Wort ist vom kostbaren Veredeln von Früchten der Erde die Rede, schon gar nicht von deren Verehrung seit alter Zeit. Hunderte von Seiten jedoch sind der Genetik der Bakterien gewidmet, ihrem Zerkleinern in Einzelteile. Von ihrer Lebensleistung für unsere Gesundheit, von Respekt vor ihrer Aufgabe auf unserem Planeten, geschweige denn von »Liebe« zu ihnen findet man keine Silbe.

Natürlich hat die Dominanz des Kämpfens in unserer heutigen Welt eine historische Ursache, und diese ist untrennbar mit dem Namen Charles Darwin (1809–1882) verknüpft. Es war im Jahre 1859, als der große englische Naturforscher, der ursprünglich Theologe war, sein Werk *Über die Entstehung der Arten* veröffentlichte, zwölf Jahre später gefolgt von der *Abstammung des Menschen*. Das Buch *Über die Entstehung der Arten* ist in drei große Abschnitte gegliedert, welche die Titel tragen:

- »Variation«,
- »Der Kampf ums Dasein« und
- »Das Überleben des Tüchtigsten«,

wobei Letzteres ein Ausdruck ist, den Darwin von dem Philosophen und Soziologen Herbert Spencer (1820–1903) übernommen hat.

Logische Konsequenz seiner Theorie, die er anhand von persönlichen Naturbeobachtungen auf vielen Reisen entwickelte und die er ausdrücklich auch auf das menschliche Zusammenleben übertrug, war eine Entwicklung durch Aussonderung des Ungeeigneten zugunsten einer Auslese der Geeignetsten. Man muss Darwins Forschung vor dem Hintergrund seiner Biografie interpretieren, und diese implizierte die Abkehr vom persönlichen Glauben an Gott. Natürlich beeinflusste das von vornherein seine Perspektive.

Noch im Jahr 1839 hatte Darwin in einem Notizbuch festgehalten: »Es fällt schwer, an den schrecklichen, aber heimlichen Krieg zwischen organischen Wesen zu glauben, der sich in diesen friedlichen Wäldern und auf den freundlichen Feldern abspielt.«[18] Was er außer Acht ließ, ist die Möglichkeit einer übergeordneten Weisheit, einer Ganzheit, der zuliebe das Einzelne sich sinnvoll einordnet. Also das Bild der größeren Einheit, deren Elemente selbstlos und wohlwollend zugunsten der Gesamtkomposition handeln, so wie beispielsweise unsere Körperzellen zusammenwirken, um das Leben des menschlichen

Organismus als Ganzes zu ermöglichen. Sie tun es gesunderweise friedlich miteinander, doch wenn sie sich vereinzeln und verselbständigen und ihre eigene abgetrennte Vermehrung betreiben, nennen wir das »Krebs«!

Was Darwin beschrieb, mag – zutreffend interpretiert – innerhalb einer Art bedeutsam sein. Es lässt sich jedoch nicht auf große Zusammenhänge übertragen. Dennoch fiel es im Denken seiner Zeit offensichtlich auf fruchtbaren Boden. Heftig umstritten und Quelle verschiedenster Glaubenskämpfe (!) ist die Formulierung vom »Kampf ums Dasein« in die Köpfe der Menschheit gesickert und nährt die machthungrige Seite in uns.

Darwin wies auf die bedeutende Rolle der Vielfalt im Lebendigen hin. Dabei stellte auch er fest, dass Leben sich da am üppigsten zeigt, wo große Vielfalt besteht. In einem Versuch säte er auf einem von zwei gleichartigen Beeten eine einzige Grassorte aus, auf dem anderen Gräser verschiedener Arten. Dieses Beet erbrachte eine größere Menge qualitativ besseren Heus. Wäre tatsächlich das Kampfprinzip ein Erfolgsrezept, hätte die Wiese, auf der im Experiment eine Grassorte »gesiegt« hat, das bessere und mehr Heu erbringen müssen. Vielfalt im friedlichen Miteinander, in Kommunikation und Kooperation ist das tatsächliche Erfolgsrezept in der Natur. Moderne Kommunikationstrainer bestätigen das im Übrigen für den Menschen und unterrichten es in teuren Kursen.

Es verwundert daher nicht, dass auch Mikroorganismen am besten wirken können, wenn sie in gesunder Vielfalt und freier Kommunikation miteinander und mit uns leben. Effektive Mikroorganismen sind ein Beispiel dafür.

Die größte Triebfeder des Menschen: Liebe

Darwin arbeitete wegweisend für das Verständnis von Entwicklungsprozessen. Paradoxerweise ist unser Denken jedoch seither festgelegter als zuvor. In Anbetracht dieser Erfahrung dürfen wir uns erlauben, unser Denken zu erneuern, auch wenn es Mut kostet, damit anzufangen: Anstatt zu kämpfen, geht es darum zu vertrauen. Vertrauen zu entwickeln in die gesunde Vielfalt, die Leben auf allen Ebenen fördert und in der jedes Lebewesen seine bedingungslose Existenzberechtigung hat. Nur wenn im Orchester jedes Instrument seinen Platz einnehmen kann, wird schöne Musik erklingen. Begänne ein Konzert damit, dass erst alle Musiker um einen besten Platz auf dem Podium kämpften, käme wohl niemand auf die Idee, Eintritt dafür zu lösen. Unser Leben ist zu kostbar, um es mit andauernden »Kampfhandlungen« zu verschwenden. Wir erfahren ja alltäglich, dass dies zu verletzend, zu teuer und zu fruchtlos ist.

Das heißt nicht, dass man sich nicht für etwas anstrengen, sich für etwas einsetzen und Veränderungen herbeizuführen suchen sollte, wo sie notwendig sind. Miteinander ringen, Grenzen setzen und erfahren ist wichtig, jedoch nicht zwangsläufig ein Kampf. Viel eher hilft das Vertrauen in die Ganzheit, in der alle Ressourcen bereitstehen, wenn Vielfalt, Kooperation und Freiheit respektiert werden, sich mit aller Kraft für eine bessere Zukunft einzusetzen.

Wie trostlos ist die Vorstellung, hinter all der Entwicklung auf der Erde stecke das Prinzip des Kampfes. Für jeden Menschen nachvollziehbar, ist dies nicht der Fall. Jeder spürt, dass die größte Triebfeder des Menschen die Liebe ist – oder Angst als Kehrseite ungelebter Liebe. Wenn Liebe die größte Triebfeder des Menschen ist, dann ist sie auch der

Antrieb des Lebens. Liebe lässt zwei Menschen zusammenkommen und neues Leben zeugen. Es wäre absurd zu glauben, das sei eine Ausnahme im Universum. In ihr liegt das mikrokosmische Abbild des Makrokosmos.

»Liebe« klingt vielleicht kitschig und unwissenschaftlich. Sie muss auch »unwissenschaftlich« sein, sonst wäre sie reduzierbar. Sie ist allumfassend und unergründlich. Jedes Wesen weiß, was Liebe ist, entweder weil es sie erfahren hat oder weil es sie vermisst. Schon Dante sagte in seiner *Göttlichen Komödie*:

> O überreiche Gnad'! Ich dürft es wagen,
> Fest zu durchschau'n des ew'gen Lichtes Schein
> Und ins Unendliche den Blick zu tragen.
> Er drang bis zu den tiefsten Tiefen ein;
> Die Dinge, die im Weltall sich entfalten,
> Sah ich durch Lieb' im innigsten Verein.[19]

Und im Schlusssatz:

> Doch Wunsch und Will'
> In Kraft aus ew'ger Ferne,
> Ward, wie ein Rad, gleichmäßig umgeschwungen,
> Durch Liebe, die beweget Sonn' und Sterne.

Liebe im Weltenall und Liebe im Menscheninneren: Sie sind die Kraft, aus der gelingendes Leben sich speist.

Astrophysiker haben festgestellt, dass die Galaxien unseres Kosmos tatsächlich zueinanderstreben, anstatt der Fliehkraft folgend auseinanderzuschleudern. Dass die Sterne untereinander um den besten »Platz an der Sonne« kämpfen, hat glücklicherweise noch niemand unterstellt. Wir brauchen also nur unser weniges Wissen über die Physik des Universums auf unsere menschlichen Maßstäbe und von dort auf die Mikroorganismen zu übertragen und finden die ungeheuer friedliche Botschaft: Alles und jedes hat einen Raum, einen Sinn und eine Aufgabe im großen Geheimnis, das sich »Leben« nennt. Lernen wir es lieben, und vertrauen wir auf die dahinterstehende große Weisheit. Dann nimmt der überflüssige Kampf ums Dasein ein Ende und wird zur Freude am Miteinander. Mit dem Einsatz der Effektiven Mikroorganismen ist das sofort möglich.

Erdgeschichte: Adam stammt von Bakterien ab

Das Paradies der Gaia

Woher stammen eigentlich Bakterien? Sind sie vom Himmel gefallen, aus dem Meer entstiegen oder unter magischen Umständen zusammengezaubert worden? So scherzhaft diese Fragen klingen mögen: Sie haben einen ernsten Hintergrund. Denn tatsächlich kreisen die Rätsel ihrer Entstehung um diese verschiedenen Möglichkeiten, deren jede bis heute nicht sicher ausgeschlossen werden kann.

So wie jeder Mensch seine Biografie hat, hat auch unser Planet seine Geschichte. Diese genau nachzuerzählen ist uns noch nicht gelungen, aber wie Puzzlesteine fügen sich Phänomene zusammen, die uns rückschließen lassen, was gewesen sein mag. Doch welchen Puzzlesteinen will man dabei glauben? Der biblischen Schöpfungsgeschichte? Der Radiokohlenstoffdatierung? Den älteren Mythen? Der Astrospektroskopie? Der Paläontologie?

Auch wenn es Versuche gibt, die Fülle der Geschichtszeugnisse aus Geisteswissenschaften, Religionen und Geowissenschaften in eins zusammenzuschauen,[20] scheitern wir meistens bei diesem Versuch. So kommt es, dass die Entstehung der Erde entweder geistig, lebendig oder physikalisch-chemisch beschrieben wird. Die Frage »Wie ist das Leben entstanden?« beantwortet sich wahrscheinlich nicht auf den Ebenen, die wir gewöhnlich zu betrachten pflegen.

Eine Variante der frühen Erdentwicklung lautet in etwa so: Nachdem aus einer Wolke aus Gas, Staub und Eis nach mächtigen Kraftprozessen ein Arrangement aus Planeten geworden war, die um eine Sonne kreisten, gab es darunter einen, dessen Position im Universum so perfekt balanciert war, dass er Leben gebären konnte: »die« (weibliche!) Erde. Zwischen ihrer Größe und der Wärme in ihrem Inneren bestand das rechte Maß, das sie weder verbrennen noch auf der Oberfläche erstarren ließ. Der Abstand zur Feuerquelle Sonne war groß genug, sie nicht in ihrem Strahlenwind davonwehen zu lassen, und klein genug, Wärme für molekulare Reaktionen bereitzustellen. Weder ließ sie das Wasser verdampfen noch es zu ewigem Eis gefrieren. Ihre Drehung gab Rhythmen, die sie in Tag und Nacht, Sommer und Winter atmen ließ, und ihre Schwerkraft hielt alles schön zusammen, ohne es zu lähmen. Anfangs, als die Ozeane noch »wolkenweise in der Atmosphäre hingen«,[21] wurde sie unentwegt mit Meteoriten und Kometen befruchtet, die ihr Kohlenstoff und andere Elemente aus dem Universum zutrugen. Welche Impulse das brachte, zeigt uns mit seinen Kratereindrücken allnächtlich der aus der Erde ausgegliederte Mond. Anders als die anderen Planeten fand die Erde sich zu einer Gestalt zusammen, deren Kern Eisen und deren Haut durchkrustete heiße Meere waren, umwoben zunächst von Gasen wie Ammoniak, Schwefelwasserstoff und Methan.

Nach massenspektrometrisch ermittelter, sich immer mal wieder ändernder Zeitrechnung war dies vor etwa viereinhalb Milliarden Jahren.

In der heißen Brühe, die in dieser Zeit um den Planeten wogt, können sich Elektronen zu Atomen, zu Elementen und zu Molekülen zusammenfinden. Kleine Lipidmoleküle bilden Doppelschichten und kugeln sich im Wasser zusammen. Trocknen sie, brechen sie wieder auf, im Wasser schließen sie sich wieder zur Kugel mit allem, was sie darin aufgenommen haben. Der erste Raum entsteht. Seine Wandstruktur gleicht exakt der der heutigen Zellen.

Die meisten Autoren beschreiben die frühe Erde, als ob sie blind, dumpf und stumm war. Aber warum sollte das gewesen sein? Vielleicht war es ein singendes, klingendes Paradies, in dem die Göttin Gaia so lange tanzte, bis sich aus dem Wirbeln ihrer Schleier Formen ins Sein hinabsenkten?

Wie das Leben schließlich in die Materie einzog, wissen wir nicht, und das ist gut so. Jede Liebe verliert ihren Reiz, wenn sie kein Geheimnis mehr birgt. Dass es in die Materie einzog, wissen wir, und an der existenziellen Aufgabe, Materie lebendig zu durchlichten, hat sich bis heute vielleicht nicht viel geändert. Auch für uns Menschen ist dies die Aufgabe der Gegenwart. Wäre die Entstehung von Leben ein physikalisch-chemischer Prozess gewesen, wäre er inzwischen wohl experimentell wiederholbar. Dass er es nicht ist, weist uns ruhigen Gewissens auf einen darüber hinausgehenden, einen geistigen Ursprung hin.

Nichtsdestotrotz sucht man die Anfänge des Lebens in den Spuren, die sie hinterließen. Waren es die Meteoriten, die Leben aus dem Universum brachten? Waren es Blitze, Gas und Wasser, die, wie Stanley Miller 1953 zeigte, imstande sind, Aminosäuren zusammenzufügen? War es die Brandung früher Ozeane, in deren Bläschen sich Biofilme bildeten, in denen sich durch elektromagnetische Ladungen angezogen Moleküle versammelten und denen eines Tages Leben entkroch?

Eine »Schwarzer Raucher« genannte heiße Tiefseequelle

Oder gebar sich das Leben aus ihrem Inneren? »Schwarze Raucher« nennt man meterhohe Schlote in Tausenden Metern Tiefe heutiger Ozeane, wo aus Nahtstellen der Kontinentalplatten bei ewiger Finsternis über 300 Grad Celsius heißes Wasser schwarz aus der magmanahen Erde schießt, auf 2 Grad eisiges Meerwasser trifft, mit einem höllengleich sauren, schwermetallgetränkten Mix gesteinsgelöster Elemente. Für Bakterien offenbar der wirtlichste Ort der Welt: Schwefelbakterien lieben die substanzgeladenen Schlotwasserwirbel und verdauen organische Kohlenstoffverbindungen zu Zucker und Eiweißen. Diese wiederum sind die Nahrungsgrundlage für Würmer, Krebse und Fische, die sich in ihrer Nähe tummeln, und zwar in einer Vielfalt und Fülle sondergleichen. Immer wieder kann man an solchen Stellen neue Arten entdecken, ungewöhnliche Tiere und Lebensgemeinschaften, wie es etwa dem Meeresbiologen Alex Rogers von der Oxford University im Jahr 2011 in der antarktischen Tiefsee gelungen ist.[22]

Nach der Vorstellung der Forscherin Eva Nessenius[23] entwickelte sich die Erde wie ein Planetenembryo. Urbakterien sammelten zunächst aus neblig-flüssiger Umgebung innerhalb einer ungeformten Wolke im Universum Substanzen zu einem gelartigen Protoplasma zusammen, das sich schrittweise zu Urgestein verdichtete. Erst war das Leben, daraus entstand das Gestein. Nebeltröpfchen einer übersättigten Atmosphäre bildeten die Urformen für Einzeller, die durch Umwandlungsprozesse Stoffe verdichteten und zunehmend feste Masse formten. Die Erde entstand als Gesamtorganismus, nicht als Summe von Teilen.

Aus Sicht der Einzeller sind wir Neulinge auf der Erde

Wenn wir die unermesslichen Zeiträume der Erdgeschichte auf heutiges Verstehen übersetzen wollen, nehmen wir uns am besten eine Schnur von 4,50 Meter Länge. Es können auch zweieinviertel Zollstöcke sein, mit denen wir die Maße auf den Boden aufzeichnen. Je konkreter wir dies tun, desto besser.

Am Anfang bei 4,50 Metern markieren wir – auf der Schnur zum Beispiel mit Wäscheklammern – die Entstehung der Erde, am Ende bei null den Zeitpunkt jetzt. Wo gab es dazwischen das erste Leben? Wo wäre die Markierung für den ersten modernen Menschen anzubringen, den *Homo sapiens*? Welches ist nachweislich das erste Leben, das unsere »Planetin« Erde hervorbrachte? Es lohnt sich, diese Fragen spontan zu beantworten, um dann zu sehen, wie unser Bild von der Realität womöglich abweicht.

Die ältesten Funde von Leben fanden sich als Fossilien in archaischen Gesteinsschichten, die der späteren Umformung durch kontinentale Verschiebungsvorgänge entkamen. In 3,465 Milliarden Jahren alten Gesteinen entdeckte man in Australien[24] elf verschiedene Typen identifizierbarer Einzeller. Auch wenn diese Funde umstritten sind und man die ältesten eindeutigen Mikrobenfossilien 1,9 Milliarden Jahre alt schätzt, ist klar: Bakterien sind die ältesten Lebewesen auf der Erde, die wir kennen. In der ursprünglichen heißen Plasmasuppe elementarer Verbindungen haben sie jeweils einen winzig kleinen Raum abgegrenzt, innerhalb dessen fortan andere Bedingungen waren als ringsum. Aus dem All-Einen wurde ein Außen und Innen differenziert. Der erste Innenraum entstand.

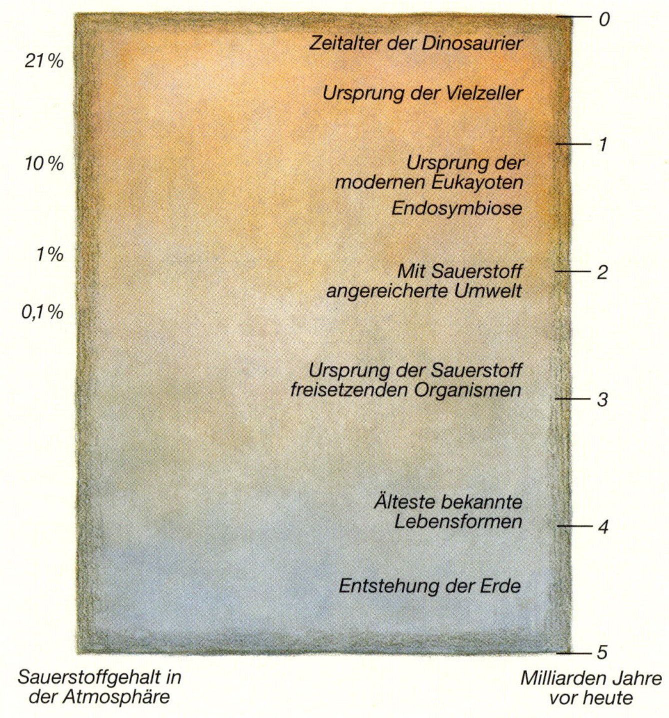

Die Entwicklung des Lebens auf der Erde

Bei etwa 3,80 Metern auf unserer Schnur können wir also die ersten Einzeller markieren. Vielleicht gab es sie schon vorher, davon finden wir nur nichts. Zwischen 3,8 und 4,2 Milliarden Jahren soll das Leben entstanden sein. Dabei waren die Einzeller weder einsam noch so einzeln, wie ihr Name verlauten lässt. In Scharen füllten sie den gesamten Raum der Erde aus – und tun es bis heute.

Am anderen Ende suchen wir jetzt die Zeitmarke des ersten modernen Menschen. Eine Wäscheklammer ist zu dick dafür. Auch eine Miniklammer markiert mit 2 Millimeter Dicke, also zwei Millionen Jahren, einen zu großen Zeitraum. Wann es den ersten Menschen gab, liegt noch genauso im Nebel der physischen Wissenschaften wie das erste Leben. Liest man, der heutige Mensch sei ein höheres Säugetier aus der Ordnung der Primaten und gehöre zur Unterordnung der Trockennasenaffen, so ist man versucht, diese Wissenschaft heftig zu hinterfragen. Goethe, Bach, Rilke und Sie als Trockennasenaffen? Unterscheidet den Menschen nicht zu sehr sein bewusster Geist vom Tier, als dass er mit diesen in eine Schublade eingeordnet werden könnte? Lassen wir auch dieser Frage ihr Geheimnis und beschränken wir uns auf Knochenfunde. Deren älteste des *Homo sapiens* sind 160 000 Jahre alt, also auf unserer Schnur vom Nullpunkt aus gesehen da zu finden, wo ein gutes Viertel einer gewöhnlichen Stecknadeldicke Platz hätte.

Das Verhältnis Bakterie zu Mensch auf unserem Planeten besteht, in Worten, aus drei Metern achtzig zu einem knappen Drittel eines Millimeters! Wir sind Neulinge auf dieser Erde und täten gut daran, uns in die vorhandene einzigartige und kostbare Vielfalt der Natur einzufügen. Aus der einstigen Ursuppe voller Moleküle, einem unförmigen relativen

Einheitsbrei, hat sich die Erde in unvorstellbaren Vorgängen Mühe gegeben, einen Zaubergarten von Farben, Formen, Bewegungen, Düften und Klängen herauszuarbeiten: von Rotalgenteppichen und Gipfelketten, Regenwaldfröschen und Mönchsgrasmücken, Antilopen und Rosenblüten, Schmetterlingen und Walen, von Blumenkohl, wiegenden Baumwipfeln, Hering und singender Nachtigall, duftender Kräuterwiese und brodelndem Tiefseegraben, nicht zuletzt dem Menschen mit all seinen Kulturen, alles belebt und fortentwickelt durch Einzeller von Anfang an bis heute.

Die ersten Mikroorganismen lebten in einer Atmosphäre, die völlig anders war als unsere heutige. Sie bestand in der Hauptsache aus Methan, Kohlendioxid, Ammoniak, Schwefelwasserstoff und Wasser, war ohne Sauerstoff, also anaerob.* Spuren dieser Zeit gibt es nicht, es sei denn, die heutigen »Extremstandort«-Bewohner unter den Bakterien gelten als Nachfahren der ersten Besiedler, deren Zellteilung kontinuierlich Material weitergegeben hat und die fähig sind, in Hitze, Kälte, Salz oder Säure zu leben. »Archaea« nennt man diese Domäne der Einzeller, unterschieden von den »Bakteria«, die die übrigen Bakterien umfassen, und den »Eukarya«** oder Echtzellern, zu denen Algen, Pilze, Pflanzen, Tiere und Menschen zählen. Diese ältesten Erdbewohner waren schon zu vielem fähig. Vor knapp drei Milliarden Jahren, also bei fast 3 Metern auf unserer Schnur, traten fotosynthetische Cyanobakterien*** auf den Plan, früher auch »Blau(grün)algen« genannt. Anfangs noch ohne die Fähigkeit, Sauerstoff zu produzieren, hatte vielleicht ein Milieuwechsel sie dazu motiviert, ihren Stoffwechsel zu revidieren, sodass sie fortan aus Kohlendioxid und Wasser unter Zuhilfenahme des Sonnenlichts energiereiche organische Verbindungen bilden konnten, also zur Fotosynthese fähig waren. Übrig blieb dabei Sauerstoff. Es gibt im Yellowstone-Nationalpark heute noch Cyanobakterien, die tagsüber Fotosynthese betreiben und nachts Stickstofffixierung. Der Flexibilität der Mikroben ist keine Grenze gesetzt.

Sauerstoff kam, wie wir gesehen haben, in der Uratmosphäre der Erde kaum vor. Jetzt atmeten ihn diese Cyanobakterien ständig aus. Er war für anaerob lebende Wesen Gift. Da Sauerstoff hochreaktiv ist, verband er sich rasch mit anderen Elementen, zum Beispiel mit Eisen. Dicke Bändereisenerzschichten von vor 2,5 Milliarden Jahren (2,50 Meter auf unserer Schnur) zeugen von der Zeit, da von Bakterien ausgeatmeter Sauerstoff mit Eisen oxidiert auf den Boden der Meere sank.

Doch nicht aller Sauerstoff wurde gebunden. Über einen Zeitraum von etwa zwei Milliarden Jahren gaben die Bakterien mehr Sauerstoff ab, als reagieren konnte. Ihr Fleiß war unser Segen. Alles nichtgebundene »O« stieg über die Meeresoberfläche auf, sammelte sich in der Atmosphäre und begann, als Hülle um die Erde zu wachsen. Bakterien waren es, dank deren Gasproduktion eine Ozonhülle entstand. Unter diesem UV-Schutz konnte sich

* Gebildet aus den griechischen Wörtern *a(n)-* (»nicht-, un-«), *aér* (»Luft«) und *bíos* (»Leben«).

** Der Begriff »Archaea« stammt von dem griechischen Wort *archaĩos* für »uralt, ursprünglich«. *Baktērion* heißt »Stäbchen«. »Eukary(ot)a« bzw. »Eukaryo(n)ten« leiten sich ab vom griechischen *káryon* (»Nuss, Kern«), Wortbildungselement mit der Bedeutung »(Zell)kern«, und dem Präfix *eũ* für »echt, gut, wohl, schön, reich«. Eukaryoten sind Lebewesen, die einen Zellkern besitzen, also alle Algen, Pilze, Pflanzen, Tiere – und Menschen.

*** Vom griechischen *kyanós* für »blau«. Das Wort »Fotosynthese« ist gebildet aus den griechischen Wörtern *phōs* für »Licht« und *sýnthesis* für »Zusammensetzung«.

Bändereisenerz, 2,5 Milliarden Jahre alt

Leben aus dem Wasser aufs feste Land wagen. Nichts wäre logischer, als jetzt, da die durch chemische Kunstprodukte entstandenen Löcher in der Ozonschicht der Atmosphäre unser Leben bedrohen, umzudenken und unsere Bakterienwelt zu hegen und zu pflegen, damit sie das Loch wieder schließen, das wir in unseren Himmel gerissen haben.

Es dauerte nicht lange, bis andere Bakterien auf den Geschmack von Sauerstoff kamen, mittels dessen eine wesentlich höhere Energiegewinnung möglich ist als bei anaerober Gärung. Sie stellten sich auf Sauerstoff als Nahrung um und brauchten ihn schließlich als Lebenselixier. Seither gibt es anaerob und aerob lebende Mikroorganismen gleicherweise auf dem Planeten. Aus dem anfänglichen Gift wurde Nahrung und die Vorbereitung für eine menschenwürdige Welt. Auch in den Effektiven Mikroorganismen finden sich aerobe und anaerobe Mikroben gleichzeitig. Sie versorgen sich gegenseitig mit dem, was sie brauchen.

Fossile Relikte ähneln so sehr den heute noch existierenden Cyanobakterien, dass davon auszugehen ist, sie besiedeln seit damals ununterbrochen die Erde. Sie finden sich in schleimigen Matten, an deren Oberschicht Cyanobakterien Fotosynthese betreiben und Sauerstoff abgeben, während darunter anaerobe Bakterien wohnen, die die Stoffwechselprodukte der Cyanobakterien futtern. Es sind sich selbst erhaltende autarke Mikroökotope, die uns beweisen, dass Kooperation ihr Lebensprinzip ist. Eine gegenseitige Versorgung zum Wohle aller ist seit Anbeginn der Zeit das bakterielle Grundgesetz. Es lässt sich auch in unserem Mund finden, wenn die Ernährung dies fördert, Zähne nicht geputzt werden und sich folglich ein Belag auf ihnen bildet. Auf dessen Oberfläche siedeln aerobe Streptokokken, darunter eine Mischung anaerober Bakterien, die durch Säurebildung den Zahnschmelz entkalken. Die entstehenden Löcher nennen wir »Karies«*. Auch die in den Effektiven Mikroorganismen versammelten Bakterienstämme bilden eine Gemeinschaft, die zusammenarbeitet. Das ist ein Geheimnis ihrer Wirksamkeit.

Damals wie heute wachsen diese gemischten Mikrobenteppiche unentwegt weiter. Sie lagern Kalk, Staub- und Tonpartikel ein. Schicht für Schicht erhebt sich so unter schleimgebetteten Bakterien festes Material: Stromatolithen**, langsam wachsende Gesteinsknub-

* Nach dem lateinischen Wort *caries*, das »Morschheit« bedeutet.

** Vom griechischen *strōma* für »Decke« und *líthos* für »Stein«.

Unterwasserbild von verkalkenden mikrobiellen Matten aus einem hypersalinen See von Kiritimati (Christmas Island/Zentralpazifik)

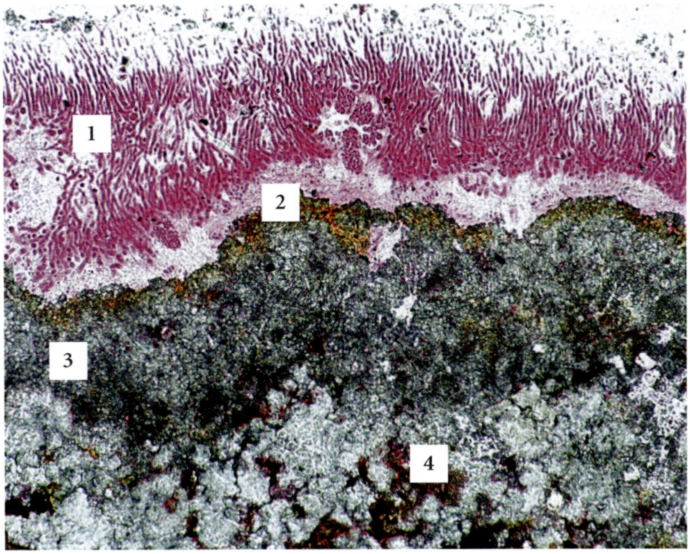

Histologischer Schnitt durch eine Wachstumszone eines Stromatolithen, Walker Lake, USA, hochalkalines Milieu, gefärbt mit Fuchsinrot

1. *Calothrix*-Gemeinschaft von Cyanobakterien
2. Kugelförmige Cyanobakterien
3. Neu entstandener Aragonit
4. Ausgebildeter Stromatolith mit organischen Einschlüssen

bel, deren älteste vor 3,6 Milliarden Jahren in Australien entstanden. Auch bei uns findet man Felsen in der Landschaft, die aus Bakterienmatten entstanden sind. Bakterien bildeten nicht nur Lebendiges, sie bauten auch das Feste auf und tun es an geschützten Orten auf der Erde noch heute.

Irgendwann schluckten offensichtlich Einzeller mit weicher Hülle andere Einzeller und lebten fortan friedlich ineinander fort. Aus dieser »Endosymbiose«* genannten Verbindung wurden Eukaryoten, also kernhaltige Zellen. Mitochondrien und Chloroplasten, energieliefernde Organellen in allen heutigen Zellen von Säugetieren und Pflanzen, sind die Nachfahren von Bakterien, die in größere Einzeller einzogen.

* Von den griechischen Wörtern *endo* (»innen«) und *symbiōsis* (»das Zusammenleben«).

Stromatolith am Heeseberg, südöstlich von Braunschweig, vermutlich aus einem Salzsee entstanden, Geländebild, untere Trias, Buntsandstein

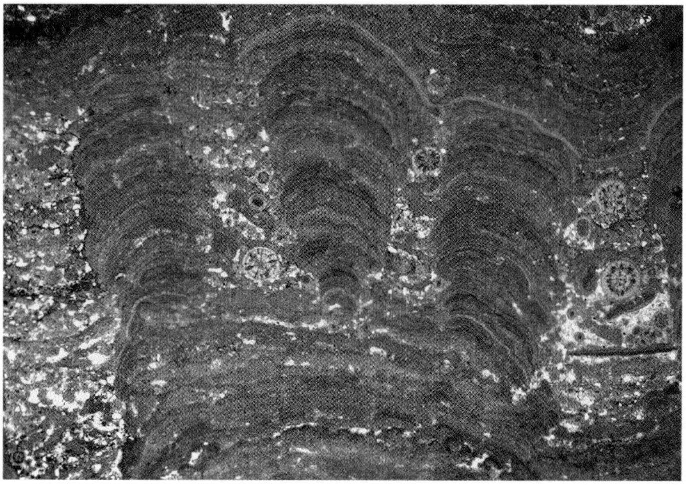

Stromatolith am Heeseberg, Dünnschliffbild

Jede unserer Körperzellen enthält die Perfektion an Symbiose mindestens eines geschluckten Bakteriums, das sein Leben ganz in den Dienst höheren Lebens gestellt hat. Das war vor etwa 1,5 Milliarden Jahren (bei 1,50 Metern auf unserer Schnur). Noch heute lassen sich Einzeller beobachten, die andere Bakterien schlucken, ohne sie zu verdauen. Mit ihrer Größe von etwa einem zehntel Millimeter waren und sind Eukaryoten gegenüber den bis zu einem hundertstel Millimeter kleinen Archaea und Bakterien riesig.

Etwa um die gleiche Zeit begannen Mikroorganismen zunehmend, das Feste zu besiedeln, und wanderten auf den Boden der entstandenen Kontinente.

Wie der Zellkern entstand, wissen wir nicht. Eine Membran umhüllt den Raum, in dem fortan das Erbgut abgegrenzt und geschützt liegt und wo es in Ruhe arbeiten kann. Nach der ersten Raumbildung zu Einzellern kommt die zweite, der Kernraum in der Zelle. Dieser Innenraum ermöglicht schließlich neue Begegnung im Zuge sexueller Vermehrung.

Blattquerschnitt der Christrose *(Helleborus niger)*, oben die Außenhaut, darunter langgestreckte Palisadenzellen mit chlorophyllhaltigen Chloroplasten, Rasterelektronenmikroskop, 680fach vergrößert

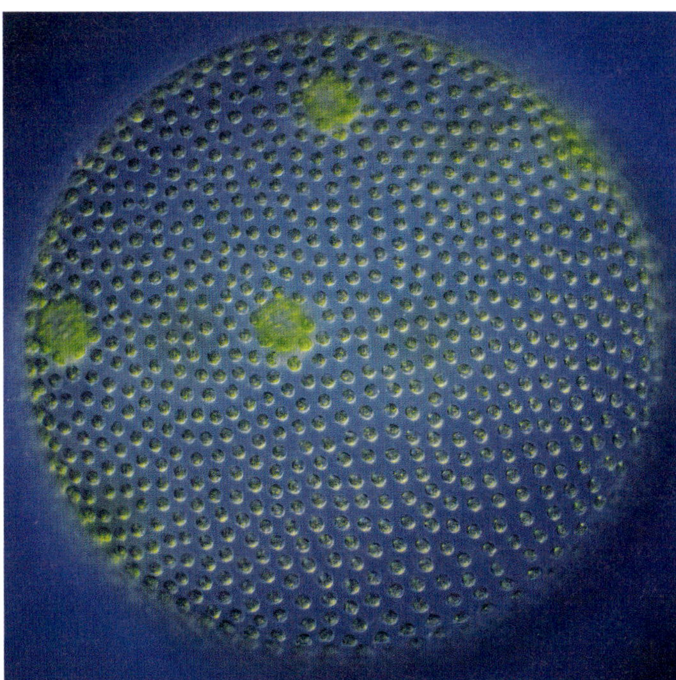

Grünalge *Volvox:* Koloniebildung von Einzelzellen, die sich auf einer Kugel zum Mehrzeller anordnen

Vom dem, was wir »Einzeller« nennen, zum sogenannten Vielzeller war es ein fließender Übergang. Mikrobengemeinschaften, die in- und aneinanderwohnten gab es von Anbeginn an, denn Gemeinschaft ist das allererste Lebensprinzip. Schon Cyanobakterien fanden sich zu Kolonien zusammen, die, in eine gemeinsame Schleimwolke gehüllt, Arbeitsteilung beschlossen: stoffwechselnde Einheiten hier, nährstoffspeichernde oder in Ruhe befindliche dort. Eine solche Bakteriengemeinschaft konnte sich bestens auf veränderte Umweltbedingungen einstellen. Das Bakterium *Myxococcus* beispielsweise bewegt sich in ganzen Schwärmen in eine gemeinsame Richtung vor und nimmt bei Nährstoffmangel eine Gemeinschaftsform an, die ihm Schutz und Kraft gibt.

Auch Kragengeißeltierchen sind in Gesellschaft wohnhaft. Ihnen wird zugetraut, die Vorgänger aller späteren Tiere zu sein. Sie wohnen im Meeresgrund und filtern mit feinen Zellfortsätzen Essbares, auch Bakterien, aus der Umgebung heraus und verdauen es. Noch heute sind sie in Meeresschwämmen für deren Ernährung zuständig.

Durch die Fleißarbeit der Bakterien war der Luftsauerstoffgehalt im Verlauf von zwei Milliarden Jahren angestiegen und Kohlendioxid ins Erdreich verlagert worden. Vor circa 600 Millionen Jahren (60 Zentimeter auf der Schnur) traten komplexe Mehrzeller auf und das Reich der Tiere. Man braucht bloß einen Starenschwarm im Herbst über die Felder streichen zu sehen, aus Hunderten von einzelnen Tieren gebildet, die wie von unsichtbarer Hand in eine Wolke versammelt blitzschnell gemeinsame Bewegungsänderungen vollziehen. Ein solcher Schwarm, wie er auch bei Fischen zu beobachten ist, ist wie die Bildung eines Mehrzellers aus Einzellern, wenngleich nicht gesteuert durch kommunikative Zellinformation, sondern aus seelisch-geistigen Zusammenhängen heraus.

Nachdem sich erste Mehrzeller aus gleichen Unterwesen zusammengetan hatten, differenzierten sie sich mit der Zeit in die verschiedenzelligen Mehrzeller. Erste Weichtiere wie Schwämme und Quallen waren zunächst ungeformt (*Ediacara*-Fauna), doch zunehmend bildeten sich Formen aus, die sich dem wässrigen Element enthoben an der Luft ausprägten. Deren Sauerstoffgehalt blieb, seit er vor etwa 350 Millionen Jahren erstmals über 21 Prozent lag, mit einigen größeren Veränderungen bei um die 20 Prozent. Immer differenzierter offenbarte sich das Leben auf der Erde. Algenähnlich und von Wasser durchströmt, schwammen erste Gefäßpflanzen noch auf dem Wasser. Vor etwa 470 Millionen Jahren (47 Zentimeter) begannen sie auch an Land zu wachsen. Pilzfäden hatten schon lange das Erdreich durchzogen und dieses vorbereitet, Wurzeln von Pflanzen zu ernähren. Seither leben Pilze in inniger Symbiose mit Wurzeln zusammen, und ihre Funktion ist von der der Wurzeln nur wenig verschieden, wie bereits die Benennung dieser »Mykorrhiza« vom griechischen *mýkēs* für »Pilz« und *rhíza* für »Wurzel« zeigt. Bis in Wurzeln hineinlebend, erzählen sie uns etwas aus ihrer Entstehungszeit. Nacktfarne gelten als frühe Landbewohner, bald gefolgt von ersten Bäumen, die etwa vor 300 Millionen Jahren (30 Zentimeter) bereits Wälder bildeten.

Amphibien und vor gut 235 Millionen Jahren (23,5 Zentimeter) erste Dinosaurier lebten und starben wieder aus, immer begleitet und erfüllt von Einzellern aller Art. In ihnen trug sich das Gengut alter Zeit unermüdlich fort, angepasst und fortentwickelt für die Erfordernisse vor Ort.

Mit den Säugetieren, deren erstes Auftreten durch neue Funde wohl auf 225 Millionen Jahre (22,5 Zentimeter) zu datieren ist, tritt eine neue Raumbildung auf der Erde ein: In ein Haarkleid gehüllt, leben sie mit konstanter, von der Umgebung unabhängiger Körpertemperatur, aus der heraus sie in inniger Mutterbindung den Nachwuchs mit Nahrung aus sich selbst heraus, nämlich mit aus eigenem Blut abgesonderter Milch säugen. Dieses Blut emanzipiert sich von der Umwelt und entwickelt sich zum Träger von Individualität, auch des Menschen. Vor neun Millionen Jahren (9 Millimetern) lebten erste Primaten, vor zwei Millionen Jahren der *Homo erectus* auf der Erde, eines Tages gefolgt von uns selbst, die wir uns *Homo sapiens*, »weiser Mensch«, nennen, etwa 160 000 Jahre (0,16 Millimeter) nachdem dieser auf dem Planeten erschienen war. Allein eine solche Benennung verdeutlicht, wie hilflos wir unserer eigenen Geschichte gegenübertreten, von der wir in Wirklichkeit nur sehr wenig kennen.

Was wir jedoch wissen, ist: Bakterien waren schon immer da und schon immer dabei. Wir kommen nicht drum herum, dankbar anzuerkennen, dass wir den Bakterien, den Einzellern, aus denen alle Mehrzeller entwickelt wurden, unser Leben verdanken. Sie sind die Begleiter der gesamten Schöpfung seit Anbeginn bis heute. Lassen wir sie auch in Zukunft liebevolle Begleiter sein.

Der Kreislauf des Lebens

Die Frage »Was sind eigentlich Bakterien?« konnte wohl noch niemand richtig beantworten. Alle Versuche von Definitionen über sie scheitern, wenn man ehrlich ist. Sie beschreiben entweder ausgewählte Teile ihrer Eigenschaften wie »Einzeller, die sich durch Teilung vermehren«, grenzen sie von anderen Lebewesen ab, zum Beispiel »neben Archaea und Eukaryoten eine der drei Domänen, in die Lebewesen klassifiziert werden«, oder versuchen sich im Analysieren ihres genetischen Codes. Am ehrlichsten drückte sich Ernst Wiesmann in einem medizinischen Lehrbuch aus: »Bakterien stellen eine ziemlich heterogene Gruppe von Mikroorganismen dar ...«[25] Aber auch er hat nicht ganz recht, denn nicht alle Bakterien sind »mikro«, also winzig klein. Die offizielle Größe der Bakterien sollte definitionsgemäß 0,2 bis 2 Mikrometer sein, doch bei Bakterien sind Festlegungen selten sinnvoll. Vor der Küste Namibias lebt jedenfalls die »Schwefelperle« *Thiomargarita namibiensis*, die bis zu einem dreiviertel Millimeter groß wird und schon mit bloßem Auge zu sehen ist.

Bakterien *sind* also. Da hilft es auch nicht, dass man errechnet hat, von den auf der Erde vorkommenden Bakterien seien uns erst 0,5 Prozent bekannt. Wenn wir meinen, bei den anderen 99,5 Prozent angekommen zu sein, entdecken wir noch viel mehr.

Bakterien sind keine Individuen wie Floh und Fliege, Mensch und Maus. Sie sind Dividuen, »Teilbare«. Sobald sie sich verdoppelt haben, sind ihre Vorgänger fort. Sie sind heute hier und morgen da, jetzt so und nachher anders. Sie lassen sich nicht in Kategorien zwängen oder auf Definitionen festlegen. Das sind hilflose Versuche des Neulings Mensch, ihrer habhaft zu werden. Bakterien sind größer oder kleiner, höher oder tiefer, zugleich neu und immer schon da. Durch sie geht der Strom des Lebens fließend hindurch, sie wandeln sich mehr als jedes Individuum und passen sich allen Verhältnissen unverzüglich an. Sie sind auf physische Weise näher dran an der Grundform des Lebens, die wir moderne Menschen seelisch erstreben – sich gern in die Gegebenheiten einfügen, geborgen im ständigen Strom des sich wandelnden Seins. Das ist das Geheimnis erfolgreichen Lebens auf der Erde: wahrnehmen, annehmen, mitgehen. Dem Gleichgewicht des Größeren dienend arbeiten, füreinander und miteinander. Bakterien machen es uns vor. Wir können es von ihnen lernen.

Auch wenn Spezialisten unter den Mikroorganismen gewisse Habitate bevorzugen, geht durch sie alle ein Fluss von Energie, Information und Substanz, getragen von in stetem Rhythmus pulsierendem Geben und Nehmen. Nicht nur Stücke genetischen Materials werden aufgenommen, verarbeitet, verwandelt und vervielfältigt, bis sie wieder abgegeben werden an die umgebenden Lebenszellen, wer auch immer dies sind. Nicht nur Botenstoffe, die die Gemeinschaft regeln, diffundieren aus der Mikrobe in die Umgebung hinaus und wieder hinein. Es ist ein unendliches Aufnehmen und Abgeben von Molekülen, Elementen, Atomen, Elektronen und Energie: außen–innen–außen–innen–außen. Wie molekulare Gymnastik bewegt sich die gesamte Materie seit Milliarden von Jahren durch die mikrobielle Raumgestalt. Sie webt alles in-, durch- und füreinander, und der unendliche Stoffwechsel ist das Konzert, das auf der Planetenbühne erklingt.

Alles auf der Erde ist in Kreisläufen miteinander verwoben, in stetem aufeinander bezogenem Wechselspiel. Kreislauf nicht als zweidimensionale Figur, wie wir ihn auf Papier malen können. Nicht Scheibenlauf, nicht Kugellauf, vielmehr ein unglaubliches, pulsierendes Knäuel, wie ein Strukturgewebe aus unendlich vielen, nach geheimnisvoller Ordnung aufeinander abgestimmten und stets zur Mitte zurückkehrenden Bewegungen.

Das betrifft auch die Mikrobe selbst. Sie vollzieht nach Bedarf Lebenszyklen. Aus einer Aktivitätsphase kann eine einzelne Bakterie sich bei Bedarf zur Ruhe begeben. Sobald das Milieu keine Aufgabe mehr für sie hat, die zu erfüllen wäre, legt sie sich sozusagen schlafen. Im Extremfall wie Dornröschen: in einen gläsernen Sarg. Diese »Endosporenbildung« genannte Veränderung – nicht zu verwechseln mit den Sporen der Pilze, die der Vermehrung dienen – besteht aus der Bildung einer dicken kalkigen Hülle (aus Calciumdipicolinsäure), die im Mikroskop stark lichtbrechend ist, aus Reduzierung ihres Wassergehaltes, ihres pH-Wertes und natürlich ihrer Stoffwechselaktivität. Die Überlebenszeit einer solchen Spore scheint unbegrenzt. Sie widersteht Hitze, Trockenheit, Strahlung oder Säureeinfluss und kehrt erst dann in ihren aktiven Stoffwechsel zurück, wenn ein Prinz in Form von passendem Milieu mit Nährstoffen und Wärme sie küsst. Manchmal schon innerhalb von Minuten, mal in Stunden schwindet dann der lichtbrechende »Sarg«, die Stoffwechselaktivität beginnt, das Leben der Mikrobe erwacht.

Als Sporen wechseln Bakterien gern das Milieu. Sie werden so leicht, dass sie bequem mit dem Wind fortgetragen werden können. Hat eine Bakterie das Bedürfnis nach einem Ortswechsel, macht sie sich klein und leicht und übergibt sich der Luft, überallhin und räumlich unbegrenzt. Man hat aus archäologischen Trümmern Tausende Jahre alte Sporen wiederbelebt[26] und im Darm einer Biene Bakteriensporen gefunden, die mit ihr viele Millionen Jahre lang im Bernstein eingeschlossen waren.[27] Auch diese wurden zum Leben wiedererweckt. Für Bakterien gibt es keine Grenze an Zeit. Als Boten der Zeitlosigkeit können sie offenbar beliebige Zeitspannen überbrücken.

Interessanterweise war das Grab des Tutanchamun, als es 1923 zum ersten Mal nach 3000 Jahren geöffnet wurde, vollkommen bakterienfrei.[28] Wie haben die Ägypter dies fertiggebracht? Ihre Kunst erstreckte sich offenbar nicht nur auf das einbalsamierende Verewigen der Körper.

Auf andere Formen, die Mikroben durchlaufen, haben Forscher wie der Zoologe Günther Enderlein (1872–1968) hingewiesen, die unter dem Mikroskop studierten, wie Bakterien ihre Erscheinungsformen verändern können. Vieles aus diesem »Pleomorphismus«* genannten Prozess ist uns jedoch noch unbekannt.

Wenn aus Eiern Küken schlüpfen, die Vögel werden, aus Samen Keimlinge und Pflanzen wachsen, sich aus Kaulquappen Frösche entwickeln, aus der Raupe ein Schmetterling wird, der wieder Eier legt, und wenn sogar das Gestein sich metamorphosiert, mit welcher Logik sollten Bakterien gleichförmige Wesen bleiben? Auch ganze Bakterienpopulationen entwickeln sich in Zyklen.

* Von den griechischen Wörtern *pléon* für »mehr« und *morphé* für »Form, Gestalt«.

Es gibt keine Sterilität

Auf der Suche nach einer Antwort auf die Frage »Was in der Zelle macht eigentlich das Leben aus?« gingen die Forscher Erwin Santo und Hans Peter Rusch im Jahr 1951 radikale Wege.[29] Sie setzten Bakterien im Autoklaven unter 1,5 atü Druck stundenlang einer Temperatur von 120 Grad Celsius aus, brachten sie in konzentrierte Salzlösung oder verkohlten sie über der Gasflamme. Immer konnten sie feststellen, dass Leben übrigblieb. In den Rückständen fand sich kleinste »lebendige Substanz«, die allen Widrigkeiten trotzte. Zerfielen Bakterienzellen natürlicherweise, konnten aus diesen kleinen, oft hantelförmigen Lebenspartikeln wieder ganze Bakterien entstehen. Wurden sie rabiat zerstört, behielten sie dennoch ihre Fähigkeit zum Stoffwechsel gemäß der Bakterien bei, die aus ihnen bestanden hatten. Die gleichen beweglichen Partikel ließen sich auch durch bakteriendichte Filter aus Kulturen lebender Bakterien herausfiltrieren. Sie leben also gleichzeitig mit Bakterien in solchen Kulturen. Erstaunlich aber war ihre Überlebensfähigkeit beim Tod der übergeordneten Struktur. »Phönix aus der Asche« könnte man dazu sagen und den Beweis für die Ewigkeit des Lebens darin sehen, wie sie in Mythologie und Religion selbstverständlich ist. Es gibt nicht nur ein Gesetz zur Erhaltung der Energie, postulierten Santo und Rusch, sondern auch eines zum Erhalt des Lebendigen.

Nicht allein in Kulturen, ebenso in Blut von Mensch und Tier fanden die beiden Forscher diese »kleinsten Einheiten der lebendigen Substanz«, selbst wenn sie Blut verbrannten. Am Mikroskop konnten sie zusehen, wie sich aus sterbenden Erythrozyten diese kleinen Gebilde herausschlängelten. Ob aus Blut, Ei, Muskelfasern oder Gehirngewebe: Immer wurde diese »lebendige Substanz« frei. Starben solche Zellen, zersetzten sich ihre Kerne zu Bakterien, die weiterlebten. Auch beim Tod höherer Organismen wandelten sich zerfallende Zellkerne in Bakterien und diese in »lebendige Substanz« um. Jeder Leichnam verwandelt sich zurück in lebendigen »Staub« – es sei denn, eine Einbalsamierung hat diese Mikrogebilde in ihrer Weiterwanderung aufgehalten.

Der Strom der kleinsten lebendigen Substanz ließ sich bei Pflanze, Mensch und Tier nachweisen. Aus organischen Nährlösungen wurden die Partikel nachweislich von Pflanzen aufgenommen,[30] und Santo und Rusch zeigten sogar, dass sie vom Menschen mit der Nahrung aus Pflanzen- und Tierzellen aufgenommen werden und offensichtlich durch die Darmwand ins Blut übergingen. Essen wir also in Wirklichkeit Leben?

Sie wiesen nach, dass die Aktivität dieser lebendigen Substanz höher war, wenn eine Nahrungspflanze auf natürlich gedüngtem Boden gewachsen war, während sie bei Pflanzen degenerierte, die mit synthetischen Mineraldüngern gezogen wurden. Somit ist die Bakterienbesiedlung an der Pflanzenwurzel verantwortlich für die Qualität der Nahrungspartikel, die ins Blut gelangen.

Vielleicht lässt sich die Wirkung der EM-Keramik (siehe das Kapitel »EM-Keramik«, Seite 215) zum Teil durch dieses Phänomen zerfallener Bakterien erklären, deren Substanzen weiterwirken.

Eine Sterilität, also eine Freiheit von Bakterien und all ihren Entwicklungsstufen, gibt es jedenfalls in Anbetracht dieser Lebensfähigkeit von kleinster lebendiger Substanz nicht. Es gibt nur Veränderung. Wir leben in einer Welt dauernder Anordnung einfachster Lebenspartikel zu Bakterien, Zellen, Pflanzen und Tieren und ihrem Zerfall wieder zu diesen kleinen Einheiten, die auf diese Weise« alles wie ein lebendiger Strom durchziehen. Einzig ihre spezifischen Organisationserscheinungen, die komplexen höheren Ordnungen, sind der Vergänglichkeit unterworfen und erleben einen Tod.

Zum Wiederaufbau geschädigter Zellen und Organe kann ein Wesen auf die lebende Substanz aus ihrem eigenem Zellzerfall zurückgreifen, solange die Kraft zur Neuordnung vorhanden ist. Im Gleichmaß von Aufbau und Abbau bleibt es gesund. Krankheit ist ein Ungleichgewicht in diesem Fluss. Bietet man einem kranken Körper oder kranken Zellen zusätzlich lebendige Substanz an, zum Beispiel in Form lebender Mikroorganismen, kann, so Rusch, die Heilung leichter vonstattengehen. Mag sein, dass dies auch die eine oder andere erstaunliche Fähigkeit der Effektiven Mikroorganismen erklärt.

Nicht nur lebendige Partikel, auch chemische Elemente* reisen unentwegt durch die Welt, kurzzeitig formiert in den verschiedensten Verbindungen. Von oxidierten zu reduzierten, von energiearmen zu energiereichen, reaktionsträgen zu reaktionsarmen Zuständen verändern sie sich in wechselndem Tempo. Das können sie jedoch nicht aus sich selbst heraus. Auch Blitze, Vulkanausbrüche, Sonnenlicht und Radioaktivität vermögen nur in gewissem Umfang einen Umbau der Elemente zu vollziehen. Es sind vielmehr die Mikroorganismen, allen voran die Bakterien, die Verbindungen und Lösungen von Grundelementen so vollziehen, dass sie nicht nur die höhere Ordnung auf dem Planeten aufrechterhalten, sondern darin den differenzierteren Lebewesen als Nahrung dienen.

Bakterien begleiten alle Kreisläufe

Stickstoff beispielsweise, der zwischen 8 und 16 Prozent der Substanz von Lebewesen ausmacht, wichtigstes Element der Eiweiße ist und im Erbgut die DNA-Stränge verbindet, wird für die Pflanzen von bestimmten Bodenbakterien aus Ammonium (NH_4^+) zu Nitrit (NO_2^-) und von anderen weiter zu Nitrat (NO_3^-) vorverdaut. Die Pflanze nimmt Nitrat auf und nutzt es zum Wachsen und Gedeihen. Sterben die Pflanzen durch ihren Verzehr in Mensch und Tier, wird der Stickstoff in Struktureiweiße wie Muskeln und Haar eingebaut. Das nennt man »Stickstofffixierung«. Zerfällt eine Pflanze im Freien, bauen die Umgebungsbakterien deren Stickstoff zu Ammonium oder Ammoniak (NH_3) um, der wieder in die pflanzliche Lieblingsspeise Nitrat verwandelt wird, oder sogenannte denitrifizierende** Bakterien übergeben ihn als molekularen Stickstoff (N_2) gasförmig der Luft. Auch aus dieser können stickstofffixierende Bakterien ihn wieder zu Ammonium zusammengesetzt in den Boden holen. Berühmteste Vertreter jener Kunst sind die Knöllchenbakterien an Hülsenfrüchten beziehungsweise Leguminosen.

Wird Stickstoff im Körper von Mensch oder Tier frei, wird er nach seinem Gebrauch mit den Ausscheidungen abgegeben. Harnstoff (CH_4N_2O oder Kohlensäurediamid) trägt daher seinen Namen. Dieser ist allerdings für viele Bodenbakterien schwerverdaulich und

* Vom lateinischen *elementum* für »Grundstoff«, seit dem 17. Jahrhundert als Konzept der »chemischen« Elemente.

** Unter »Denitrifikation« versteht man die Umwandlung des im Nitrat gebundenen Stickstoffs zu molekularem Stickstoff durch bestimmte Bakterien.

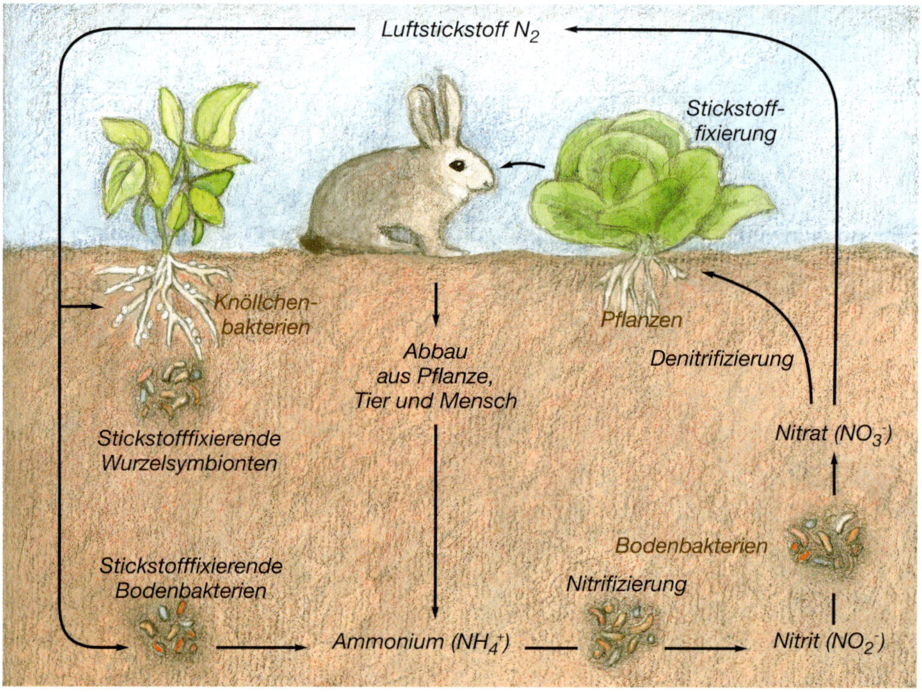

Vereinfachte Darstellung der bekanntesten Komponeten im Stickstoffkreislauf

wird zunächst beispielsweise von *Sporosarcina ureae* in Kohlendioxid und Ammoniak zerlegt, der den anderen Bakterien wieder schmeckt. *Sporosarcina*, Spezialist für die Umwandlung von Harnstoff, wohnt immer dort, wohin auf einer Tierweide regelmäßig uriniert wird. Umgekehrt harnen Tiere gern an immer dieselben Stellen, bei Pferden »Geilstellen« genannt, wo *Sporosarcina* für den Ausgleich des Milieus sorgt.

Auch in Toiletten findet die Zersetzung von Harnstoff statt, und zwar je nach Bakterienbesiedlung unter Freisetzung von beißend-stinkendem Ammoniak. Dies kann man durch Zugabe von EM ändern.

Das Element Stickstoff (N) wandert also durch alle Reiche: Boden–Luft–Boden–Pflanze–Tier–Mensch–Luft–Mensch–Boden … und dazwischen natürlich auch ins Wasser und nicht zuletzt in die Atmung. Immer sind die Bakterien dafür verantwortlich, was aus ihm wird. Sie sind die Instanz, die die Luftstickstoffkonzentration konstant erhält, indem sie, was überschüssig ist, in den Boden legen. Wir Menschen verlangen ihnen derzeit Überstunden dafür ab, weshalb in der Umgebung vielbefahrener Straßen, wo Abgaskatalysatoren die Luftstickstoff-Konzentration erhöhen, vermehrt Flechten, Moose und auch Pflanzen wachsen. Sie helfen den Bakterien, den Stickstoff zu binden.

Wie wichtig dieses Wissen ist, werden wir noch im Kapitel über die Kompostbehandlung und bei der praktischen Anwendung von EM sehen.

Kreisläufe lassen sich für viele weitere Elemente beschreiben. In jedem Fall sind Bakterien deren Träger, halten ihr Gleichgewicht aufrecht und bewirken die Verfügbarkeit aller Elemente vor Ort.

Bedeutsam für unsere Zukunft ist zur Zeit der Kohlenstoffkreislauf, der sein Gleichgewicht verloren und durch unsere massiven Eingriffe traurige Berühmtheit erlangt hat. Kohlendioxid (CO_2) ist durch aerobe Atmung zusammengefügter Kohlenstoff und ist in Boden, Pflanzen, Tier, Mensch, Luft und Wasser an sich in harmonischem Gleichgewicht vorhanden. Pflanzen und Mikroorganismen nehmen Kohlendioxid auf und binden es, beispielsweise in der Fotosynthese, in lebende Strukturen ein, wobei sie Sauerstoff freisetzen. Im Laufe von Jahrmilliarden der Erdgeschichte verschoben Bakterien auf diese Weise den Kohlenstoff aus der Atmosphäre in den Boden und später auch in die Pflanzen und gaben den Luftraum für die Anreicherung mit Sauerstoff frei. Es war eine gegenläufige Bewegung: Zunehmend wurde CO_2 aus der Luft in die Erde verlegt, und es konnte sich atmendes Leben entwickeln, das aus dem Wasser an die Luft trat.

In demselben Maße, in dem wir heutzutage die lebendige Fixierung des CO_2 revidieren, nämlich durch Abholzung von Wäldern, und indem wir Erdöl, Kohle und Gas aus der Erde durch Verbrennung erneut oxidieren und den darin gebundenen Kohlenstoff wieder in die Luft blasen, kehren wir diesen Prozess der ganzen Erdentwicklung um. Pflanzliche und mikrobielle Fotosynthese können die Arbeit der CO_2-Fixierung nicht mehr im notwendigen Umfang bewältigen. Ihre Arbeit von Jahrmilliarden wird durch unsere Verwendung von Verbrennungsmaschinen binnen kürzester Zeit zunichte gemacht. Dass wir Bakterien, die ja ständig bemüht sind, das Gleichgewicht wiederherzustellen, gleichzeitig auch noch bekämpfen und töten, ist absurd. Unser Vorgehen ist das eines Menschen, der den Ast absägt, auf dem er sitzt: Es ist autodestruktiv. Der Kohlenstoffkreislauf kann nur dann wieder ins Gleichgewicht gelangen, wenn wir die Bakterien in ihrem Eifer bedingungslos unterstützen, während wir zugleich Wege finden, anders mit Energie umzugehen.

Die Steuerung aller Substanzströme obliegt den Bakterien. Wie sie entscheiden, ob beispielsweise Stickstoff in die Luft gelenkt wird oder in den Boden, wissen wir nicht. Sicher ist jedoch, dass sie dabei wahrnehmen und kommunizieren. Unsere Aufgabe ist es, mit ihnen zusammenzuarbeiten und Kultur auf eine Weise zu gestalten, die ihnen Raum dafür gibt. Die Störung der biologischen Gleichgewichte führt zu den gewaltigen Problemen, die wir auf der Erde haben.

Wenn wir wieder Respekt vor der Weisheit der Bakterien bekommen und sie wirken lassen, lösen sich viele Probleme wie von selbst.

Bakterien vor Ort bewegen also Elemente durch sich hindurch, zugleich bewegen sich auch Bakterien selbst durch Lebenssphären, wofür Hans Peter Rusch* in den vierziger Jahren den Begriff des »Kreislaufs der Bakterien« prägte. Aus dem Boden wandern Bakterien in die Pflanzen, mit denen sie verzehrt und in die Verdauung aufgenommen werden, ein Kleegras beispielsweise von einer Kuh, in deren Blut sie übergehen können und mit deren Milch sie, vom Menschen getrunken oder als Käse verspeist, weiter in dessen Bauch gelangen. Als sich einst das Plumpsklo noch über dem Misthaufen befand, kehrten Bakterien mit dem Dung anschließend in ihren heimischen Boden zurück. Milch, Mensch und Mist

* Der bereits erwähnte Dr. Hans Peter Rusch (1906–1977) war Arzt und Mikrobiologe, bedeutender Humusforscher und Mitbegründer des Bioland-Verbands für ökologische Landwirtschaft. Zusammen mit Kollegen begründete er 1954 auch den Arbeitskreis Mikrobiologische Therapie.

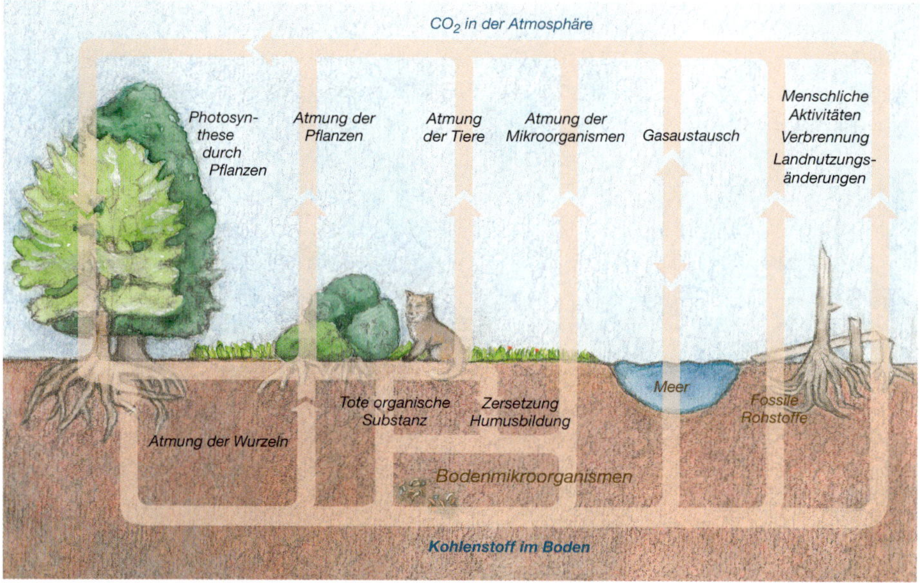

Vereinfachte Darstellung der bekanntesten Komponeten im Kohlenstoffkreislauf

passten zusammen, der Kreislauf war geschlossen, und im Idealfall waren alle gesund. Der mikrobielle Hoforganismus war eine Einheit, in der sich Mensch und Tier geborgen fühlen konnten. Da passierte es schon einmal, dass man von der Kirmes im Nachbardorf so zurückkam wie heute aus anderen Ländern: mit einem Durchfall wegen einer völlig anderen Mikrobenflora am Ort.

Das heißt nun nicht, dass in Boden, Pflanze, Tier und Mensch dieselben Bakterien wohnen. Wie wir schon wissen, wandeln sich Bakterien ja auch noch unentwegt. Immer gibt es eine lokale Besiedlung und eine hindurchwandernde. Beide zusammen ergeben die harmonische Flora, das eigene, jedem Lebewesen und jedem Lebensraum angemessene flexible Bakterien»organ« (Rusch). Alle Lebensräume sind bakteriell besiedelt, und alle solche Bakterienorgane kommunizieren miteinander.

Es liegt eine Tragik in der Teilung dieses Kreislaufs, zu der unser analytisches Denken uns verführt hat: Den Boden, die Pflanze, das Tier, das Wasser, die Erde und die Luft betrachteten wir als lauter getrennte Bereiche. Anders als noch vor Jahren wissen wir mittlerweile, dass alles mit und durch Bakterien lebt. Und dennoch denken wir die Welt immer noch so, als bestünde sie wie ein Bausatz aus lauter einzelnen Stücken, die man nach Belieben handhabt. Mit Maschinen, wie vielleicht einem Auto, dessen Polster, Motor und Reifen man getrennt herstellt und dann nach Plan zusammenbaut, kann man so umgehen. Mit Leben geht das nicht gut.

Sobald wir in die Bakterienflora des Bodens eingreifen, verändern wir die Bakterienwelt der Pflanze. Schädigen wir die Bakterienwelt einer Pflanze, schwächt sie die Bakterienflora dessen, der sie verspeist. Bringt man eine gestörte Bakterienflora von Menschen, Pflanzen und Tieren als Dünger in den Boden, schädigt man diesen. Wo auch immer man störend eingreift, leidet daraufhin der gesamte Kreislauf des Lebendigen.

In diesem Kreislauf schenkt jeder dem Nächsten Nahrung: Der Boden nährt die Pflanzen, diese Tier und Mensch und deren Stoffwechselausscheidungen wieder den Boden. Jeder dieser Übergänge wird von Bakterien ermöglicht, und immer wandern Bakterien mit – als Mittler der Verwandlung und als Vorbereiter für den nächsten Schritt.

Präsenz und Bewegung kommen hier gleichzeitig vor. Ein Teil der Bakterienbesiedlung bleibt, ein anderer wandert. Ruhe und Bewegung zugleich formen das mikrobielle Wunder, das unseren Planeten durchwebt.

Etwas anderes als Kreislauf ist auf der Erde gar nicht möglich, sosehr wir auch anders denken. Es gibt nirgendwo Raum, der endgültig erstarrt. Es gibt auch kein Ende irgendwo auf dem Planeten, kein Loch, in das etwas endgültig verschwindet. Auch im Meer nicht und im Himmel nicht. Erde ist Leben, und Leben heißt Wandlung. Alles kehrt zurück. Selbst da, wo wir Menschen für Stillstand sorgen, da, wo wir uns dem Kreislauf des Lebendigen widersetzen oder zu entziehen suchen, treten Bakterien auf den Plan und fangen an zu bewegen, was verhärtet ist.

Wir haben den mikrobiologischen Kreislauf überall unterbrochen: Streut man dem Boden chemisch-synthetische »Kunstdünger« auf, die, wie der Name schon sagt, unnatürlich sind, werden sie vom Bodenorganismus als Fremdkörper behandelt. Die Mikrobenflora dort verändert sich. Düngt man beispielsweise Leguminosen mit stickstoffhaltigen Salzen, wie sie jeder Kunstdünger enthält, stellen die für die natürliche Stickstofffixierung an der Pflanze zuständigen Knöllchenbakterien umgehend ihre Tätigkeit ein. Stattdessen saugt die Pflanzenwurzel mit dem Wasser zwangsläufig die gelösten Salze auf. Die lebendige Regulation der Stickstoffaufnahme durch die Mikroben fehlt – und deren organische Einbettung auch. Von Salzen und Wasser wird sie groß, aber so rasch, wie sie durch den Stickstoff wächst, können ihr die wenigen verbliebenen Mikroorganismen die für Strukturfestigkeit und Stoffwechsel nötigen anderen Nährstoffe nicht zuführen. Also wird sie dünnhäutig, wässrig und schlapp, und weil sie alle Kraft dazu braucht, oberirdisch zu wachsen, schränkt sie das Wurzelwachstum ein. Niemand hat sie gefragt, ob sie das will – sie muss. Natürlich leidet eine solcherart aufgepeppte Pflanze an der zwangsläufig veränderten Konstitution. Ihr fehlt die Aufnahme der lebendigen Substanzen an der Wurzel, und die dort verbliebenen Bakterien entsprechen nicht mehr dem natürlichen Miteinander von Boden und Wurzel. Die Pflanze wird zwar äußerlich groß, aber innerlich schwach. Ihre Fruchtbarkeit nimmt ab und die Anfälligkeit für äußere Einflüsse zu. Dann treten diejenigen Helfer im natürlichen Kreislauf des Lebens auf den Plan, die ich die »Artenschutzbeauftragten der Natur« nenne.

Man kann sich das bildlich so vorstellen: Jede Pflanze trägt ihre Art fort, indem sie Samen bildet, und diese tragen die Kraft für die Nachkommen in sich, und zwar mit allen Informationen aus der Pflanze, aus der sie stammen. Um ihre Art bestmöglich zu erhalten, kommen die arttypischen Pflanzen zur Reife, die anderen werden vor ihrer Vermehrung vorzeitig in Erde zurückverwandelt. Diese Aufgabe übernehmen diese »Artenschutzbeauftragten«, von uns missverständlich »Schädlinge« genannt: Schnecke, Lauchfliege, Kartoffelkäfer, Krautfäule, Maiszünsler, Birnenrost und wie sie alle heißen. Sie sorgen dafür, dass schwächliche Pflanzen so schnell wie möglich zerlegt und in den Boden zurückgeführt werden – für einen nächsten, besseren Versuch.

Das sieht natürlich jemand, der Pflanzen kultiviert, völlig anders. Er möchte Kartoffeln, Mais und Birnen gern ernten und betrachtet die »Schädlinge« als Feinde. Anstatt sich zu fragen: »Warum werden die Pflanzen verspeist?«, nimmt er die Giftspritze, tötet die vermeintlichen Bösewichter und fegt mit ihnen den Ausgleich der Natur einfach weg.

Damit wächst eine schwache, kränkliche Pflanze weiter, die nun nicht nur durch die Mineralsalze im Wurzelwerk eine unharmonische Bakterienbesiedlung aufweist, sondern auch durch die Gifte aus dem oberirdischen Bereich. Man hat festgestellt, dass manche »Pflanzenschutzmittel« die Pflanzenhormone der Wurzeln so blockieren, dass sie von stickstoffsammelnden Bakterien nicht mehr erkannt werden können. Bei Luzerne verminderte sich dadurch das Wachstum insgesamt um ein Drittel.[31] Solche Pflanzenschutzmittel sind auch noch Jahre nach ihrer Anwendung im Boden nachweisbar.

Im oberen Bereich, an Stängel, Blüte und Blatt, bekommen auch Insekten ein Problem, die von Blüte zu Blüte tragen, was dort lebt, denn die Bakterien, die sie auf- und mitnehmen, sind durch die Spritzungen verändert. Das beschränkt sich nicht nur auf das betreffende Feld. Falter und Hummeln, Käfer und Fliegen nehmen eine gestörte Flora auf und tragen sie mit sich. Darunter leiden die nächsten Lebensebenen. Die Kreuzhefen in den Blüten der Wiesenpflanzen beispielsweise, die durch Bienen und Schmetterlinge hin und her getragen werden, sind für die Zelluloseverdauung im Magen derjenigen Tiere notwendig, die diese Wiesenpflanzen fressen. Je mehr Kreuzhefen sich im Futter befinden, desto gesünder gestaltet sich dessen Verdauung für die Kuh, das Pferd oder das Schaf. Fehlen sie, ist die Verdauung gestört. Abgesehen davon, dass blütenarmes Futter aus »Hochleistungsgräsern« ohnehin schon zu wenig Kreuzhefen mit sich bringt, ist die Bakterienflora der verbliebenen Blüten gestört, wenn Chemie in der Umgebung ihr den Garaus gemacht hat. Dabei spielt es keine Rolle, ob eine chemische Spritzung vor oder während der Blütezeit erfolgte. Die Regeneration einer Bakterienflora bei gestörter Boden- oder Pflanzenmikrobiologie dauert für eine Korrektur viel zu lange.

Bedenkt man, dass Obst oder Kartoffeln während der Vegetation bis zu dreißigmal chemisch-synthetisch gespritzt werden, ahnt man etwas vom völligen Durcheinander der verbleibenden Mikrobenflora in solch einer Kulturlandschaft.

Weinbergschnecke mit Passagier

Verliebte Schnecken kriechen lange Zeit sich beschnuppernd hintereinander her.

Die geschwächte Pflanze, die mit Gift vor dem Abbau bewahrt wurde, wird nun mit ihrer veränderten Bakterienbesiedlung Nahrung für Tier und Mensch. Sie wird gekaut und in deren Verdauungsorgane aufgenommen, wo die damit aufgenommenen Bakterien im Stoffwechsel wirken, teilweise in die Zellen übergehen und das Immunsystem triggern. Alle Mikroben, die in uns sind, haben wir ursprünglich geschluckt. Sind diese aus einer gestörten Bakterienzusammensetzung, reagieren auch Tiere und Mensch mit Störungen. Den direkten Zusammenhang mit geschluckten Bakterien stellt man allerdings selten her. Kühe bekommen vielleicht Klauen- oder Euterentzündungen, die Zellzahlen steigen, Pferde neigen zu Koliken oder Ekzemen, und der Mensch reagiert mit Symptomen an seinen persönlichen Schwachorganen.

Was dient dann als Behandlung? Womit wird ein Mensch kuriert, dessen Bakterienflora nicht mehr stimmt? Was erhält eine Kuh mit Euterentzündung? Häufig sind es chemisch-synthetische Medikamente, die *wiederum* in die Bakterienflora eingreifen und, anstatt sie zu harmonisieren, in ein noch größeres Ungleichgewicht bringen. Riecht man, was schließlich als Gülle oder Mist aus Tierställen auf die Felder ausgebracht wird, oder kommt man an einer Kläranlage vorbei, die menschliche Exkremente verarbeitet, kann man die entstandene mikrobielle Fäulnis aus dem Darm leicht an deren Gestank ablesen.

Der Kreislauf ist in allen seinen Segmenten gestört und durch die jeweilige chemische Antibiose bakteriell unterbrochen. Was ein mikrobieller Gesamtorganismus sein möchte, wird überall blockiert: kranker Boden, kranke Pflanzen, kranke Bienen, kranke Kühe, kranke Luft, krankes Wasser, kranker Mensch. Wir können niemals gesünder sein als der Boden, in dem unsere Nahrung wächst.

In jedem dieser Bereiche bemüht man sich redlich um Heilung. Aber eben zu wenig im Verbindenden, in der Welt der Mikroorganismen. Solange der Kreislauf des Lebens, der durch die Bakterien getragen wird, nicht heil wird, bleiben die einzelnen anderen Bemühungen umsonst. Bakterien sind die Grundlage des Lebens, und in ihnen liegen die Kraft zur Gesundheit und die Brücke zur Heilung. Das Schöne ist: Sie können das alles von selbst, wir müssen sie nur gewähren lassen. Sobald wir die richtigen Impulse setzen und ihnen das geeignete Milieu bieten, legen sie mit der Sanierung des lebendigen Kreislaufs los.

Die Effektiven Mikroorganismen sind uns gegeben worden, um heilsame Impulse in die gestörten Lebensräume einzubringen. Wir können auf diese Heilkraft der Mikroorganismen vertrauen.

Der Boden

Was die meisten Menschen unter dem Boden verstehen, ist die Fläche, über die sie sich bewegen, und das ist in besiedeltem Gelände der versiegelte Grund. Asphalt, Platten und Beton haben den Untergrund von der Oberfläche getrennt, und zwar ordentlich, sauber und bequem. Wie eine waagerechte Mauer zieht sich diese Trennung zwischen Erde und Mensch hindurch, leblos, auch wenn Bakterien, Moose, Flechten und Pflänzchen sich bei jeder Gelegenheit bemühen, diesen künstlichen Wall zu überwinden. Sie werden sofort mit Gründlichkeit herausgerupft, überasphaltiert oder weggespritzt. Der Mensch hat sich dort seiner Verbindung zur Erde selbst beraubt.

Der Boden ist in Wirklichkeit die lebendige Haut, die unseren Planeten umhüllt. Geschichtet wie die Epidermis des Menschen, Verdauungsorgan wie unsere Schleimhäute, Grenze zwischen Außen und Innen, Schutz und Verbindung zugleich.

Sieht man die Erde als Ganzes und zieht gedanklich eine Linie von ihrem Mittelpunkt zur Außenhülle der Stratosphäre*, so ist dies eine Strecke von circa 56 370 Kilometern. Der eigentliche Boden ist davon bloß eine Winzigkeit.

35 Kilometer tief reicht die Gesteinshülle ins Innere der Erde. Was darunter wirklich ist, können wir nur vermuten. Ins Grenzenlose geht ihre Atmosphäre nach außen ins All über, deren Trennung in verschiedene Schichten – wie Troposphäre oder »Ionosphäre«** – ein verwirrender Versuch des Menschen ist, sogar dort Halt in einer analytischen Ordnung zu finden, aber auch hier pulsiert das Leben. Die Dicke der Troposphäre ändert sich rhythmisch zwischen Sommer und Winter und ist in den Tropen 17, an den Polkappen 7 Kilometer hoch. Davon ist der höchste Berg der Erde, der Mount Everest, mit 8848 Metern nicht mehr weit entfernt, und auch der tiefste Meeresgraben, der Marianengraben mit über 11 Kilometern, ragt weit gen Magma hinunter. Wie im sanften Schwingen hebt und senkt sich dazwischen der Großteil der Erdoberfläche bis knapp 5 Kilometer unter dem Meeresspiegel und nur wenige hundert Meter darüber.

Die Erde lebt

Warum hat die Erde sich in ihrer Entstehung nicht den Flieh- und Schwerkräften folgend in eine geschichtete Kugel gleichartiger Schalen sortiert? Mit einem Erdkern, der Kruste und einer 2 Kilometer dicken Meeresschicht, die von Atmosphäre umgeben wird? Warum gibt es Kontinente, die sich über den Meeresgrund erheben? Warum sind diese nicht gleichmäßig über die Erdoberfläche verteilt?

Weil die Erde lebendig ist und sich bewegt. Ihr heißes Inneres wirbelt und kreist. Sie gebiert Vielfalt. Aus dem Erdinnern schiebt sie an den Tiefenseegräben ihr Gestein nach oben und schluckt es andernorts. Die dabei aufwallende Hitze lässt die Ozeane zirkulieren. Sie verflüssigt örtlich ihr Gestein und spuckt es aus, ein Vulkan explodiert.

Auch sie verdaut. In großen Zeiträumen zwar, aber in ständiger Bewegung. Mal wachsen in der Erdgeschichte Kontinente, mal überwiegt ihr Abgetragenwerden, zwischen Meeren und Kontinenten pulsiert die Oberfläche. Und immer und überall sind Bakterien dabei.

Die Gebirge sind Zeugnisse des dabei entstehenden gewaltigen Drucks. So wie der Mensch geneigt ist, sich durch seelischen Druck zu verwandeln, so verwandelt die Erde ihr Gestein in der Gebirge gewaltigem Kräftespiel: Das Innere metamorphosiert.

* Der Begriff »Stratosphäre« ist zusammengesetzt aus dem lateinischen *stratum* für »Decke«, eigentlich das »Ausgebreitete«, und dem griechischen *sphaĩra* für »(Himmels)kugel«. Der Name beschreibt eine Schicht der Erdatmosphäre zwischen 12 und 50 Kilometer Höhe.

** Die Ionosphäre (vom griechischen *ión* für »Gehendes, Wanderndes«) befindet sich in circa 80 bis 300 Kilometer Höhe, die Troposphäre (vom griechischen *tropé* bzw. *trópos* für »Wendung, Richtung«) ist die unterste Schicht der Atmosphäre (bis zu 12 Kilometer Höhe).

Gesteine bilden sich aus Bewegungen. Und dort oben in den Bergen entsteht eigentlich der Boden.

Wind und Wetter, »Verwitterung« genannt, Bakterien, Kleintiere wie Bohrmuscheln und Pflanzen sprengen Gesteinsbrocken ab, Wasser trägt es bergab, zerkleinert es dabei und wirft es am Ufer seiner Bäche und Flüsse wieder aus. Dort setzen Bakterien und Pflanzen das Verdauen weiter fort. Den Rest schiebt das Wasser ins Meer, aus dessen Grund es sich eines fernen Tages wieder erhebt. Jeder Boden ist Teil des Verdauungsorganismus auf der Erde. Als seien die Bergbäche die Zähne, die aus groben Brocken handliche Steine brechen, und die Flüsse der Magen, der diese noch feiner zerlegt, ist der Boden schließlich der Darm, der umwandelt und resorbiert, damit neues Leben wachsen kann. Entsprechend zunehmend ist die Dichte der jeweils darin lebenden Mikroorganismen. Wenige im Bergbach, mehr im Fluss und unzählige im gesunden Boden.

Einst hatten Gewässer noch die Freiheit, sich fließend über die Erde zu bewegen, sich auszubreiten in Mäandern oder in Überschwemmungen, um dabei das Land mit frischen Mineralien zu ernähren. Doch die meisten Flüsse haben wir dieser segnenden Fähigkeit beraubt, abgetrennt und in ein Korsett gezwängt. Treten sie heute gelegentlich über die menschenkontrollierten Ufer, heißt es »Katastrophe!« statt »Neuer Sand für das Land«. Zu viele Abwässer haben wir dem Wasser mitgegeben, und zu nah haben wir an ihm gebaut, seither fürchten wir es.

Natürlich entsteht Boden auch aus der Zersetzung des Grundgesteins vor Ort und wird zudem befruchtet vom Feinstaub, der mit der Luft herangetragen wird. Wachsen Pflanzen in ihm, tragen sie zu seiner organischen Entwicklung bei. Jeder Boden ist einst aus Wasser-, Luft- und Pflanzenbewegungen entstanden, und überall waren Bakterien dabei.

Die Entwicklung von humosem Boden aus Gestein dauert Jahrhunderte. Bodenschichten werden geordnet – in ein Bodenprofil, dessen Horizonte je eigene Aufgaben und eine eigene Bakterienflora besitzen, in Kommunikation und Kooperation mit den anderen. So entsteht ein Bodenorgan.

Dessen Mikroorganismen finden sich, wie überall, überwiegend an den Grenzflächen, auf und zwischen den Bodenpartikeln: den organischen Stoffen, den Mineralteilchen wie Quarz und Ton, den Lufträumen und dem Wasser. Und auf und in allen Bodentieren. Dabei leben die verschiedensten Mikroorganismen in unterschiedlichen Milieus dicht beieinander, einander ergänzend, sich gegenseitig versorgend und kooperierend. Aerobe und anaerobe Bakterien kommen auf engstem Raum direkt nebeneinander vor. Als man ein 12 Millimeter dickes Bodenkrümelchen untersuchte, fand man darin Sauerstoffkonzentrationen von 0 bis 21 Prozent.[32]

Rechnet man dies einmal in Menschenmaßstab um, so sind für ein 3 Mikrometer langes Bakterium 12 Millimeter so viel wie für uns 8 Kilometer Strecke. Das ist fast so viel wie die Stratosphäre für uns – Bakterienhimmel in der Erde.

Ein fruchtbarer Boden hat sich aus verschiedensten Gesteinsanteilen gemischt, deren jeder seine Funktion erfüllt: Quarze, Tone und Kalke geben auch einer Vielfalt der sie belebenden Mikroorganismen Raum.

Die oberste Ebene des Bodens ist natürlicherweise bedeckt mit einer Schicht aus altem Pflanzenmaterial, der Bodenstreu. Kein Boden ist natürlicherweise »nackt«. Sonne, Kälte, Regen und Schnee, Trockenheit und Luftveränderungen bedeuten so starke Wechsel der Lebensumstände, dass robuste Bakterien die obersten Zentimeter eines nackten Bodens bewohnen. Kleinstlebewesen zerkleinern anfallende Pflanzenteile, und Regenwürmer ziehen diese in die Tiefe hinab. Bei allen ihren Verarbeitungsschritten sind Bakterien beteiligt.

Darunter befindet sich, was man »Oberboden« nennt, die Lebenszone, oder der »A-Horizont«*. Hier ist die Dichte der im Boden lebenden Organismen, des »Edaphon«**, und auch die mikrobielle Aktivität am höchsten. Hier wird organisches Material verdaut, hier werden die Pflanzen ernährt, hier ist die lebendige Grundlage aller Bodenfruchtbarkeit. Alles, was an Pflanzenresten auf den Boden fällt, wird in den Oberboden hinuntergeführt und durch die Stoffwechselaktivität der Mikroorganismen so vorbereitet, dass es

Bodenstreu
Schicht aus aufliegendem Pflanzenmaterial

A-Horizont
Oberboden (reich an organischem Material, dunkel in der Farbe, wird in der Landwirtschaft bestellt, Pflanzen und Mikroorganismen wachsen hier, mikrobielle Aktivität hoch)

B-Horizont
Unterboden (Mineralien, Humus und mehr, die sich vom Oberboden hier ansammeln, wenig organisches Material, mikrobielle Aktivität niedriger als in Horizont A)

C-Horizont
Untergrund (entwickelt sich direkt aus dem darunterliegenden Grundgestein, mikrobielle Aktivität im Allgemeinen sehr niedrig)

Grundgestein

Bodenhorizonte

* »Bodenhorizont« ist ein Begriff aus der Bodenkunde. Horizonte (Schichten) sind an einem Bodenprofil (vertikaler Querschnitt) erkennbar. Bodenhorizonte werden mit Horizontsymbolen (Buchstabenkombinationen) benannt, die wesentliche Merkmale und Prozesse kennzeichnen.

** Vom griechischen *édaphos* für »Erdboden«.

In der mikrobiell aktivsten Schicht wird der Zaunpfahl zersetzt, darüber und darunter nicht.

Detailansicht des Zaunpfahls

den Wurzeln als Nahrung zur Verfügung steht. Es sind diese wenigen Zentimeter Erde, aus denen wir alle leben. Zehntausende Kilometer Atmosphäre über uns, 6370 Kilometer Erde unter uns und dazwischen eine etwa 15 bis 25 Zentimeter zarte fruchtbare Bodenschicht, die uns alle ernährt. Dies ist das Kostbarste, was uns die Erde zu bieten hat. Wir sollten es heiligen, wie es alle alten Ackerbauern getan haben, und sollten es hüten und pflegen wie einen Schatz.

An einem alten Zaunpfahl lässt sich die Ausdehnung dieser aktiven mikrobiellen Zersetzungsschicht gut erkennen. Während das Holz ober- und unterhalb lange erhalten bleibt, wird es auf einem schmalen Teilstück dazwischen immer dünner und morscher, und zwar genau da, wo die Stoffwechselaktivität der Mikroorganismen am höchsten ist. Hier begegnen sich Oben und Unten, Kosmos und Erde, hier ist ihre gegenseitige Befruchtung. In dieser Sphäre verändert sich alles, und dort zerbricht auch eines Tages der Pfahl.

Nach unten setzt sich der Boden mit abnehmendem Gehalt an organischem Material und abnehmender mikrobieller Aktivität fließend fort. Unter dem Unterboden, der sich vom Oberboden hinunter anreichert, schließt sich der Untergrund an, entwickelt aus dem darunterliegenden Grundgestein.

Man hat versucht, Böden in eine Klassifikation zu zwängen, mit dem Ergebnis, dass es zahlreiche unterschiedliche Arten der Klassifikation gibt. Böden sind von Ort zu Ort verschieden und lassen sich genauso wenig in Kategorien trennen wie das Leben, das sich in ihnen tummelt.

Der Boden verdaut

Boden ist ein verdauendes Organ. Er baut ab und baut auf, und seine Fähigkeit, dies zu tun, drücken wir mit dem Begriff der »Bodenfruchtbarkeit« aus. Pflanzenreste aus der Streu werden durch Kleinstlebewesen zerlegt und von Regenwürmern in den Oberboden befördert. Deren unterirdische Wege bahnen zugleich Raum für die Durchlüftung und den Gasaustausch. Kleinere Makroorganismen besorgen die weitere Zerlegung. Auch bei diesen Schritten sind Mikroorganismen beteiligt. Sie, die auf allen inneren Bodenoberflächen haften, wo sie auch durch häufige Regenfälle nicht weggeschwemmt werden können, nehmen sich zuletzt der kleinsten Partikel an, um sie in Bodenstrukturen einzulagern oder pflanzenverfügbar zu machen.

Was wir als Bodenkrümel sehen, ist ein Konglomerat aus Pflanzenresten, Rückständen der Bodentiere und ihrer Exkremente, Staub der Verwitterung und Mikroorganismen. Man nennt diese in der oberen Schicht des Oberbodens stattfindende Umstrukturierung die »zelluläre Bodengare«. Allein fädige Pilze können in einem solchen Gramm Oberboden aneinandergereiht 100 Meter oder mehr Länge erreichen. Von Fritz Caspari (1883–1964), einem Metallurgienprofessor und Vertreter des ökologischen Landbaus, stammt offensichtlich der Satz, ein Gramm fruchtbaren Bodens beherberge mehr Lebewesen, als Menschen auf der ganzen Welt existieren.

Von Mikroorganismen geformte Krümel geben dem Boden Elastizität, Haltbarkeit, Speicherfähigkeit und Wasserbindekräfte.

In der nun zeitlich und abwärts folgenden Zerkleinerungsebene werden die weiterverdaulichen Anteile all ihrer Hüllgewebe befreit; das heißt, ihre Zellwände werden aufgeschlossen, sodass Ionen, Eiweiße, Vitamine, Hormone und Enzyme aus pflanzlichem Ordnungszusammenhang in den Bodenzusammenhang übergehen. Dort werden sie an Gesteins- oder andere Molekülkomplexe gebunden, um später wieder zur Verfügung zu stehen. Nichtverdauliche Teile werden von den Bakterien mit den Verwitterungspartikeln

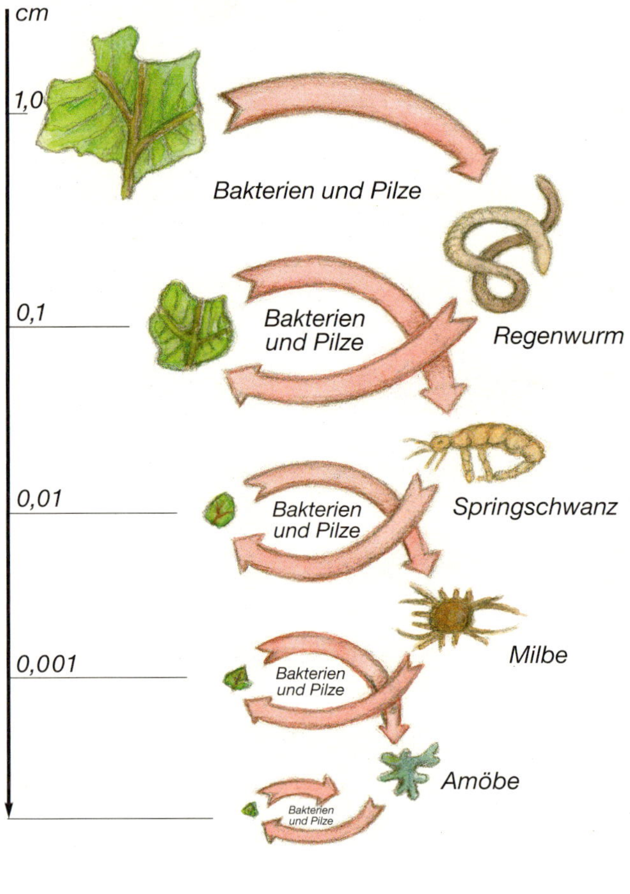

Organisches Material wird im Boden durch Lebewesen zerlegt.

des Gesteins fest verknüpft und geben Böden als Huminstoffe ihre braune und schwarze Farbe.

Diesen Feinverdauungsprozess nennt man »makromolekulare« oder »plasmatische Gare«*. Seine Aktivität ist genauso abhängig von der Menge, Zusammensetzung, Vielfalt und Aktivität der Bakterien, Pilze und weiteren Mikroorganismen wie der zellulären Gare.

Durch die makromolekulare Gare entsteht, was wir »Feinerde« nennen. Eingebettet in die Bodenaggregate, speichert sie in kolloidaler** Form, gebunden durch gewaltige Kleinstoberflächenkräfte und verklebt durch Bakterienkitt, die Ursubstanz des Lebens. Sie ist verfügbar zur Ernährung der Pflanzen je nach Bedarf. Diese können ihre Würzelchen ungehindert durch die lockere Krümelstruktur strecken und jederzeit und überall Nahrung aufnehmen.

In der Feinerde überbrücken Nahrungsstoffe vegetationsfreie Zeiten. Sie sind der Schatz der Erde, das lebendige Sparkonto, die Quelle des Hervorbringens neuer höhergeordneter Substanz – zuletzt des Menschen. In der ätherischen Lebendigkeit der Feinerde kann sich der Boden mit den Ätherkräften des Kosmos verbinden. All diese Prozesse bilden das Strukturgewebe eines gesunden Bodens aus. Sie geben ihm Elastizität und Tragfestigkeit, Innenraum zur Durchlüftung, die Wasserhaltefähigkeit eines Schwammes und die Flexibilität, auf äußere Reize angemessen zu reagieren, zum Beispiel den pH-Wert*** zu regulieren. Er ist »lebend verbaut«. Fällt organisches Material in Mengen an – wie im Herbst –, kann er es aufnehmen und verdauen. Liegt wie im Winter das Leben brach, ruht er sich aus. Kommt mit Sonne und Wärme der frühjährliche Wachstumsimpuls, steigert er seine Freigabe, Bakterien vermehren sich, und er gibt Nahrung an die Pflanzen ab.

All das vermag ein naturbelassener Boden. Man kann ihn jedoch auch bei alldem stören. Ein Pflug, der tiefer als die zelluläre Gare gräbt, moderne Pflüge tun dies um das Doppelte, zerstört die mikrobielle Schichtung und verursacht Chaos in der zellulären Struktur. Kunstdünger, der Salze zuführt, vernichtet das makrobielle Stoffwechselgefüge und löst die inneren Bodenzusammenhänge auf. Ein Feld, das nackt bleibt, verliert Wärme, brennt unter UV-Strahlen, die die meisten Bodenlebewesen nicht mögen, und trocknet aus.

Bei jedem Starkregen lassen sich die Folgen der verlorenen Krümelstruktur sehen, wenn die Feinerde aus derart bewirtschaftetem Land in Bächen davonschwimmt. 4,46 Tonnen Feinerde pro Stunde können im wahrsten Sinne des Wortes den Bach hinuntergehen, wie Landwirtschaftsmeister Adolf Daenecke nach einem Gewitter am 7. März 2008 in der Voreifel gemessen hat.

Wer im Sommer lange Staubfahnen hinter den Arbeitsmaschinen auf den Feldern sieht – manchmal so stark, dass der Straßenverkehr davon beeinträchtigt wird –, ist Zeuge dafür, dass wegen fehlender bakterieller Verklebung im Boden die Feinerde, also die Fruchtbarkeit des Bodens, in die Ferne geblasen wird und zur Feinstaubbelastung unserer Atemluft wird.

* Mit »Gare« bezeichnet man in der konventionellen Landwirtschaft eine gute mechanisch-physikalische Krümelbildung, in der Humuswirtschaft versteht man darunter ein »Organ« des Bodenorganismus, das lebendiger Ausdruck der Bodenfruchtbarkeit ist. Das Wort »plasmatisch« stammt vom griechischen *plásma* für »Gebilde«.

** Vom griechischen *kólla* für »Leim«.

*** Der pH-Wert ist das Maß für den sauren oder basischen Charakter einer wässerigen Lösung.

Auf verdichtetem Boden bildet sich Staunässe …

… und Regenwasser läuft oberflächig ab, statt einzusickern.

Durch Regen vom Feld ausgewaschene Feinerde …

… fließt auf die Straße …

… in den Straßenrand …

… in den Graben …

… und in den Bach …

… oder in die Kanalisation.

In verschlämmtem Boden können Pflanzenwurzeln nicht mehr atmen …

… und der Boden reißt beim Trocknen auf.

Auch Hochwasserschutz fängt im Boden an, denn wo die Böden ihre Wasserhaltefähigkeit verloren haben, weil ihnen durch die moderne Bewirtschaftung die Bakterien fehlen, und keine Zuckerketten Bodenkrümel zu wasserumschließenden Hohlräumen zusammenkleben, rauscht das Wasser obenauf ab und unten hindurch – und tritt nach jedem heftigen Regen spornstreichs in die Bäche ein. Dem Boden fehlt die Feuchtigkeit dann wiederum als wesentliche Grundlage für mikrobielle Aktivität.

Man erkennt einen lebendverbauten Boden daran, dass man eine Handvoll Erde zu einem Ball zusammendrücken kann, der locker auseinanderfällt, wenn man an ihn klopft.

Ein Boden ist kein Gefäß, in das man Dünger hineingibt, damit oben eine Pflanze herauskommt. Er ist keine salzbilanzierte Hydrokultur. Boden ist Leben. Er will genährt und – sofern es Kulturland ist – gepflegt werden, und zwar bodengemäß und nicht gemäß menschlicher Fantasie. Die maximale Technisierung der Bodenbewirtschaftung hat uns weder reicher und gesünder noch satter gemacht.

Wird vom Boden Ernte genommen, dann möchte er dafür genährt werden, und zwar gesund ernährt, das heißt mit organischem Material und kontinuierlich. Man füttert ja auch kein anderes Lebewesen stoßweise mit großer Masse auf einmal, wie es in der modernen Landwirtschaft häufig geschieht. Ein Landwirt ist kein »Produzent pflanzlicher und tierischer Produkte«. Er produziert nämlich in Wirklichkeit nichts. Es ist die Natur, dieses unglaubliche Geheimnis des Lebens, das wachsen lässt, und es sind die Mikroorganismen im Boden, die die Pflanzenwurzeln versorgen. Je weniger eigensinnig der Mensch in dieses Wunderwerk eingreift, je liebevoller er es hegt und pflegt, desto größer sind die Geschenke, die »Mutter Boden« ihm macht.

Wo der Boden zu wenig lebendverbaut ist, fliegt die Feinerde beim Bearbeiten fort …

… und beim Ernten. Der Staub kann den Straßenverkehr gefährden.

Der moderne, nach dem Erbe der Mineralstoffdüngung aus dem 19. Jahrhundert bearbeitete Boden ist mikrobiell verarmt. Die eingebrachten Salze fügen der Lebewelt Schaden zu, die Böden versalzen und versauern. Weil die Lebendverbauung fehlt, verdichten die schweren Maschinen die Struktur und vermindern den Gasaustausch, anaerobe Bakterien überwiegen und scheiden in dem Versuch, die Erde zu entgiften, toxische Stoffe aus.

Durch tiefes Pflügen wird Streu in Bodenschichten eingebracht, in denen es mangels adäquater Mikroorganismen nicht umgesetzt wird, sondern vertorft liegen bleibt und verfault. Dadurch werden dortige Wurzelsymbionten in ihrem Wirken gehemmt.

Die Pflugsohle verdichtet den Übergang zum Unterboden und lässt keinen gesunden Wasseraustausch mehr zu. Kapillarwasser aus der Tiefe kann nicht mehr aufsteigen, und die Neigung zur Bodentrockenheit nimmt zu.

Mithilfe der Effektiven Mikroorganismen lässt sich ein solcher Boden wiederbeleben und heilen.

Pflug mit
neun Scharen

Beim Pflügen wird das Erdreich bis in den Unterboden (heller) aufgerissen und umgewendet.

Der mikrobiell wenig aktive Unterboden liegt nach dem Pflügen über dem Oberboden.

Pflanzen

Pflanzen sind eine der erstaunlichen Verbindungen zwischen Himmel und Erde. Ihr Spross, Stängel oder Stamm streckt sich der Sonne entgegen, ihre Wurzeln ziehen in die Erde. Sie bringen das Licht aus dem Himmel in die Tiefe und das Mineral aus der Erde in Blättern, Zweigen und Blüten in den Himmel. An der Haut des Planeten sind sie der verbindende Übergang. Sie sind der Pelz der Erde, ihr Schutz und ihre Nahrung zugleich. Was immer wir essen, ist ursprünglich als Pflanze gewachsen.

Dass Pflanzen all dies vermögen, verdanken sie den Bakterien. Keine Pflanze vermag allein vom Sonnenlicht zu leben, auch nicht nur von Wasser, geschweige denn nur von Gestein. Eine Pflanze kann sich nicht allein ernähren, sie braucht die Mikroorganismen dazu. Die Vorstellung, eine Pflanzenwurzel nehme gelöste Mineralien aus zerkleinerter Erde auf, täuscht. Sie kann damit gar nichts anfangen, es käme nicht zu ihr hindurch. Keimt ein Same auf dem Boden, so senkt sich die Keimwurzel in die Erde, während das Keimblatt dem Licht entgegenstrebt. Die Kraft dazu kommt aus dem Leben: Kaum hat eine erste Fotosynthese Kohlenhydrate im Blatt synthetisiert, fließt ein Teil daraus der Wurzel zu und wird in die sie umgebende Erde abgegeben. Im Nu beginnt dort Bakterienwachstum, sofern es die passenden Mikroorganismen gibt. Wenn nicht, lockt die Pflanze sie herbei. Pflanzenwurzelhormone helfen ihr, genau diejenigen Bakterien und Pilze herzuführen, mit denen sie spezifisch zusammenwirkt. Um die Feinwurzeln herum beginnt es zu wimmeln und zu krabbeln, die Bakterientätigkeit wird intensiviert. Zucker und Eiweiße aus der Pflanze werden als Energie aufgenommen, Makromoleküle aus der Bodenkrume mobilisiert und an und in die Wurzel getragen. Je besser die Pflanze Licht in Kohlenhydratverbindungen umsetzen kann, desto besser kann sie ihre Bodenmitarbeiter mit Zucker, Aminosäuren, Hormonen und Vitaminen versorgen. Und umso besser tragen diese ihr vorverdaute Pflanzenspeise zu.

Es ist ein lebendiges Geben und Nehmen. 20 bis 40 Prozent der Kohlenhydrate aus ihrer Fotosynthese scheidet beispielsweise eine junge Weizenpflanze für die Bodenmikroben als Wurzelexsudate aus.[33] Diese lassen zunächst zahlreiche verschiedene Bakterienarten wachsen, was wiederum Amöben* herbeilockt, die gerne Bakterien fressen.

Dies tun sie jedoch nicht nach Belieben, sondern diese Amöben weiden genau die Bakterien ab, die für das betreffende Wurzelwachstum entbehrlich sind. Daraufhin können sich diejenigen Bakterien vermehren, die das Wachstum speziell dieser Pflanzenwurzel fördern. Man hat festgestellt, dass bei gleicher Bakterienbesiedlung Wurzeln in Gegenwart von Amöben deutlich besser wachsen. Pflanze, Bakterie, Amöbe und Pilz »wissen« genau, wer was braucht und wie ein optimales Miteinander zu leben ist. Vorausgesetzt, sie finden genug organisches Material im Boden, es ist zur Plasma-Gare vorverdaut, die Krümelstruktur des Bodens erlaubt harmonisches Mikrobenwachstum und Feuchtigkeit – und sie werden dabei nicht gestört. Je reicher die Mikrobenbesiedlung eines Bodens ist, desto üppiger und feiner können die Pflanzenwurzeln wachsen.

Wie alle anderen Oberflächen der Erde besiedeln die Mikroorganismen auch die Epidermis der Wurzel. Wie ein zuckriger Plasmabiofilm bahnen die Mikroorganismen der

Amöbe unter dem Rasterelektronenmikroskop, 250fach vergrößert

* Amöben sind größere Einzeller mit der Fähigkeit, ihre Gestalt fließend zu verändern, kleinere Einzeller zu umschließen und, zum Teil vorübergehend, aufzunehmen (vom griechischen *amoibé* für »Wechsel, Veränderung«).

Wurzelspitze der Kresse
(Lepidium sativum), 1 Zentimeter lang,
unter dem Lichtmikroskop

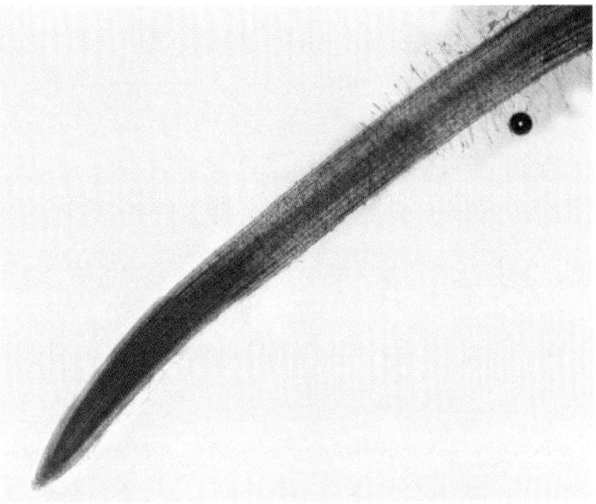

Pflanzenwurzel ihren Weg durch den Boden. Wo Bakterien wimmeln, dahin tasten sich die feinen Spitzenzellen der Haarwurzeln vor, in der feuchten Bakterienmasse ernährt und vor Austrocknung geschützt.

Das geht natürlich nur gut, wenn der Boden eine entsprechende Beschaffenheit hat. Je besser die Lebendverbauung des Bodens und je reicher er an feinsten kolloidal gebundenen Partikeln aus Gestein und feinstverdauter organischer Substanz ist, desto reicheres Wachstum von Nähr- und Haarwurzeln ist möglich. Nur diese geben der Pflanze Gesundheit und Kraft. Gröbere Wurzeln, die der Standsicherheit und dem Säftetransport dienen und die man beim Ausreißen einer Wurzel gewöhnlich sieht, ernähren die Pflanze nicht. Meistens umfangreicher als der oberirdische Spross der Pflanze ist ihre »Rhizosphäre«, der Bereich, in dem das Wurzelwerk mit dem Boden interagiert. Es ist eine vom Miteinander aller Wesensreiche bestimmte lebendige Welt. Wo Pflanzen fehlen, weil ein Boden nackt ist, fehlt ihm auch diese Belebung.

Mykorrhiza

Eines Tages im Jahre 1885 wurde Albert Bernhard Frank, Pflanzenphysiologe in Berlin, vom zuständigen Ministerium gebeten, über die Zucht von Trüffeln zu forschen. Der preußische König mochte diese besonders gern. Bei seiner Forschung stellte Frank fest, dass die Wurzeln der meisten Pflanzen von dichtem Pilzgewebe so vollkommen umgeben sind, dass diese zwischen Erdreich und Wurzelzelle vermitteln. Diese innige Verbindung von Wurzel und Pilz nannte er »Mykorrhiza«.

Vom Pilzmantel aus flechten sich Fortsätze in Wurzelgewebe hinein und zugleich ins Erdreich hinaus wie eine Brücke der Wurzel zum Bakterium hin. Pflanzen und Pilz als eigenständige Wesen berühren sich in der Mykorrhiza zu einem einzigartigen gemeinsamen Organ, das wiederum von Bakterien überzogen ist. Ihre Feinheit erlaubt es, sich in zarteste Bodenritzen zu erstrecken und in engen Kontakt mit der Feinerde zu gehen, wo Bakterien die lebendige Substanz zum Verzehr für die Pflanzen vorbereiten. Hundert- bis tausendfach größer als die Oberfläche feinster Wurzeln ist die Pilzoberfläche und verlängert das Pflanzenwachstum bis zu mehreren Metern in den Boden hinein. Sonne–Pflanze–Wurzelzelle–

Mykorrhiza

1: Eichensetzling in natürlichem Bodensubstrat
2: Ausschnitt aus 1, Mykorrhiza des weißfilzigen Typs
3 und 4: Vergrößerte mykorrhizierte Feinwurzeln

Pilz–Bakterie–Lebensessenz–Stein: So und zurück verbinden sich Himmel und Erde. Es ist der alchemistische Prozess kosmischer Befruchtung, die sich weitgehend unbeachtet vom Menschen vollzieht und ihn nur scheinbar außen vor stehen lässt.

Zu fast jeder Pflanze gehört solch eine unterirdische Pilzgesellschaft, die das uns verborgene Lebensgewebe sind, dessen oberirdische Fruchtkörper wir als Speisepilze verzehren. Dutzende verschiedener Mykorrhiza können mit jeder Pflanze vergesellschaftet sein, und je mehr es in der Erde sind, desto höher ist die pflanzliche Artenvielfalt auch oberhalb des Bodens.

Mykorrhiza sind wie ein eigenes unterirdisches Organ. Es schützt und nährt die Pflanze an ihrer Wurzel, und wo es fehlt, kümmert sie. Eiweißsynthese, Wasserresorption, Trennung nötiger von unnötigen Substanzen, all das übernimmt das unterirdische Pilzgeflecht. Es ist unbegrenzt groß, zumal sich die Pilze untereinander verknüpfen. In der Schweiz hat man einen Hallimasch gefunden, der auf 35 Hektar Fläche wächst, und in den USA einen Pilz, der unterirdisch auf 9 Quadratkilometern lebt. Wurzelpilze sind eine wei-

Rasterelektronenmikroskopische Aufnahme einer Eichenwurzel umwachsen mit einem Mykorrhizapilz

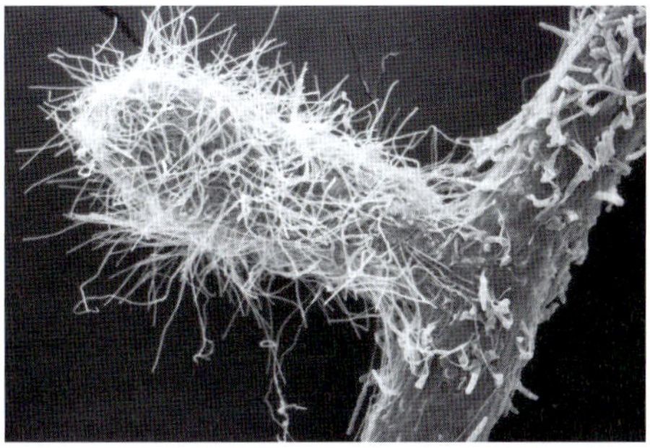

tere Brücke zwischen dem für uns unsichtbaren und sichtbaren Bereich der Erde. Wie ein zartes Gewebe, das im Oberboden eingezogen ist, ist es die Mutter, die alle Wurzeln ernährt. Tatsächlich erfüllt die gesamte Mykorrhiza eine Ammenfunktion. Keimt ein Baum in einem Wald, senkt sich das erste Würzelchen in die Erde. Dort trifft es auf Mykorrhizapilze, die es sofort einhüllen und bergen. Die Pilze scheiden Pflanzenhormone aus, die das Wurzelwachstum verändern und Pilz und Zelle ineinander verbinden. Von älteren Bäumen, deren Fotosynthese reichlich Kohlenhydrate in die Wurzeln und zum Mykorrhiza-Pilzgeflecht schickt, und mit Nährstoffen aus bakterieller Mobilisation des Bodens versorgt, füttern nun diese Pilze den Keimling und lassen ihn gut im Schatten des Kronendaches heranwachsen. Gemeinsam mit den Mikroorganismen sind sie der Regulator des Ökosystems.

Auch ihre Eiweiße verkleben Bodenteile und begünstigen die Wasserhaltekraft. Sie fördern nicht zwingend das Wachstum eines einzelnen Baumes oder Strauches, sondern sind imstande, das Wachstum eines größeren neben einem Nachzögling zu hemmen – wenn dies dem größeren Zusammenhang zum Segen gereicht.[34] Eine artenreiche Mykorrhizabewohnung im Boden gibt diesem die Kraft, schädliche Einwirkungen abzupuffern. Salzdüngung verändert jedoch sofort das Milieu. Dann werden zu viele Kohlenhydrate von den Mikroben für die zusätzliche Stickstoffeinbindung gebraucht, und für das Wachstum bleibt dem Pilz keine Kraft. Pilz und Bodenvielfalt machen daraufhin anderen Arten

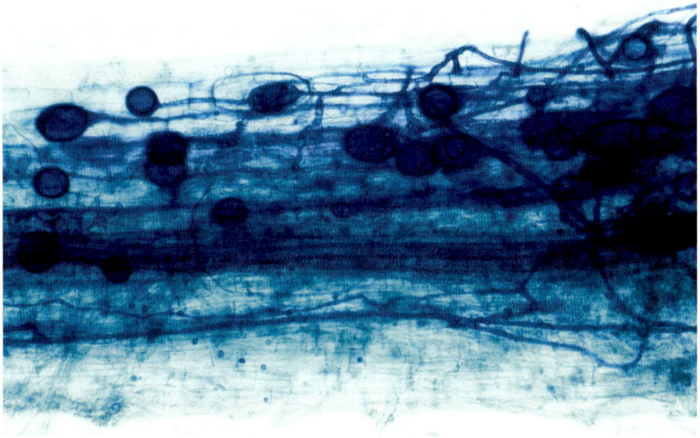

Elektronenmikroskopische Aufnahme von Mykorrhiza-Pilzfäden und Vesikeln (Bläschen) in den Zellen einer Maiswurzel, mit Trypanblau gefärbt

Platz und lassen die Pflanzen anfällig werden. Auf vollständig mit Kunstsalzen gedüngten Böden wachsen keine Mykorrhiza mehr.[35] Werden Bäume oder Sträucher aus synthetisch gedüngten Baumschulböden an ihren endgültigen Ort umgesetzt, dauert es oft lange, bis sie aus einer Kümmernisphase, in der die standortgerechte Mykorrhizasymbiose erst wiederhergestellt werden muss, in gesundes Wachstum gelangen. Die Inokulation – das »Animpfen« – des Bodens mit gezüchteten Mykorrhizapilzen kann hier Abhilfe schaffen.[36] Auch ein Kahlschlag lässt die Mykorrhiza sofort verhungern. Sie werden nicht mehr durch Pflanzenhormone stimuliert und auch nicht mehr mit deren Kohlenhydraten versorgt und können sich höchstens noch in einen Sporenzustand retten. Jede neugesetzte Wurzel hat es danach erst einmal schwer.

Das berühmteste Beispiel für die Zusammenarbeit zwischen Pflanzenwurzel und Bakterie ist die Bildung von stickstofffixierenden Wurzelknöllchen in Leguminosen. Leguminosen sind Pflanzen, deren Samen eingehülst sind, wie Erbse, Bohne, Luzerne, Soja und Klee.

Weder die Wurzelzelle allein noch die beteiligte Bakterie *Rhizobium* können Stickstoff binden. Gemeinsam aber fixieren sie zehnfach so viel Stickstoff wie im Boden frei lebende stickstoffbindende Bakterien, zum Beispiel Clostridien oder Azotobakter.

Dies geht folgendermaßen: Leguminosenzellen scheiden Flavonoide als Botenstoffe aus, um die Rhizobiumbakterien in der Bodenumgebung zu aktivieren. Nachdem diese die Wurzelzellen als passend erkannt haben, heftet sich die Bakterie an sie an und gibt ein

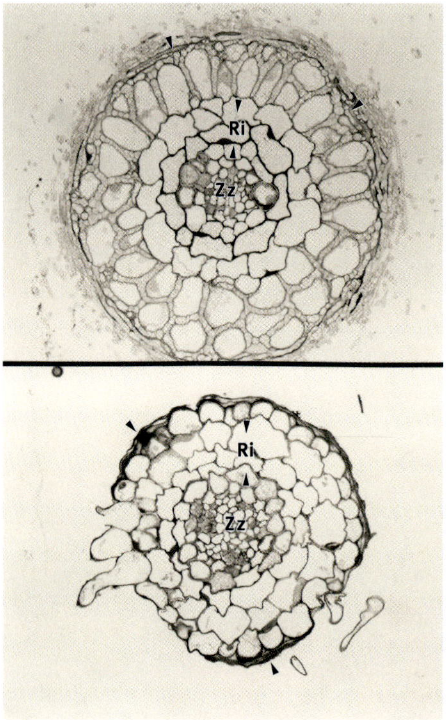

Vergleich zwischen mykorrhizierter (oben) und nichtmykorrhizierter (unten) Wurzel; Rinde (Ri) und Zentralzylinder (Zz) unterscheiden sich kaum, der Rest ist differenzierter ausgebildet und von Pilzfäden umhüllt.

Wurzel mit Knöllchenbildung bei einer Bohnenpflanze

Wurzelknöllchen an gereinigter Wurzel

Plasmid in eine Haarwurzelzelle hinein. Daraufhin kräuselt sich die Haarwurzel und bildet einen Schlauch, durch den weitere Bakterien einwandern können.

Bildlich gesprochen, klopft die Bakterie, nachdem die Pflanze gerufen hat, an, reicht die Visitenkarte hinein, und die Zelle öffnet die Tür. Innen angekommen, sorgen weitere Plasmide für eine Anregung des Wurzelwachstums, und ein Knöllchen wächst. In diesen Knöllchenzellen wandeln sich nun die Bakterien zu sogenannten Bakteroiden um. Dann werden sie von Teilen der Pflanzenzellmembran eingehüllt. Jetzt sind sie vorübergehend völlig von der Pflanze abhängig. Ein gemeinsamer Stoffwechsel von Bakteroid und Pflanzenzelle ermöglicht nun den Aufbau von stickstoffhaltigen Verbindungen wie Aminosäuren, die dem Pflanzenwachstum dienen. Erst wenn die Pflanze stirbt, setzt sie die Bakteroide wieder frei. Diese können sich dann wieder in Bakterienform verwandeln und im Boden ruhen, bis eine weitere Wurzel sie zur Zusammenarbeit einlädt.

Dass Bakterien in die Wurzelzelle der Pflanze aufgenommen werden, kommt uns sensationell vor, weil wir gewohnt sind, alles getrennt zu denken. Dabei ist es gar keine Ausnahmeerscheinung. Inzwischen wissen wir, dass sich Pflanzen von Bakterien regelrecht ernähren. Die Membran von Pflanzenzellen ist keine starre Haut, sondern eine sich im Fließgleichgewicht ständig erneuernde Anordnung von Molekülen. Es kann sein, dass sie sich binnen zwei Stunden vollkommen erneuert hat. Je nachdem, ob es mehr Einbau oder

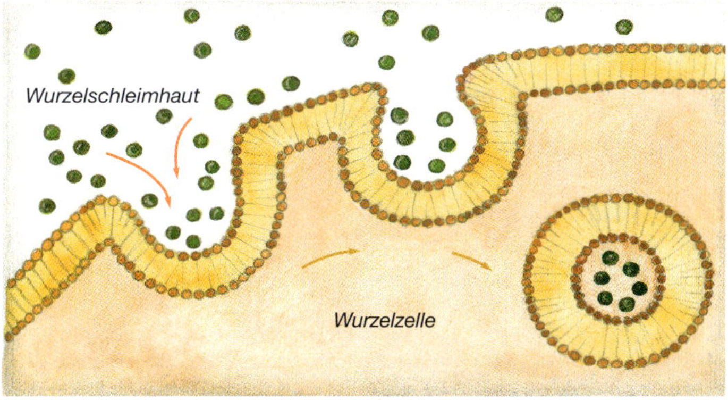

Endozytose

Ausbau von Molekülen gibt, kann sie sich dabei verlängern oder verkürzen. Sie kann Ein- und Ausstülpungen bilden, die etwas umschließen, und kann diese Einschlüsse als Vesikel (Bläschen) aufnehmen oder abgeben. Man spricht dabei von der Endo- oder Exozytose*. In diese Einschlüsse werden nicht nur Flüssigkeiten und Makromoleküle aufgenommen, sondern es können auch ganze Bakterien sein, die anschließend im Zellinneren wirken oder verdaut werden können.

Tier und Mensch

In der Tierwelt

Zwischen Pflanzen- und Tierwelt gibt es keine echte Trennung, und was ein Tier von anderen Lebewesen unterscheidet, wissen wir nicht immer. Was ist eine Pflanze, ein Tier, ein Pilz, eine Alge oder etwas anderes? Es gibt keine starren Grenzen, es gibt alle Übergänge. Unsere Klassifizierungsbemühungen scheitern an der Vielfalt der Natur. Sie offenbart sich in grenzenloser Fülle.

Aber alles ist von Bakterien geprägt. Sie leben auf den äußeren Hüllen, und kaum bildet sich entwicklungsgeschichtlich ein Verdauungsorgan aus, ist auch dieses sofort von Mikroorganismen besiedelt. Mikroben prägen den Stoffwechsel im Körper einer Mücke, eines Elefanten oder einer Kuh. Sie sind ein wichtiger Partner bei Energiegewinnung und Synthese. Vergleicht man beispielsweise die Milcheiweißproduktion von 500 Kilogramm Hefen mit derjenigen einer Kuh, so bringt diese es als ganzer 500 Kilogramm schwerer Organismus auf die Synthese von 1 Kilogramm Milcheiweiß pro Tag, während die gleiche Menge Hefen die 10 000fache Menge synthetisieren würde. Wobei der Vergleich hinkt, denn ohne Bakterien, die allein in ihrem Pansen etwa 15 Kilogramm ausmachen, wäre eine Kuh überhaupt nicht imstande, Gras in Milch zu verwandeln.[37]

Alle Tiere sind auf eine zu ihnen passende Bakterienflora eingestellt. Sie erben sie von den Vorfahren, ergänzen sie durch die Lebensumstände und nehmen jederzeit neue auf. Manche bleiben ein Leben lang in und auf ihnen wohnen, andere kommen und gehen wieder. Von den Dauerbewohnern sind manche kontinuierlich tätig, andere schalten ihre Enzymkaskade nur nach Aufforderung ein und wirken bei Bedarf. Sie sind wie stille wachsame Begleiter, die durch ihre rasche Reaktionsfähigkeit den komplexen Organismus flexibel und seine Ordnungsstrukturen konstant aufrechterhalten. Die erstaunliche Fähigkeit, mit einem gleichbleibenden Innenmilieu durch eine sich unentwegt verändernde Umwelt wandeln zu können, die den Warmblütern eigene Homöostase**, verdankt sie zum großen Teil diesen zu allen Veränderungen fähigen kleinsten Lebewesen.

Tiere fressen – und nehmen dadurch Teile der Außenwelt in sich hinein. Das ist eigentlich ein gewagter Schritt der Natur. Möglich macht es die üppige Vielfalt der Mikroorganismen im Darm. Sie hüten die Grenzen, sie begleiten die Übergänge, ohne sie wäre

* Von den griechischen Wörtern *éndon* für »innen, innerhalb«, *éxō* für »außen« und *kýtos* für »Wölbung, Höhlung«. »Zyt-« ist ein Wortbildungselement mit der Bedeutung »Zelle« (aus *kýtos* über das neulateinische *cytus* für »Zelle«).
* Vom griechischen *homoiόstasis* für »Gleichgewicht, Gleichstand«.

Milcheiweißsynthese von Kuh und Hefen

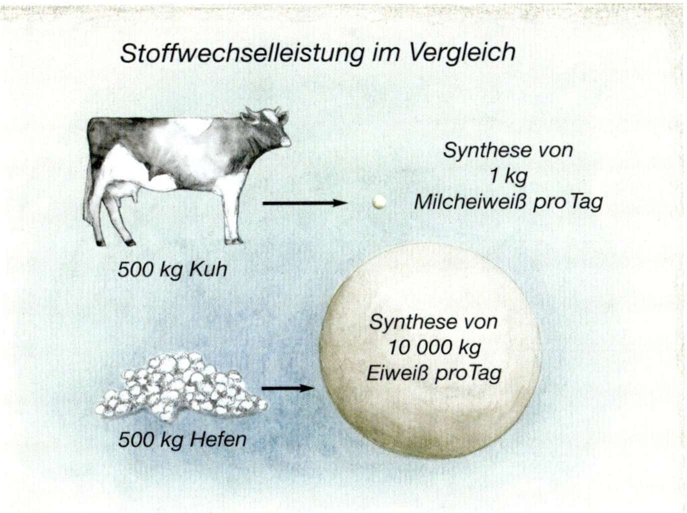

das Fremde im Körper nicht zu verkraften. Mit ihrer Hilfe wird es in seine kleinsten Elemente zerlegt, genau wie es im Boden geschieht, nur dass dort eine Pflanze daraus ernährt wird und hier ein Wesen aus Fleisch und Blut.

Mit der bei vielen Tieren entwicklungsgeschichtlich entstehenden Einstülpung der Außenwelt zu einem Verdauungstrakt können größere Nahrungsteile durch sie hindurchwandern, umgewandelt, aufgenommen und wieder ausgeschieden werden. Indem nur teilweise daraus etwas weiter ins Blut aufgenommen wird, findet ein Ent*scheidungs*prozess statt, und es erscheint, als entstehe mit ihm zugleich eine Seelenentwicklung zum Innenraum hin. Jedenfalls lässt sich beobachten, dass wir zu Tieren, die innerlich verdauen, leichter als zu anderen und zu Pflanzen eine persönliche Beziehung aufbauen können.

So erstaunt es nicht, dass uns Bakterien auf Pflanzen, selbst wenn wir diese essen, eher nebensächlich erscheinen, während wir Bakterien, die von Tieren getragen wurden, zu fürchten tendieren. Beide sind jedoch für ihr und unser Leben wesentlich.

Aus dem Kreislauf Boden–Pflanze–Boden nehmen Mensch und Tier ihre Nahrung auf, beseelen sie und geben sie darum bereichert zurück. In ihnen begegnen sich Materie und Geist wie im Boden Himmel und Erde. So vermochte sich das Leben, seelisch-geistig impulsiert, im Laufe seiner Erdmanifestation immer weiter in die Materie hineinzuentwickeln. Es ist wichtig, dass wir diesen Aspekt des Erdenlebens wieder sehen. Das Leben in unserer Umgebung ist nicht nur Materie, in der der Mensch wie abgetrennt als einziges geist- und seelenbegabtes Wesen steht. Es ist vollkommen durchdrungen von geistiger und seelischer Lebendigkeit. Und die Bakterien wirken dabei mit.

Es wundert daher nicht, dass Bakterien auch die Sparringspartner unserer Abgrenzungssysteme sind und uns im Individualisierungsprozess dienen. Ohne sie hätten wir keine Immunantwort. Wo das Gleichgewicht zwischen menschlichem Individuum und der Außenwelt, auch sozialer Gruppen, fehlt, greifen sie ein – und auch dann, wenn das dem Individuum eigene Gleichgewicht aus den Fugen gerät. Sie erzeugen dann eine Krise, wir sagen »Krankheit« dazu, und bringen die Einseitigkeit wieder ins Lot. Bakterien können nicht krank werden. Sie kennen das nicht. Sie verändern sich bei Bedarf und passen sich unverzüglich den Umständen an. Krankheit entsteht erst da, wo auch Seele ist. Um diese Prozesse zu heilen, sind dann wiederum Bakterien da.

So ist die Bakterienbesiedlung für Tiere genauso wichtig wie für Boden und Pflanzenreich und die Kooperation zwischen Bakterien und Tier überlebensnotwendig. Weil wir mit unseren gewöhnlichen Sinnen kaum Einblick darin haben, erfassen wir sie erst mit Erfindung neuester Techniken.

Forscher des Max-Planck-Institutes in Jena setzten zum Beispiel die bildgebende Massenspektografie ein, um das Miteinander zwischen der Grabwespe »Bienenwolf« und Bakterien der Gattung *Streptomyces* zu erforschen.[38] Sie konnten beobachten, dass weibliche Bienenwölfe in speziellen Drüsen ihrer Antennen ganz bestimmte Bakterien tragen, die sie je nach Bedarf gezielt verwenden. So schmieren sie die inneren Decken ihrer Brutzellen mit *Streptomyces* ein, sodass ihre Larven sie beim Aufwachsen darin aufnehmen und in die Seide ihres Kokons einspinnen können. Auf deren Außenhülle siedeln die Bakterien dann flächendeckend, wodurch dort keine andere willkürliche Umgebungsflora mehr gedeihen kann. Neun verschiedene bakterielle Botenstoffe sorgen dafür, dass es auch dabei bleibt. So werden die *Streptomyces* von Generation zu Generation weitergegeben.

Bei den Forschern, die jene Symbiose entdeckten, reicht allerdings nicht das Staunen über diese Zusammenarbeit. Sie interpretieren die von den *Streptomyces* gebildeten Schutzstoffe als »Antibiotika« und hoffen, daraus künstliche Antibiotika zur Bakterienbekämpfung synthetisieren zu können.

Bei unseren Haustieren beobachten wir manchmal, dass sie Kot fressen. Wenn Hunde sich über Pferdeäpfel oder Kuhfladen hermachen, tun sie das, um sich mit Bakterien aus deren Verdauungstrakt zu versorgen, meistens, um sterilisiertes Trockenfutter bakteriell aufzupeppen. Bei Hasen und Nagetieren gehört das Fressen der eigenen Exkremente zur normalen Verdauung, denn ihre Eiweißversorgung erfolgt über Bakterien, die sich in ihrem Verdauungstrakt in einem nach dem Dünndarm liegenden Blinddarm befinden. Dort vermehren sie sich mithilfe der gefressenen Pflanzenfasern und müssen ausgeschieden und

Die Grabwespe, Europäischer Bienenwolf, *Philanthus triangulum*

wieder aufgenommen werden, damit die bakteriellen Eiweiße im Dünndarm resorbiert werden können.

Unser ältestes Haustier, die Biene, von der wir aus Fossilienfunden wissen, dass sie seit vierzig Millionen Jahren als Staatenwesen tätig ist, reguliert unermüdlich den Kosmos der Kleinstlebewesenwelt. Alle ihre Produkte wirken selektiv fördernd oder hemmend auf mikrobielle Mitbewohner, wodurch sie gezielt die Zusammensetzung der sie umgebenden und besiedelnden Mikroben gestaltet. Einige dürfen gedeihen, aber Extreme werden nicht erlaubt. Honig ist daher ein wunderbares Mittel zur bakteriellen Korrektur und wird gern als Heilmittel eingesetzt. Im Honigmagen filtert die Biene Viren aus und selektiert die Bakterienaktivität, teilweise, indem sie deren Vermehrungsfähigkeit vollständig blockiert. Auf die winzige Menge von maximal 600 Mikroorganismen pro Kubikmillimeter wird die Population reduziert. Etwa achtzig ätherische Öle enthält nativer Honig.

In ihrem zweiten, dem Verdauungsmagen, ist die Bakterienflora der Biene üppiger. Mit den Bakterien ihres Speichels lässt sie sich ihre Körpernahrung, das Bienenbrot, fermentieren. Während Honig, aus Nektar gewonnen, nur der Wärmegewinnung im Volk dient, ist Bienenbrot, aus Pollen gebildet, Eiweißspender für den Leib und wird auch der jungen Brut verfüttert. Es muss sorgfältig zubereitet werden: Blütenpollen sind wie kleine Nüsschen, die erst geknackt ihren Nährwert freigeben. Damit Bakterien dies bewerkstelligen können, schichtet die Biene die Pollen mit Speichel und Nektar im Wechsel in eine Wabe, drückt alles ordentlich luftdicht fest und lässt sie in Ruhe dort gären. Von den Mikrobenenzymen werden die Schalen der Pollen geknackt, und ihr Nährwert steigt dadurch auf das Dreifache an. Außerdem sind sie nun lagerfähig. Es ist das Gleiche, was wir bei der Silage- oder Sauerkrautfermentation tun.

Was der Biene ihr Brot, ist der Mücke ihr Blut, und auch ihr sind Bakterien dabei eine Hilfe. Diese sind nämlich verantwortlich für den Körpergeruch, den Menschen oder Tiere verströmen. Das Milieu eines Individuums wird von seinen Körpersäften mitbestimmt, auch denen der Hautzellen. Milchsäuren, Fett- und Aminosäuren, die Bakterien aus verspeisten menschlichen oder tierischen Hautteilchen ausscheiden, signalisieren möglicherweise eine köstliche Blutmahlzeit. Besonders gern riechen Mücken Schweißfüße und ausgeschwitzten verdauten Alkohol.

Gewagte Thesen behaupten, Insekten wählten ihren Einstich an einer bestimmten Körperstelle aus, um dort den örtlichen Stoffwechsel zu impulsieren. Als Akupunktur der Natur sozusagen. Wer darauf verzichten möchte, kann mit einer EM-Einreibung die Mücken überlisten, weil Effektive Mikroorganismen den Körpergeruch korrigieren.

Was immer ein Tier im Leben tut, tut es mit Bakterien, ob Floh oder Biene, Blauwal oder Fuchs. Und anders als Pflanzen nimmt es, wohin es auch geht, fliegt oder kriecht, Bakterien mit. Auch veränderte Bakterien. Man hat im Kot von Zugvögeln resistente Bakterienstämme gefunden, die um die halbe Welt geflogen sind.

Kosmos Mensch

So wie alle Lebensräume des Planeten Erde jeweils von passenden Mikroorganismen bewohnt werden, bewohnen sie auf angemessene Weise die Räume des Einzelkosmos Mensch. Ob im Ohr, auf der Fingerspitze, im Hals oder unter den Achseln, ob auf den

Schleimhäuten, den Haaren, im Magen oder auf dem Knie, ob auf den Zähnen oder zwischen den Zehen: Überall sind Bakterien dabei. Sie finden je nach Art ihr Lieblingsmilieu und sind unermüdlich im Sinne unserer Gesundheit tätig. Sie hüllen uns ein, hüten unsere Grenzen, erleichtern alle Übergänge und warnen uns vor Gefahr. Wenn sie nicht wären, gäbe es uns nicht. Niemand kann ohne Bakterien leben. Wann haben Sie sich das letzte Mal bei Ihren unzähligen Körpermitbewohnern dafür bedankt? Macht nichts. Hauptsache, Sie pflegen sie gut.

Mit modernen Techniken lassen sich die Mikroorganismen auf unseren Häuten und Schleimhäuten sichtbar machen. Hunderte von Billionen Einzellern hat man dabei gezählt. Dies sind mindestens hundertmal mehr, als wir körpereigene Zellen besitzen. Zählen wir sie, sind wir also mehr Mikrobe als Mensch. Mensch und Mikrobe sind eins. Mensch ohne Mikrobe ist nichts.

Die Lebensbedingungen für Mikroorganismen im menschlichen Organismus sind für Bakterien ideal, denn Temperatur, pH-Wert und osmotischer Druck sind konstant, und es gibt ein üppiges Nährstoffangebot.

Forscher der Universität Colorado in den USA haben versucht, einen Bakterienatlas des Körpers zu erstellen.[39] Sie suchten dafür an neun gesunden Menschen 27 Körperstellen aus, die sie über drei Monate lang analysierten. Am meisten erstaunte sie, wie verschieden die Mikrobenzusammensetzung von Mensch zu Mensch, aber auch bei derselben Person zu unterschiedlichen Zeiten war. Jede Körperstelle hat ihre Dauerbewohner sowie Langzeit- und Kurzzeitgäste, stellten sie fest.

Ähnlich wie die Grabwespe ihre Nachkommen bakteriell imprägniert, tut es auch der Mensch: Wir erben nicht nur Gene, wir erben die elterlichen Mikroben mit, einschließlich deren genetisches Gut. Jedes Menschenkind schlüpft, während es geboren wird, natürlicherweise durch den mütterlichen Vaginalkanal. Dieser ist bei Frauen von der Menarche bis zur Menopause von Milchsäurebakterien belebt, den sogenannten »Döderleinschen

Rasterelektronenmikroskopische Aufnahme einer Dickdarmschleimhaut. Links sieht man Mukosa-(Schleimhaut-) Zellen ohne Schleim. Die kleinen runden hellen Tüpfel sind Mikrovilli, kleinste Darmzotten, von oben gesehen. Der rechte Teil ist mit Schleim ausgefüllt. Im mittleren Teil des Schleimfetzens befinden sich Bakterien eingehüllt.

Stäbchen«, die beim Gynäkologen in der Vorsorgeuntersuchung unter dem Mikroskop angeschaut werden. Fehlen sie im mittleren Lebensalter, stimmt das Scheidenmilieu nicht, und eine Korrektur ist empfehlenswert.

Gleitet das Baby aus dem bakterienfreien Fruchtwasser auf die Welt, ist es vom Scheitel bis zur Sohle mit mütterlichen Scheidenbakterien eingeschmiert. Unvermeidbar sind auch deren Darmbakterien dabei. Auf ihren nackten Bauch gelegt und vom Vater gestreichelt, sammelt es deren Hautflora dazu, und die mütterlichen Brustwarzen stiften beim Stillen Bakterien bei. Gemeinsam beginnen sie, alle Oberflächen des Neugeborenen zu bewohnen. Dabei erfüllen vor allem die geschluckten Scheidenbakterien im Darm des Babys besondere Aufgaben. Da noch keine Magensäure produziert wird, können alle Bakterien den Magen passieren und sich auf dem Darminneren niederlassen. Dieses wurde ja bislang bloß von wenigem Fruchtwasser durchspült und braucht etwa drei Wochen, bis es sich auf Nahrungsresorption umgestellt hat. So lange übernehmen die Bakterien, speziell Milchsäure- und Bifidobakterien, allein die Verdauung der Muttermilch.

Die »Schleim«haut entsteht aus dem Biofilm der Bakterien, die sich nun in Schichten auf den Darmepithelzellen* entwickeln und ein eigenes Organ bilden, das den Übergang von Nahrungsbrei zum Körperinneren gestaltet.

Von den vielen verschiedenen Nährstoffen der Muttermilch sind einige Kohlenhydrate speziell dafür vorgesehen, für die rasche Vermehrung dieser ersten Bakterien zu sorgen. Auch Milchsäure- und Bifidusbakterien sind in der Muttermilch enthalten. Bifidusbakterien spalten aus Harnstoffen Stickstoff ab, der dem Baby zur Eiweißbildung dient. So wird der Übergang aus der mütterlichen Blutversorgung zur irdischen Nahrung durch die Bakterien als Einstieg für eine lebenslange Zusammenarbeit ermöglicht.

Anfangs verbrauchen die Bakterien, besonders im Dickdarm, den dort vorhandenen Sauerstoff. Am charakteristischen Geruch des Stuhls lässt sich diese besondere Baby-Darmflora erkennen. Nach etwa drei Wochen hat sich das Milieu hier so verändert, dass sich dann auch anaerobe Bakterien im Dickdarm ansiedeln können.

Bakterien sorgen auch dafür, dass die Darmepithelzellen sich überhaupt ausdifferenzieren. Bei Tieren, die per Kaiserschnitt zur Welt kamen und keimfrei gehalten wurden, blieb die Ausformung des Darms unzulänglich. Unter solchen Umständen fehlte auch eine erste Prägung des Immunsystems, die durch die Darmbakterien erfolgt. Der Kontakt von Darmbakterie und Darmzelle, die Schleimhaut, die die eigentliche Abgrenzung zwischen Innenwelt und Außenwelt darstellt, triggert lebenslang das menschliche Immunsystem. Ist schon dessen allererste Prägung verändert, kann es zu einer allgemeinen Schwächung und der Entwicklung von Infektanfälligkeit und Allergien kommen. Dann trägt der so auf die Welt gekommene Mensch womöglich für den Rest seines Lebens eine lästige Störung mit sich herum.

Bei Kaiserschnittgeburten ist eine bakterielle Fehlbesiedlung programmiert. Statt der mütterlichen Bakterien werden Umgebungsbewohner aufgenommen, darunter auch re-

* »Epithel« ist eine Sammelbezeichnung für das Gewebe der obersten Zelllagen von Grenzflächen und Drüsen des Körpers. Es hat schützende und ausgleichende Aufgaben, enthält viele Sinneszellen und arbeitet meist mit Bakterien zusammen (von den griechischen Wörtern *epí* für »darauf, daneben, bei, über« und *thēlé* für »Brustwarze«).

sistente Bakterienstämme. Man hat festgestellt, dass Babys die spezifischen Keime des betreffenden Krankenhauses auf und in sich tragen, wenn sie nach einer Kaiserschnittgeburt nach Hause entlassen werden. Diese können weder die Verdauung der Muttermilch oder eine angemessene Erstprägung des Immunsystems noch eine gesunde Formung der Schleimhautzellen bewirken. Koliken des Neugeborenen und schlaflose Eltern sind in vielen Fällen Folge solch einer bakteriellen Fehlbesiedlung.

Vom ersten Schluck an wird also die Bakterienflora des Menschen durch seine Ernährung bestimmt. Babys, die Flaschen- statt Muttermilch erhalten, haben eine andere Bakterienzusammensetzung im Darm, nämlich eine verfrühte Erwachsenenflora. Diese entsteht normalerweise erst allmählich nach dem Abstillen und bleibt mit geringfügigen Veränderungen, sofern sie nicht durch Gifte, Bestrahlung oder Antibiotika gestört wird, für das ganze weitere Leben bestehen.

Erst im Alter kommt es häufig wieder zu einer Verschiebung der Bakterienzusammensetzung im Darm, häufig, weil Verdauungsstörungen vorliegen, wenn Verdauungssäfte fehlen, jedoch auch durch fehlende Kaukraft und ballaststoffarme Speisen. Gerade im Alter ist es daher hilfreich, bewusst bakterienfördernde und bakterienreiche Nahrung zu sich zu nehmen.

Körperlandschaften

Vom Mund bis zum Anus gibt es verschiedenste Milieus mit unterschiedlicher Bakterienflora im Körper. Er ist wie eine Innenlandschaft mit lauter verschiedenen Biotopen.

Die Mundhöhle ist beim Neugeborenen mit den Erstkeimen besiedelt, deren Flora sich verändert, wenn im ersten Lebensjahr die Zähne erscheinen. Danach überwiegen anaerobe Bakterienstämme. Im Speichel befinden sich Enzyme wie das Lysozym, die imstande sind, die Bakterienflora des Mundes zu regulieren. Auch emotionaler Stress verändert die Körpersäfte, somit ebenso die Speichelzusammensetzung und die Bakterienkombination.

Auf der Zahnoberfläche können, wenn sie nicht mechanisch abgerieben werden, Bakterien mit ihren Zuckerketten anhaften. Meist sind es Streptokokken. Sie bilden einen Film, in dem sich auch weitere Bakterien einfügen und wachsen können. Zahnbelag entsteht. Wenn er weiterwächst, beginnen andere Bakterien, senkrechte Fasern hineinzuweben, und durch diesen dicken Film dringt kein Sauerstoff mehr bis zum Zahnschmelz durch. Dort beginnen Milchsäurebakterien eine anaerobe Säurebildung, und je mehr Zucker mit der Nahrung zu den Zähnen gelangt, desto mehr werden diese Bakterien gefüttert. Ihre Säure beginnt, dem Schmelz Kalk zu entziehen und ihn aufzulösen. Ist das harte Gewebe des Schmelzes erst einmal abgebaut, lösen Enzyme auch die weichen Anteile auf und knabbern sich tiefer in den Zahn vor. Das nennen wir wie gesagt »Karies«. Karies ist unserer verweichlichten Ernährung geschuldet. Auf glatten, durch Kauen kräftiger Nahrung vom Belag freigehaltenen Zahnoberflächen haften keine Bakterien an.

Die Bakterienbesiedlung des Magens ist abhängig von seinem Säuregrad. Über 120 unterschiedliche Bakterienstämme hat man in ihm inzwischen gefunden. Die Bakterienmenge dort ist vom pH-Wert bestimmt. Je saurer er ist, desto weniger Bakterien kommen insgesamt vor. Trotzdem wandern mit dem Essen unzählige durch ihn hindurch weiter. Je gründlicher eine Mahlzeit gekaut wurde, desto besser mischen sich Bakterien unter den Speisebrei und gelangen in den Dünndarm. Bei mindestens 250 Milliliter Füllvolumen und bei erfolgter Alkalisierung der Speise vor dem Magenausgang öffnet sich deren Pförtner und lässt sie in den Zwölffingerdarm frei. Ein gesunder Magen ist daher auch für dessen Bakterienbesiedlung wichtig. Es kann geschehen, dass der Magen eine Fehlbesiedlung des Darms durch erhöhte Säureproduktion auszugleichen versucht. Dann hilft das Anreichern der Speise mit Bakterien mehr als das Schlucken von Säureblockern.

Es ist sinnvoll, Bakterien für den Darm immer zusammen mit einer gut gekauten Mahlzeit aufzunehmen. In der Mikrobiologischen Therapie gibt man kleinere Mengen Bakterien direkt den Mahlzeiten bei. Mit Rücksicht auf ihre Wirkung auf das Immunsystem fängt man mit einzelnen Tropfen an und steigert die Menge langsam. Je empfindlicher ein Darm bereits ist, desto behutsamer geht man vor. Die Menge, die nötig ist, bis eine bakterielle Fehlbesiedlung sich löst, ist von Mensch zu Mensch verschieden. Wichtiger als eine ständige Mengensteigerung ist eine regelmäßige Zufuhr über längere Zeit.

Alles, was wir über die Mikroorganismen im Verdauungsprozess wissen, stammt aus Untersuchungen, die letztendlich die Wirklichkeit nur zum Teil wiedergeben können. Es dauerte lange Zeit, bis man die verschiedenen Bakterienstämme im Darm überhaupt erkannte. Im Darm können wir sie nicht sehen, und analysieren wir sie aus Stuhlproben, was heute auch mittels genetischer Bestimmung geschieht, wissen wir sicher, dass dies nur etwas über die durchgewanderten, nicht aber über die in der Schleimhaut sitzenden aussagt. Selbst wenn es mittlerweile über tausend verschiedene Arten sind, die gezählt werden, können es schon morgen viel mehr sein, und die Zahl derer, die wir nicht kennen, wissen wir natürlich auch nicht. Sie würde uns auch nichts nützen, denn die Bakterie, die wir heute benennen, kann sich bis morgen schon wieder verändert haben. Der größte Teil gastrointestinaler* Mikroorganismen lässt sich gar nicht im Labor heranziehen, da sie in Gruppen sauerstoffverbrauchender und anaerober Mikroben in komplexen Eigenräumen zusammenleben. Deshalb hat niemand bislang in die gesamte Bakterienwelt eines Darms Einblick gehabt, wobei zu erwarten ist, dass diese von Mensch zu Mensch so verschieden ist wie ein Fingerabdruck. Fest steht allerdings, dass die Integrität der Bakterien im Darm wesentlich für die Gesundheit verantwortlich ist.

Anzahl und Artenvielfalt der Bakterien nehmen im Darmverlauf zu, und damit auch ihre Komplexität und ihr Potenzial am Austausch der Gene. Auch der pH-Wert steigt zum Dickdarm hin an.

Im Dünndarm werden die Verdauungssäfte dem Speisebrei zugefügt, und ihre Qualität prägt zugleich die Bakterienzusammensetzung. Jede Verdauungsstörung geht mit einer Bakterienverschiebung einher. Mikroben, die keine Fettaugen mögen, werden zum Beispiel bei fehlender Gallensekretion reduziert.

Die Begegnung zwischen Mensch und Umwelt findet über seine Grenzflächen statt. Während die Hautoberfläche bei einem Erwachsenen durchschnittlich etwa 2 Quadratmeter beträgt, summiert sich seine innere Oberfläche, faltet man die feinen Darmzotten auseinander, auf etwa 2000 Quadratmeter Fläche. Das bedeutet: Wir nehmen unser Außen

*Aus dem griechischen *gastér*, Genitiv *gastrós*, für »Magen« und dem lateinischen *intestinum* für »Darm, Eingeweide«.

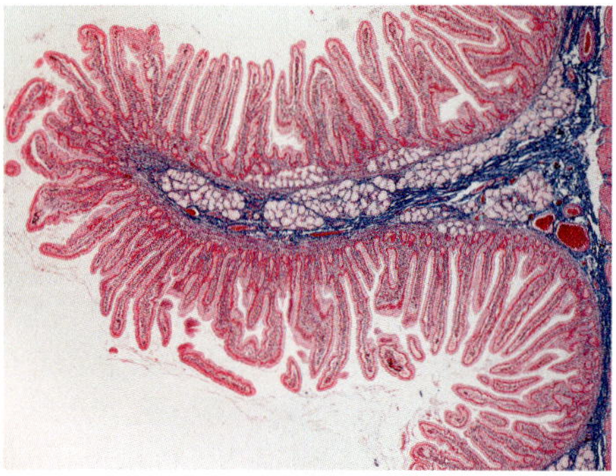

Dünndarmfalte mit angeschnittenen Zotten; das Bindegewebe ist blau, die Zellkerne sind rot angefärbt (Azanfärbung), Lichtmikroskop

überwiegend über unser Innen wahr. Alle Grenzschwierigkeiten, die wir im Alltag haben, schlagen sich auch in unseren Verdauungsschleimhäuten nieder. Diese Schleimhäute sind sehr zart und weich. In ihr finden sogar Umarmungen statt, indem Bakterien von Gewebe innig umschlungen und aufgenommen werden. Mit Sätzen wie »eine Ablehnung nicht schlucken können«, »einen Schreck nicht verdaut haben«, »an einem Problem herumkauen« spiegelt unser Sprachgebrauch die Resonanz der Verdauungsprozesse mit unserem Seelenleben wider.

Hier ist der eigentliche Übergang zwischen Welt und Mensch, hier findet die Entscheidung zwischen Fremd und Zu-eigen-Machen statt. Eine Perle kann man verschlucken und wieder ausscheiden. Sie geht unversehrt durch den Leib hindurch. Erst etwas, was durch das Stoff*wechseln* in das Blut übernommen wurde, ist tatsächlich im menschlichen Individuum angekommen.

Mikroorganismen sind die Helfer bei diesem Prozess. Sie besiedeln nicht nur den ganzen Darm, sie helfen bei der Verdauung und teilen darüber hinaus die Außenwelt an den gesamten Menschen mit. Dies geschieht über einen Impuls der Bakterien im Darm, der sich von dort auf alle äußeren Schleimhäute auswirkt: In den Falten des Dünndarms besitzt der Mensch besondere Zellen, M-Zellen* genannt, die Bakterien oder deren Teile aufnehmen und an darunterliegende Zellen weitergeben. In den dortigen Lymphfollikeln, »Peyersche Plaques« genannt, führen sie zur Ausprägung unreifer Lymphzellen, sogenannten Lymphoblasten, die zur weiteren Reifung über Lymphbahnen in die Lymphknoten wandern, und von dort über die Hauptlymphwege ins Blut. Nach geheimnisvoller Ordnung gelangen sie in feinste Venen von schleimhauttragenden Organen, an deren Innenauskleidung** sie anhaften, durch die Zelle hindurchwandern, sich erneut wandeln und dann beginnen, als sogenannte Plasmazellen die Eiweiße Immunglobulin A (IgA)*** abzugeben. Diese IgA werden an die Oberfläche der Schleimhautzellen geschleust und gehen dort in Kontakt zu Fremdsubstanzen aus der Umwelt, auch zu Bakterien und Viren.

* Im Englischen *microfold cells*, etwa »kleingefaltete Zellen«.

** HEV oder *high endothelial venules*, Venulen mit hohem Epithel. Es handelt sich um kleine venöse Blutgefäße, in mit Schleimhaut ausgekleideten Organen, die Anlagerungsstrukturen für diese speziellen Lymphoblasten haben.

*** Es handelt sich um sekretorische dimere Immunglobuline A.

Wie im Außen, so im Innern

Alle Schleimhäute – Auge und Brustdrüse, Harnwege und Atemorgane, Genitalien und der Darm – werden auf diese Weise durch den Kontakt von Bakterien mit Darmzellen über äußere Einflüsse informiert und gegebenenfalls davor geschützt. Werden zum Beispiel Streptokokken aus der Umgebung geschluckt, existieren kurz darauf dazu passende IgA-Moleküle auf den Schleimhäuten. Man hat nachgewiesen, dass diese sekretorischen IgA das Anhaften von Bakterien auf den Schleimhäuten vermindern, beispielsweise in der Lunge. Toxine, Enzyme und Viren werden durch sie neutralisiert, die Aktivität von Lymphzellen verstärkt und die Durchlässigkeit der Schleimhäute für Fremdstoffe verringert.[40]

Sie regulieren also die Bakterienaktivität auf den schleimigen, den durchlässigsten unserer Grenzflächen, und das bedeutet, dass eine gesunde Darmflora für den Schutz vor unpassenden Einflüssen sorgt. Kein Wunder also, wenn eine im *New England Journal of Medicine* veröffentlichte Studie[41] der Ludwig-Maximilians-Universität München ergibt, dass Kinder, die im ersten Lebensjahr auf dem Land aufwuchsen und Kontakt zu Boden und Tieren hatten, fünfzehnmal seltener Heuschnupfen und Bronchialasthma entwickelten als Stadtkinder ohne »Kuhkontakt«. Nahrung mit vielen verschiedenen lebenden Bakterien hat eine ähnliche Wirkung. »Dreck reinigt den Magen« heißt so viel wie »Je mehr Bakterienerlebnis, desto gesünder«.

Schutz und Gleichgewicht der Sinnesorgane wie Augen, Nase, Ohren und Mund werden also vom Zusammenspiel von Darmbakterien und Schleimhaut-Immunglobulin-A

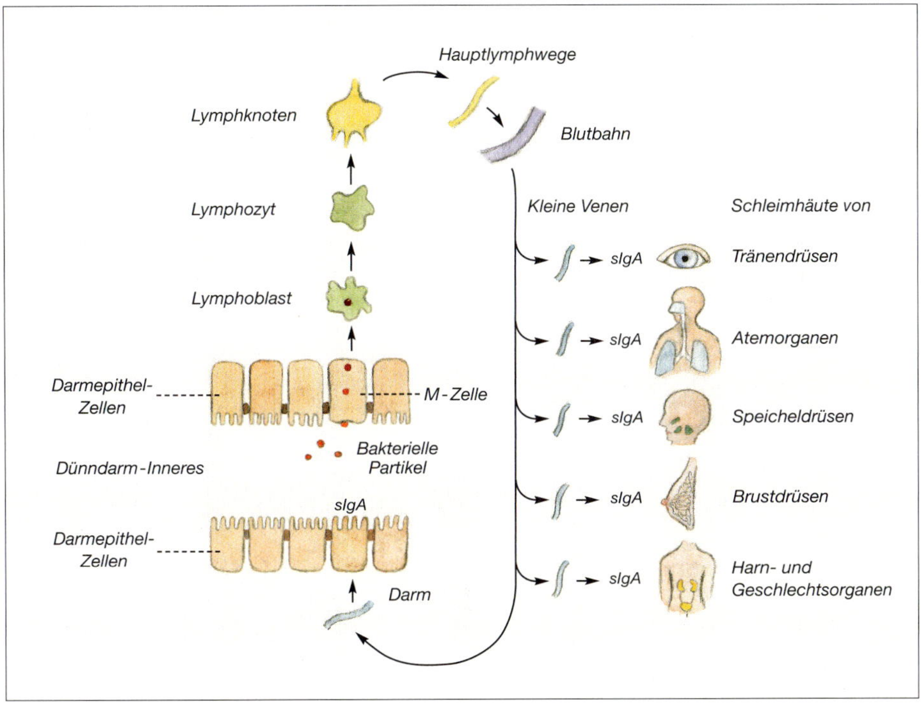

Verbindung von bakterieller Darmbesiedelung und Immunsystem der Schleimhäute

reguliert. Somit hängt die sinnliche Wahrnehmung der Welt auch mit unserer Darmbakterienflora zusammen. Die bakterielle Gestaltung unserer Umwelt wirkt sich folglich sogar auf unsere Fähigkeit aus, sie wahrzunehmen. Was immer wir mit Bakterien in unserem Umfeld tun: Eines Tages kommen sie wieder in uns selbst an, formen und prägen uns. Auch genmanipulierte Bakterien, resistente Bakterien und isolierte Zellzüchtungen jedweder Art. Sie wirken alle letztendlich auf uns zurück.

Wie bedeutsam dieser Immunzyklus ist, zeigt sich an der Fülle des täglich gebildeten IgA von 30 bis 100 Milligramm pro Kilogramm Körpergewicht. Kein anderes Immunglobulin wird in solch großer Menge produziert. Wenn allerdings die M-Zellen im Darm nicht passend ausgebildet wurden, wenn der bakterielle Einfluss durch die Nahrung unnatürlich ist oder fehlt, wenn mit bakterientötenden Mitteln eingegriffen wurde, dann verändert sich diese Ausprägung von Immunglobulinen auf den Schleimhäuten, und der Mensch wird anfällig für Krankheiten. Die Aufnahme von Bakterien mit frisch geerntetem Gemüse aus gesundem Boden, Obst, Salat und fermentierten Lebensmitteln hingegen fördert die allgemeine Schleimhautgesundheit.

Im Dickdarm leben etwa 100 000 000 000 Bakterien pro Gramm Darminhalt. Aufeinander, auf den Organismus und auf seine wechselnde Nahrungszusammensetzung eingestellt, miteinander kommunizierend, sich bei Bedarf vermehrend oder reduzierend und dabei sowohl den Gesamt- als auch den Einzelstoffwechsel ständig anpassend, sind sie unentbehrlich. Dabei gibt es im Darm keineswegs eine Nahrungskonkurrenz. Vielmehr begnügen sie sich mit Zellulosen, Pektinen und bestimmten Stärken, also Pflanzenstrukturen, die im Dünndarm nicht aufgeschlossen werden und die wir »Ballaststoffe« benannt haben, als wir die wunderbare Vollkommenheit des Darmorgans noch nicht kannten. Die Nahrungsteile, die so bezeichnet werden, müsste man eigentlich »Bakterienspeise« nennen, und sie dienen in Wirklichkeit der Energieversorgung von Darmschleimhautzellen. Bakterien spalten sie auf, bis kurzkettige Fettsäuren frei werden. Diese Fettsäuren, Essig-, Propion- und Buttersäure versorgen die Darmepithelzellen mit Energie. 70 Prozent ihres Bedarfs werden dadurch gedeckt.[42] Der Rest erfolgt über den entfernter liegenden Blutstrom. 5 bis 10 Prozent seiner Gesamtkörperenergieversorgung erhält der Mensch aus solchen kurzkettigen Fettsäuren. Fehlt das Bakterienfutter, dann fehlen die Fettsäuren, es fehlt die Energieversorgung der Darmzellen, und der Darm und mit ihm der ganze Mensch verliert an Kraft. Bakterienreichtum hingegen reguliert die Darmperistaltik, fördert die Durchblutung der Schleimhaut und ernährt die Darmzellen selbst. Fettsäuren sind auch mit dem Wasserhaushalt des Dickdarms verbunden. Wie fest oder flüssig ein Stuhl ist, hängt von ihrer Menge und folglich von der Bakterienernährung im Dickdarm ab.

Auch der Cholesterinspiegel im Blut wird dadurch geregelt, denn kurzkettige Fettsäuren, die von der Darmschleimhaut aufgenommen und über die Pfortader in die Leber gebracht werden, hemmen dort die Cholesterinsynthese.

Der innige Kontakt geht so weit, dass die Schleimhaut die Bakterien regelrecht schluckt. Berührt ein passendes Bakterium eine Epithelzelle, kann diese ihre Struktur völlig verändern: Breitflächig umfließt sie den Einzeller und verleibt ihn sich ein.[43] Wann, warum und wie viele Bakterien der Mensch auf diese Weise aus dem Darm ins Gewebe aufnimmt, ist noch nicht richtig erforscht.

Den Schleimhaut-Durchstrom von lebenden Bakterien oder Nahrungssubstanzen nennt man »Translokation«*. Wie offen die Darmschleimhaut dafür ist, hängt auch von der Dichtigkeit sogenannter Kittleisten ab, die sich zwischen den Epithelzellen wie kleine Türchen befinden, um beispielsweise bei Bedarf große Flüssigkeitsmengen hindurchzulassen. Ihre zuverlässige Funktion wird von der Integrität der Schleimhaut und ihren Bakterien mitgesteuert. Bestimmte Medikamente, Gifte, auch von Schimmelpilzen, übermäßiger Alkoholkonsum und auch seelischer Stress führen zu ihrer Ermüdung, sie öffnen sich zu sehr, und grobe Molekülverbände treten über diese Schwelle, ohne für das blutdurchströmte Körperinnere von »Fremd« in »Eigen« umgewandelt worden zu sein. Dort kann es zu Entzündungen kommen, die die Durchlässigkeit noch steigern, und das Immunsystem reagiert mit Abwehr. Lebensmittelunverträglichkeiten, Heuschnupfen, Asthma, Neurodermitis und andere Erkrankungen können durch dieses *leaky gut* (»undichter Darm«) genannte Phänomen entstehen. Man weiß inzwischen, dass zumindest die Gabe bestimmter *Escherichia-coli-(E.-coli-)*Bakterien diese Kittleisten wieder angemessen verschließen kann. Vielleicht ist dies Teil der erstaunlichen Wirkung einer Mikrobiologischen Therapie.

Was die vielen weiteren, durch die Fermentationsprozesse der Mikroorganismen im Darm gebildeten Stoffe, die Enzyme, Botenstoffe und Säuren bewirken, wissen wir noch nicht. Wir können davon ausgehen, dass sich hier im Transformationsprozess von Erdenfrucht zu Menschenzelle auf allen Ebenen Wundervolles vollzieht.

Von Darmbakterien werden Vitamin K, Folsäure, Nikotinsäureamid, die Vitamine B_1, B_2, B_5, B_{12} und andere essenzielle Nährstoffe synthetisiert, auf die der Körper angewiesen ist. Diese Vitamine sind nicht nur für Eiweißstoffwechsel und Wachstum, Blutbildung und Wundheilung, Zellstoffwechsel und Blutgerinnung zuständig. Vitamin B_1 versorgt auch Nervengewebe und Sinnesorgane. Es ist eines der empfindlichsten Vitamine überhaupt und geht bei der Nahrungszubereitung leicht verloren. Umso wichtiger ist seine bakterielle Synthese. Geringer Vitamin-B_1-Mangel bringt Konzentrationsschwierigkeiten, Müdigkeit und Verwirrungszustände mit sich, größerer Mangel Schlafstörungen, Übelkeit, Muskel- und Herzschmerzen, gastrointestinale Störungen und Gedächtnisverlust. Diese Symptome finden sich insbesondere bei älteren Menschen, deren Vitamin-B-Ausscheidung als Nebenwirkung harntreibender und entwässernder (diuretischer) Medikamente sogar noch gesteigert sein kann. Sie werden oft nicht mit Störungen der Darmgesundheit in Zusammenhang gebracht, die sich beheben lassen, sondern für geistige Altersdefizite gehalten.

Vitamin B_{12} ist in tierischem Fleisch vorhanden und wird von Menschenzellen nicht synthetisiert. Doch auch ohne Fleischverzehr können Menschen eine vollständige Vitamin-B_{12}-Versorgung haben, nämlich dann, wenn gut ernährte Darmbakterien es ausscheiden.

Eine weitere Aufgabe erfüllen die Darmbakterien: Damit die aufwendig in der Leber synthetisierten Gallensäuren, die in den Darm für die Fettverdauung abgesondert (sezerniert) werden, danach nicht mit dem Stuhl ausgeschieden werden, wandeln die Dickdarm-

* Ortsveränderung oder Verlagerung. Von den lateinischen Wörtern *trans* für »jenseits, über, über … hin« und *locatio* für »Stellung, Anordnung, Vermietung«.

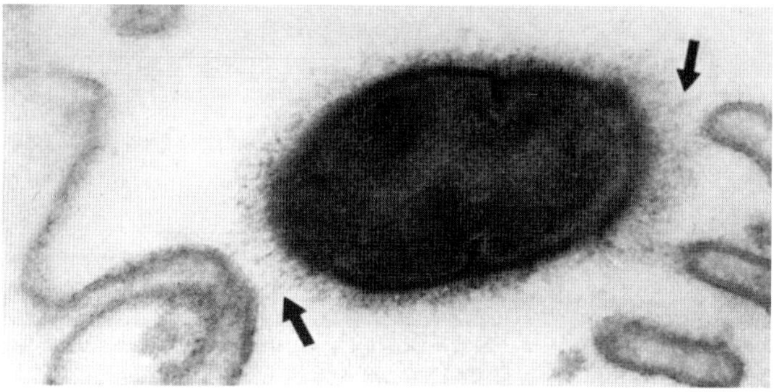

Bakterie (Mitte) und Zelloberfläche (außen) erkennen sich bei Annäherung zunächst durch spezifische feine Strukturen (Pfeile), woraufhin beide mit Veränderungen antworten können. Transmissionselektronenmikroskopie.

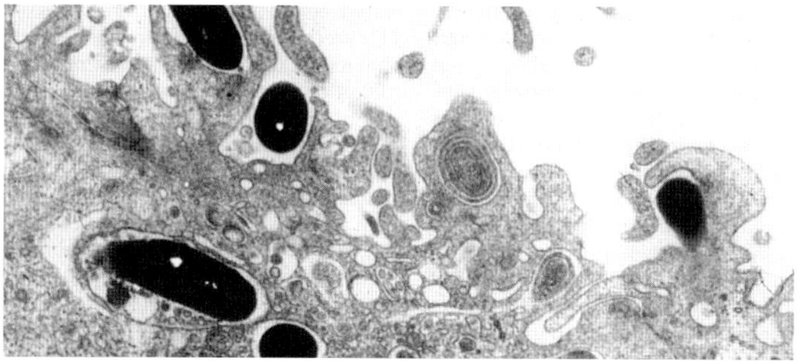

Bakterien (schwarz) werden in der Schleimhaut von der Epithelzelloberfläche umflossen (rechts) und in die Zelle hineingenommen (links unten). Transmissionselektronenmikroskopie.

Mikroorganismen sie schon im Dünndarm um, sodass sie zu 90 Prozent wieder resorbiert werden können. Findet diese Umwandlung nicht statt, weil die passenden Bakterien fehlen, wandern sie jedoch weiter in den Dickdarm und werden dort von anderen Bakterien in Verbindungen umgebaut, die hier die Schleimhautgesundheit empfindlich stören. Dies wird als eine der Ursachen für unkontrolliertes Wuchern von Darmzellen diskutiert. Wir wissen letztendlich immer noch sehr wenig vom hochkomplexen Ineinanderwirken von Bakterie und Menschen im Leibesinneren.

Der dauerhafte bakterielle Biofilm der Schleimhaut wird durch die Passage von Speisebrei und Stuhl nicht gestört. Er bleibt gesunderweise konstant. Es gibt sogar Bakterienstämme, die Strategien entwickelt haben, um trotz der abschilfernden Epithelzellen vor Ort zu verbleiben. Hingegen wandern die im Darmlumen* mit Speiseresten vermengten und sich vermehrenden Bakterien mit dem Stuhl mit. Ist die Darmschleimhaut flächendeckend mit einem Biofilm überzogen und der Darm von einer Fülle verschiedenster Bakterienarten erfüllt – man kennt wie gesagt bereits über tausend –, wandern auch fremde Bakterien mit dem Nahrungsbrei hindurch, ohne sich irgendwo anzusiedeln. Sie werden vom Gesamtgleichgewicht der Flora integriert. Ist jedoch ein Mangel an Bakterien im Darm oder sind Darmzellbereiche geschwächt oder ungeschützt, kommt es zum Schleimhautkontakt mit solchen fremden Zellen, und die Immunfunktionen werden alarmiert. Mit großen Mengen Flüssigkeit versucht der Körper dann, die Schädigung auszuspülen,

* Unter dem »Lumen« versteht man in diesem Zusammenhang den Innenraum eines Körperorgans, also etwa des Darms oder der Blutgefäße (vom lateinischen *lumen* für »Licht«).

sodass ein Durchfall (Diarrhoe) entsteht, der die Darmpassage erheblich beschleunigt. Von manchen fremden Bakterien können Toxine ausgeschieden werden, die durch die geöffneten Kittleisten ins Blut gelangen und andere Körperorgane vergiften, wenn dort eine Anfälligkeit vorliegt. Neben einer angemessenen Therapie kann dann die Zufuhr physiologischer Bakterien eine solche, womöglich lebensbedrohliche Situation wieder kurieren.

Auf den Schleimhautzellen lebende Bakterien wachsen schneller als diejenigen im Darmlumen, und ihr Schutz bleibt normalerweise lebenslang bestehen. Werden jedoch wegen schlechter Ernährung, Giften, durch Bestrahlung oder Antibiose die inneren Oberflächen »entlebt«, heften sich Gelegenheitsbesiedler an. Das können Pilze oder Bakterien sein, die nicht unbedingt zu Schleimhautzellen passen. Eine Belastung mit Schwermetallen kann ebenfalls zu einem Übermaß an Pilzen im Körper führen, da diese die Metalle in ihrem Gewebe binden. Auch solch eine mikrobielle Fehlbesiedlung ist durch Entgiftung und gezielte Neuaufnahme ausgewählter Bakterien wieder zu beheben.

Verlässt der Stuhl den Körper, besteht er in etwa zu einem Drittel aus Bakterien. Indem sie auch die Darmgase bilden, und zwar mehrere hundert Milliliter pro Tag, haben sie noch eine soziale Komponente. Je unglücklicher die Darmbakterien sind, desto unangenehmer ist der dem menschlichen Darm entströmende Geruch.

Angesichts all dieser Einzelheiten, die wir aus dem sicherlich noch viel umfangreicheren Miteinander von Mensch und Mikrobe wissen, leuchtet vollkommen ein, wie wichtig eine gesunde Darmbakterienflora ist. Einzeller und Einzelzelle des Menschen begegnen sich in dem Prozess, den wir »Schleimhaut« nennen, in inniglichem Dialog. Diesen zu pflegen, indem man die Bakterienflora des Darms hütet und hegt, ist lebensnotwendig. Das Gespräch zwischen Bakterie und Menschenzelle im Darm beginnt mit der Geburt, und im Lauf der ersten Monate bildet sich ein individuelles Miteinander aus, das für die Formung der Lymphorgane und für deren Fähigkeit sorgt, die Grenzen zwischen Mensch und Welt zu bewahren. Die Bedeutung dieser Lymphgewebe im Bauch für den ganzen Organismus lässt sich an seiner Menge ablesen. Kaum irgendwo ist es so dicht wie hier. Es ist der Bereich, in dem wir spontan unsere Gefühle lokalisieren, wenn wir sagen: »Das habe ich aus dem Bauch heraus getan.« Stimmt die Bakterienflora dort nicht und die Verdauung wird gestört, behindert dies erfahrungsgemäß das gesamte Wohlbefinden und mithin einen »klaren Kopf«.

So sind Darmbakterien auch für unsere Art des Denkens und Fühlens relevant!

Anders als die Speisebakterien beim Durchwandern des Verdauungsweges treten Luftbakterien auf demselben Weg in die Atemwege ein wie aus. Sie begegnen den dort dauerhaft wohnenden Mikroorganismen im Schleim und wandern aus der Nase mit den Sekreten und aus den Bronchien durch die auswärts gerichtete Bewegung der Flimmerhärchen wieder hinaus. Wie überall im Körper gilt auch hier: Je gesünder die vorhandene Mikrobenflora ist, desto unwahrscheinlicher ist die Ansiedlung fremder Bakterien.

Wie liebevoll sich die Bakterien im Körper um die Gesundheit kümmern, entdeckten Forscher erst kürzlich. Botenstoffe des Immunsystems steigern die Durchlässigkeit von Blutgefäßwänden in Krebstumoren, sodass Bakterien in die Geschwulst einwandern können. Wissenschaftler des Helmholtz-Instituts in Braunschweig beobachteten an Mäusen, dass Bakterien sich, offensichtlich angeregt durch weiße Blutkörperchen, dort zu Biofilmgemeinschaften zusammenfinden, in denen sie den Tumor von innen her auflösen.[44] Es ist also wichtig, dass der Körper von tüchtigen Bakterien bewohnt ist, die solche Klärungsprozesse gut vollziehen können.

Wir Menschen stehen mit unseren Bakterien untrennbar mitten im mikrobiellen Erdenleben; und alles, was wir den Bakterien außerhalb unser selbst tun, kehrt mit all seinen Auswirkungen über die Nahrung zu uns zurück. Als geistig freie Wesen können wir versuchen, uns dem mikrobiellen Miteinander zu entziehen. Von dieser Möglichkeit haben wir in den letzten anderthalb Jahrhunderten kräftig Gebrauch gemacht. Wir haben das natürliche Miteinander von Bakterie und Mensch vollkommen verzerrt. Antibakterielle Handseife, Shampoos und Deos, bakterientötende Strümpfe und Schuhe, Biotechnologie und Gentechnik sprechen von einer maßlosen Ignoranz den Bakterien gegenüber. Unser dauernder Kampf gegen sie ist absurd.

Jetzt ist die Zeit gekommen, ihnen zu danken und mit ihnen zusammen ins Leben einzustimmen. Uns und der Gesundheit nachfolgender Generationen zuliebe.

Bakterien können alles

Es wäre sinnlos, Bakterien auf irgendetwas eingrenzen zu wollen, sie können einfach alles. In den Jahrmilliarden ihrer Existenz übten sie Leben in all seinen Facetten, tummelten sich in allem, was der Planet zu bieten hatte, und ließen sich von nichts und niemandem abhalten, alle Milieus zu bewohnen. Um zu verwandeln, zu durchströmen und höheres Leben zu formen, lassen sie sich ausnahmslos überall nieder.

Da gibt es *Pyrolobus fumarii*, der es mag, in 113 Grad Celsius heißem Tiefseewasser zu baden. Er wurde auf dem Grund des Pazifiks in der Nähe einer heißen Quelle (»Schwarzer Raucher«) entdeckt (siehe das Kapitel »Erdgeschichte: Adam stammt von Bakterien ab«, Seite 43). Holt man ihn in Temperaturen unter 80 Grad, stirbt er ab. In brennenden Kohlehalden fühlt sich *Thermoplasma* wohl. Anders als seine Gefährten hoch im Himmel, die bei Temperaturen unter 0 Grad friedlich organischen Kohlenstoff aus den Wolken verspeisen. Sie können nicht im Warmen überleben. In einem Alpensee fanden Forscher, dass die höchste mikrobielle Aktivität im Winter nicht etwa im Wasser, sondern innerhalb der Eisdecke lag.

In einer heißen Schwefelwelt tummelt sich Säurefreund *Picrophilus* am liebsten bei einem pH-Wert von 0,7. Kochende Schwefelsäure ist das Paradies für *Acidianus ambivalens*, den man in Ostdeutschland entdeckte. *Spirulina* dagegen, ein Bakterium, das, irrtümlich »Alge« genannt, auch in Tablettenform als Zusatznahrung verkauft wird, bevorzugt flache basische Salzseen und ist bei pH 11 am glücklichsten.

In der südafrikanischen Mponeng-Goldmine, 2700 Meter unter Tage, lebt seit Millionen von Jahren in 60 Grad heißem Salzwasser eine Bakteriengesellschaft in Felsenhöhlen. Woanders wohnt *Shewanella benthica* 11 000 Meter unter dem Meeresspiegel bei 800 bar Druck. Bakterien sind einfach überall …

Bakterien sind auch für das Wetter zuständig. Zusammen mit Algen geben sie im Meer Dimethylsulfid ab, ein Gas, das in der Luft Schwefelsäurepartikel bildet, die eine verstärkte Wolkenbildung zur Folge haben. Je mehr Sonne das Oberflächenwasser durchdringt, desto mehr Gas wird gebildet, und die Wolkenbildung steigt, woraufhin die Gasproduktion wieder sinkt und die Wolkenbildung abnimmt.[45] Dimethylensulfid vermittelt uns im Übrigen Urlaubsgefühle, denn es ist für den typischen Meeresgeruch verantwortlich.

Unsere Phosphorvorräte aus Phosphorit im Boden sind den Bakterien zu verdanken. *Thiomargarita namibiae*, die heute vor der Küste Südafrikas lebt, reichert Phosphor bis zu 300 Mikromol pro Liter an, sodass sich im Meeressediment bis zu 5 Prozent Phosphor in der Trockenmasse sammeln. So werden die bestehenden Phosphorlager erdgeschichtlich entstanden sein, wie viele andere Erdschätze auch. Nicht nur an der Erdoberfläche haben Mikroorganismen Vielfalt erschaffen, dies taten sie ebenso in allen anderen Erdschichten.

Sogar an der Bildung des Magnetfelds der Erde sind Bakterien beteiligt: *Magnetospirillium magnetotacticum* beispielsweise stellt für sich Magnetit her, mit dessen Hilfe es sich am Erdmagnetfeld orientiert fortbewegt. Sterben Bakterien ab, die solche »Magnetosomen« genannte Magnetitketten enthalten, bleibt der Magnetit mitsamt seiner Polarität im Sedimentgestein bestehen, wo sein Magnetfeld weiterwirkt.

In allen Lebensräumen gelingt es Bakterien, ihr Innenleben aufrechtzuerhalten. Jeder Stoffwechselweg, jede Fortbewegungsweise, jede Farbe, Form und Struktur gibt es in der Welt der Mikroben. Wir entdecken immer nur, was wir Menschen schon kennen.

Auch dass Bakterien elektrischen Strom um die Erde schicken, hat man erst vor kurzem entdeckt. Andere Bakterien der Gattung *Shewanella* können Röhrchen in Nanogröße* zu ihren Nachbarn ausfahren, durch die sie dann Elektronen schicken. Werden diese dort nicht gebraucht, schicken sie sie einfach weiter.

Die Fortbewegung von Einzellern ist uneingeschränkt und schneller möglich als bei jedem größeren Lebewesen. Während ein Gepard mit etwa 25 Körperlängen pro Sekunde (110 Kilometer in der Stunde) durch die Savanne jagt, flitzen manche Bakterien mit bis zu 60 Zelllängen pro Sekunde durch ihr flüssiges Milieu. Ihr Antrieb sind spiralig gewundene Geißeln, die wie an lebendigen Motoren in ihrer Membran befestigt sind, die mit Ringen und winzigen Lagern in 15 000 Umdrehungen pro Minute rotieren können. Dreht diese Geißel sich im Uhrzeigersinn, »läuft« die Bakterie vorwärts, dreht sie andersherum, stoppt sie und kann ihre Richtung ändern. Gesteuert werden die Bakterien dabei von intrazellulären Signalen, die wiederum ausgelöst werden durch Stoffproben, welche sie aufnehmen, um die Zusammensetzung des Umgebungsmilieus zu ermittelten. Je nach Wunsch kann sich die Bakterie zu höherer oder niedrigerer Konzentration hin oder genau einen Gradienten entlangbewegen. Es erscheint uns kaum vorstellbar, wie Signalmoleküle so schnell ihre Bewegungen koordinieren können.

Die aus dem 19. Jahrhundert stammende Sammelbezeichnung »Bakterie« ist für all diese Vielfalt geradezu eine Beleidigung: Übersetzt aus dem griechischen *baktērion*, heißt es einfach bloß »Stäbchen«. Das lateinische Wort dafür lautet *bacillum*. Zumindest wurde aus dem Neutrum durch die neue Bedeutung ein Femininum, »die Bakterie« – immerhin etwas Lebendigeres …

Auch der Begriff »Einzeller« wird diesen Lebewesen nicht gerecht. Der 1665 von dem Universalforscher Robert Hooke (1635–1703) als Ausdruck mikroskopischer Beobachtungen toten Gewebes eingeführte Begriff »Zelle« kommt vom lateinischen *cella* für »Kammer« und beschrieb ursprünglich die Strukturen in Kork. Diese sind harte Stützgewebe. Später wurde »Zelle« einfach auf alle von Membranen umgebenen Einheiten erweitert, was zu der irritierenden Vorstellung führt, es handle sich um feste kleine Kästchen. Tatsächlich ist jede »Zelle« jedoch eine enorm dynamische und in ständigem Austausch und in steter Innenbewegung befindliche Wesenseinheit innerhalb einer im unterschiedlich schnellen Fließgleichgewicht befindlichen Membran.

Dass die umfassenden Fähigkeiten der Bakterien unseren Wortschatz eigentlich sprengen, zeigt der hilflose Versuch des Menschen, sie mit Ausdrücken wie zum Beispiel »hyperthermophiler chemoautolithotropher Schwefeloxidierer« zu benennen, was so viel

* »Nano« ist ein Vorsatz vor Maßeinheiten mit der Bedeutung »ein Milliardstel« der genannten Maßeinheit, der 10^9. Teil (über das lateinische *nanus* vom griechischen *nānos* für »Zwerg«).

heißt wie: lebt bei über 80 Grad Celsius, gewinnt Energie aus anorganischen Verbindungen, bezieht Kohlenstoff aus CO_2 und oxidiert H_2S oder S^0 oder $S_2O_3(2^-)$ zu $SO_4(2^-)$ … Mehr nicht? – Wie wollen wir so diese kleinen Mitbewohner wirklich verstehen?

In geologisch aktiven Zonen, in denen das Gestein der Erde immer wieder durch Erdbewegungen aufgerissen wird, durch Erdbeben beispielsweise oder in der Kontinentaldrift der Tiefseegräben, ist die mikrobielle Aktivität besonders groß. Neue Oberflächen und mit ihnen Bakterienwohnungen werden freigelegt. Es ist, als wolle die Erde mit ihrem Rütteln und Schütteln den Bakterien zu mehr und neuer Aktivität verhelfen. Eine vermessene Frage kann sein, ob die vielen derzeitigen Erdbewegungen auch eine Regulation unseres Planeten sind, Mikroorganismen zu den Lebensräumen zu verhelfen, die wir ihnen ständig absprechen?

Ob im Natronsee oder im ewigen Eis, ob in der Salzwüste oder im Krater der Vulkane, ob in Schwefelquellen oder im Darm eines Regenwurms, in Erdölfeldern, der dunkelsten Tiefsee, unserer Nasenspitze oder den höchsten Wolken: Bakterien sind überall. Es gibt nichts auf der Erde, was nicht von Bakterien bewohnt und belebt ist. Dabei fragen sie nicht nach, warum oder wieso. Sie tun ihren Dienst. Sie sind es, die unermüdlich die Grenze zwischen Festem und Flüssigem infrage stellen, indem sie Stein einfach auflösen oder aus gelösten Mineralien feste Gestalten bilden.

Es gibt keine wirkliche Grenze auf dem Planeten, keine Trennung zwischen heiß und kalt, hart und weich, Stein und Pflanze, Pflanze und Bauch, denn überall dazwischen sind Bakterien und bilden Brücken zwischen den Elementen, zwischen allen Kräften und allem, was lebt.

Sie ermöglichen uns das Einssein in allem. Wenn wir es im Geistigen nicht wahrhaben wollten, dass alles Leben in einem verbunden ist, so brauchen wir nur die Bakterien anzuschauen: Seit Urzeiten geben sie ihr Inneres weiter, indem sie sich einfach teilen, und so teilen alle Bakterien auf der Erde ein gemeinsames Inneres, das durch sie wie ein unendlicher Substanzstrom fließt, sich verwandelnd und Leben weiterentwickelnd, als ein großer Organismus auf der Erde, der alle Bakterien zusammen sind. Auch diejenigen in unserem Blut.

Wir kennen dies von Insektenvölkern. Auch ein »Bien«, ein ganzes Bienenvolk, ist ein Organismus, der aus lauter einzelnen Bienen besteht, deren jede einzelne andere Aufgaben erfüllt, der aber als Ganzes lebt. Als Gemeinschaft haben sie Eigenschaften, die Einzelne nicht haben können. Ähnlich ist es bei den Bakterien. Der amerikanische Verhaltensforscher William Morton Wheeler (1865–1937) prägte für dieses Phänomen 1911 den Begriff »Superorganismus«. Es ist kein schönes Wort. Freundlicher klänge so etwas wie »Gemeinschaftsorganismus«. Je kleiner dessen Einzelwesen sind, desto größer ist offensichtlich sein Raum. Alle Bakterien auf der Erde sind ein einziges und einzigartiges großes Bakterienvolk.

Warum kommt es uns so ungewöhnlich vor, dass Bakterien auch in den entlegensten Zonen der Welt präsent sind, in die wir Menschen erst kürzlich mittels aufwendiger Technik vorgedrungen sind? Weil wir uns irrtümlich immer noch eine unbelebte Erde vorstellen, *auf* der Leben existiert. Dieser fundamentale Denkfehler führte uns zu einer Haltung unserer »Planetin« gegenüber, die Luft und Wasser vergiften, Wälder abholzen, Berge durchlöchern, Bodenschätze rauben, Windstromanlagen in Wäldern bauen und Pflanzen und Tiere aussterben lässt. Die Erde ist von uns nicht getrennt. Es gibt keine unbelebten Bereiche über, auf und unter der Erde. Mikroorganismen leben auch schon dort, wohin wir groben Neulinge noch nicht gelangt sind. Alles in und auf der Erde ist voller Leben, und die Erde lebt. Dem können und dürfen wir uns nicht mehr entziehen. Jeder Kampf gegen Bakterien ist ein Kampf gegen das Leben und damit gegen uns selbst. Da, wo wir unsere Kleinstlebewesen morden, stirbt die Erde, und alle Probleme fangen an. Wir sollten das sofort beenden und durch Liebe zum Leben ersetzen.

Wie Mikroben sich »informieren«

Um eins sein, also als großer Organismus aus vielen Einzellern wirken zu können, entwickelten Bakterien eine differenzierte Verständigung untereinander. Sie besitzen Wahrnehmungsstrukturen und teilen einander durch Lichtsignale, Botenstoffe und Austausch des Genguts mit, was in der Umgebung geschieht und was zu tun ist. Und zwar in einer solchen Effizienz und Geschwindigkeit, dass jeder Kommunikationstechniker vor Neid erblassen könnte. Mikroorganismen können ihre Bestandsdichte nach höheren Gesetzen untereinander zum Wohle aller regulieren. Nur so konnte die Erde im Gleichgewicht bleiben. Wie sonst hätte diese unglaubliche Schönheit und Vielfalt an Mikroorganismen, die auf der Erde lebt, sich jemals entfalten können? Vermehrten sich Einzeller hemmungslos, ohne sich friedlich miteinander darüber zu verständigen, wäre in kürzester Zeit alles von einer übermäßig dicken Bakterienschicht bedeckt.

Bakterien haben verschiedene Möglichkeiten entwickelt, miteinander zu kommunizieren. Eine davon ist die Abgabe und Aufnahme kleiner Signalmoleküle, »Autoinducer«* genannt, mit der sie Zelldichte und Zusammensetzung der Bakteriengemeinschaft wahrnehmen. Wächst zum Beispiel die Populationsdichte über ein angemessenes Maß hinaus, lesen dies die Mikroben an der Botenstoffkonzentration der Umgebung ab und lösen eine Signalkaskade aus, auf deren Impuls hin alle ihre Aktivität verändern. »Quorum Sensing«** nennt man diese Möglichkeit der Mikroben, Veränderungen wie die der umgebenden Substanzkonzentration, Temperaturschwankungen, Stress aller Art und die Beschädigung der Erbsubstanz, »SOS-Reaktion« genannt, über chemische Signalsubstanzen wahrzunehmen und darauf zu reagieren. Verschiedene Mikrobenklassen nutzen dabei verschiedene Botenmoleküle, es gibt aber auch solche, mit denen sie sich artüberschreitend verständigen. Furanone beispielsweise sind Botenstoffe gemischter Mikrobengemeinschaften, die Signalwirkung über alle Speziesgrenzen hinweg haben. Sie kommen auch in Pampelmusen, Erdbeeren und in fermentierten Lebensmitteln vor, wie Bier, Sojaprodukten, Käse und Wein; und wir wissen, dass sie von Algen, Schwämmen und Pilzen gebildet wer-

* Von dem griechischen *autós* für »selbst« und dem lateinischen *inducere* für »hineinführen, -leiten«.

** Der lateinische Begriff »Quorum« (wörtlich »derer, von denen«, Genitiv Plural von *qui* für »welcher, der«) stammt aus der Kultur des Römischen Reichs und bezeichnete die geringste Zahl von Mitgliedern, die im Senat für eine Abstimmung erforderlich war. Das englische *sensing* geht zurück auf das lateinische Substantiv *sensus* für »Wahrnehmung, Empfindung, Gefühl, Verstand«.

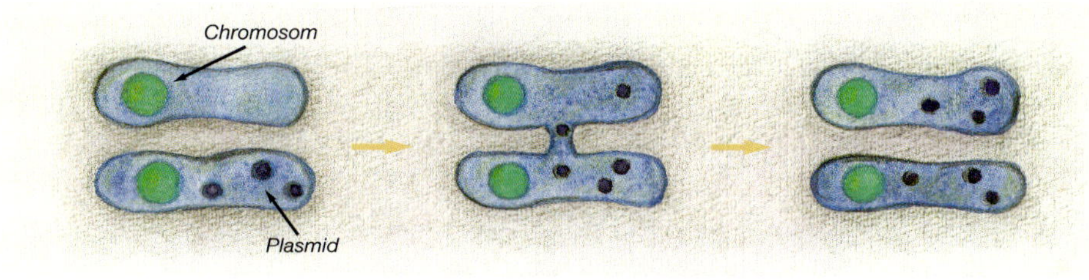

Die Weitergabe von Plasmiden zwischen Bakterien

den. Auch Ascorbinsäure, Vitamin C, ist ein Furanon – und vielleicht ist dessen heilbringende Wirkung einer Kommunikation mit Mikroben geschuldet.

Welche Veränderungen ausgelöst werden, ist von der Situation abhängig. Es kann sein, dass Bakterien auf das Signal hin Eiweiße synthetisieren, ihr Wachstum einstellen, zu leuchten beginnen wie *Vibrio fischeri*, natürliche Wachstumsregulatoren produzieren, auszuschwärmen beginnen oder untereinander Genstücke austauschen. *Thermococcus barophilus* nimmt feine Druckveränderungen wahr und beantwortet sie mit einer Zellanpassung. Alles ist möglich. Jede Bakterie kann zeitgleich ihr Inneres und den Zustand ihrer Umgebung wahrnehmen, mit Sensoren, von denen man bereits über hundert an einer einzigen gefunden hat. Was immer wir mit Bakterien machen, sie bekommen alles mit.

Eine gängige Verständigungsform der Bakterien untereinander ist der Austausch von genetischer Information. Dies geschieht auf vielfältige Weise, schnell, unkompliziert und nach Bedarf. Entweder wird freie DNA aus der Umgebung aufgenommen, DNA wird über Viren zueinander transportiert, oder Plasmide werden durch »Konjugation«, also »Verbindung« ausgetauscht. Natürlich tauschen Bakterien genetische Anteile genauso mit und innerhalb größerer Zellen, auch von Pflanzen, Tieren und Menschen.

Ein Bakterium besitzt gewöhnlich ein Basis-Chromosom, auf dem die für die Zelle unter allen Bedingungen notwendigen Informationen gespeichert sind. Es ist meistens ringförmig und zu einem Knäuel verdrillt wie ein überspiralisiertes Gummiband, sodass es in die Zelle passt, selbst wenn es länger ist als diese selbst. Das Chromosom der 2 bis 3 Mikrometer langen *Escherichia coli* ist beispielsweise 1 Meter lang.

Neben dem Chromosom besitzen Bakterien die Plasmide, kleinere, ebenfalls meist ringförmige genetische Einheiten, die sich anders als das Hauptchromosom beliebig verdoppeln und in größerer Zahl in der Zelle vorkommen können. Wann und wie oft sie sich kopieren, ist von den Umständen abhängig, die die Zelle erlebt.

Auf Plasmiden sind oft diejenigen Eigenschaften codiert, die nach Bedarf verändert werden können, wie die Fähigkeit, mit anderen Zellen in Kontakt zu treten, mit Pflanzenzellen zusammenzuarbeiten oder Substanzen zu produzieren, die den Bestand regeln. Es können Schutzmechanismen aktiviert werden, wie die Blockade der Stoffaufnahme durch die Zellmembran, oder der verstärkte Abbau von Giften, was man von Quecksilber nachgewiesen hat. Diese Plasmide können ohne Zellteilung in beliebiger Zahl nach Bedarf an andere Zellen abgegeben werden. Ein »Sexpilus«* genanntes Schläuchlein wird dafür von

* Vom lateinischen *pilus* für »Haar«.

der plasmidtragenden Zelle gebildet und bindet an den Rezeptor einer Empfängerzelle an, woraufhin sich beide Zellen dicht aneinanderziehen. Ihre Membranen verschmelzen, und eine Kopie des Plasmids wird hindurchgeschickt. Anschließend lösen sich beide Zellen wieder voneinander. Die genetische Befruchtung ist vollendet.

Aber nicht nur das. Ein Bakterium kann ein Plasmid genauso gut vorübergehend in sein Chromosom einbauen, zusammen mit Teilen aus dessen Information verdoppeln, es als größeres Plasmid wieder ablösen und zum nächsten schicken. Diese Konjugation erlaubt Bakterien, jederzeit jede Gen-Informationen überallhin zur Verfügung zu stellen: untereinander, zwischen Verwandten genauso wie entfernten Arten und Gattungen, zwischen Bakterien und Pilzen, Bakterien und Pflanzenzellen und auch zwischen Bakterie und Tier. Ganz bestimmt senden sie auch uns unentwegt Gen-Informationen zu.

Hat ein Bakterium ein Plasmid empfangen, kann es dieses wiederum verdoppeln und weitergeben. In Windeseile wird auf diesem Wege in einem ganzen Lebensraum eine neue Information verlebendigt. Diese Flexibilität ist Teil ihres Wesens. Durch Bakterien bewegen sich genetische Informationen unentwegt fort. Sie reagieren auf einen Reiz mit der Genübertragung und werden zur Gesamtheit, zum großen Organismus in Form einer gemischten Bakterienpopulation. Während bei höheren Organismen eine Paarung immer die Übertragung eines ganzen Chromosomensatzes mit sich bringt, den man als »Erbgut« betrachten kann, weil es anschließend Eltern und Kinder gibt, übertragen Bakterien bei einer solchen Paarung mit Plasmidaustausch nur einen Teil. Dabei »vererben« sie nichts. Sie begegnen sich als vorübergehende Hülle eines großen genetischen Pools.

Werden die auf einem Plasmid codierten Aufträge nicht mehr gebraucht, stellen die Bakterien dessen Verdoppelung und Verschickung ein. Mit der Zeit kann ein Plasmid dann sogar verschwinden. Das wird in der Fachsprache *curing* genannt, was im Englischen »Heilung« heißt.

Möglicherweise betrifft der Einsatz der Effektiven Mikroorganismen die Gestaltung der Plasmidaktivierung. Jedenfalls ist zu beobachten, dass die Zugabe von Effektiven Mikroorganismen in einen Lebensraum, der resistente Bakterienstämme beherbergt, die daraus entstandenen Probleme behebt. Vielleicht erklärt sich dies unter anderem dadurch, dass die stressbedingten Informationen, die plasmidvermittelt weitergegeben werden, nicht aber im Chromosom selbst liegen, irrelevant werden, sobald der Stress endet. Es ist, als »erzählten« die Bakterien in Effektiven Mikroorganismen ihren Mitmikroben, dass sich Teamwork jetzt wieder friedlich gestaltet.

Traurige Berühmtheit haben Plasmide durch ihren Missbrauch in der Gentechnik erlangt. Dabei werden bestimmte genetische Informationen als Plasmide zweckbestimmt in Einzeller eingebaut. Jedes künstliche und in Bakterien eingebaute Erbgut wird in die Welt entlassen und bleibt nicht auf den Ort des ersten Einsetzens beschränkt. Ein vom Menschen gebasteltes künstliches Plasmid kann jederzeit durch die gesamte Zellwelt der Erde auf Wanderschaft gehen.

Ansonsten gibt es auch in der Bakteriengenetik nichts, was es nicht gibt. *Deinococcus radiodurans* erhielt seinen Namen, weil ihm radioaktive Strahlung nichts ausmacht. Er legt sich sein Chromosom gleich in vier- bis achtfacher Ausfertigung in die Zelle und kann es an fünfzig Stellen gleichzeitig reparieren, falls Strahlen es geknackt haben. Man hat ihn in antarktischem Stein, im menschlichen Darm und im Kühlwasserkreislauf von Atomreaktoren gefunden.

Dass sich Bakterien auf verschiedensten Wegen »unterhalten«, sagt uns noch nicht wirklich, worüber sie eigentlich alles miteinander »reden«. Beschränkt sich ihre Kommunikation wirklich nur auf die praktischen Stoffwechselveränderungen, die wir erforschen? Wir neigen dazu, unsere nüchterne Betrachtungsweise aus der analytischen Wissenschaft auf die lebendige Welt um uns her zu projizieren. Flötet ein Pirol aus dem Wald, nennen wir das »Revierabgrenzung«. Schmachtet eine Nachtigall ihr Lied in die Nacht, sagen wir dazu »Anlockung des Partners«. Als wäre alles Dasein außer dem menschlichen deterministisch funktionalisiert. Vielleicht freuen sich Pirol und Nachtigall einfach ihres Lebens? Vielleicht feiern sie die Sonne, die Sterne und den Mond? Wir wissen es doch nicht. Singen Mikroben mit ihren feinschwingenden Bewegungen vielleicht gemeinsam ein Loblied des Seins?

Wenn wir selbst das Leben in all seiner wunderbaren und unergründlichen Schönheit feiern, dann spüren wir, wie alles Lebendige auf der Erde tanzt. Inzwischen haben Forscher sogar eine Möglichkeit entwickelt, am Klang eines Flusses zu hören, wie wohl er sich fühlt.[46] Wer weiß, ob wir mit dem Untersuchen der Stofflichkeiten der Erde nicht seit Jahrzehnten das Thema verfehlen? Dass sowohl Fische als auch Bakterien »hören« können und dass sie zum Beispiel Mozart mögen, ist inzwischen bewiesen.*

Bakterien können alles, wir Menschen zumindest manches. Vielleicht sollten wir mehr Spaß am Leben haben und mit ihnen singen.

Wie Bakterien Stoffe wechseln

Es gibt bei Bakterien alle Stoffwechselwege. Wenn wir bedenken, dass wir vielleicht 0,5 Prozent aller Bakterien kennen, diese aber schier alles vermögen, was es an Stoffwechselvarianten gibt, können wir ahnen, welche Geheimnisse es für uns noch zu entdecken gilt. Für den praktischen Umgang mit Effektiven Mikroorganismen sind einige Kenntnisse davon hilfreich.

Effektive Mikroorganismen lassen sich für die Anwendung gezielt vermehren, so wie wir es von Joghurt und Sauerteig kennen, und sie vermehren sich je nach Milieu am Anwendungsort. Diese Vermehrung von Mikroorganismen folgt gewissen Gesetzmäßigkeiten und findet nur statt, wenn die Bedingungen dazu gegeben sind. Dazu gehören die passende Temperatur, ausreichend Nahrung und ein geeignetes Ambiente.

Wenn man davon spricht, dass Bakterien »wachsen«, meint man damit nicht, dass Einzelzellen größer werden. Vielmehr nimmt die Gesamtzahl der Einzelzellen und somit

* Eine Beschallung in der Kläranlage Treuenbrietzen bei Potsdam mit Mozartklängen durch einen Naturschallwandler steigerte die Stoffwechselleistungen und die Sauerstoffverwertung der Mikroorganismen und damit den aeroben Abbau von organischen Stoffen. Die Schlammzersetzung nahm dadurch um bis zu 30 Prozent zu, was dem Betreiber viele Kosten erspart. Zudem wurde die Anpassung der Mikrobengemeinschaft an die Nährstoffsituation im Abwasser beschleunigt.

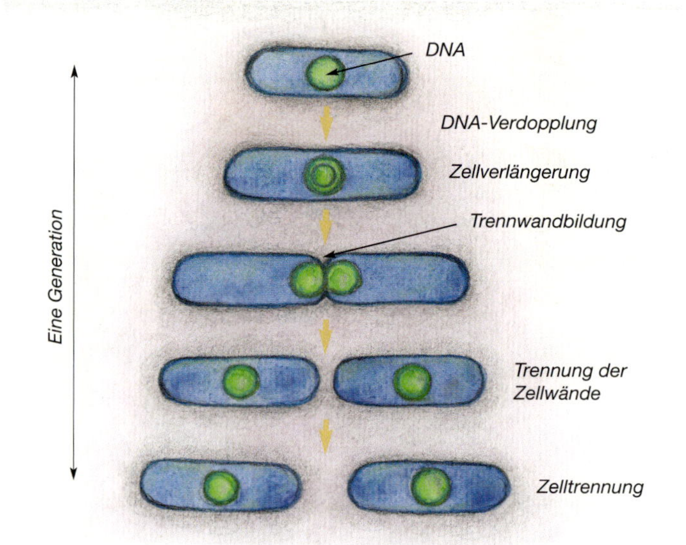

Die Verdopplung einer Bakterie

ihre Gesamtpopulation zu. Dies geschieht, indem sie sich verdoppeln. Die Verdopplung einer Zelle nennt man »Generation«, ihre Dauer »Generationszeit«.

Der Inhalt einer Bakterienzelle wird zunächst innerhalb der Zellmembran verdoppelt, dann wird eine Trennwand eingezogen, an der die Membranen sich voneinander teilen, sodass zwei Zellen aus einer geworden sind. Die Geschwindigkeit einer solchen Teilung kann sehr unterschiedlich sein und hängt von der Umgebung ab. Im Labor verdoppelt sich ein *Escherichia coli* bei optimaler Ernährung vielleicht alle zwanzig Minuten. Woanders kann diese Generationszeit durchaus ein bis drei Stunden betragen. In Extrembiotopen hat man Mikroorganismen gefunden, von denen man vermutet, dass sie nur alle vierhundert Jahre dazu neigen. Was wirklich in der Natur geschieht, können wir nicht beobachten, deshalb müssen wir uns auf Vermutungen anhand isolierter Kulturen beschränken.

Gewiss ist, dass verschiedene Mikroorganismen im selben Biotop unterschiedliche Generationszeiten haben und diese je nach Bedarf variieren. Wären sie konstant, würde die Gesamtpopulation exponentiell wachsen, und die Geschwindigkeit der absoluten Zellzunahme stiege kontinuierlich. Dann wäre die Erde nach wenigen Tagen mit einer kilometerdicken Bakterienschicht überzogen.

Tatsächlich vermehren sich Mikroorganismen aber in einer differenzierten Art und Weise und stellen ihren Stoffwechsel regelmäßig auf die jeweiligen Erfordernisse ein. Dies wird durch die Aktivierung bestimmter Prozesse in der Zelle geregelt. Jede Vermehrung geht mit einer Syntheseleistung einher. Ist eine Bakterienpopulation gerade im Wachstum begriffen, wurden alle dazu notwendigen Schritte im Zellplasma aktiviert. Sie ist mit der Vermehrung beschäftigt, und andere Aktivitäten stehen zurück. Bei weiterer Nährstoffversorgung kann sie mit dem Wachstum fortfahren.

Befinden sich Bakterien jedoch in einem Ruhezustand, waren sie geschädigt oder sind sie mit anderen Umwandlungsaufgaben befasst, stellen sie für die Vermehrung erst ihre Eiweißsynthese um. Sie produzieren zum Beispiel Enzyme zur Ablesung von Genen und

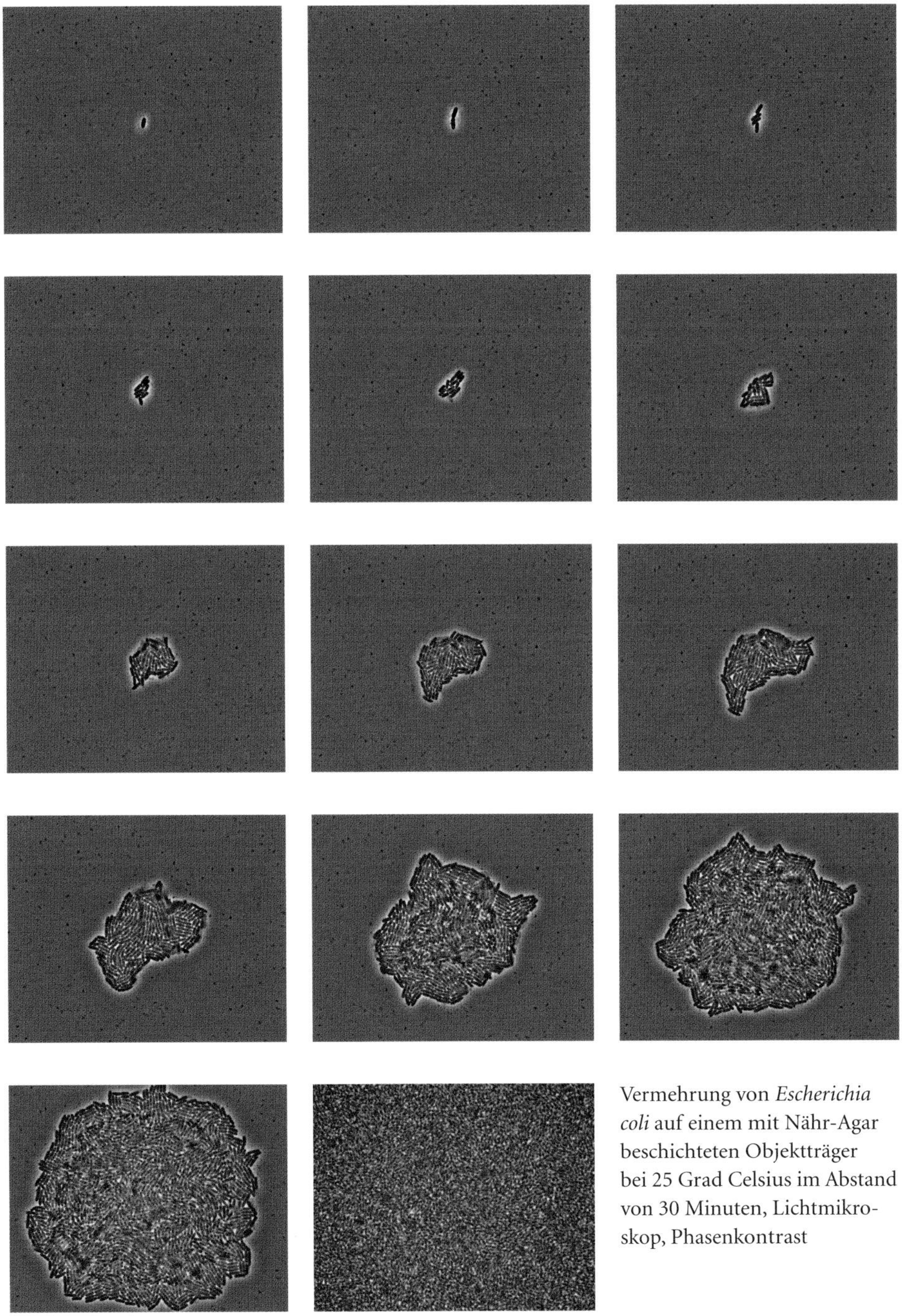

Vermehrung von *Escherichia coli* auf einem mit Nähr-Agar beschichteten Objektträger bei 25 Grad Celsius im Abstand von 30 Minuten, Lichtmikroskop, Phasenkontrast

deren Umsetzung in neue Zellstrukturen. Sie benötigen eine »Anlaufphase«. Erst wenn der Vermehrungsprozess in Gang ist, folgt die »exponentielle Wachstumsphase«. Diese ist auf verschiedene Weise begrenzt – in isolierten Kulturen beispielsweise durch einen Nährstoffmangel oder durch Wärmeentzug, in der Natur durch Faktoren, die wir noch nicht umfassend kennen. Es kann durch Signale aus der Umgebung erfolgen, die als Botenstoffe dienen, infolge von Milieuveränderungen oder aufgrund einer neuen Information, die auf andere Weise erfolgte. Dann hört die Verdopplung der Bakterien auf.

Die Population geht anschließend in der Regel in eine stationäre Phase über; das heißt, einige Zellen verdoppeln sich, und andere sterben ab, sodass die Gesamtzahl der Zellen bestehen bleibt. So stellt sich die örtliche Mikrobenbesiedlung auf ein stabiles Niveau ein. Wird sie nicht gestört, ist dies der energiesparendste Zustand eines mikrobiellen Miteinanders. Die Mikroben können sich in Ruhe dem Auf- und Abbau von Substanzen widmen. Jeder Eingriff und jede unnatürliche Einseitigkeit verändert jedoch dieses Gleichgewicht und führt durch die daraufhin nötige Anpassung zur Vermehrung bestimmter Mikroben. Die dadurch entstehende »Unruhe« ist energieaufwendig und führt womöglich Probleme herbei, die wir als Störung oder als Krankheit erleben.

In einer separierten Kultur, wo außerhalb des natürlichen lebendigen Kreislaufs keine Regulation des Wachstums durch umgebende Steine, Pflanzen oder Tiere stattfindet und wo sich die Bakterien auch nicht woandershin fortbewegen können, sind nach einer Weile die Nährstoffe der Kultur verbraucht. Dann sterben vermehrt Zellen ab, was man die »Absterbephase« nennt. Damit reduziert sich die Bakteriendichte vollkommen. Von manchen Mikroben gehen die letzten in einen Endosporenzustand* über, um das Überleben der Art zu sichern.

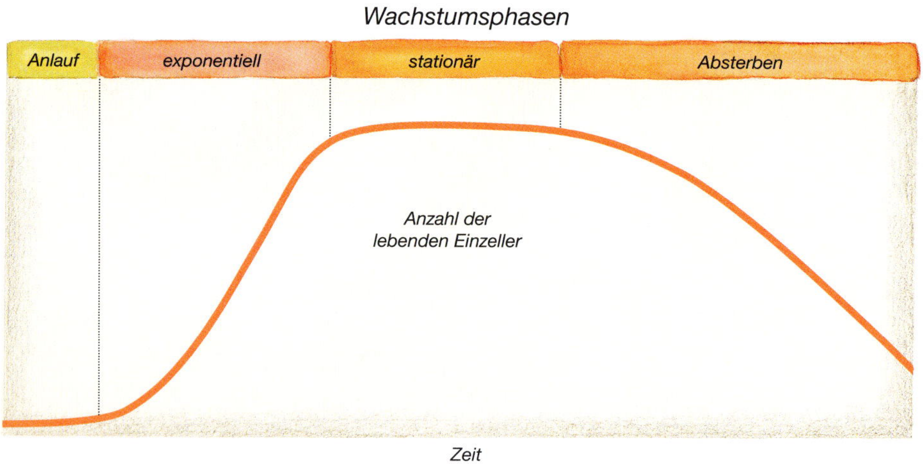

Wachstumskurve einer Mikrobenpopulation

* Unter einer Spore versteht man eine ein- oder wenigzellige Lebensform, die der ungeschlechtlichen Vermehrung, der Verbreitung oder einem Ruhezustand gilt. Als »Endospore« bezeichnet man einen Ruhezustand, der innerhalb eines Organismus oder einer Zelle gebildet wird (vom griechischen *endo* für »innen«).

Die Länge der verschiedenen Phasen und die Geschwindigkeit des gesamten Prozesses ist von Bakterienpopulation zu Bakterienpopulation unterschiedlich. In der stationären und Absterbephase kann eine Zugabe von Nährstoffen einen erneuten Anlauf zu exponentiellem Wachstum geben.

Eine große Rolle bei der Regulation des Wachstums spielen Temperatur, pH-Wert, Wasserversorgung und Sauerstoffangebot. Die Toleranz für Schwankungen dieser Faktoren ist umso größer, je komplexer viele verschiedene Bakterienstämme in einem Milieu zusammenleben. Eine Mischkultur ist immer stabiler als eine Einzelstammkultur im Labor.

Jede Bakterienart hat innerhalb ihres Temperaturspektrums ein Minimum, unter dem es nicht wächst, ein Maximum, über das hinaus es nicht wachsen kann, und ein Optimum, bei dem die Zellen am schnellsten wachsen. Vielleicht kann auch diese im Labor beobachtete Erscheinung in einer Mischkultur anders sein.

Den Substanzstrom, der verwandelnd und verwandelt durch Lebewesen fließt, nennen wir »Ernährung und Ausscheidung«. Er führt zur Gestaltbildung höherer Ordnung und ist die Lebensgrundlage von Pflanze, Tier und Mensch. Sprachgeschichtlich stammt das Wort »nähren« von »am Leben erhalten« ab. Nahrung ist also dasjenige, was die Ordnung eines Wesens erhält. Ohne Nahrung fällt jeder Organismus zurück ins Ungeordnete, ins *cháos*, das ist das griechische Wort für den unendlichen leeren Raum.

Von Ernährung sprechen wir in der Regel, wenn es um die Aufnahme von Stoffen geht. Dabei werden die Energie, die unsichtbaren Kräfte, Lichtquanten und Schwingungsmuster, die damit einhergehen und sehr unterschiedlich sein können, selten berücksichtigt, obwohl sie uns eigentlich ernähren. Weil uns die materielle Betrachtung am leichtesten fällt, achten wir mehr auf die Stoffe als auf die Prozesse, die sie durchlaufen.

Wesentliche Aufgabe der Aufnahme und Abgabe von Elementen und Verbindungen ist nämlich ihre Umsetzung unter energiegewinnenden Umständen, und ein Teil der Bakterienaufgaben ist die Speicherung solcher Energie in der Zelle, um sie bei Bedarf zur Verfügung stellen zu können.

Der bedeutendste Nährstoff für Bakterien ist Kohlenstoff. Eine Bakterientrockenmasse kann bis zur Hälfte aus Kohlenstoff bestehen. Er kommt natürlicherweise als CO_2 und in allen wichtigen organischen Verbindungen vor: in Aminosäuren, Fett, Zucker und Stickstoffbasen. Das zweithäufigste Element in der Nahrung ist Stickstoff, der etwa 12 Prozent der Trockenmasse ausmacht und aus dem Eiweiße synthetisiert werden. Neben Sauerstoff und Wasser gehören Schwefel, Phosphor, Eisen, Natrium, Kalium, Kalzium und Magnesium sowie Spurenelemente zur Grundnahrung der Mikroorganismen, soweit dies aus Laboruntersuchungen bekannt ist. Ihre Menge kann von Bakterie zu Bakterie verschieden sein. Auch Vitamine, insbesondere aus der B-Gruppe, gehören dazu, wie gesagt: wenn man sie im Labor kultiviert. In freier Natur, ungestört, hat ihnen noch niemand beim Verzehr zugeschaut.

Verbindungen, die von Bakterien abgegeben und in der Umgebung weiterverwendet werden, gelten als »Stoffwechselprodukte«. Diese Bezeichnung ist etwas irreführend und suggeriert, dass Stoffe ausgetauscht wurden. Meistens handelt es sich aber um dieselben Substanzen, die unter energiewandelnden Prozessen in andere Verbindungen gebracht wurden.

Leben als Gemeinschaft

Im Jahr 1878 führte der Arzt und Botaniker Heinrich Anton de Bary (1831–1888) auf der 51. Versammlung Deutscher Naturforscher und Ärzte in Kassel den Begriff der »Symbiose« ein. Weitblickend wies er in einer Zeit, in der die akademische Wissenschaft die Welt in Stücke zu teilen anhub, als auf ebensolchen Versammlungen Kriegslieder gegen Mikroben gesungen wurden (siehe das Kapitel »Von der Hoffnung, Bakterien beherrschen zu können«, Seite 129), als der Körper zur Maschine, der Boden zum Mineralstofflager und die Pflanze zum Produzenten gedacht wurden, auf das Wesentliche hin: den Zusammenhang. Das Wort »Symbiose« kommt vom griechischen *symbiōsis* und heißt »Zusammenleben«. Wäre die Entwicklung nicht in die Einseitigkeit des Trennens hin verlaufen, wäre »Symbiose« ein überflüssiges Wort. Es suggeriert nämlich, dass es auch etwas anderes als diese gäbe. Dabei können wir ja gar nicht von Zusammenleben abstrahieren. Das Prinzip der Symbiose ist keine Entdeckung, denn etwas anderes gibt es nicht. Ob wir uns mögen oder nicht, letztendlich verbindet uns eines: dass wir zusammen den blauen Planeten bewohnen, der wie eine Wasserperle in großer Schönheit durchs Universum schwimmt. Leben auf der Erde ist Symbiose. Ohne Zusammenleben geht es nicht.

De Bary verstand unter »Symbiose« das Zusammenleben artverschiedener Organismen, wie er es in Pilz und Alge beobachtete, die gemeinsam eine Flechte bilden. Sein Hinweis war in seiner Zeit revolutionär. Inzwischen hat man den Begriff »Symbiose« in viele Formen differenziert. Das geht so weit, dass man das Miteinander unter Entfremdung von der Realität in völliger Ignoranz der Lebendigkeit tatsächlich auf mathematische Gleichungen aus Zahlenwerten reduziert:

> »Unter Zuhilfenahme einiger idealisierender Vereinfachungen werden Symbiosen zweier Spezies auf Ebene der Populationsdynamiken beschrieben durch:
>
> $$\frac{dX}{dt} = (a + cY)\, X(1 - \frac{X}{K1})$$
>
> $$\frac{dY}{dt} = (b + dY)\, Y(1 - \frac{Y}{K2})$$
>
> falls ein Effekt der Symbiose in einer Veränderung der intrinsischen Wachstumsrate der beteiligten Populationen besteht … (Bezeichnungen: X, Y Abundanzen der Spezies; a, b intrinsische Wachstumsraten der Spezies; K1, K2 Kapazitäten; c, d ökologische Interaktionsparameter) …«[47]

Bakterien wären erschüttert, wenn sie dies lesen könnten. Sie leben in lebendiger Gemeinschaft in allem, mit allem und um alles herum.

Symbiose ist in der Natur das Grundgesetz des Seins. Warum es uns im Einzelnen dennoch so fasziniert, ist, weil wir noch so sehr im Denken getrennter Einheiten gefangen sind und staunend vor der Vielfalt und Fülle des einander zugewandten Lebens stehen.

Der Röhrenwurm *Riftia pachyptila* braucht weder Mund, Augen noch Darm.

Wir wagen noch nicht zu glauben, dass Liebe das Universum zusammenhält, und trauen uns noch nicht, es ihm gleichzutun. Wenn wir anfangen, »symbiotisch« zu leben, gilt dies im Wortgebrauch der Psychologie als pathologisch. Schon solche Wortgleichheit schreckt uns davon ab, das Zusammenleben als positives Miteinander zu praktizieren.

Natürlich sind wir alle aufeinander angewiesen. Auch die Erde auf uns! Wie oft höre ich Menschen sagen: »Die Erde wird uns schon überleben, selbst wenn wir unsere Lebensgrundlage vernichtet haben und aussterben.« Das stimmt einfach nicht. Natürlich sind wir aufeinander angewiesen. Erde und Mensch und Blumen und Bäume und Delphine und Mücken – wir alle leben in parallelen Entwicklungen in einer großen gemeinsamen Evolution. Wir und alle unsichtbaren Welten gehören zusammen und sind miteinander untrennbar verbunden. Wir Menschen können und dürfen uns dieser Verantwortung nicht einfach auf egoistische Weise entziehen.

Schließlich sind auch wir aus Zusammenleben entstanden. Das jedenfalls beschreibt Sarah Blaffer Hrdy, die als Professorin für Anthropologie zu dem Schluss gekommen ist, dass der Antrieb der Evolution schon in der Jäger-und-Sammler-Zeit das gemeinsame Aufziehen des Nachwuchses gewesen sei. Erst die Fürsorge auch durch andere als die eigenen Eltern ermöglichte die Versorgung der Kinder und entfaltete wachsende Intelligenz beim Menschen.[48]

Auch wenn Symbiose also eine Selbstverständlichkeit ist, tut es uns gelegentlich gut anzuschauen, welch bemerkenswerte Weisen des Zusammenlebens einige Lebewesen praktizieren. Da ist beispielsweise die südamerikanische Ameise, die sich von einem Pilz ernährt, welcher von einem Parasiten* bewohnt wird, dessen Bestand wiederum von einem Bakterium reguliert wird. Da ist der an Tiefseeschloten lebende Röhrenwurm *Riftia pachyptila*, der weder Mund, Augen noch Darm braucht, weil in ihm etwa zehn Millionen

* Als »Parasit« bezeichnet man den Aspekt vom Miteinander zwischen Lebewesen, bei dem der »Parasit« auf eine Mitversorgung durch den »Wirt« angewiesen ist (vom griechischen *parásitos* für »Tischgenosse«).

Bakterien pro Gramm Körpergewebe aus aufgenommenem Schwefel, Sauerstoff und Kohlendioxid aus der Umgebung die Moleküle formen, die er zum Wachstum braucht.

Wir müssen uns über Symbiosen nicht wundern, sie sind die Normalität. Und selbstverständlich leben auch Bakterien überall in Symbiosen. Sie versorgen sich nicht nur untereinander mit dem, was hilfreich ist, sie sind, wenn wir den richtigen Blick dafür haben, die Symbiose selbst. Sie durchdringen alles, verbinden alles und vermitteln alles, was es gibt. Sie sind die Brücke zwischen dem, was wir als getrennte Reiche betrachten, und sie sind der Strom des Lebens, der alle Materie sinnvoll durchzieht.

Wir leben alle zusammen, an dieser Tatsache kann niemand zweifeln. Wir Menschen haben die Freiheit, uns als getrennte Wesen zu betrachten, was zu Leid führen muss. Glücklicher macht es uns, wenn wir die Gemeinschaften bejahen und uns innerlich über die Illusion der Trennungen hinweg zum Bewusstsein der Einheit erheben.

Bakterien schreiben Geschichte

Bevor Alexander der Große im Jahr 332 v. Chr. die ägyptische Stadt Tyros erobern wollte, erschienen auf dem Brot, das die Soldaten zum Essen brachen, Blutstropfen. Erschrocken rief Alexander seinen Seher Aristander um Rat, der ihm das Zeichen deuten solle. Er sah es als Vorteil an. Da das Blut *im* Brot aufgetreten sei, werde die *ein*geschlossene Stadt bluten. Und so kam es dann. Tyros wurde erstürmt.

Ein ähnlicher Schrecken fuhr im Jahre 1169 im dänischen Alsen in einen Priester, der Blutstropfen auf der eucharistischen Hostie fand. Er eilte zum Bischof, der große Not daraus ablas und vorhersagte, es werde bald Blut von Christen fließen. Zwei Wochen später fielen mordend, plündernd und Kirchen zerstörend die Wenden ins Land ein.

Was als Orakel diente und die Menschen in Schrecken versetzte, war *Serratia marcescens*, eine Bakterie, die früher auch *Bacterium prodigiosum* alias »die Wunderbakterie« genannt wurde. Ihre Fähigkeit, rote Pigmente und Blutstropfen ähnelnde runde Bakterienhäufchen zu bilden, hat in vielfältiger Weise in der Geschichte Zeichen gegeben. Nicht immer ging es dabei glimpflich aus. Im Mittelalter mussten Menschen auf dem Scheiterhaufen ihr Leben lassen, wenn ihnen unterstellt wurde, sie hätten Hostien geschändet und zum Bluten gebracht. Woanders wurden dank *Serratia* Wallfahrtskirchen erbaut, wie die Wunderblutkirche St. Nikolai im brandenburgischen Bad Wilsnack, die über Jahrhunderte zahllose Pilger anlockte.

Bakterien bauten also nicht nur die Biosphäre auf und ebneten Pflanzen den Weg ans Land, gaben den Tieren alles, um leben zu können, und verhalfen uns Menschen zur Existenz. Bakterien mischen seit Anbeginn der Welt auch in der Geschichte mit. Sie setzten Völker in Trab, entschieden Schlachten und bestimmten die Politik. Sie trieben Einzelne an, stoppten andere, wendeten Geschicke und steuern bis heute Geldströme. Ihre Macht ist auch hier unbegrenzt. Wo immer sie es »beschließen«, können sie den Lauf der Geschichte ändern und werfen die Pläne von Menschen über den Haufen. Veränderung ist ihr Motto, Gleichgewicht ihr Ziel.

Es ist noch nicht lange her, dass ein paar Milzbrandsporen, von Schurken in Briefe gesteckt, den Postverkehr limitierten. Angst vor EHEC ließ Menschen auf Reisen und Essen verzichten. Mikroben setzen uns in Bewegung oder setzen uns lahm.

Den größten Entwicklungsschub hatte womöglich *Yersinia pestis* als Auftrag. In einer Zeit der Hexenverbrennungen und engstirnigster Dogmen brachte die Pest ab 1347 drei Vierteln der europäischen Menschen den Tod. Flöhe, die auf Nagern lebten, trugen *Yersinia* von Osten her zu den Menschen Europas und brachten die Gesellschaft aus ihrem gewohnten Trott.

Doch gab es auch dadurch nicht nur Verwüstungen und Verderben. Der »Schwarze« Tod, schwarz wie die Göttin der Unterwelt, die nach keltischer Mythologie die Göttin der Wandlung ist und als Schwarze Madonna bis heute fortlebt, beispielsweise als Fresko in der Krypta der Kathedrale von Chartres, brachte auch Neues mit sich. Wer weiß, ob die religiösen und politischen Umwälzungen, die im 14. Jahrhundert keimten, jemals Frucht getragen und die Gesellschaft zur Renaissance hin verändert hätten, wäre dieser Einschnitt nicht gewesen? *Yersinia* beendete das Mittelalter und läutete die Neuzeit ein.

Immer wieder hat in der Geschichte *Rickettsia prowazekii* versucht, Feldherren eines Besseren zu belehren, dahin gehend, dass sie sich um ihre Soldaten kümmern sollten. Unterernährung, Hitze, Kälte und Überanstrengung sind der Boden, auf dem das von ihnen begleitete Fleckfieber gedeiht. Nicht nur die französische Belagerung Neapels und der Feldzug Maximilians II. 1566 in Ungarn wurden dadurch entschieden. Auch Napoleons Macht in Europa brachen weder Feldherren noch Diplomatie. Es waren die verlorenen Kämpfe um die Gesundheit Hunderttausender Soldaten, die unter erbärmlichen Umständen den Befehlen des Mächtigen Gehorsam leistend ins Jenseits zogen.

Retten konnte *Rickettsia* dagegen Menschen, die während des Zweiten Weltkriegs aus ihrer polnischen Heimat zur Zwangsarbeit nach Deutschland geschickt werden sollten. Da das Bakterium *Proteus OX19* beim Menschen dieselben Antikörper hervorruft, die ein Fleckfieberkranker hat, spritzten ihnen heimische Ärzte diesen Keim und schickten das antikörperreiche Blut an die Besatzungsmacht. Diese sahen furchtvoll von der Deportation der angeblich Kranken ab. Ermutigt durch das Funktionieren des Tricks, täuschten die Ärzte in der Region nun eine ganze Epidemie in der Bevölkerung vor. Da aber gen Westen kolportiert wurde, dass es in der Region in Wirklichkeit keine Kranken und schon gar keine Toten gäbe, wurde aus Deutschland ein älterer Arzt mit einem Assistenten zur Kontrolle nach Polen geschickt. Diese hatten offenbar aber auch kein Interesse am Verschleppen der polnischen Bevölkerung und sahen gnädig über das Nichtvorhandensein einer Epidemie hinweg.

Es muss nicht immer der Tod sein, durch die Mikroben Schicksale bewegen. John F. Kennedy konnte nur deshalb Präsident der Vereinigten Staaten werden, weil *Phytophthora infestans* im Jahr 1845 in Form von Kartoffelfäule die Kartoffelernte Irlands ungenießbar machte. Hungernde Menschenmassen verließen die Insel, darunter die Familie Kennedy, in die USA.[49]

Auch die Neugründung des Staates Israel in Palästina dankt sich der Kraft einer Mikrobe. Es war das Azeton synthetisierende *Clostridium acetobutylicum*, mit dessen Hilfe der Chemiker Charles Weizmann im Jahr 1915 in England dem Munitions- und Kriegsminister David Lloyd George aus der Patsche half. Das Problem fehlenden Azetons zur Herstellung des Sprengstoffs Kordit für die Geschosse im Ersten Weltkrieg wurde durch die Kultivierung dieses Anaerobiers gelöst, der aus Zuckern Lösungsmittel macht. Es war die Erfindung der Biotechnologie. Als Weizmann aus Dank dafür geehrt werden sollte, bat er darum, stattdessen möge man ihm und den anderen in der Welt verstreuten Juden eine neue Heimat geben. Im Jahr 1917, George war Premierminister geworden, folgte er zusammen mit Außenminister Earl Balfour in der nach diesem benannten Erklärung Weizmanns Wunsch. Chaim Weizmann wurde der erste Präsident des Staates Israel. Dieser Gebrauch von Einzellern zur Biotechnologie brachte weder den Mikroben noch den Menschen tatsächlich Frieden.

Wen oder was Christoph Kolumbus noch entdeckt hätte, wäre nicht *Treponema pallidum* durch seine Adern gekrochen und hätte seine Organfunktionen gelähmt, wissen wir nicht. Als die Syphilis jedoch sein Gehirn erfasste, begann er Stimmen zu hören und sich selbst als Botschafter Gottes zu betrachten. Überhaupt wissen wir nicht, welche irren Befehle Herrscher der Welt unter solchem Einfluss von *Treponema* im Laufe der Jahrhunderte gegeben haben, ohne zu merken, dass ein Wahn sie ritt. Von Heinrich VIII. von England jedenfalls, der im Alter auf maßlose Art Menschen hinrichten ließ, darunter seine Ehefrauen und engste Vertraute, wissen wir, dass er von *Treponema* bewohnt war. Wahrscheinlich hat er sie auch über seine Frau an seine Tochter, die spätere Queen Mary, weitergegeben, die »Bloody Mary« genannt wurde, nachdem sie Hunderte von Menschen protestantischen Glaubens hatte hinrichten lassen, um England wieder zum römischen Katholizismus zu führen.

Treponema pallidum war schon deshalb unbeliebt, weil diese Spirochäte* ein nicht zu versteckender Zeuge intimer Heimlichkeiten war. Ausschließlich über Geschlechtsverkehr zog sie von Mensch zu Mensch und zeichnete ihn schließlich mit seiner Krankheit. *Treponema* ist dem Menschen so sehr verbunden, dass sie außerhalb seiner nicht lebensfähig ist. So schrieb sie auch Musik- und Literaturgeschichte. Als Franz Schubert im Jahre 1824 das Streichquartett »Der Tod und das Mädchen« komponierte, hatte ihn die »Lustseuche«, wie die Syphilis auch genannt wurde, schon fast zu Tode gebracht. Große Teile von Schuberts 8. Sinfonie schuf er bereits im Bewusstsein, unheilbar krank zu sein. Einige seiner größten Werke, wie die »Deutsche Messe«, die »Winterreise« und der »Schwanengesang«, wurden im Angesicht des Todes kreiert, den *Treponema* ihm ständig vor Augen hielt, obwohl er schließlich an Typhus erkrankte und starb.

Dass die Syphilis allgemein als die Kreativität fördernd galt, findet man in Thomas Manns Roman *Doktor Faustus* beschrieben. Darin lässt sich der Tonsetzer Adrian Leverkühn ganz gezielt mit Syphilis infizieren, um sein großes Werk schaffen zu können. Passenderweise geht es auch hier um Unsterblichkeit, den Tod und das Leben.

So wie sie die Geschicke der Weltpolitik lenken, korrigieren Mikroben den Lauf der individuellen Biografie. Das kann jeder an seinem eigenen Leben ablesen. Wie oft hat *Streptococcus pneumoniae* einen Menschen aus kummervoller Sackgasse mit einer Lungenentzündung in die Bettruhe gezwungen, wo er, fiebrig eingetaucht in sich selbst, den Lebensweg nach dem Auftauchen wieder klarer vor sich sah.

Auch *Mycobacterium tuberculosis* hat viele Menschen mit einer Tuberkulose zu langfristiger Ruhe und innerer Einkehr gezwungen. Das ist beispielsweise im *Zauberberg* von Thomas Mann zu lesen.

Von *Mycobacterium* geprägt, verfasste Franz Kafka seinen Roman *Das Schloss* und andere seiner Werke, die er bis zu seinem Tode an Lungentuberkulose im Jahre 1924 schrieb.

Streptococcus viridans prägte jahrelang das Schaffen von Gustav Mahler, der seit 1907 sein Ableben wegen seiner Herzentzündung befürchten musste. Im zauberhaften symphonischen Zyklus »Lied von der Erde« verarbeitete er seine Beschäftigung mit dem Tode. Im

* Spirochäten sind spiralig geformte, lange, dünne und bewegliche bakterienähnliche Mikroorganismen. Ihre bekanntesten Vertreter sind heute die Borrelien.

»Trinklied vom Jammer der Erde« von Hans Bethke heißt es unter anderem: »Dunkel ist das Leben, ist der Tod«, und ganz am Ende des Werkes:

> »Aufs neu! Allüberall und Ewig
> Blauen licht die Fernen
> Ewig … ewig …«

Wie Mikroben alle Grenzen und Übergänge der Erde besiedeln, inspirierten sie viele Künstler zur Beschäftigung mit den Grenzen des Lebens, mit dem Hinübergehen ins Jenseits und mit der Ewigkeit. Auch Mahlers Neunte, seine letzte vollendete Symphonie, ist erfüllt mit Themen von Leben und Tod, in den ihn *Streptococcus* führte.

So sind uns die Bakterien Lenker und Leiter von Menschheitsgeschicken, wenn wir so offen sind, sie als solche zu verstehen. Sie sind uns Hilfe und können uns Mut machen, jedenfalls wenn wir den Tod in unser Leben integrieren. Denn wenn wir nun wissen, dass Bakterien unsere Geschichte schreiben, nehmen wir dies doch besser als Angebot an und lassen sie in Zukunft mit uns zusammen bewusst die Geschichte gestalten. Dazu brauchen wir sie weder zu missbrauchen, zu töten noch technologisch zu manipulieren und sparen unendlich viel Zeit, Kraft und Geld. Respekt vor der Weisheit, die durch sie wirkt, und friedliches Miteinander mit den Bakterien ist der einzige Weg, der uns allen zusammen in eine gesunde Zukunft weiterhilft. Die Effektiven Mikroorganismen können uns diesen Weg auf einfache Weise lehren.

Die Geschichte der Bakteriologie – einmal anders betrachtet

Menschen, die meinen, Bakterien seien gefährlich und machten krank, stutzen meist bei der Frage: »Woher wissen Sie das?«, und sie antworten mit Verzögerung: »Das habe ich gelesen«, »Vom Arzt« oder »Das ist eben so«. Manche sagen nach kurzem Nachdenken: »Es gibt ja auch gute.« Und dann werden vielleicht Darmbakterien und Joghurt aufgeführt. Meistens denken Menschen allerdings über Bakterien gar nicht nach.

Unsere Sicht auf Bakterien ist in erster Linie von tradierten Glaubenssätzen geprägt. Man glaubt etwas, ohne seinen Wahrheitsgehalt zu hinterfragen. Wer äußert, Bakterien seien heilsam und das Beste, was es für unser Leben gibt, erntet Protest und skeptisches Hinterfragen. Dass Bakterien getötet werden müssen, zumindest einige, ist ausgemachte Sache. Es gilt als selbstverständlich, und für viel Geld werden mannigfache Methoden angeboten, dies zu tun: von antimikrobiellen Spülbürsten über mikrobenvertilgende Matratzen bis zu antibakteriellen Halteschlaufen für Flughafenbusse und antimikrobiellen Unterhemden. Die Medien warnen vor »bedrohlichen« Bakterien, und Werbemaßnahmen preisen solche Produkte an. Diese Ansicht hat sich derartig durchgesetzt, dass selbst der Blick zurück in die Geschichte durch die Brille des Glaubenssatzes fällt: Der durch die vorherrschende Meinung, Bakterien seien bedeutsame Krankheits»erreger« und gehörten vernichtet, einseitig gefärbte Blickwinkel wird auf die gesamte Geschichte übertragen.

Es liegt in der Natur der Mikrobiologie, dass sie im Laufe der Jahrhunderte, auch lange bevor es dieses Wort überhaupt gab, verschiedene Phänomene beobachtete und beschrieb. Diese wurden stets nach Bildungsstand und Zeitgeist interpretiert. Liest man heutige Bücher über die Geschichte der Mikrobiologie, so verraten Formulierungen wie »... erkannte damals schon ...« oder »... hielt fälschlicherweise für ...«, dass man sich der derzeit geltenden Meinung sehr sicher ist. Alles, was zur heutigen Ansicht führte, wird gepriesen, der Rest nicht erwähnt oder abgetan.

So wird allenthalben der Universalgelehrte Marcus Terentius Varro (116–27 v. Chr.) erwähnt, der schrieb:

> »Man prüfe auch, ob es dort sumpfigen Boden gibt ... denn gewisse winzige, für das Auge nicht sichtbare Tierchen brüten dort und gelangen mit der Luft über Mund und Nase in den Körper, wo sie Krankheiten hervorrufen, die schwerlich zu heilen sind.«[50]

Die Auswahl der erwähnten Persönlichkeiten erfolgt meist gemäß ihrer Verdienste zugunsten des heutigen Paradigmas, insbesondere wenn sie sich mit Bakterien des Menschen befassten. Forscher, die nicht diese zur aktuellen Lehrmeinung gewordene Ansicht vertraten, werden oft nicht einmal erwähnt. So findet sich überall das Werk Louis Pasteurs (1822–1895) gewürdigt, schier niemand weiß jedoch von Martinus Willem Beijerinck (1851–1931), dem ersten Professor für Mikrobiologie an der niederländischen Universität Delft, der die Anreicherungskultur entwickelte und als Erster eine große Zahl von Mikroorganismen beschrieb. Warum dieser Unterschied? Louis Pasteurs Forschung wandte sich schließlich dem Menschen und seinen Erkrankungen zu, Beijering dem Boden- und Wasserleben. Jeder kennt den Namen des Arztes und Mikrobiologen Robert Koch (1843–1910), der den Lebenszyklus des Milzbrandbazillus beschrieb, aber wer erwähnt schon den Biologen Casimir Joseph Davaine (1812–1882), der den Milzbrandbazillus entdeckte? Warum? Koch machte sich seinen Namen in Zusammenhang mit großen Krankheiten der Menschen.

Forscher wie der Zoologe Prof. Dr. Günther Enderlein (1872–1962) kommen in gängigen Standardwerken über die Geschichte der Mikrobiologie nicht einmal vor, offensichtlich, weil seine Erkenntnisse der heutigen Lehrmeinung widersprechen. Er hielt Antibiose für untauglich. Dabei gründet auf seiner Forschung zum Entwicklungskreislauf von Bakterien, die er in einem dreihundert Seiten starken Buch über die Bakterien-Cyklogenie niederschrieb, und aus den daraus entwickelten Medikamenten eine erfolgreiche Diagnostik und Therapie der Gegenwart. Werner Kollath (1892–1911), von 1932 bis 1945 Professor für Hygiene und Bakteriologie, widmete Günther Enderlein im Jahr 1949 den Satz: »Ob man verbrannt oder kaltgestellt wird, das ist nur eine Frage des Temperaturunterschieds.«[51]

Vielleicht machen sich Menschen eines Tages über unsere Glaubenssätze der Antibiose genauso lustig, wie wir uns heute über scheinbar unsinnige, in Wirklichkeit, wie wir noch sehen werden, jedoch wichtige Aussagen aus der Vergangenheit. Sobald wir beginnen, Kleinstlebewesen als unsere Lebensspender anzuerkennen, erscheint die derzeitige Darstellung der Bakterienforschung als eine ziemlich lieblose Angelegenheit.

Der Titel des 1926 erstmals gedruckten und innerhalb von sechs Monaten bereits in sechs Auflagen verkauften populären Werks über die Geschichte der Mikrobiologie von Paul de Kruif lautet *Mikrobenjäger*. Die einzelnen Biografien darin tragen Überschriften wie: »Mikroben als Gefahr« oder »Die Bekämpfung des Todes«, was an sich schon absurd ist, weil der Tod nun mal zum Leben gehört, jedenfalls zu unserem, und ihn zu bekämpfen Energievergeudung ist.

Ein anderes, 1984 veröffentlichtes und 400 Seiten starkes Buch über die Geschichte der Bakteriologie beginnt mit den Worten, von Bakterien hervorgerufene Erkrankungen und Seuchen ließen sich bis in die ferne Vergangenheit nachweisen. Hier wird die weite Zauberwelt der Mikroorganismen auf einen winzigen Ausschnitt ihrer Beziehungen reduziert. Bakterien und Krankheiten, darauf blicken wir so hypnotisiert wie das Kaninchen auf die Schlange. Als sei es das Wichtigste, was über Bakterien zu sagen wäre. Und wie immer, wenn uns Angst lähmt und wir uns von der Weite der Wirklichkeit abtrennen und diese zu bekämpfen beginnen, hilft es uns auch hier, einen anderen Blickwinkel einzunehmen und das Ganze in seinem größeren Zusammenhang zu betrachten. Im Namen der Bakterien erlaube ich mir daher in diesem Kapitel eine Gegendarstellung zu ihrer üblichen geschichtlichen Interpretation.

Mikroskopie und die Verwirrung des Menschensinns

Die Entwicklung der Bakterienforschung ist naturgemäß mit den technischen Möglichkeiten verknüpft, zu vergrößern, was unterhalb des Auflösungsvermögens eines menschlichen Auges liegt. Bereits das ist vielleicht ein Grund unserer distanzierten Haltung gegenüber Mikroben. Dass wir uns ihnen mithilfe technischer Möglichkeiten nähern, ist etwas anderes, als wenn wir Lebewesen mit unseren direkten eigenen Sinnen wahrnehmen. Indem wir Kleinstlebewesen künstlich vergrößern, verändern wir zwangsläufig unsere Haltung ihnen gegenüber.

Jeder, der erstmals ein Mikroskop verwendet hat, weiß, als welch scheinbares Monster eine gewöhnliche Stubenfliege erscheinen kann. Wir müssen zum Mikroskopieren die Objekte ihrem natürlichen Lebensraum entreißen und sie von ihrem Entwicklungsprozess, ihrem sozialen Umfeld und ihrem Milieu trennen. Wir entziehen sie damit auch vollständig ihrem natürlichen Bezug zu uns. Sähen wir Bakterien wie Blumen, könnten wir sie streicheln wie Pferde und schnurren hören wie eine Katze, würde es uns sicher eher gelingen, sie als hübsch und wohlwollend zu erleben. Beim Mikroskopieren werden Einzelheiten des betrachteten Objekts größer, und gleichzeitig verkleinert sich der Bildausschnitt. Das bedeutet, man sieht mehr Details von weniger, während dem Auge der Überblick verloren geht. Genau das ist es, was im Laufe der Geschichte der Mikrobiologie schließlich auch im Großen geschah.

Jahrhundertelang schaute man aus dem Großen in eine Ahnung von Kleinstlebewesen. Weil sie unsichtbar waren, boten sie vielen Spekulationen Raum, auch Interpretationen durch zum Beispiel kirchliche Dogmen. Durch das Mikroskop wurde dann Kleines sichtbar. Mit der Vergrößerung der Details ging jedoch zugleich auch das Bewusstsein für Zusammenhänge verloren, und es traten wiederum Interpretationen an die Stelle der überkommenen Auslegung, nämlich solche über die Gefährlichkeit der Bakterien. Diese Interpretationen entsprangen genauso wie die früheren den kollektiven Ängsten der Gesellschaft und wurden zwar wie neueste Erkenntnisse betrachtet, waren aber nichts anderes als eine einseitige Spiegelung vor dem Hintergrund der Epoche.

Es ist dringend notwendig, dass wir uns jetzt einer Haltung den Mikroorganismen gegenüber nähern, die nicht aus engem Zeitgeist, sondern aus ihrer eigenen Rolle in der Erdgeschichte und unserem Verständnis für ihr wahres Wirken auf der Erde heraus entspringt.

Das erste bekannte Buch über die Geschichte der Bakteriologie wurde von Friedrich Löffler (1852–1915), einem Schüler Robert Kochs, im Jahre 1887 als Zusammenschrift seiner Universitätsvorlesungen verfasst. Schon der erste Satz offenbart, wie sehr das Mikroskopieren zu einer Bewertung der Objekte führte: »Die Erforschung der *niederen*, nur mit dem *bewaffneten* Auge erkennbaren Organismen …«,[52] heißt es dort – Vergrößerung gilt bereits als ein Kampfmittel.

Es erfordert eine gewisse geistige Beweglichkeit, die durchs Mikroskop entdeckte faszinierende Welt der Kleinheit mit dem natürlichen Wahrnehmungshorizont des Menschen in Einklang zu bringen.

Johann Wolfgang von Goethe (1749–1832) hielt daher nichts vom Mikroskopieren, obwohl er es selbst tat. In seinen *Maximen und Reflexionen* findet sich der Satz: »Mikroskope und Fernröhre verwirren eigentlich den reinen Menschensinn.«[53]

Unsere Gefühle haben keinen Umschaltknopf zum Betrachten künstlicher Vergrößerungen. Auf Schönheit reagieren wir mit Staunen, auf Befremdliches mit Angst. Die Relativierung des Gesehenen als »In Wirklichkeit ist es viel kleiner« geschieht, wenn überhaupt, langsamer als die spontane Gefühlsregung, und es bleibt ein erster Eindruck des Gesehenen in der Seele haften. Ob wir dabei etwas als schön oder als befremdlich erachten, entspricht der Resonanz mit uns selbst, gibt also eher unsere Seelenverfassung wieder als eine objektive Aussage.

Schon Anton van Leeuwenhoek (siehe »Das Mikroskop«, nächste Seite) bemerkte: »Leute, die zum ersten Mal durch ein Vergrößerungsglas sehen, sagen heute, sie sehen das, und morgen, sie sehen jenes; selbst geübte Betrachter unterliegen Täuschungen.«[54]

Makro- und mikroskopisches Sehen sind nicht miteinander vergleichbar, denn sie folgen unterschiedlichen Gesetzen der Brechung des Lichts. Was dem direkten Auge farbig erscheint, ist im Mikroskop gesehen durchsichtig. Mikroskopische Präparate müssen in der Regel gefärbt werden und sind schon dadurch entfremdet. Der historische Übergang vom Betrachten mit bloßem Auge, mit dem man einzelne Mikroorganismen nicht sehen kann, zum Betrachten der Natur mittels Technik wurde daher nicht nur mit Begeisterung, sondern auch mit Skepsis und Spott begleitet. Auf Jahrmärkten wurde der Blick durchs Mikroskop als Unterhaltungsprogramm angeboten, und Poeten wie E. T. A. Hoffmann (1776–1822) mit »Meister Floh« (1822) und Hans Christian Andersen (1805–1875) mit »Der Wassertropfen« (1847) verarbeiteten das Phänomen literarisch.

Auch Philosophen, etwa John Locke (1632–1704) und Søren Kierkegaard (1813–1855), fragten sich kritisch, welche Wirkungen das Mikroskopieren auf den Geist des Menschen wohl ausübe. Diese Frage mag uns im Zeitalter digitaler virtueller Welten naiv vorkommen. Und doch warnte sie seinerzeit schon vor genau dem, was danach tatsächlich kam: Entfremdung und Kampf.

William Heath: »A Monster Soup commonly called Thames Water« – »Eine Monstersuppe, gewöhnlich Themsewasser genannt«, Wellcome Library, London

Das Mikroskop

Das erste Mikroskop wurde wahrscheinlich um das Jahr 1595 vom niederländischen Brillenmacher Hans Janssen konstruiert. Der Begriff stammt von den griechischen Wörtern *mikrós* für »klein, kurz, gering« und *skopeĩn* für »betrachten, beschauen«, beschreibt also ein Gerät, das es erlaubt, Objekte vergrößert anzusehen. Es ermöglichte eine drei- bis neunfache Vergrößerung.

Brillen hatte es in Europa bereits seit dem 13. Jahrhundert gegeben. Als am Ende des 16. Jahrhunderts venezianisches Glas in die Niederlande geliefert wurde, blühte dort die Handwerkskunst des Linsenschleifens auf, und die Zeit des Vergrößerns begann. Im Jahr 1608 erfand der Brillenhersteller Hans Lippershey (um 1570–1619) in den Niederlanden das Fernrohr, das – vom Physiker und Astronomen Galileo Galilei (1564–1642) in Italien verbessert nachgebaut – die Sicht in den Sternenhimmel ausdehnte. Zeitgleich erweiterte sich die Weltsicht also um den Blick ins Universum und den Blick in den Mikrokosmos.

Berühmt wurde der Delfter Tuchhändler Antoni van Leeuwenhoek (1632–1723), der im Laufe seines Lebens Hunderte von Mikroskopen fertigte, mit feinstgeschliffenen Linsen von wenigen Millimetern Durchmessern. In einer Zeit, als die besten geschliffenen Linsen vielleicht hundertfach vergrößerten, erreichte er eine bis zu 270fache Vergrößerung, nahm das Geheimnis seiner Mikroskopierkunst aber mit ins Grab. Man vermutet heute, dass es präzise geschmolzene Glastropfen waren, die ihm diese erstaunlichen Vergrößerungen ermöglichten. Eine große Kunst war es, dadurch überhaupt etwas zu sehen. Der Abstand des Betrachterauges zu diesen Mikroskopen lag bei anstrengenden 9 Millimetern, und Leuwenhoek schrieb, drei oder vier Tropfen Wasser exakt durchzusehen kosteten ihn so viel Arbeit, dass ihm der Schweiß ausbreche.

Von da ab wurde das Mikroskop über die Jahrhunderte kontinuierlich weiterentwickelt, zu stärkeren Vergrößerungen und besserer Bildqualität hin. Heute ist es möglich, mittels Raster-Tunnelmikroskopie nicht nur Strukturen im Nanobereich sichtbar zu machen und unterschiedliche physikalische Kräfte zu messen, sondern auch Atome von Strukturen zu verschieben und mittels Lichtblitzen Veränderungen an lebenden Zellen durchzuführen.

Aus Sicht der Bakterien hatte der Umstand, von den Menschen gesehen werden zu können, mehr als unliebsame Folgen: Sie wurden ihrem ursprünglichen Milieu entrissen und zwecks Beobachtung isoliert und daher einseitig interpretiert.

Der Fortschritt der Mikroskopie hat uns mit Wissen über Details versorgt. Er hat uns zugleich mehr und mehr dem ursprünglichen Erleben der Kleinstlebewesen mit den menschlichen Sinnesorganen entfremdet, das schon seit Urzeiten imstande war, Bakterientätigkeit als Ganzes wahrzunehmen. Wer weiß, ob nicht hellsichtige Weise alter Zeiten auf ihre Weise von Mikroorganismen wussten?

Gärgetränke als Opfergaben an die Götter

Alle alten Kulturen kannten mikrobielle Fermentationsprozesse. Der älteste archäologische Nachweis eines fermentierten Getränks aus Reis, Honig und Weißdornbeeren stammt aus einer chinesischen Töpferware von circa 7000 v. Chr. Der Weinbau ist seit 6000 v. Chr. in Vorderasien nachgewiesen; und da Honig in steinzeitlichen Höhlenmalereien abgebildet ist, liegt die Vermutung nahe, dass man damals schon Met trank, also Honigwein.

Auf allen Kontinenten der Erde waren Gärgetränke zugleich heilige Trünke. Sie entstanden in rituellem Zusammenhang, Priester wachten über den Anbau der Pflanzen, über den Erntezeitpunkt und die Verarbeitung, und bei den alten Griechen gliederten Weinfeste den Jahreslauf.

Durch Fermentation verwandelten Mikroorganismen, meist Hefen und Bakterien gemeinsam, Pflanzen- und Nahrungsteile in heilige Essenz um. Oft verwendete man dazu Honig, also Blütennektar, verdaut durch Bienen. Die Essenz der Pflanze, tierisch verwandelt in Honig, diente als Ferment zur Wandlung von Pflanzenfrüchten in Wasser zu gegorenem Getränk. Aus Irdischem entsteht durch Mikroorganismen Göttliches. Sie sind die Grenzüberschreiter zur unsichtbaren Welt des Geistes. Osiris in Ägypten, Dionysos in Griechenland, Bacchus im Römischen Reich und Gilgamesch in Babylonien waren Götter, die diese Trunke repräsentierten. Ihnen wurden rauschende Feste gegeben, gedankt und geopfert. Gärgetränke waren Opfergaben an die Götter, nachdem diese sie der Menschheit als Weg zu ihnen geschenkt hatten. Der Prozess der Transformation von pflanzlichem Ausgangsstoff zu »geistvollem« Trank wurde geheiligt. Aus seiner Entstehung, dem mikrobiellen Umwandlungsprozess, brachte es die Fähigkeit mit, auch denjenigen zu verändern, der ihn trank: seine Sinneswahrnehmungen zu weiten und ihn in Trance zu versetzen, was einst dem Kundigen das Wandern zwischen den Welten ermöglichte, der geistigen und der irdischen. Aus der geistigen Welt brachte der oder die derart Eingeweihte Wissen für alle mit, das das irdische Leben erleichterte. Es gab dem Volk Weisheit und Führung. So waren die Mikroorganismen diejenigen, welche die Grenzen des Erdenlebens zu überschreiten helfen konnten. Sie verbanden im Gärgetränk Gottheit und Menschheit, Himmel und Erde.

Um das zu erleben, brauchte man kein Vergrößerungsglas. Doch die Menschheit entwickelte sich von der Ganzheit fort.

Nachdem im Jahr 1838 Kleinstlebewesen als Urheber von Gärungs- und Fäulnisprozessen vermutet wurden und Louis Pasteur ab 1856 verschiedene Gärprozesse analysiert und sie einzelnen Mikrobenarten zugeordnet hatte, wurde der einst heilige Prozess der Umwandlung auf ein nüchternes Ursache-Wirkungs-Prinzip reduziert. Die Menschen wurden mehr und mehr dem ursprünglichen Erleben mit ihren eigenen Sinnesorganen entfremdet, das schon seit Urzeiten imstande war, Bakterientätigkeit als Ganzes wahrzunehmen.

Ungeachtet dessen sind auch heute noch das Gärgetränk Wein und fermentiertes Brot zentrale Opfergaben des christlichen Gottesdienstes und stoffliche Grundlage zur Wandlung im heiligen Abendmahl, das dem empfangenden Menschen seinerseits die Kraft zur Wandlung hin zur Liebe gibt, die ja die Essenz des Lebens ist.

Heutzutage erreichen Menschen Trancezustände allerdings eher unkontrolliert und in profanem Umfeld, indem sie sich alkoholisiert in Vollrausch versetzen, ohne Respekt vor geistigen Grenzen und mit in der Regel wenig hilfreichen oder gar heiligen Folgen für die Gesellschaft.

Die ersten Beobachter lebendiger Mikroorganismen durch das Mikroskop sahen die Mikroorganismen in ihrem ursprünglichen, meist wässrigen Milieu: in Wassertropfen, Körperausscheidungen oder Infusen, also Aufgüssen von Wasser auf organischem Material. Naturgemäß wurden dabei Bakterien*mischungen* beobachtet, die Vielfalt der Kleinstorganismen eines Lebensraumes in einem Blick.

Diese Forscher waren von einer ganzheitlichen Sicht erfüllt und von natürlichem und selbstlosem Forschergeist beseelt. Es war noch nicht lange her, dass Galileo Galilei durch die Einführung von Experimenten die Naturwissenschaft als solche begründet hatte. Nicht mehr alles, was überliefert wurde, oft kirchlich dogmatisiert, wurde einfach übernommen, und es drohte auch nicht mehr der Tod für Aussagen, die einer Lehrmeinung widersprachen.

Präzise Beobachtung und Fragestellungen, die mit Experimenten beantwortet wurden, führten zu neuen Erkenntnissen. Man argumentierte mit der Kraft von Versuch und Irrtum. Diese Beobachtungen wurden zunächst mitten aus dem Leben gegriffen.

Auch Antoni van Leeuwenhoek kam so zu seinen Erkenntnissen. Von ihm wissen wir viel, da er ab 1673 seine Beobachtungen in 165 Schriften an die Royal Society in London schickte. Angesichts der erstaunlichen Vorgänge, die er durch seine Mikroskope erblickte, verlieh er auch seinen Gefühlen Ausdruck. Vor seiner Zeit pflegte man zu vergrößern, was das Auge sehen konnte: Insekten und andere Kleintiere, verschiedene Materialien und Flüssigkeiten. Van Leeuwenhoek begann, das Unsichtbare sichtbar zu machen. Mit Geduld und Neugier untersuchte er, was auch immer der Alltag ihm bot, darunter jahrzehntelang immer wieder dasselbe Medium, vorzugsweise die geheimnisvolle Welt seines Mundes und den Belag seiner Zähne. Einem der Berichte nach London vom 17. September 1683 fügte er die älteste uns bekannte Zeichnung von Bakterien bei, in der deutlich die heute »Kokken«, »Stäbchen« und »Spirillen« benannten Formen erkennbar sind, die er damals lateinisch *animalculi* (»Thierchen«) nannte. Das Präparat hatte er aus seinem eigenen Zahnbelag angefertigt und berechnete daraus, dass im Zahnschleim des Menschen mehr »Thierchen« leben, als es Menschen auf der Welt gibt.

Natürlich wollte er wissen, ob diese »Thierchen« in gleicher Weise in anderer Menschen Mundhöhle leben, und scheute sich nicht vor unkonventionellen Aktionen. Als er auf einem seiner Spaziergänge im Delfter Schlosspark einen alten Mann trifft, dessen Mundhöhle ihm interessant erscheint, da seine Zähne ungereinigt und überwachsen sind, lädt er ihn flugs zu sich ein, bewirtet ihn freundlich und bittet schließlich darum, ihm eine Probe des Zahnbelags entnehmen zu dürfen – und entdeckt eine neue Art von »Thierchen«.

Auch die Temperaturempfindlichkeit von Mikroorganismen entdeckt er, und zwar als er erschrocken feststellte, dass, nachdem er einige Schalen brühheißen Kaffees getrunken hatte, seine »Mundthierchen« durchs Mikroskop besehen alle tot anstatt beweglich waren. Entsetzt kratzte er etwas Zahnbelag von jedem Zahn einzeln ab und stellte fest, dass

Antoni van Leeuwenhoek,
gemalt von Jan Verkolje (1650–1693)

an den hinteren Zähnen noch lebendige »Thierchen« zu finden waren, an den vorderen, der Hitze ausgesetzten, jedoch nicht. Das war der Beginn seiner Versuche zur Temperaturempfindlichkeit von Bakterien.

Auch am Ende seines Lebens war diese Neugier ungebrochen. Mit über achtzig Jahren riss er sich selbst Zähne aus, um auch deren Wurzeln auf neue Bewohner hin zu untersuchen. Dabei blieb seine Forschung frei von Dogmen und Spekulationen. Von Respekt vor dem Leben getragen, begnügte er sich mit der reinen Beschreibung seiner Beobachtungen.

Dass er allem Bitten und Betteln auch honoriger Leute widerstand, die seine Linsenkunst erlernen wollten, und vorzog, diese auch durch den Tod hindurch für sich zu behalten, begründete er mit den Worten: »Denn in fast allen ihren Kursen verfolgten sie nur den Zweck, mit dem Wissen Geld zu erwerben oder die Bewunderung der Welt, indem sie ihr zeigen, wie gescheit sie sind. Das hat aber gar nichts zu tun mit dem Entdecken all der Dinge, die unseren Augen verborgen sind.«[55]

Bald nach Leuwenhoeks Zeit begann man damit, Mikroorganismen ihrem Lebensraum zu entziehen, um sie einzeln zu beobachten. Es wurden Anreicherungskulturen entwickelt, also Nährstofflösungen, die bestimmte Mikroben bevorzugt wachsen lassen und andere zum Verschwinden bringen. Man entfernte sie völlig aus dem Zusammenleben ihres Lebensraums, und bis heute ist dies gängige Methode, um Kulturen anzufertigen.

Aus vorkultivierten Einheiten lassen sich einzelne Mikrobenhäufchen isolieren, die als sogenannte Reinkulturen weitervermehrt werden, folglich als Klone einer bestimmten Art unter Ausschluss jeglicher anderer Organismen. Diese Klone wiederum werden auf ausgewählten Nährlösungen weitergezüchtet, die jeweils nur besondere Substrate enthalten. Auf diese Weise werden standardisierte Bedingungen hergestellt, unter denen Stoffwechselprozesse oder physiologische Eigenschaften eines einzelnen Bakterienklons experimentell untersucht werden können. Natürlich findet man dabei nur diejenigen

Mikroben, die solch eine Behandlung überleben. Durch gezielte Eingriffe wie Färbungen unterscheidet man verschiedene Klassifizierungen der Einzeller wie »grampositive« oder »gramnegative«* Bakterien, deren Wände durch Färbung entweder rot oder blau unter dem Mikroskop sichtbar gemacht werden können. Heute schließen sich genetische Analysen solcher Kultivierungen an.

Je weiter die Technik des Mikroskopierens sich entwickelte, desto weiter wurde die betrachtete Bakterie von ihrem natürlichen lebendigen Umfeld entfernt. Mit Erfindung des Elektronenmikroskops Anfang der dreißiger Jahre des 20. Jahrhunderts, das statt Licht Elektronen verwendet und wegen deren geringerer Wellenlänge eine höhere Auflösung der Objekte ermöglicht, mussten Mikroben noch aufwendiger präpariert werden: Nur getrocknet und fixiert sowie in feinste Schichten geschnitten, die schließlich mit Metall oder Kohlenstoff bedampft wurden, konnten sie im Vakuum des Elektronenstrahls untersucht werden. Es war nur noch die Betrachtung toter Objekte möglich; und Artefakte – also Strukturen, die allein durch die Präparatebereitung entstanden sind – ließen sich nicht von natürlichen Strukturen unterscheiden. Der Mensch hatte die Bakterien zu ihrer Betrachtung vollständig aus dem Leben entfernt.

Durch diese völlige Isolierung der Einzeller aus ihrer natürlichen Umgebung ins Labor entstand die Abkoppelung unserer menschlichen Beziehung zu Mikroorganismen, und wir verloren unser Bewusstsein für sie als Grundlage unseres Lebens.

Um Reinkulturen herzustellen, muss man ihre Kulturflüssigkeiten »keimfrei« machen, das heißt, um die einen zu züchten, muss man andere abtöten.

Kaum hatte er sie entdeckt, entschied der Mensch über Tod und Leben unserer kleinsten Mitbewohner auf dem Planeten. Und noch schlimmer: Er beurteilt sie aus den Folgen seines eigenen Handelns heraus und zieht Rückschlüsse auf das Wirken der Auserwählten. Nur: So interessant die entdeckten Qualitäten sein mögen, sie haben mit der Wirklichkeit im natürlichen Herkunftslebensraum nicht mehr viel zu tun.

Alle Erkenntnisse über Mikroorganismen, die auf die Untersuchung von Laborkulturen zurückgehen, sagen ausschließlich etwas über ihr Verhalten im Labor aus. Wir dürfen sie nur als Charakteristika vereinzelter Stämme unter Laborbedingungen betrachten – mehr nicht. Bei ihrer enormen Anpassungsfähigkeit entsprechen sie weder einer Qualität in freier Wildbahn, noch erlauben sie Rückschlüsse auf ihre Eigenschaften in der Natur. Genau diese aber erlauben wir uns seit Jahrhunderten. Der große Irrtum der wissenschaftlichen Mikrobiologie liegt in einer unzulässigen Übertragung von Laborergebnissen auf natürliche Verhältnisse. Wer will sich anmaßen, von isolierten, ihrer Kommunikation und Zusammenarbeit mit den Mitmikroben und dem Milieu beraubten Mikroorganismen aus zu beurteilen, wie sie sich verhalten, wenn sie in ihrer gewohnten Gemeinschaftsumgebung leben, eingewoben in das große Ganze einer für uns unfassbaren Schöpfung?

Wenn wir bereit sind, Kleinstlebewesen in ihrem ganzheitlichen Wirken in einem Lebensraum ernst zu nehmen, werden wir imstande sein, unser einseitiges Urteil über sie zu revidieren.

* Nach dem dänischen Bakteriologen Hans Christian Gram (1853–1938).

Der Fortschritt der Mikroskopie hat uns mit Wissen über Details versorgt. Er hat uns zugleich mehr und mehr dem ursprünglichen Erleben mit den menschlichen Sinnesorganen entfremdet, das schon seit Urzeiten imstande war, Bakterientätigkeit als Ganzes wahrzunehmen.

Wie entsteht Leben?

Die Entdeckung der Mikroorganismen belebte im 18. Jahrhundert eine Frage, die schon lange die Menschen beschäftigte: Wie entsteht Leben? Man kannte Samen, Eier und das Heranwachsen im Mutterleib als Prinzipien der Vermehrung. Das Rätsel des Entstehens von Fliegenmaden auf faulendem Fleisch war 1668 von dem Arzt Francesco Redi (1626–1697) in Italien gelöst worden. Trotz heftiger Diskussionen war jedoch die Idee der Spontan- oder Urzeugung, die besagte, dass Leben aus »Nichtlebewesen« entstand, die vorherrschende Meinung. Man vermutete, Kleinstlebewesen entstünden aus Dämpfen und schlechter Erde, aus Fäulnis oder Ähnlichem. Oder man dachte, dass »vegetative Kräfte«, zum Beispiel aus der Wechselwirkung von der Ausdehnungs- und der Widerstandskraft, die in allen tierischen und pflanzlichen Substanzen bis ins Kleinste vorhanden seien, neue Lebewesen hervorzubringen vermochten. Alles sei Kraft, und es müsse eine Urkraft geben, die Leben auch ohne »Eltern« erzeugt.

Diese Vorstellungen schienen 1768 widerlegt, als der Priester, Philosoph und Wissenschaftler Lazzarro Spellanzani (1729–1799) bewies, dass Mikroorganismen nicht in organischen Flüssigkeiten entstehen können, wenn diese aufgekocht und in luftdicht verschlossenen Gefäßen bewahrt werden. Die Diskussion um das Entstehen des Lebendigen riss damit aber nicht ab. Insbesondere die Mikroorganismen als Grenzgänger zwischen unbelebter und belebter Welt provozierten weiterhin die Gemüter und Geister. Schließlich beobachtete man die Bakterienteilung und entschied, dass auch Kleinstlebewesen eine Nachfahrenschaft haben, wenngleich eine andere als die, die man von Tieren und Pflanzen schon kannte.

Offiziell ist seither das Thema »Spontanzeugung« vom Tisch, und unser Augenmerk richtet sich ganz auf die Vermehrungsprinzipien der Lebewesen. Mit enormem Aufwand wird Genetik erforscht und in Technologien umgesetzt. Es ist üblich geworden, die Eigenschaften des Lebens auf Gene zurückzuführen. Eine andere Entstehung oder Weitergabe von Eigenschaften galt als ausgeschlossen, bis man im 20. Jahrhundert die Epigenetik* entdeckte, das Phänomen, dass Vererbung ohne Beteiligung der Gene erfolgen kann.

Eine Entstehung von Lebensformen aus Kräften heraus, die im Anorganischen wirken, ist auf dem Planeten Erde nicht von der Hand zu weisen. Schließlich gehen alle ernstzunehmenden Hypothesen zur Entstehung des Lebens am Beginn unserer Erdgeschichte davon aus, dass aus anorganischen Stoffen über einfache organische Moleküle schließlich komplexe Strukturen entstanden, die die Vorgänger der ersten Lebewesen wurden. Sie ist

* »Epigenetik« ist gebildet aus den griechischen Wörtern *epí* für »darauf, daneben, bei, über« und *génesis* für »Zeugung, Schöpfung«.

also zumindest im Prinzip möglich. Wie viele andere Fragen in der Mikrobiologie ist die nach Spontanzeugung oder Übertragung nicht eindeutig mit »entweder … oder« zu beantworten.

Das Kräftewirken als Schöpfungselement ist durchaus bekannt, beispielsweise als Formbildungskraft von Schwingung durch Wellen. Schon im Jahr 1787 beschrieb Ernst Florens Chladni (1756–1827), der Pionier der Akustik, wie auf einer von einem Geigenbogen angestrichenen, mit feinem Sand bestreuten dünnen Glasplatte durch die Vibrationen »Klangfiguren« erscheinen, die strömend strukturiert sind und organischen Formen verblüffend ähneln. Vielleicht ist es dem Nein zur Spontanzeugung geschuldet, dass es zwei Jahrhunderte lang dauerte, bis ein Forscher in der Schweiz, der Arzt Hans Jenny (1904–1972), diese Versuche aufgriff, sie erweiterte und die Wissenschaft der Kymatik* begründete, die Wellenphänomene und Schwingungswirkungen erforscht. Er zeigte, dass sich plastizierbare Massen, zum Beispiel Quarzsand, Lycopodiumstaub oder Eisenspäne im Magnetfeld, aus zunächst gleichförmig ausgebreiteter Schicht bei Beschallung durch die Einwirkung steter Oszillation in durchströmte Formen anordnen, deren Struktur, Dynamik und Pulsation der Gestaltbildung in Lebewesen gleichen. Sie werden zu Raumgestalten gebildet, die gleicherweise in der Welt des Organischen vorkommen.

Aufgegriffen wurde diese Forschung von Alexander Lauterwasser.[56] Seine Wasserklangbilder zeigen die Gestaltbildung von Schwingung in Wasser und offenbaren etwas vom Geheimnis der Schöpfungskraft. Auf Wasser aufgespielte Frequenzen ordnen dieses in Wellen, deren durchströmte Formen je nach Bedingungen Gestalten annehmen, welche auch Tiere und Pflanzen in gleicher Weise zeigen.

Alle Qualitäten des Materials und der Umgebung spielen beim Zustandekommen solcher Formen eine Rolle. Nimmt man den Ton eines Gongschlags und überträgt ihn auf

Oberfläche des Schildkrötenpanzers

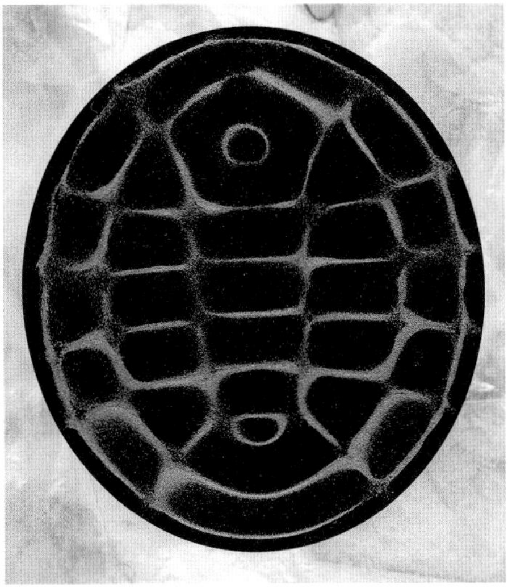

Klangfigur, 1088 Hertz

* Abgeleitet vom griechischen Wort *kȳma* für »Welle«.

Wasserklangbilder und Naturformen

Wasser, entsteht in diesem eine Formgestalt, dessen Bild erstaunlicherweise dem Gong selbst ähnelt. Der Ursprung bildet sich als seine Schwingung im Wasser ab.

Eine Fülle von Schöpfungsgeschichten, die uns aus alten Kulturen überliefert sind, beschreiben das Entstehen des Lebens aus Wasser und Bewegung. Vielleicht war das, was wir salopp als »Urknall« bezeichnen, in Wirklichkeit der Gongschlag des Ewigen, der im Wasser lebendige Form hervorbrachte. Wir leben als Wassermenschen auf einem Wasserplaneten, und es ist leicht einzusehen, dass Wasser und Schwingungen durchaus der Ursprung unseres Seins sein können. Jedenfalls entscheiden Körperrhythmen, also die Schwingungen von Herz, Lunge und Gehirn, und ihr Einfluss auf unser Zellwasser über unsere Form und unser Lebendig- oder Totsein.

Die heute belächelte Vorstellung aus dem 17. Jahrhundert, irgendwelche Kräfte könnten Leben hervorbringen, war also nicht so abwegig, wie wir zunächst dachten. Es geht auch bei diesem Thema nicht um die Ausschließlichkeit einer Denkrichtung, sondern um ein Sowohl-als-auch.

Wir wissen, dass Mikroorganismen sich je nach Bedarf in einem bestimmten Milieu ansiedeln, vermehren oder verschwinden. Wer weiß, ob nicht auch Schwingungsmuster diese Besiedlung bestimmen? Dass Bakterien Musik mögen, bewies sich ja in den bereits beschriebenen Versuchen, bei denen Mikroorganismen mit Mozartklängen beschallt wurden.

Die Wirklichkeit kann also komplexer sein als sich scheinbar ausschließende Theorien. Nimmt man nun in der Frage der Spontanzeugung von Mikroorganismen noch die Beobachtung dazu, dass Bakterien nur eine Erscheinungsform in einem Entwicklungszyklus sein können, der von winzigen Partikeln zu Bakterien führt und umgekehrt, so entsteht natürlich eine Bakterie aus einem anderen Stadium scheinbar spontan.

Die Experimente zur Widerlegung der Spontanzeugung von Mikroorganismen hatten einen Nebeneffekt, der die weitere Bakteriologie und alle ihre Anwendungsbereiche prägte: Man wusste jetzt, dass Erhitzen sie tötet und dass man sie gezielt eliminieren kann, und man entwickelte wirksame Methoden der Desinfektion und Sterilisation. Aus einer einseitig analytisch gewordenen Forschung zur Entstehung des Lebens entwickelte man Techniken zum Herbeiführen von Tod.

Seither sind Mikroorganismen Lebewesen, über deren Tod oder Leben der Mensch nach Belieben verfügt, scheinbar ohne Konsequenzen, ohne Skrupel und ohne jede Moral. Vielleicht war im 18. Jahrhundert ein Bewusstsein gegenüber dem Umbringen größerer Tiere noch vorhanden, gegenüber kleineren, wie Insekten, wahrscheinlich aber auch schon nicht mehr.

Krankheit als Fremdereignis gedeutet

Die stärkste Ablösung der Mikroorganismen aus ihrem lebendigen Herkunftsmilieu fand im 19. Jahrhundert statt. Schlüsselpersonen dabei waren diejenigen Forscher, die das Leben zum Experimentieren ins Labor holten, allen voran Robert Koch. Er war Spezialist darin, Mikroorganismen nicht nur in Reinkulturen zu züchten, sondern diese Kulturen in Kleintiere zu spritzen, um sie sich in diesen vermehren zu lassen. Während andere Forscher organische Kultursubstrate verwendeten, um Bakterien zu züchten, »von Heidelbeersaft über gekochte Hundefäkalien bis zu Köstritzer Schwarzbier«,[57] ging Koch zu rabiaten Methoden über. Er injizierte beispielsweise Tuberkelstäbchen in die Augenkammern von Kaninchen, um zu beobachten, wie sie sich dort entwickelten. Dabei nutzte er die Tiere auch, um Bakterien bloß in ihnen zu vermehren. »Es gibt eben keinen besseren Kulturapparat für pathogene Bakterien als den Tierkörper«, schrieb Koch 1878.[58] Wurden die Versuchstiere krank, sah er es als erwiesen an, dass die Ursache dieser Krankheit die betreffenden Bakterien waren. Dass die Art und Weise dieser Technik allein schon ausreichen konnte, ein Tier krank zu machen, dass Bakterien, wenn sie in einer natürlichen Mischkultur beim

Tier angekommen wären, womöglich diese Wirkung nicht hätten, und dass jedes Krankheitsgeschehen ein außerordentliches komplexes Miteinander von vielen Faktoren ist, diskutierte er nicht.

Neben solchen Tieropfern war es damals durchaus auch üblich, Versuche an gesunden Menschen durchzuführen, die mit zuvor auf Nährmedien künstlich herangezogenen Kulturen infiziert wurden, um die Folgen davon zu beobachten.

Die benutzten Tiere wurden nicht der freien Natur entnommen, sondern eigens zu diesem Zweck gezüchtet und im Labor gehalten, ebenso wie die Mikroben selbst. Tausende von ihnen, von Mäusen bis zu Affen, auch Goldfische, Igel und Schafe, mussten, zum Modellorganismus standardisiert, ihr Leben lassen. Sie wurden miss- und verbraucht als Kulturmedium zur isolierten Züchtung ausgewählter Bakterienstämme und getötet zur Analyse von daraus entstehenden Veränderungen in ihrem Körper.

Dass Versuche an größeren Tieren an fehlendem Geld und Raum scheiterten, bedauerte Robert Koch sehr. Er und sein Arbeitsumfeld hatten kaum Interesse an der Erforschung der Physiologie der Bakterien selbst. Sie arbeiteten an deren Identifikation, Färbung, Kultivierung und der Entwicklung von Zerstörungsmethoden.

Nicht das respektvolle Interesse am Verstehen der Kleinstlebewesen, nicht das Entziffern ihrer Kommunikation untereinander und mit der Umwelt, nicht das Lernen von ihren großartigen Fähigkeiten, nicht das dankbare Miteinander mit ihnen, die alles Leben auf der Erde geschaffen haben, spielte eine Rolle, sondern das Beherrschen ihrer unbändigen Grenzenlosigkeit trieb diese Forscher an, dazu Sehnsucht nach Ruhm, Anerkennung und Geld.

Ein Forscher in der Bakteriologie war damals nicht umso wichtiger, je mehr er zum Verständnis der wunderbaren Welt des Kleinsten beitrug. Er wurde in dem Maße geachtet, in dem er die Bedeutung seiner Forschung für die Menschen versprach. Koch errang Ruhm dadurch, dass er eine Bedrohung benannte, deren Bekämpfung er prophezeite. Wir wissen aus der Psychologie der Macht, dass eine klassische Art der Autoritätserlangung darin besteht, den Blick anderer auf Bedrohliches zu lenken, von dem man scheinbar mehr Wissen hat als sie selbst. Unwillkürlich erwartet man von demjenigen auch, dass er uns vor dieser Gefahr beschützt.

Als existenzielle Bedrohung erlebte man im 19. Jahrhundert die Seuchen. Fleckfieber hatte Zehntausende Menschen erfasst und Napoleons Armee beim Vorstoß nach Russland dahingerafft. Die Tuberkulose war allgegenwärtig. Neun Cholera-Epidemien zählt allein die preußische Gesundheitsstatistik zwischen 1831 und 1873 auf.[59] Wer versprechen konnte, die Ursachen dieser Krankheiten finden und »bekämpfen« zu können, war sich finanzieller und politischer Unterstützung und großen Ruhmes sicher.

So kam es, dass sich die junge wissenschaftliche Disziplin der Mikrobiologie von der Botanik wegbewegte und zur Medizin verschoben wurde, der »Heilkunde«, wo sie bis heute angesiedelt ist.

Durch die Forschungstechniken der Ära Koch wurden nicht nur die Bakterien von ihrem natürlichen Umfeld abgetrennt. Das Verständnis von Krankheit und Gesundheit änderte sich grundlegend, und auch die Krankheit wurde vom Menschen weitgehend abgekoppelt. Die einseitige Kausalität Bakterie Mensch–Krankheit wurde zu einem wissenschaftlichen Glaubenssatz, und die Bedeutung der Bakterien wurde enorm eingegrenzt. Sie waren fortan nicht mehr um ihrer selbst willen da, sondern wurden nur noch in ihrer Funktion als »Erreger« von Krankheiten wahrgenommen.

Das wurde auch in den Begriffen festgelegt. Das 1854 von dem Arzt und Pionier der Hygiene Rudolf Virchow (1821–1902) geprägte Wort »Infektionskrankheit« geht auf das lateinische *infectio* für »das Färben, die Schändung« zurück.

Krankheiten wurden von da ab als ein von außen in den Körper eindringendes Fremdereignis betrachtet, dessen Ursache, nämlich der Erreger, auch außerhalb des Menschen, nämlich im Labor, bestimmt wurde. Der »Erregernachweis« wurde zum gültigen Kriterium der Definition ansteckender Krankheiten und experimentelle Pathologie im Labor als Untersuchungsmethode etabliert. Beides ist uns inzwischen zur Selbstverständlichkeit geworden. Die Bedeutung des Milieus geriet dadurch weitgehend in den Hintergrund.

Die Verantwortung zum Kranksein verschob sich auf die Kleinstlebewesen als Schuldige, die man natürlich jetzt fürchtete, während Umfeld, Gemütsverfassung und inneres Milieu des Menschen unwesentlich wurden. Kranksein war keine Summe von komplexen Veränderungen in einem Menschen mehr, die unter Einbeziehung seiner Umstände vom Arzt beobachtet und nach dessen Erfahrung interpretiert und be*hand*elt wurden. Der Prozesscharakter von Krankheit, deren individuelle Entwicklungen und ihre Bezüge zur Biografie gingen verloren, somit auch ihr Wert und ihr Sinn. Was heute an der modernen Medizin vielfach bemängelt wird, nämlich ihre fehlende Menschlichkeit, gründet in dieser einseitigen Entwicklung der damaligen Zeit. Mühsam versuchen viele heutige Therapeuten auf alternativen Wegen wiedergutzumachen, was durch die Auslagerung in die Labormedizin verlorengegangen ist: den Menschen als Ganzes zu sehen, mit seinem Innenleben, seinem Umfeld und seiner persönlichen Biografie. Dasselbe gilt für den Umgang mit Tier und Pflanze und sogar für Lebensräume.

Robert Koch 1896 in einem Labor in Kimberley, Südafrika

Als Robert Koch am 24. März 1882* in Berlin vortrug, er habe den »Erreger« der Tuberkulose identifiziert, machte ihn das in den Augen seiner Zeitgenossen »mit einem Schlage zum größten, erfolgreichsten und verdienstvollsten Forscher für alle Zeiten«.[60] Im Jahr 1905 erhielt er den Nobelpreis, und alljährlich am 24. März begeht die Weltgesundheitsorganisation (WHO) den »Internationalen Tag der Tuberkulose«. Dabei hatte Koch nicht etwa eine Therapie entdeckt, die Kranken Heilung brächte. Er hatte von vorhandenen Krankheitsursachen eine erkannt, sie zum Feind erklärt und Hoffnung auf dessen Bekämpfung geweckt. Er hatte das komplexe Geschehen eines Miteinanders zwischen Mikrobe und Mensch, das Ineinanderwirken lebendiger Ebenen, einseitig in ein feindliches Gegeneinander umgedeutet und auf ein Ursache-Wirkungs-Prinzip reduziert. Durch die Benennung des *Mycobakteriums* nach einer Krankheit – *tuberculosis* – wurde dies für alle Zukunft verbal zementiert.

Dass die Hoffnung, auf diese Weise zu heilen, trog, musste nicht nur er später schmerzlich erleben. Bis heute blieb die Antitherapie der Tuberkulose weitgehend erfolglos, vielmehr nimmt die Häufigkeit dieser Erkrankung weltweit weiterhin zu. Ein Grund dafür ist die Entwicklung vielfacher Resistenzen der Tuberkelstäbchen gegen ihre Bekämpfung. Im Klartext: Sie wehren sich durch Anpassung gegen die Tötungsversuche seitens der Menschen und verursachen dadurch mehr Not als zuvor. Vor dem Hintergrund, dass es *Mycobacterium tuberculosis* bereits seit circa 2,8 Millionen Jahren, also seit frühester Menschenzeit gibt, wie genetische Vergleiche zeigten, und es sich seither parallel mit dem Menschen entwickelte, mutet sich ihre Erklärung zum Feind im Jahre 1882 geradezu dreist an. Sie kündigt ein jahrmillionenaltes Miteinander auf und offenbart unsere ungeheuer-

Collage »R. Koch und die Bekämpfung der Schlafkrankheit«. Zu sehen sind Kochs Kopf über sitzenden Menschen, einem Fluss, einer von oben betrachteten Tsetsefliege und Medikamenten. Die Anordnung impliziert die Erhabenheit Kochs über die Zusammenhänge der abgebildeten Elemente.

* In seiner ersten Veröffentlichung über die Ätiologie der Tuberkulose in der *Berliner klinischen Wochenschrift* Nr. 15, 1882, nannte Robert Koch den 24. März 1882 als Datum seines Vortrages. In den *Verhandlungen der Physiologischen Gesellschaft zu Berlin*, Jahrgang Nr. 13, 1881/82, ist hingegen als Tag der XIII. Sitzung, in der Koch seinen Vortrag gehalten hat, der 29. März angegeben.

liche menschliche Hochnäsigkeit. Ähnliches gilt für viele andere der sogenannten Infektionskrankheiten.

Der Mensch wählt erst Bakterien aus einem gewissen Lebensraum aus, tötet einige davon, züchtet die Überlebenden als Einzelstämme und setzt sie dann Tieren ein, um festzustellen, dass diese daran sterben können. Es ist nicht legitim, daraus zu folgern, dass Bakterien töten können und dass man Angst vor ihnen haben müsse. Wer Töten sät, wird Töten ernten.

Allein durch die Züchtungsweise werden Bakterien ja in jeweils erwünschte und unerwünschte eingeteilt. Kein Wunder, dass dies in die irrwitzige Vorstellung von harmlosen und gefährlichen, »guten« und »bösen« Bakterien mündete. Das haben wir uns selbst arrangiert, kein natürlicher Lebensraum zeigt es uns. Die Erforschung der Mikrobiologie, insbesondere der medizinischen, basiert auf diesem in Trennungsmethoden gefangenen Denken, das mit Töten beginnt und auf das Töten folgt.

Von der Hoffnung, Bakterien beherrschen zu können

Die Gesellschaft teilte sich seit jener Kriegserklärung gegen die Mikroorganismen nicht mehr nur in Arm und Reich. So wie es in der Vorstellung der Mikrobiologen pathogene und nichtpathogene Bakterien gab, existierten nun ansteckende und nichtansteckende Menschen. Die Trennung setzte sich fort bis hin zur Aussonderung der Infizierten. Kein Wunder, dass dies die Ängste der Menschen bloß verschob. Die Furcht vor Seuchen wurde um die vor Erregern vermehrt. Aus dem geistigen Dämon, der nach mittelalterlicher Vorstellung den Menschen befiel und ihn krank werden ließ, wurde nun unter Vernachlässigung der zwischenzeitlichen Aufklärung der Dämon »Bakterie«; und zu erforschen, wie sie zu vernichten sei, war fortan das wissenschaftliche Ziel. Anstelle der Krankheit im Kranken wurden ab sofort die Krankheitserreger behandelt. Der kranke Mensch trat in der Bedeutung hinter die »Erreger« zurück, und alles Bemühen gilt seither deren Tötung. Aus dem Wahn, von »kleinsten, aber gefährlichsten Feinden des Menschheitsgeschlechtes«[61] vernichtet zu werden, wurde der Größenwahn, sich diese vollkommen untertan machen zu können.

Im *Liederbuch für deutsche Ärzte und Naturforscher* von 1892 spiegeln sich in vielen Versen die damaligen Gefühle gegenüber Bakterien wider. Da heißt es: »›Endlich ist die große That gelungen, / Des Verbrechers Treiben konstatirt. / Jetzt das Schwert der Wissenschaft geschwungen, / Wider uns'ren Feind der Kampf geführt ... vallera. / Der Bacillen Brut bald decimiert.‹« Und: »›Gezählt sind deine Stunden nun, / Dein Tagwerk ist vollbracht; / Nicht werd' ich rasten jetzt noch ruh'n, / Bis ihr seid mürb' gemacht.‹ / Also spricht *Koch* ...« Robert Koch wird als Held stilisiert: »So zu vieler Nutz und Frommen / Ist Bacillus umgekommen / Darum soll der Retter *Koch* / Leben hoch!!!«[62]

Bakterien wurden als Feinde personalisiert: »Penicillien, Spirochaeten / zeigten kampfbereiten Willen ...«, die aktiv gegen den Menschen agieren: »Also mengen sich im Angriff / Mörderisch die Parasiten ...«, die jedoch nicht so leicht auszulöschen sind: »... doch kriegt er uns nicht klein.«[63] Die Hoffnung, alle Bakterien ausrotten zu können, war groß.

In »Der letzte Bazillus«, einer »Reminiszenz aus dem Jahre 2282« von 1887, heißt es (Wortlaut und Schreibweisen so im Original):

> Es war um die Wende des XX. Jahrhunderts. Die ungeheuren Fortschritte der technischen Wissenschaften hatten das großartige Problem einer direkten Communication mit dem Monde endlich ermöglicht. Sofort bemächtigte sich die in den Endstadien eines glorreichen Vernichtungskrieges stehende Hygiene dieser gewaltigen Errungenschaft. Ein Dampfspray von den fabelhaftesten Dimensionen wurde auf der unserer bereits freier aufathmenden Erde zugerichteten Seite des Mondes popostirt, um sogleich in Wirksamkeit zu treten. Die Folgen dieses mit einem Aufwand von nur wenigen hundert Milliarden inscenierten Versuchs einer kosmischen Gesammtdesinfection waren geradezu überwältigend …[64]

Das Lied »Krieg den Bacterien!«

Strophen 1, 3, 5, 6 und 8
Melodie: Vom hoh'n Olymp herab etc.

Der Geist der Medicin ist leicht zu fassen,
Man durchstudiret die Bacterienwelt,
Nicht um am Ende alles geh'n zu lassen,
Wie es dem lieben, gnäd'gen Gott gefällt, –
Nein, auf Collegen, zum fröhlichen Krieg
Mit den Bacterien, – uns winket der Sieg!

Zur Phthise* disponiert bist Du geboren,
Wenn sie bei Deinen Ahnen heimisch war,
Hat *ein* Bacillus sich zu Dir verloren,
Dann schwebst Du schon in greulicher Gefahr, –
Mit Riesenzellen nimmt er es auf,
Kürzend den fröhlichsten Lebenslauf.

Was scheeren uns der Lyssa runde Kokken,
Die ausser *Pasteur* kaum ein Mensch geseh'n
Er impft sie ein, so wie man impft die Pocken,
Sie wird gar bald nur noch in Büchern steh'n.
Frankreich baut für die Hund'swuth ein Haus,
Trieb' nur *Pasteur* alle Narrheit ihm aus!

Dort wo die Lotosblum' am *Ganges* blühet,
Wächst auch der Kommapilz im trüben Tank,
Vor welchem der Kulturmensch ängstlich fliehet, –
Der das entdeckte, *Koch* sei tausend Dank!
Kennt man den Feind erst von Angesicht,
Fehlt es auch sicher an Mitteln uns nicht.

Ja, lasst, Collegen, uns das Glas erheben
Um zu ersäufen die Bacterienbrut,
Lang ist die Kunst, doch kurz nur ist das Leben,
Lasst uns verlängern dieses theu're Gut, –
Nehmt die gefüllten Pokale zum Mund,
Leeret sie fröhlich bis auf den Grund!

Dr. Neidhart p. t., Darmstadt, 15. Juni 1886[65]

* *Phthise:* Lungentuberkulose. *Lyssa:* Tollwut (Hundswuth). *Ganges:* Robert Koch reiste 1883 zu Forschungszwecken nach Indien. *Kommapilz:* Cholerabakterium *(Vibrio Cholerae)*, von Filippo Pacini 1854 erstmals beschrieben. *Tanks:* Teiche zur Trinkwasserversorgung. Robert Koch beobachtete in Indien 1884 eine Häufung von Cholerakranken, die Trinkwasser mit *Vibrio Cholerae* getrunken hatten, und definierte Letztere als Cholera-Erreger.

Unseren heutigen kriegsmüden Ohren klingt ein »fröhlicher Krieg mit …« wenig erstrebenswert. Der Zeitgeist damals jedoch war siegesgewiss. Die Zuversicht, alle Infektionskrankheiten und ihre designierten Verursacher auslöschen zu können, war groß: »Sie wird gar bald nur noch in Büchern steh'n.«

Zwar gab es bedeutende Ärzte und Forscher wie den Chirurgen Theodor Billroth (1829–1894), die diese einseitige Sichtweise infrage stellten. Er hatte, wie auch der Militärarzt und Professor für innere Medizin Arnold Hiller (1847–1910), beobachtet, dass Eiterbakterien, die aus einer Wunde auf gesunde Haut gegeben wurden, keine Wunde verursachten und reinliche Pflege von Wunden Vereiterung verhinderte. Außerdem besaß offensichtlich der gesunde Mensch eine Vielzahl von Bakterien. Deshalb waren in den Augen Billroths abgestorbenes Gewebe und Verschmutzung die Ursache für eine Entzündung und nicht die Kleinstlebewesen. Er sagte ausdrücklich, dass die im Körper immer schon in geringer Menge vorhandenen Organismen sich unter den besonderen Bedingungen entzündeter Gewebe entwickeln und dann – je nach gegebenen Wachstumsbedingungen – die unterschiedlichsten Formen und Konstellationen annehmen würden.[66]

Auch Max von Pettenkofer (1818–1901), ab 1865 Erster Ordinarius auf einem deutschen Lehrstuhl für Hygiene, vertrat die Ansicht, nicht allein die Bakterien seien die Ursache für eine Infektionskrankheit, sondern erst die äußeren Umstände ermöglichten ihr Erscheinen. Als Beweis dafür schluckte er vor Zeugen eine Bouillon aus Choleravibrionen, tatsächlich ohne darauf an der Cholera zu erkranken.

Ob Bakterien Ursache, Begleiterscheinung oder Folge von Erkrankungen seien, wurde also noch diskutiert. Dass sich schließlich die Überzeugung durchsetzte, sie seien deren Verursacher, ist letztendlich der geschickten Inszenierung zu verdanken, mit der Robert Koch seine Forschungsergebnisse in Politik und Gesellschaft etablierte. Ob die im Labor aus isolierten Bakterienstämmen mit Reinkulturen und in Versuchen an Zuchttieren gewonnenen Ergebnisse überhaupt auf das Leben an sich übertragbar seien, wurde dabei

Robert Koch 1907 mit seinem Assistenten Karl Kleine bei der Entnahme einer Blutprobe von einem Krokodil, das er kurz zuvor erschossen hat. Koch unternahm 1906/07 eine Expedition an den Victoriasee, wo er zu Forschungszwecken auch jagte. Er vermutete, dass Echsen ein Zwischenwirt für die Tsetsefliege seien, die mit der Schlafkrankheit in Verbindung stehen. Dies stellte sich aber als Irrtum heraus.

nicht hinterfragt. Von seinen Reisen nach Ägypten und Indien schickte er regelmäßig Berichte in die Heimat, die im gesamten Reich veröffentlicht wurden und die ihn als heroischen Menschen erscheinen ließen, der unter schweren Entbehrungen bei Hitze und Gefahr zum Segen des Volkes gefährliche Erreger dingfest machte.

Nach Berlin zurückgekehrt, wurde ihm zu Ehren ein Jubelbankett gegeben. Als Leiter des 1891 eigens für ihn gegründeten »Preußischen Instituts für Infektionskrankheiten«, des heutigen »Robert-Koch-Instituts«, prägte Koch seinen Forschungsstil und seine Denkweise langfristig der kollektiven Meinung auf. Die eingangs gestellte Frage, warum die meisten Menschen Bakterien vor allem als Krankheitserreger wahrnehmen, lässt sich durch diese persönliche Dominanz erklären.

Einmal als Held etabliert, setzte sich der Ruhm Kochs seither unreflektiert fort. Dabei wird geflissentlich übersehen, dass die Versuche Kochs, aus seiner Entdeckung des *Mycobacterium tuberculosis* tatsächlich eine Therapie abzuleiten, vollkommen scheiterten. Das von ihm entwickelte »Tuberkulin« führte bei Patienten zu schweren Nebenwirkungen bis hin zum Tode, und als man von ihm offenzulegen verlangte, woraus seine Heilwirkung bestand, musste Koch zugeben, was ihn eigentlich als Arzt diskreditierte, nämlich, dass er es selbst nicht genau wisse.[67] Er konnte noch nicht einmal erfolgreiche Tierversuche dazu vorweisen.

Trotzdem hat man ihn weiter heroisiert. Sein Konterfei ziert seither zahllose Briefmarken und Münzen weltweit, Schulen und Institute, Straßen und Plätze tragen seinen Namen, und ein Film aus dem Jahr 1939 mit dem Titel »Robert Koch – Bekämpfer des Todes« wurde mit allen Filmpreisen des Dritten Reichs geehrt.

Es erfordert von uns Heutigen ein erhebliches Umdenken, um von dieser Meinung von damals wieder zu abstrahieren und uns aus den Vorurteilen und ungerechten Schuldzuweisungen gegenüber unseren kleinsten Mitgeschöpfen zu befreien. Bakterien hegen

Russisches Plakat zum Film
»Robert Koch – Bekämpfer des Todes«
mit Emil Jannings in der Hauptrolle,
August 1939, Venedig

uns gegenüber keinerlei gefährdende Absichten. Sie sind keine »bösen Erreger«. Sie haben uns mit erschaffen. Wer sie bekämpft, ist nicht »Bekämpfer des Todes«, was ja ohnehin niemand sein kann, weil dessen Eintreten höchstens eine Frage der Zeit ist, sondern Bekämpfer des Lebens. Bakterien haben unsere Daseinsform als Menschen mühsam mit aufgebaut und sind unentwegt bestrebt, das Gleichgewicht auf der Erde aufrechtzuerhalten. Seit Millionen von Jahren tragen wir sie in uns als Begleiter unserer gemeinsamen Evolution. Ohne sie gäbe es uns nicht, und auch die Probleme der Zivilisation wären noch viel größer, als sie es sind. Wären Einzeller tatsächlich »Feinde der Menschheit«, hätten sie alle Chancen der Welt gehabt, uns auszurotten. Spätestens durch die ersten Seuchen wären wir vom Antlitz des Planeten verschwunden. Welch eine absurde Vorstellung! Dass das Gegenteil der Fall ist, beweist ihr wahres Wesen. Wir dürfen endlich sehen, dass wir uns geirrt haben.

Den Bakterienversuchen folgten Menschenversuche

Nachdem sich die Lehrmeinung durchgesetzt hatte, Bakterien seien verantwortlich für Infektionskrankheiten, bildeten sich unter den Forschern zwei Ziele.

Zum Einen: möglichst den jeweiligen »Erreger« jeder Infektionskrankheit dingfest zu machen. Dies geschah nach den später Robert Koch zugeschriebenen, tatsächlich aber schon älteren Grundsätzen, dass eine Reinkultur der im kranken Lebewesen beobachteten Mikroorganismen diese Krankheit im Gesunden auszulösen imstande ist. Um dies zu untersuchen, mussten also immer die Begleitbakterien des ursprünglichen Lebensraumes beseitigt werden, und man benötigte gesundes Leben, um den Beweis für das Krankheitspotenzial zu erbringen: gesunde Tiere, gesunde Menschen. Die Forscher manipulierten zu diesem Ziel an Tod und Leben. Sie spielten mit Krankheit und Gesundheit. Welches Menschenbild mochten sie wohl besessen haben? Das Infizieren von Tieren oder Menschen mit kultivierten Bakterien zu Versuchszwecken war im 19. Jahrhundert ohne moralische Bedenken weit und breit üblich.

Der in Frankreich tätige Arzt Philippe Ricord (1800–1889) beispielsweise inokulierte bereits im Jahr 1837 allein 2626 gesunde Ärzte, Studenten und Patienten mit Eiter aus der Geschlechtskrankheit Gonorrhoe und wies dabei nach, dass Gonorrhoe und Syphilis zwei verschiedene ansteckende Krankheiten sind.[68]

Auch von Koch ist bekannt, dass er Versuche an Patienten durchführte, ohne diese darüber aufzuklären. Er fragte sie ebenso wenig um Erlaubnis wie Tiere oder Bakterien. Dass Mitarbeiter des Robert-Koch-Instituts, das damals »Reichsanstalt« hieß, während der Regierungszeit der Nationalsozialisten an Menschenversuchen beteiligt waren, in denen Sulfonamide getestet wurden, verwundert vor diesem Hintergrund nicht. Menschenversuche gab es auch später noch, beispielsweise in Amerika. US-amerikanische Ärzte infizierten zwischen 1946 und 1948 in Guatemala Tausende von ahnungslosen Menschen willkürlich, um anschließend die Wirkung von Penicillin zu beobachten.[69] Überflüssig zu sagen, dass damit nicht nur Menschen, sondern auch die Mikroorganismen missachtet wurden.

Zuerst trennte die Vergrößerung unser natürliches Empfinden von der Mikrobe ab. Dann trennten wir die Mikroben aus ihrem Umfeld, Tiere wurden aus ihrem Biotop gerissen und als Laborobjekte missbraucht, und dann machte die Forschung auch vor der Reduzierung von Menschen zu Versuchsobjekten nicht Halt. Da, wo der Respekt und die Achtung vor dem Leben im Kleinsten verlorengehen, verliert der Mensch auch den Respekt und die Achtung vor dem Leben an sich.

Selbst heute noch werden chemisch-synthetisch hergestellte Medikamente in Menschenversuchen getestet, wenngleich an bezahlten Freiwilligen, deren Freiwilligkeit meist durch Geldmangel relativiert ist, und auch an Kindern. Hierbei werden ebenso immer wieder Menschen geschädigt, oder sie kommen um.

Dabei könnte das Ringen um Erkenntnis auch durch geistvolles Beobachten und geschultes Reflektieren der Natur geschehen. Wir wissen, dass aus tiefer Intuition Erkenntnisse gewonnen werden können, die größere Bedeutung tragen als lebensfremde experimentelle Versuchsergebnisse.

Das zweite sich aus diesem ersten ergebenden Ziel war es, die zu Verursachern der Infektionskrankheiten erklärten Kleinstlebewesen zu vernichten. Auch zu diesem Zweck wurde ein Wechsel vollzogen: fort vom naturgegebenen Heilmittel, hin zum künstlichen Produkt. Im »Institut für experimentelle Therapie« in Frankfurt/Main entwickelte der Mediziner Paul Ehrlich (1854–1915) im Jahr 1910 die Technik, chemische Substanzen an Bakterien im lebendigen Körper zu fixieren. Bis dato bekamen Ärzte von Chemikern Substanzen geliefert, die sie therapeutisch erproben sollten. Paul Ehrlich beschritt den umgekehrten Weg und machte den Chemikern Vorgaben, in welche Richtung sie durch experimentelle Umformung und Substitution bekannte chemische Mittel verändern sollten. Sein Ziel war die Entwicklung einer »Zauberkugel«, die sich nur gegen »Infektionserreger« richtete. Von Paul Ehrlich heißt es, er habe die Natur selten beobachtet, sondern seine Ideen aus Büchern bezogen. »Lebende menschliche Materie war für ihn nichts an-

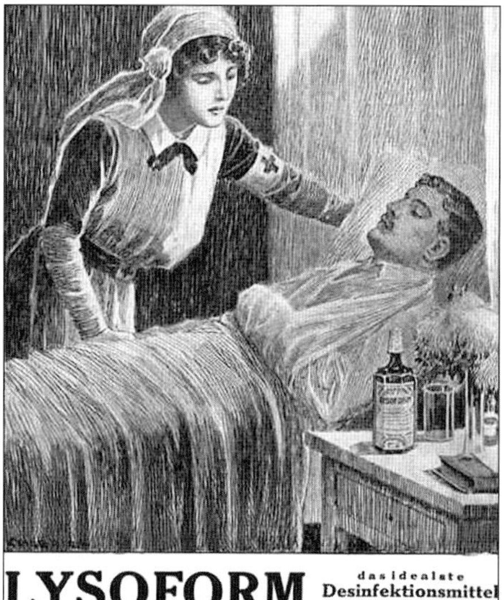

Werbung, die einen positiven Zusammenhang zwischen Desinfektion und Zuwendung suggeriert

deres als eine Angelegenheit von Benzolringen und ihren Seitenketten, genau wie seine Anilinfarben.«[70]

Die bisher bekannten Mittel zum Töten von Mikroorganismen waren Gifte und konnten allenfalls zur Desinfektion von Gegenständen verwendet werden. Durch die Entwicklung der Hygiene waren antiseptische (keimvermindernde) und aseptische (keimfreie) Arbeit in Krankenhäusern üblich geworden. Deren scharfe Substanzen wie zum Beispiel Chlor, Phenol oder Quecksilberchlorid wirkten jedoch auf Bakterien und Körperzellen gleichzeitig, waren also höchstens auf der äußeren Haut eines Lebewesens anwendbar – und auch dort nicht wirklich gesund.

Nun sollte durch Substanzmanipulation eine neue Trennung geschaffen werden – die Entwicklung von Stoffen, die nicht mehr mit dem gesamten Körper, mit Zellen und Bakterien gleichzeitig in Beziehung gingen, sondern nur auf ausgewählte Teile giftig wirkten: auf die Bakterien allein. Die sogenannte selektive Toxizität wurde entwickelt.

Nachdem Mikroorganismen in den Vorstellungen der Forscher zu Fremdkörpern im lebendigen Leib gedacht worden waren, wurden nun chemische Fremdkörper synthetisiert, die, dem Lebendigen zugeführt, ebendarin den Tod der Mikroorganismen auslösen sollten. Der Tod wurde in den Menschen hineingelegt. Totes, im Labor künstlich geschaffen und dem Leben zugeführt, damit es dort töte, sollte fortan der Heilung dienen. Die Antibiose* vom Menschen gegen Leben im Leib von Pflanze, Tier und Mensch wurde erschaffen.

Das erste künstlich hergestellte Mittel zur Tötung ausgewählter Kleinstlebewesen im Menschen war das 1910 im Labor von Paul Ehrlich erfundene Arsphenamin (Salvarsan) gegen die *Trypanosomen***. Er führte für diese Anwendung den Begriff »Chemotherapie« ein und stellte damit die Weiche für die Überzeugung, chemisch-synthetische Substanzen seien Heilmittel. Dass sie Nebenwirkungen haben, ja sogar tödlich sein können, offenbarte sich bereits nach kurzer Zeit, hielt aber die Entwicklung nicht auf. Im Jahr 1935 entwickelte der Pathologe und Bakteriologe Gerhard Domagk (1895–1964) in Wuppertal das bereits bekannte Sulfonamid als Substanz, die eine größere Vielfalt von Bakterien gleichzeitig töten konnte. Beide Forscher wurden mit dem Nobelpreis geehrt.

Die Sprache verrät uns, was die Wissenschaftler nicht beabsichtigten: Das Wort »Therapie« kommt aus dem Griechischen *(therapeía)* und heißt eigentlich »das Dienen«. »Chemotherapie« kann man also wörtlich auch als ein »Der-Chemie-Dienen« übersetzen.

Vermehrung nach höherer Weisheit

Die Kommunikation von Mikroorganismen untereinander, insbesondere die Selbstregulation der Populationen von Schimmelpilz und Bakterie, war schon seit alters bekannt. Im Jahr 1897 aber hatte der Arzt Ernest Duchesne (1874–1912) experimentell nachgewiesen, dass Schimmelpilze imstande sind, Bakterienwachstum zu verhindern. Angeregt hatten ihn zu seiner Forschung arabische Stallknechte, die Pferdesättel vorzugsweise in dunklen,

* Gebildet aus den griechischen Wörtern *anti* für »(ent)gegen« und *bíos* (»Leben«).

** Eine Gattung spindelförmiger oder runder Parasiten (von den griechischen Wörtern *trýpanon* für »Bohrer« und *sōma* für »Körper«).

feuchten Räumen aufbewahrten, um Schimmelbewuchs auf dem Leder zu fördern. So würden die Wunden der Reiter vom Scheuern der Beine am Sattel besser abheilen.

Duchesne hatte seine Ausbildung beim französischen Militär erhalten und war Sanitätsmajor. Als guter Soldat interpretierte er dieses Phänomen als ein Gegeneinander-Kämpfen und nicht als weise Kommunikation der Mikroben untereinander, die wachsen lassen, was der Gesundheit des Ganzen dient. Das gehemmte Wachstum von Bakterien in Anwesenheit von Penicilliumpilzen galt als Kampf und Sieg des Schimmels über die Bakterien, als Überleben des Stärkeren durch Mord am anderen. Auch heute noch klingt es für die meisten Menschen unvorstellbar, dass es eine höhere Weisheit gibt und die Wahl eines geeigneten Milieus, in diesem Fall des feuchten Kellers, den Menschen zur passenden Zusammenarbeit mit Mikroorganismen führt. Warum aber sollten Schimmel und Bakterie miteinander kämpfen? Wenn ein Mikrobenstamm den anderen überwiegt, muss das nicht heißen, dass eigentlich beide gleichzeitig dort sein wollten. Das projizieren wir nur auf sie, weil wir selbst gern »Sieger« wären. Unser allgemeines Denken war und ist so sehr von Trennen, Krieg und Kampf geprägt, dass wir uns kaum vorstellen können, dass ein Mehr oder Weniger von einzelnen Mikrobenstämmen einen höheren Sinn erfüllt. Anstatt zu sehen, dass alle gemeinsam zum Wohle der Allgemeinheit wirken, interpretierte man wieder einmal ein Entweder-oder in ihr Leben hinein.

Auch als der Bakteriologe Alexander Fleming (1881–1955) während des Ersten Weltkriegs in London beobachtete, dass Antiseptika das Fortschreiten von Wundbrand noch begünstigten, schloss er nicht auf das Naheliegende, nämlich dass eine vielfältige Mikrobenbesiedlung heilsamer ist als eine versuchte Keimfreiheit. Ganz im Geist der Zeit griff er später als Forscher in das Lebensgefüge von natürlicher Symbiose ein, isolierte aus Schimmelpilzkulturen deren Botenstoffe, nannte sie »Penicillin« und setzte sie zur Tötung von Bakterien ein. Das war zunächst schwierig. Erst nachdem man durch mühsame Verfahrensentwicklungen diese Isolationstechnik verbesserte, gelang es schließlich, genügend große Mengen von Penicillin zu erhalten, die dann im Jahr 1942 zur ersten Behandlung eines kranken Patienten führte. Im selben Jahr wurde der Begriff »Antibiotikum« zum ersten Mal verwendet. Anfangs als Wort für pilzeigene Stoffwechselprodukte gewählt, wurde es inzwischen ein Synonym für bakterienhemmende oder -zerstörende Substanzen jeglicher Art.

Allein die Wortwahl ist eine Verzerrung der Tatsachen. Was als »gegen das Leben« bezeichnet wurde, sind in Wirklichkeit diejenigen natürlichen Substanzen, die den Pilzen, aber auch Bakterien, wie das Streptomyzin, innerhalb des gemeinsamen Milieus ermöglichen, ihren Bestand so zu regulieren, dass alle gemeinsam die anstehenden Aufgaben erfüllen können. Sie sind im eigentlichen Sinne *für* das Leben, also *Pro*biotika. Sie zu isolieren und gegen Mikroben anzuwenden, ist aus mikrobieller Sicht ein Akt von Sabotage.

Ungehört verhallten die Warnungen weiser Ärzte, die schon früh darauf hinwiesen, Einzeller seien so flexibel, dass sie über kurz oder lang Anpassungen vollziehen und gegen diese Stoffe resistent werden würden. Die Hoffnung, nun die Infektionskrankheiten »besiegen« und »ausrotten« zu können, die geradezu euphorisch die Anfangszeit der Antibiotika begleitete, war gewaltig groß. Sie musste jedoch trügen – und tat es auch. Niemals kann Heilung durch Kampf gegen das Leben gelingen.

Inzwischen ist die Erscheinung resistenter Mikroorganismenstämme zum größten Problem in Krankenhäusern geworden und kostet jährlich allein in Deutschland Zehntausenden von Menschen das Leben. Der Anteil an Patienten, die mit resistenten Bakterien besiedelt sind, steigt in einem Ausmaß an, das beängstigender ist als jegliche Fantasie Robert Kochs bezüglich der »bösen« Mikroben. Bis zum Jahre 1990 hatten sich beispielsweise erst weniger als 2 Prozent des an sich harmlosen Hautbewohners in Krankenhäusern in den methillizinresistenten *Staphylococcus aureus,* abgekürzt MRSA, verwandelt, inzwischen sind es über 20 Prozent, mancherorts auch noch mehr. Viele andere resistente Bakterienstämme kamen dazu und sind überall in der Welt verteilt. Eine Untersuchung von Hai- und Knochenfischen vor der amerikanischen Atlantikküste ergab, dass bereits sämtliche Tiere antibiotikaresistente Bakterien in sich trugen, die meisten von ihnen sogar mehrfachresistente.[71]

Die Anzahl der mit »multiresistenten Erregern« infizierten Patienten hat sich allein zwischen 2006 und 2009 verdoppelt.[72] Obendrein kostet diese Folge unserer Bakterienbekämpfung unglaublich viel Geld. Um einen einzigen Patienten von MRSA mit den derzeit üblichen Methoden zu sanieren, muss man etwa 6000 bis 20 000 Euro ausgeben, und auf einer Intensivstation kostet die Sonderbehandlung eines mit resistenten Bakterien besiedelten Patienten täglich mehr als 1600 Euro zusätzlich. Und das Trennen geht weiter, denn ein mit resistenten Bakterien besiedelter Patient wird in einem Quarantänezimmer isoliert, zu dem nur Zugang hat, wer sich entsprechend desinfiziert und mit Schutzkitteln eingekleidet hat. Alles, was sich in solch einem Zimmer befand, wird anschließend als Sondermüll (!) entsorgt. Dass ein kranker Mensch in solchem Ambiente liegt, ist sowohl für sein psychisches Wohlbefinden als auch für die ihn Betreuenden wenig aufbauend.

Zur Lösung des Problems resistenter Bakterienstämme treibt man die Eingriffe in die mikrobielle Welt nun auf die Spitze. Im August 2011 veröffentlichten Forscher der Universität Singapur,[73] dass ihnen gelungen sei, gentechnisch konstruierte Bakterien der ursprünglichen Art *Escherichia coli* zur Bekämpfung des Artgenossen *Pseudomonas aeruginosa* herzustellen. Das System nennen sie »sensing, killing and lysing«, auf Deutsch »wahrnehmend, tötend und auflösend«. Es gelang ihnen, *E. coli* so zu programmieren, dass sie beim Empfangen von Signalbotenstoffen von *Pseudomonas* die Substanz Pyozin produzieren. Dieses sorgt über ein weiteres Molekül für die Auflösung der Zellmembran von *E. coli*, woraufhin Pyozin freigesetzt wird und gezielt *Pseudomonas* tötet. Die Forscher versprechen sich davon ein neues antibiotisches Modell zur »Bekämpfung« von »Infektionserregern« für die Zukunft und überlegen, diese Bakterien in Joghurt vermengt Kranken zu verabreichen: Gentechnisch synthetisierte Bakterien werden in den Menschen eingeführt, um dort unter Missbrauch ihrer Kommunikationswege gewissermaßen als Selbstmordkommando ihresgleichen umzubringen.

Im Jahr 2010 waren 2789 Antibiotika als verkehrsfähige Medikamente beim Menschen zugelassen.[74] In der Tierzucht sind Antibiotika gang und gäbe.* Rund 60 Prozent der Be-

*Nach einer Studie des Landesamts für Natur-, Umwelt- und Verbraucherschutz Nordrhein-Westfalen im Jahr 2011 erhielten bei der Hähnchenmast 96,4 Prozent der Masthühner Antibiotikabehandlungen mit bis zu acht verschiedenen Wirkstoffen pro Mastdurchgang, und zwar meistens kürzer als für die vorgeschriebene Behandlungsdauer.[75]

völkerung führen allein den bekanntesten der gegen Antibiotika resistent gewordenen Keime, den MRSA, mit sich. Jeder zweite deutsche Landwirt trägt resistente Bakterienstämme in seinem Leib, die von Schweinen stammen. Der Kampf gegen die Bakterien hat uns somit keineswegs gesünder gemacht.

Es ist also Zeit zum Umdenken. Aus der Gehirnforschung wissen wir, dass die Wiederholung von Inhalten deren Glaubwürdigkeit steigert, und zwar unabhängig vom tatsächlichen Wahrheitsgehalt. Regelmäßige Einprägung desselben Sachverhalts führt zur tiefen Verinnerlichung. Was beim Vokabellernen hilfreich ist, blockt uns aber beim Verständnis der Mikrobenwelt nach einem Jahrhundert der Illusion, Bakterien seien gefährlich und machten krank. Daher hilft die praktische Anwendung und Erfahrung mit den Effektiven Mikroorganismen, ein neues Verständnis für Bakterien zu gewinnen und diese Blockade zu lösen. Einfaches Gießen oder Sprühen von Effektiven Mikroorganismen in einen Lebensraum führt zur seiner Harmonisierung, ohne Totschlag im Leben. Wer diese Erfahrung macht, atmet befreit auf und lässt das Kämpfen hinter sich.

Fasst man die Entwicklung unserer Einstellung Mikroorganismen gegenüber zusammen, so wurde aus dem neugierig-offenen Forschen im 17. Jahrhundert ein Streit über die Relevanz einzelner Aspekte: entweder Urzeugung oder Nachkommenschaft, entweder Monomorphismus oder Polymorphismus, entweder Milieueinfluss oder Ansteckungsstoff (»Kontagium«), entweder Zellularpathologie, wie sie von Virchow vertreten wurde, oder das »Prinzip Infektion« à la Koch – entweder Miteinander oder Bekämpfen. Ständig stritt man sich, weil man dachte, nur das eine oder nur das andere sei richtig. Dabei liegt die Wahrheit weit über solchen Gegensätzen und besteht darin, sie zu integrieren. Sowohl das eine als auch das andere kann gültig sein, wenn man es von verschiedenen Blickwinkeln zu betrachten versteht, und in der Welt der Mikroorganismen ist niemals nur eine ausschließliche Weise vertreten.

Es ist unser eingeengtes menschliches Begreifen, das uns den Wunsch gibt, uns an eine alleingültige Wahrheit zu halten.

So geschah es, dass sich jeweils eine Ansicht durchzusetzen pflegte, vertreten in der Regel von einer Persönlichkeit, die sich rhetorisch, politisch, finanziell oder zeitgeistig besser positionieren konnte. Von da ab wurden die Vertreter anderer Ansichten meist intolerant abgetan. Interessanterweise waren diese Forscher ausschließlich Männer. Wer weiß, ob die Geschichte der Mikrobiologie anders verlaufen wäre, hätte das weibliche Prinzip, das Leben gebiert und Leben hütet, Raum darin gehabt.

So stehen derzeitige Wissenschaftler in einer engen Spur vermeintlich gesicherter Erkenntnisse, die jedoch dem beschränkten Horizont der Geschichte geschuldet sind. Diese Forschungsgeschichte ist genauso komplex wie ihr Subjekt, und jegliche Eingrenzung ist unangemessen, weil Mikroorganismen so universell sind, dass unterschiedliche Ansichten zum selben Aspekt ihres Seins gleichzeitig gültig sein können. Viele heftige Kontroversen wären überflüssig gewesen, hätte man akzeptiert, dass die Mikrobenwelt nun mal viel zu vielseitig ist, um von uns hinreichend erfasst zu werden. Die Wahrheit über sie entspricht einem grenzenlosen Reichtum an Möglichkeiten, also – um es ein weiteres Mal zu sagen – einem Sowohl-als-auch mehr als allen Gegensätzen. Mikroorganismen auf wenige Prinzipien einzuengen, die der kampfgetränkten Psyche der Menschen entsprungen sind, ist nicht nur ungerecht, sondern hat auch für genau die Probleme gesorgt, denen wir uns heute gegenübersehen.

Mikroben winken mit dem Zaunpfahl

Bereits alle Versuche, Mikroorganismen eindeutig zu benennen, zu klassifizieren und dadurch kontrollierbar zu machen, sind bis dato gescheitert. Ihrer Unfassbarkeit wurde schon der Professor an der schwedischen Universität Uppsala Carl von Linné (1707–1778) gerecht, der als Erster den Versuch unternahm, alle Lebewesen vollständig einem System unterzuordnen. Ihm verdanken wir die noch gültige Benennung von Lebendigem mittels binominaler Nomenklatur, also zweiteiligen Namen, die auch für Bakterien gilt. So heißt beispielsweise *Staphylococcus aureus* übersetzt »goldene Haufenkugeln«. In seiner 1758 in der damaligen Wissenschaftssprache Latein erschienenen *Systema naturae* finden sich die – seinerzeit noch nicht so genannten – Mikroorganismen auf der allerletzten Seite als letzte Art unter der Klasse »Würmer« und werden *chaos* genannt. Obwohl von Linné damals, hundert Jahre vor Darwin, davon ausging, alle Arten seien seit ihrer Erschaffung konstant geblieben, fügte er die Beschreibung *polymorpho-mutabilis* hinzu, was »vielförmig-veränderlich« heißt.

Diese Beschreibung ist heute noch zutreffend, und jede »Definition« ist, wie das Wort – das vom lateinischen *definire* für »abgrenzen, begrenzen« stammt – schon sagt, ein Zurechtbiegen der mikrobiellen Grenzenlosigkeit auf die Eingeengtheit menschlicher Grenzen. Das kann ihnen nicht gerecht werden. Bakterien sind so veränderlich, so grenzüberschreitend, dass sie als einzelne Arten nicht in ein Artkonzept passen. Obwohl ihre Biologie keine Artkonstanz erkennen lässt – wie sollte das möglich sein, wo Bakterien untereinander ständig Erbgut austauschen können? –, benennt man sie, als seien sie Individuen. Natürlich möchte man wissen, mit wem man es zu tun hat, und die Welt zu benennen ist eine der besonderen menschlichen Errungenschaften. Groß ist daher der Drang, sie endlich greifen zu können. Es ist wie ein verzweifeltes Suchen nach etwas, was es nicht gibt.

Insbesondere um in der praktischen Laborarbeit eine Basis zur Kommunikation über die isolierten Mikroben zu haben, fand man die Lösung inzwischen darin, Bakterien nach der Ähnlichkeit ihrer genetischen Information zu definieren. Ähneln sie sich mit über 70 Prozent ihres Chromosoms, was durch die sogenannte DNA-DNA-Hybridisierung ermittelt werden kann, gelten sie als eine Art. Doch schon davon gibt es wieder Ausnahmen, wie bei *Escherichia coli* und *Shigellen*, die in dieser Hybridisierung zu 100 Prozent verwandt, in ihrer Lebenserscheinung und Relevanz für uns aber völlig verschieden sind.[76]

Die Klassifizierung von Mikroorganismen kann nicht gelingen, weil Bakterien nicht als Einzelwesen leben und wirken, sondern stets als Aggregat, als Großorganismus von einer Vielzahl verschiedener und in steter Anpassungsfähigkeit lebenden Einheiten, deren Formen, Eigenschaften und Stoffwechselaktivitäten in einem gegebenen Lebensraum unentwegt wechseln können. Man kann Kulturen der Gattung *Arthrobakter* am Abend mikroskopisch als lange Stäbchen sehen, am nächsten Tag erscheinen sie als Kugelbakterien, obwohl ihre DNA dieselbe geblieben ist.[77] Die Einzelartbenennung von Bakterien ist der hilflose Versuch des Menschen, sie auf seine Begrenztheit zu reduzieren und ihre Komplexität zu umgehen. Sie wird ihnen genauso wenig gerecht wie einem Menschen, bei dem man sich auf eine einzige Eigenschaft – verliebt, hungrig, blauäugig oder Ähnliches – fokussiert.

Wenn selbst führende Mikrobiologen beschreiben, dass Bakterien trotz identischer genetischer Information einfach ihre Form ändern, dürfen wir sehen, dass diese mit dem Zaunpfahl winken, um uns eine erweiterte Sicht beizubringen. Nicht die Mikroben auf unsere Enge einzugrenzen, sondern unseren Geist auf ihre Grenzenlosigkeit zu erweitern, ist der Weg in eine gesündere Zukunft.

Bakterien allein durch Vereinzelung, Ablösung aus dem Umfeld und künstlicher Züchtung im Labor verstehen zu wollen, bleibt eine Sackgasse. Das hilft uns nicht weiter. Alle Trennung in Teile und deren Definitionen dienen nur dann dem Leben, wenn sie wieder in das heilsame Gefüge größerer Zusammenhänge eingebettet werden. Wir brauchen eine ganzheitliche Mikrobiologie.

Vielleicht ahnte dies schon der Physiologe Claude Bernard (1813–1878) am Ende seiner Forschungszeit, als er den berühmt gewordenen Satz gesagt haben soll: »Le germe n'est rien, le terrain est tout!« – »Der Keim ist nichts, das Milieu ist alles.«[78]

Der Weg in eine mikroben- und lebensgemäßere Zukunft beginnt mit dem Blick auf das natürliche Gesamtlebensfeld der Mikroorganismen. Lernen wir von den Mikroben! Lassen wir uns einfach gedanklich einmal auf ihre Veränderlichkeit ein und beginnen wir, sie unbefangen und so vielfältig zu sehen, wie sie sind. Respektieren wir die Erkenntnisse der mikrobiologischen Forschungen der Vergangenheit, aber verbinden wir sie mit einer Erweiterung unseres Horizonts. Bakterien leben das ewige Leben. Sie sterben nicht. Sie *sind*. Es ist unsere unbändige Angst vor dem Sterben, die sie uns fürchten lässt. Wenn wir fühlen lernen, wie Mikroorganismen uns die Gleichzeitigkeit von Veränderung und Konstanz vorleben, finden auch wir in der ständigen Wandlung Frieden und Geborgenheit. Dann können wir Krankheiten als Wandlungsprozesse akzeptieren, als Teil unseres Lebens, und in gleicher Weise vielleicht sogar den Tod.

Mit der Einsicht, dass Bakterien heilbringend zu unserem Leben gehören, schließen wir nicht nur Frieden und wandeln einen Kampfplatz in ein freudiges Lebensfest um. Wir gewinnen große Hoffnung für die Zukunft, indem wir sehen, dass alles, was an Problemen auf der Erde durch unseren Irrweg entstanden ist, lösbar wird.

Der Schlüssel zum Frieden mit den Mikroorganismen liegt also in unserer Bereitschaft zur Veränderung.

In allen Wissenschaftszweigen, sowohl bei Einzelforschern als auch in der Gesellschaft, gibt es die Tendenz zur Beharrung. Eine einmal etablierte Idee führt zur Bildung einer Überzeugung, die wiederum dazu führt, dass Wahrnehmungen auf den Hintergrund der Anschauung ausgerichtet werden. Mit der Zeit entsteht daraus ein kollektiver Konsens. »Es gibt gefährliche und harmlose Bakterien« und »Pathogene Bakterien müssen bekämpft werden« sind derartige etablierte Überzeugungen. Widersprüche gegen solcherart entstandene Anschauungen erscheinen undenkbar, Beobachtungen, die nicht ins System passen, werden übersehen, unterschlagen oder gewaltsam in das bestehende Wissen eingebaut.

Hat eine kollektive Überzeugung zur Einrichtung einer ihr verpflichteten Institution geführt, muss sich diese zum Erhalt ihrer selbst geradezu zwangsläufig gegen jeden echten *Fort*schritt wehren. Ein Robert-Koch-Institut hat definierte Aufgaben, die es erfüllt. Diese mögen sehr sinnvoll sein. Aber wie könnte es jemals das Gedankenmodell infrage stellen, auf das es selbst aufbaut, ohne gleichzeitig befürchten zu müssen, seine Existenzberechtigung zu verlieren? Es wird daher in der Regel allein durch die Auswahl seiner Mitarbeiter und der Forschungsfragen die eigenen Denkmodelle bekräftigen, anstatt Forschung in eine Richtung einzuschlagen, die sein bisheriges Vorgehen hinterfragen würde.

Was müsste geschehen, damit andere Sichtweisen die gleiche Berechtigung bekommen, gründlich und ihren Eigenheiten entsprechend erforscht und umgesetzt zu werden? Je mehr mutige Menschen aus eigenem Antrieb und aus innerer Kraft heraus den Geist der Freiheit in der Welt leben, einer Freiheit zur Entfaltung einer Liebe, die auch den tiefen Sinn hinter den allen unseren alltäglichen Sinnen unsichtbaren Ebenen unseres Seins respektiert, desto schneller werden wir wieder auf einer gesunden Erde leben können.

Es wäre interessant, einmal der Frage nachzugehen, wieweit die Kampferklärung und Ausrottungsabsicht gegenüber den Mikroorganismen sich auf andere Vorgänge der Geschichte auswirkte. Wäre der Versuch einer selektiven Menschenausrottung, wie sie die Geschichte des 20. Jahrhunderts zeigte, durchsetzbar gewesen, wenn man im 19. Jahrhundert eine Mikrobiologie des Miteinanders etabliert hätte? Wenn man die Kleinstlebewesen als Manifestation der Liebe und eines wohlwollenden Dienens füreinander gesehen hätte, als das jeder Bakterien erkennen muss, der heute mit Effektiven Mikroorganismen die wunderbarsten Problemlösungen erfährt? Wenn man gesehen hätte, dass Bakterien ein friedliches Miteinander anstreben und uns vorleben, dass alles und jeder seinen angemessenen Platz und seine Aufgabe im Universum hat, wäre dann die Geschichte anders verlaufen?

Wie Sprache und Denken einander bedingen

So wie die Mikroorganismen alles Leben auf der Erde durchdringen, durchdrangen die Folgen ihrer wissenschaftlichen Erforschung im 19. Jahrhundert alle Lebensbereiche der Gesellschaft. Diese wechselseitige Beeinflussung lässt sich besonders gut am Sprachgebrauch ablesen. Er hat sich unreflektiert bis heute erhalten und beeinflusst unsere Haltung dem Leben der unsichtbaren Welt gegenüber enorm. Es ist höchste Zeit, ihn zu ändern, damit wir zukünftig in Frieden mit unseren Kleinstlebewesen leben können.

Neu entdeckte Phänomene der Bakterienwelt wurden häufig mit politischen und gesellschaftlichen Begriffen der Zeit beschrieben. Wörter wie »Invasion«, »heimtückisch«, »Heerscharen«, »dringen ein«, »überrennen die Grenzen«, »Abwehrstrategien« waren wie viele andere der Sprache des Militärs entnommen.

Das verwundert nicht, wenn man weiß, dass wesentliche Erkenntnisse der Bakteriologie in Zeiten erlangt wurden, in denen Europa politisch unfriedlich und Kriegsvokabular in den Köpfen der Menschen eine Selbstverständlichkeit war. Die Revolutionen am Ende des 18. Jahrhunderts in Europa und Napoleons Kriegszüge, die Revolutionen Mitte des 19. Jahrhunderts, der Deutsche Krieg von 1866 sowie der Deutsch-Französische Krieg von 1870/71 bewirkten eine ständige Präsenz kriegerischen Gedankenguts in der Allgemeinheit. Es gab kaum einen Forscher, der nicht direkt oder indirekt einen Krieg erlebte, und etliche der Ärzte erhielten ihre Ausbildung in den damals renommierten Militärkrankenhäusern.

Wenige Jahre vor Louis Pasteurs Geburt stand sein Vater zwanzigjährig noch in Moskau auf dem Schlachtfeld. Louis Pasteur selbst war später so erbost über seine Erlebnisse mit Deutschen im Krieg 1870/71, dass er sein zuvor erhaltenes Ehrendoktordiplom nach Bonn zurückschickte.[79] Robert Koch arbeitete als freiwilliger Arzt im Deutsch-Französischen Krieg, was sein Vokabular lebenslang prägte. Das Kämpfen war seine Welt. Dies ging so weit, dass sogar die Forschung und Forschungsexkursionen zu Friedenszeiten als Wettkampf zwischen dem Franzosen Pasteur und dem Deutschen Koch und ihren Gruppen gedeutet wurden. So waren viele Forscher dem damaligen Zeitgeist unterworfen. Richard Pfeiffer (1858–1945) war, bevor er Kochs Schüler wurde, jahrelang als Militärarzt aktiv gewesen, Virchow stand 1848 in Berlin auf den Barrikaden und wurde von Bismarck zum Duell aufgefordert, was damals als eine gängige Art der Auseinandersetzung galt. Edwin Klebs (1834–1913), ein Bakteriologe, nach dem die Bakteriengattung *Klebsiella* benannt wurde, arbeitete 1870 im Kriegslazarett in Karlsruhe. Der bereits erwähnte Gerhard Domagk, Entwickler der Sulfonamide als Antibiotika, kämpfte im Ersten Weltkrieg, bis er verletzt ausschied, und Alexander Fleming entwickelte das Penicillin während des Zweiten Weltkriegs. Sie alle hatten das Prinzip des Bekämpfens verinnerlicht. Da das Penicillin Mangelware war, war es als Medikament während des Krieges auch den Soldaten vorbehalten. Sie waren die Kämpfer, und diese galten als die wichtigsten Personen der Zeit.

Zitate zum »Kampf gegen Mikroben«

»Und so lassen Sie mich denn diesen Vortrag schließen mit dem Wunsche, daß sich die Kräfte der Nationen auf diesem Arbeitsfelde und im Kriege gegen die kleinsten, aber gefährlichsten Feinde des Menschengeschlechts messen mögen und daß in diesem Kampfe zum Wohle der gesamten Menschheit eine Nation die andere in ihren Erfolgen immer wieder überflügeln möge.«[80]
Robert Koch, 1890

»Es handelt sich also hier sozusagen um Zauberkugeln, die nur auf den körperfremden Schädling gerichtet sind … Wir wollen also den Parasiten an erster Stelle möglichst isoliert treffen, das heißt, wir müssen zielen lernen, chemisch zielen lernen.«[81]
Paul Ehrlich, 1908

»Man denke sich zwei feindliche Parteien: die Partei ›menschlicher Körper‹ und die Partei ›Krankheitserreger‹. Bei der Impfung gebe ich der ›Körper-Partei‹ einen Klumpen rohen Metalls in die Hände, führe sie in eine Schmiede und sage: nun haltet euch dran, schmiedet euch rasch wirksame Waffen, der böse Feind kann jederzeit kommen! Bei der Serumbehandlung dagegen liefere ich der Körper-Partei einen scharf geladenen Revolver, der nur abgefeuert zu werden braucht.«[82]
Dr. med. Dr. phil. Gerhard Venzmer, 1943

»Zwar sind diese Floren nur ein Teil unserer gestaffelten Abwehrsysteme, doch sie sind die erste Barriere gegen bösartige Eindringlinge und über ihr riesiges Bakterienabwehrpotential in den Schleimhäuten des Verdauungstrakts zugleich der quantitativ gewichtigste Bestandteil … So wird von außen eindringenden Mikrofeinden beim Versuch der Kolonialisierung einzelner Organismusbereiche erheblicher Widerstand durch die ›körpereigenen‹ Mikroorganismen entgegengesetzt, denn die möchten schließlich ihren Wirt vor Angriffen schützen.«[83]
Dr. med. Volker Rusch, 1999

»Bei Bakterien sind die wichtigsten Angriffsorte von Antibiotika die Zellwand, die Cytoplasmamembran … und die Nukleinsäuresynthese.«[84]
Lehrbuch der Mikrobiologie, 2001

»Auf der einen Seite stehen höchst effektive und unbegrenzt einfallsreiche mikrobielle Einzelkämpfer als ›Elitetruppe‹, mit regelrechten Guerillamethoden … Auf der anderen Seite steht die spezifische Erregerabwehr mit einem riesigen Arsenal zur Aufklärung feindlicher Aktionen und zum Erkennen und Ausschalten der Invasoren.«[85]
Dr. med Kerstin Rusch und Volker Rusch im Lehrbuch der Mikrobiologische Therapie

»Keime greifen erst an, wenn ihre Angriffsstärke groß genug geworden ist, um das Immunsystem des Menschen zu überwältigen … [Zur Erforschung der biochemischen Kommunikation von Bakterien:] Das ist wie bei der modernen Kriegführung, wo man ja zunächst die Kommunikationswege des Gegners zerstört.«[86]
Prof. Dr. Leo Eberl, Lehrstuhl für Mikrobiologie der Universität München, 2003

»Allerdings können manche Mikroben auch langwierige Krankheitsprozesse in Gang setzen. Die Erreger nisten sich dabei im Gewebe ein und traktieren den Körper mit einer Politik der Nadelstiche.«[87]
Ausstellung MenschMikrobe, Deutsches Museum München, 2011

Werbung von 1973

Heute, nach den Traumata der Weltkriege, können wir diese Verherrlichung von Krieg und Kämpfen als gesellschaftliche Tugenden kaum noch nachvollziehen. Doch Kriege gibt es weiterhin. Dass militärische Kämpfer auch im Zivilleben davon kaum abstrahieren können, zeigte eine Statistik in Israel. Während der zweiten Intifada verdoppelte sich die Zahl der Morde an Ehefrauen durch ihre Männer, die überwiegend in Armee oder Polizei beschäftigt waren.[88]

Weder respektvolles Begegnen noch fürsorgliches Miteinander

Das im 19. Jahrhundert zur Allgemeingültigkeit erhobene Konzept der »Ansteckung« durch »Infektionserreger« impliziert Angriff und Verteidigung: Etwas wird uns von außen angetan, droht in uns einzudringen und in uns etwas zu erregen. Es ist das Bild einer Armee, die von außen in ein Land eindringt, dort wütet und es besetzt. Dagegen hatte man sich frühzeitig und deutlich zu verteidigen. Die Wahrheit, dass nämlich Bakterien auf ihre Weise der Besiedlung zu einem Ausgleich im ganzen Lebensraum führen, war und ist bei diesem Konzept nicht mehr denkbar.

Durch die innere Kriegshaltung den Mikroorganismen gegenüber wurde folgerichtig ein Vokabular für neuentdeckte Phänomene entwickelt, das auf diesem *Gegen*einander beruht, nämlich auf einer *Anti*haltung. Es entstanden Begriffe wie »Antitoxin«, »Antigen« »Antikörper« »Antiseptika«, »Antiserum« »Antibiotika« »Antiinfektiva« und dergleichen mehr. Das 1890 als erstes überhaupt weltweit patentierte Arzneimittel hieß »Antipyrin«. Kaum eine andere Wissenschaft kennt solch ein Ausmaß an Gegenprinzipien. Die »Amerikanische Gesellschaft *für* Mikrobiologie« (**American Society for Microbiology, ASM**) gibt eine eigene Zeitschrift heraus mit dem Titel *Antimicrobial Agents and Chemotherapy (AAC)*, charakterisiert als »… ein bedeutendes Forum, das sich ausschließlich antimikrobiellen, antiviralen, antimykotischen und antiparasitischen Mitteln und Chemotherapie widmet«. Wie soll bei so viel *Anti*pathie etwas Sachliches, geschweige denn *Sym*pathisches herauskommen? Das gesamte Konzept des Immunsystems entspricht dem Denken in (Zell-)Staaten, die sich wider gegnerische (Bakterien-)Heere abgrenzen. Es impliziert geradezu die Vorstellung eines Kleinkriegs in unserem Körper. Wie soll der heutige Mensch davon abstrahieren können und verstehen, dass es sich bei den natürlichen Prinzipien in Wirklichkeit um ein sinnvolles und fürsorgliches Miteinander handelt, in das durch willkürliche »*Anti*prozesse« womöglich störend eingegriffen wird?

Hinzu kam die Kolonialisation anderer Länder in Afrika, Asien und Amerika und deren Unabhängigkeitskämpfe in der Zeit der bakteriologischen Entdeckungen, die in der inneren Welt vieler Menschen Bilder von Eroberung, Bedrohung und Widerstand wachhielten. Warum sprechen wir von einer »Bakterien*kolonie*«? Warum sagen wir nicht »Bakterien*familie*«, »-sippe«, »-gruppe« oder »-gemeinschaft«? Es war in einer Zeit politischer Kolonialisierungen, als Bakteriologen in Reinkulturen solche Bakterienhaufen beobachteten. Die Bakterien eroberten in ihren Augen quasi das »Land« einer nährsubstratgefüllten Kultivierungsplatte.

Die Kolonialisierung eines fremden Landes ist in aller Regel ein gewaltsames und von Kämpfen begleitetes Besetzen zu eigenen Zwecken. Es ist weder ein respektvolles Begegnen noch ein fürsorgliches Miteinander – noch ein gemeinsames Beleben im Dienste der Gemeinschaft und des größeren Ganzen. Durch die Wahl desselben Begriffs für das Wachstum von Bakterien wurde diesen zwangsläufig eine »invasive« Lebensabsicht unterstellt, die in Wirklichkeit bei ihnen so nicht zu finden ist.

Obendrein unterstellt man den Bakterien auch noch, sie selbst kämpften um »Kolonien« gegeneinander, wie der Mikrobiologe Volker Rusch in seinem Buch *Bakterien* sug-

Antibakterielle Flüssigseife
gilt als etwas Selbstverständliches.

geriert: »So wird von außen eindringenden Mikrofeinden beim Versuch der Kolonialisierung einzelner Organismusbereiche erheblicher Widerstand durch die ›körpereigenen‹ Mikroorganismen entgegengesetzt, denn die möchten schließlich ihren Wirt vor Angriffen schützen«[89] (siehe auch »Zitate zum ›Kampf gegen Mikroben‹«, Seite 143).

Umgekehrt wurde das Wort »Bazille«, das heute noch so verwendet wird, zum Schimpfwort für eine verachtete Person. Es erlangte unschöne Berühmtheit während der national-rassistischen Zeit Deutschlands, hatte seine Entstehung jedoch schon davor. Im Jahr 1887 schrieb der Orientalist und »Kulturphilosoph« Paul de Lagarde (1827–1891) im Buch *Juden und Indogermanen* den Satz: »Mit Trichinen und Bazillen wird nicht verhandelt, Trichinen und Bazillen werden … nicht erzogen, sie werden so rasch und gründlich wie möglich vernichtet.«[90] Gemeint waren lebende erwachsene Menschen!

Den Ausdruck »Kampf ums Dasein« kannte seit der Veröffentlichung der Evolutionstheorie Charles Darwins jeder Gebildete unabhängig von der Kenntnis des Werks selbst. Vielleicht entflammte ein Teil des bis heute andauernden Streits um Darwins Aussagen daran, dass er einen volkstümlichen Ausdruck für die Publikation seines wissenschaftlichen Werks verwendete. Indem er den Begriff »Kampf« wählte, der eine Polarisation impliziert, provozierte er die Leser geradezu zur Polarisation in der Rezeption seiner Forschung. Spätestens seit wir Spiegelneuronen kennen – also Nervenzellen im Gehirn des Menschen, die es ermöglichen, das innere Geschehen und Handeln eines Gegenübers wie das eigene Erleben in uns zu erfahren –, wissen wir, dass eine innere Vorstellung des Kämpfens in uns auch im Gegenüber zum Kampf motiviert. Warum sollten solche Übertragungen, wenn dies bei Tier und Mensch nachgewiesen ist, nicht genauso bei Kleinstlebewesen möglich sein? Auch von Pflanzen kennt man ja, dass Geschehnisse der Umgebung wahrgenommen und in Reaktionen umgesetzt werden.

Jedenfalls prägte sich der Ausdruck »Kampf« seit der Mitte des 19. Jahrhunderts in Verbindung mit dem Lebendigen so tief in das Vokabular der Gesellschaft ein, dass es bis heute als Grundprinzip erfolgreichen Lebens anerkannt wird, obwohl das Gegenteil der Fall ist. Es gibt tatsächlich heute Menschen, die Worte wie »Liebe« und »Frieden« nur noch als kitschig empfinden. »Kämpfen« dagegen ist salonfähig und als Weg zum Erfolg allgemein akzeptiert.

Um aber wirklich erfolgreich zu sein, im Sinne von Wohlbefinden, Gesundheit und Frieden, nach denen sich jeder auf der Erde sehnt, müssen wir zunächst auch in unserem Vokabular Frieden schaffen, und zwar jeder in sich selbst. Wenn wir uns bewusst bemühen, Worte für unseren Umgang mit Bakterien zu finden, die die Wahrheit über sie ausdrücken, kommen wir diesem Ziel einen Schritt näher. Menschliches Kriegsvokabular benennt keine Wahrheit über Kleinstlebewesen.

Archetypische Bilder der Menschheit

Die ersten Erforscher der Mikroorganismen wählten noch Worte aus dem Lebendigen, um die neu entdeckten Wesen zu bezeichnen. Antoni van Leuwenhoek sprach wie gesagt von *animalculi*, »Thierchen«, als er Mikroorganismen beobachtete, der jesuitische Naturforscher Athanasius Kircher (1602–1680) von »Würmern«, also auch von Lebewesen, oder vom *contagium animatum*, dem »beseelten Ansteckungsstoff«. Auch das Wort »Infusionsthierchen« erlaubte die Vorstellung eines Wesens, zu dem der Mensch einen inneren Seelenbezug aufbauen konnte. Christian Gottfried Ehrenberg (1795–1876), einer der berühmtesten Naturforscher seiner Zeit, sprach noch 1838 geradezu zärtlich von »geselligen Zitterthierchen«, »wurmförmigen Schlingenthierchen« und »zarter Walzenspirale«, als er Bakterien beschrieb. Anders wurde dies schon bei dem im 19. Jahrhundert noch üblichen Wort »Spaltpilze« für Bakterien, das diese scheinbar ins Pflanzenreich versetzte. Als schließlich die Begriffe »Bazille«, »Spirille« sowie »Kokke« üblich wurden, verminderte sich der verbale Bezug zum Leben und machte Bildern der mechanischen Welt Platz. Zu diesen entsteht spontan keine solche emotionale Beziehung wie zu Pflanzen und Tieren. Zwar sind der Stab, die Spirale und die Kugel – also die Formen, in denen der Mikrokosmos in Erscheinung tritt und benannt wurde – archetypische Bilder der Menschheit mit allertiefstem Gehalt. Die Erdkugel und der Wassertropfen, der Lichtstrahl und der Baumstamm, unsere Wirbelsäule und der Blutwirbel im Herzen ebenso wie der Sternenwirbel des Universums, in dem unser Sonnensystem kreist, sind Manifestationen dieser Urgestalten. Nicht umsonst sind Kugel und Stab auch Attribute der irdischen und geistlichen Regenten. Stab und Spirale finden sich als Vereinigung der Gegensätze im biblischen Bild der erhöhten Schlange wieder, dem Symbol, das auch den Äskulapstab bildet, als Zeichen der Heilkunde, das heute noch an vielen deutschen Arztschildern zu sehen ist.

Doch diesen Zusammenhang zu den Mikroorganismen stellte bisher kaum jemand her, auch wenn die Begriffe schon lange bestehen. Wie auch, wenn zeitgleich mit ihrer derartigen Benennung zu ihrer Bekämpfung aufgerufen wurde? Die Urformen der Schöpfung wurden verzerrt und in Verbindung mit Bedrohung und Krankheit gebracht. Indem man Kugeln, Stäbchen und Spiralen, wenngleich auf Griechisch und Latein, als Feinde verunglimpft, werden die alten Symbole ent*heil*igt. Darin kann keine *Heil*ung liegen. Es macht vielmehr deutlich, wie tief der Graben zwischen der Schönheit unserer Welt und unserer Haltung ihr gegenüber gerissen ist.

Noch perverser wird die sprachliche Entfremdung, wenn nun sogar Bakterien selbst zu Mordinstrumenten erklärt werden. »Im Kampf gegen den Erreger des Dengue-Fiebers … soll eine biologische Waffe zum Einsatz kommen: Bakterien«, heißt es im Jahr 2010 in einer Mitteilung des *Spiegels*.[91]

Ein Joghurthersteller hat die Milchsäurebakterien, die sein Produkt säuern, kurzerhand auf den Speziesnamen *defensis*, also »der Verteidigung« getauft, als hätten sie aggressive Ambitionen. Wahrscheinlich hofft er dadurch auf kampfgedanklich gesteigerte Marktanteile. Das ist in Wort und Tat Missbrauch pur.

Um Bakterien lieben zu können, müssen wir sie von den Verirrungen und Projektionen aus der Vergangenheit und Gegenwart befreien. Auch wenn die verzerrten Begriffe für Bakterien wohl nicht mehr aus der Welt zu schaffen sind, können wir jedoch damit beginnen, die Bedeutung hineinzulegen, die ihrem wahren Sein entspricht, und ihnen die Achtung entgegenzubringen, die sie verdienen!

Vom Brot zum Korn

Ohne Bakterien und Hefen hätten wir um einiges weniger zu trinken und zu essen. Und das nicht nur, weil im Boden keine Pflanzen wachsen würden, wenn Bakterien sie nicht ernährten, sondern weil Mikroorganismen von alters her an der Zubereitung von Speisen beteiligt sind. Was wäre unser Leben ohne Brot und Wein, Käse und Schokolade, Joghurt und Champagner?

Ohne Zusammenarbeit mit Mikroorganismen ernährten wir uns von Beeren, Nüssen, frischem Kraut, Blättern und Blüten, von Pilzen, Samen und Tieren. Eine geerntete Pflanze würde alsbald vergehen. Wir könnten sie an der Luft trocknen, dörren, über dem Feuer kochen und mit Salz pökeln, damit ihre Vergänglichkeit aufgehalten wird. Aber nur Mikroorganismen vermögen sie zu verwandeln. Sie führen durch den Prozess der Gärung zur Erweiterung des Kreislaufs im Werden und Vergehen, erweitern ihn und lassen Neues entstehen. Dies geschieht beim Fermentieren von Dickmilch und Sauerkraut, beim milchsauren Einlegen von Gemüse, beim Brauen von Bier und bei der Bereitung von Brot und Wein.

Brot

Das tägliche Brot spielt wie der Wein in der Menschheitskultur eine Rolle, die dank mikrobieller Gärung die Eigenschaft körperlicher Ernährung weit überschreitet. Es vermittelt Stärkung auf allen Ebenen und belebt Körper, Seele und Geist.

Einst wurde Mehl mit Wasser als Brei verspeist. Dann wurde dieser auf heißen Steinen über der Asche zu Fladenbrot gebacken. Die Zugabe von Gegorenem erst ließ einen Teig aufgehen. Mikroorganismen verwandeln Stärke zu Kohlensäure und Alkohol, deren Bläschen aus dem Teig nicht entweichen können. Sie heben und weiten ihn und lassen innere Räume entstehen. Bakterien holen das Korn, also den Samen der Pflanze, aus dem Kreislauf des Lebens, der es keimen oder vergehen ließe, heraus und überführen es, durch die Kulturleistung des menschlichen Teigknetens angeregt, in neues Leben als Brot. Darin liegt ein Auferstehungsprozess, und daraus erwächst die Symbolkraft des Brotes zu allen Zeiten. Die Ätherkräfte des Korns werden beim Mahlen aufgeschlossen und durch die Brotbereitung als Ordnungskräfte dem Menschen zugeführt.

Mithilfe der Mikroorganismen hat der Mensch dem Getreidekorn eine Innenraumbildung abgerungen. Einen Innenraum, der sich seelisch-geistig erfüllen lässt. Indem die Verarbeitung der Pflanzensamen sich dank der Bakterien und Hefen vom Flachen zum Kugeligen, von der Scheibe zum Gewölbten erhob, indem neben dem Fladen der Laib entstand, näherte es sich dem Menschen an, der in seiner frühen Embryonalentwicklung auch den Weg von der Dotterscheibe zum Leib mit Innenraum beschreitet.

Das aufgegangene Brot wurde zum Inbegriff eines Raums, der wiederum Wandlungsprozesse birgt. Auch hier sprengen Bakterien, wie überall, wo der Mensch ihnen begegnet, die vorher gegebenen Grenzen. Sie öffnen auch den Außenraum, indem sie als Speise die Brücken zum Unsichtbaren bauen: Den Toten wurde Brot ins Grab mitgegeben. So heißt es im *Ägyptischen Totenbuch:*

> Mein Brot ist im Himmel beim Sonnengott,
>
> Mein Brot ist auf der Erde bei Keb.
> Die Abend- und die Morgenbarke
>
> Bringen mir mein Speisebrot
> Aus dem Hause des Sonnengottes.[92]

Die Innenraumbildung durch Mikroorganismen verändert das Brot und verwandelt es in etwas, was – wie diese Sätze zeigen – die Grenzen der Außenwelt zu beschreiten vermag. Um solches Brot zu backen, ist nun wiederum ein Innenraum erforderlich: der Backofen. Als warme Höhle, aus der verwandelt Neues kommt, ist er zeitlebens auch symbolischer Ort von Wandlungsprozessen. Märchen und Mythen zeigen uns heute noch die tiefe Symbolik des Backofens als Ort einer feurigen Verwandlung. Er ist auch ein Bild für die Höhle im Leib der Erdmutter und für die warme, dunkle Höhle in jeder Frau: die Gebärmutter. So wie das Saatkorn, in den Leib der Erdmutter – den Ackerboden – gelegt, sich in eine Pflanze verwandelt, so wie der Same des Mannes, in die Frau gelegt, nach alter Vorstellung ein Menschenkind hervorbringt, so bringt der Teig, in den Ofen gelegt, den Brotlaib hervor, auch dies nach einem Reifungsprozess. »Die Hefe ist die Hebamme des Bieres und des Brotes«,[93] heißt es darum auch in einem Sprichwort. Ovid spricht von der *Fornacalis dea*, der »Göttin der Backöfen«, der zu römischer Zeit an bestimmten Festen sogar Opfergaben dargebracht wurden. Es war die »göttliche Macht« im *fornax*, also im Backofen.[94]

Diese Reifung kann der Mensch *führen*, in dem er über Hitze, Wasserzufuhr und Dauer entscheidet, er kann sie aber genauso wenig *vollziehen*, wie er das Wachstum des Weizens oder Roggens bewirken kann. Er bildet den Rahmen, in dem Höheres zu geschehen vermag, *er wählt den Raum für die Tätigkeit der Mikroorganismen aus.*

Um Roggen zu einem Raumprozess zu verhelfen, nahm der Mensch den Sauerteig. Die Ägypter waren der Überlieferung zufolge die Ersten, die die Teigsäuerung vollzogen.[95] Vielleicht ist sie jedoch schon älter als diese, also über 5000 Jahre alt. Die Griechen übernahmen den Sauerteig um 800 v. Chr. von ihnen, und auch der römische Gelehrte Plinius der Ältere (circa 23–79) beschrieb ihn.[96]

Erst durch seine Verarbeitung gewann der Roggen als Brotgetreide Bedeutung, erst durch die mikrobielle Fermentation lohnte sich auch auf harten kalten Böden der Anbau von Getreide für Brot. So ließ sich dank der Bakterien und Hefen das Nahrungsspektrum erheblich erweitern. Sauerteig wurde zur Alchemie, zum Gipfel der Backkunst – er ist es bis heute geblieben. Noch in unseren Tagen rankt sich eine tiefe religiöse Bedeutung um die Verwendung von gesäuertem oder ungesäuertem Brot.

Beim Auszug der »Kinder Israels« aus Ägypten wurden Moses und Aaron eindringlich angewiesen, ungesäuertes Brot zu essen.[97] Daher trug das Volk »den rohen Teig, ehe er durchsäuert war, ihre Backschüsseln in ihre Mäntel gewickelt, auf ihren Schultern«.[98] Als wollte Gott sie anweisen, nicht einmal die Mikroorganismen mitzunehmen, die aus ägyptischer Tradition stammten, während sie sich auf den Weg ins Gelobte Land machten. Es sollte kein ägyptischer Wachstumsprozess mit ihnen ziehen, sondern sie sollten die Mikroorganismen des neuen Landes zu sich nehmen. Indem nämlich jedem Sauerteig vor dem Formen der Laiber eine kleine Menge zum Ansäuern des nächsten Teiges zurückgehalten wird, werden seine Mikroorganismen ständig weiterkultiviert, und er entspricht einem strömenden Fortpflanzungsweg, einer Art Erbe. Das Volk Israel aber sollte im Zukunftsland in jeder Hinsicht neu beginnen. Wir dürfen aus diesem frühen Zeugnis der Bibel – von circa 1400 bis 1200 v. Chr. – den bis heute grundsätzlich gültigen Stellenwert der Weitergabe von mikrobieller genetischer Information ablesen.

Sauerteig ist ein komplizierter Teigführungsprozess, der ohne menschliche Tätigkeit rasch in Verderbnis überginge. Mehl und Wasser werden angesetzt, und die Mikroorganismen beginnen, ihn zu gären. Ein Teil dieser Mikroben stammt aus dem Boden, in dem das Getreide wuchs und über den sich die Ähre, Körner bildend, in die Luft erhoben hatte. Andere stammen vom Dreschen, ursprünglich mit einem hölzernen Flegel, wiederum andere vom Mahlen und vom Kneten, was ursprünglich von Hand geschah. Boden, Holz, Wasser und Mensch gaben ihre mikrobielle Würze hinzu.

In verschiedenen, mehrere Tage dauernden Stufen wird der sich entwickelnde mikrobielle Prozess durch Zugabe von weiterem Mehl, Wasser und die Temperaturwahl gelenkt. Dabei steigt der Vitamingehalt infolge der Fermentation an. Durch gezielte Temperaturlenkung und den Zusatz von Mikroorganismen konnte man eine Verdopplung des Vitamins B_1 messen.[99] Auch Säureart und Säuregrad, enzymatischer Eiweißumbau und Stärkeumwandlung lassen sich nach den Wünschen der Bäckerin – das Brotbacken war lange Zeit Aufgabe der Frau – vollziehen.

Es sind die Stoffwechselprodukte der Mikroorganismen, die schließlich die Brottextur und das Aroma bestimmen und die Haltbarkeit des Brots bewirken. Ein gutes Sauerteigbrot kann unter angemessenen Umständen wochenlang aufbewahrt werden. Daher wurde noch bis ins letzte Jahrhundert hinein auf dem Lande nur einmal im Monat gebacken.

Heutige Sauerteigbrote werden mit kürzeren Teigführungszeiten und oft ohne Stufenreifung hergestellt und erfüllen nicht mehr die traditionellen Qualitätskriterien. Sie werden durch Zusatz von Säuren gefertigt, und künstliche Backmittel wurden erfunden, die den langsamen mikrobiellen Prozess ersetzten. Sie tauschten allerdings auch Charakter und Geschmack des Brotes gegen seine Oberflächlichkeit.

Kein Bäcker käme auf die Idee, Bakterien oder Hefen zu bekämpfen, wie es in anderen Bereichen des Lebens geschah. Es wäre töricht, schlecht von ihnen zu denken. Er weiß, dass er auf sie angewiesen ist. Ein guter Bäcker kennt seine Milchsäurekulturen und seine Hefen. Ihnen ein Milieu gestaltend, führt und pflegt er sie, so wie er es aus der oft immer noch mündlichen Weitergabe des traditionellen Bäckerhandwerks gelernt hat. Der Zeitstrom aus der Vergangenheit, der beim Bäcker durch die Überlieferung, bei den Mikroben aus der Erdgeschichte in die weitergeführte Teigkultur fließt, kann im Moment des Brotbackens, da die gegenwärtige Intuition des Bäckers und die Aktivität der Mikroben zusammenwirken, die Ewigkeit in die Gegenwart zaubern.

So war und ist Brot heilig. Indem das Korn im fermentierten Sauerteig fortgetragen wird und statt zur neuen Pflanze zum Brot keimt, überwindet es die Vergänglichkeit und repräsentiert das Wesen der Auferstehung.

Es ist dem einfachen Nahrungskreislauf der Natur, von Boden–Pflanze–Boden zum Menschen hin enthoben und daher nie als Tierfutter geeignet. Nicht umsonst ehrten alle Kulturen das Brot und verstanden es als Träger des Göttlichen.

Ob ungesäuert oder gesäuert: Man brachte es dem Göttlichen dar. Mit dem Kommen Jesu Christi auf Erden und dem Abendmahl vor seiner Kreuzigung wurde Brot zum Inbegriff des menschlichen Mahles. Eine mögliche Übersetzung seines Geburtsortes »Bethlehem« lautet »Haus des Brotes«, eine andere »Haus des Fleisches«. Man weiß nicht: Ist es Brot oder Fleisch, und seit Jesus beim letzten Abendmahl die Worte »Nehmet, esset; das ist mein Leib, der für euch gegeben wird« sprach, indem er mit seinen Händen Brot brach, leben wir mit dem Geheimnis der Wandlung von Geist und Leib. So wie aus dem zermahlenen Korn der Brotlaib aufersteht, so wie der gekreuzigte Christus aufersteht, so kann seither der Mensch auferstehen, der im Brot beim Heiligen Abendmahl die Liebe Christi empfängt. Oder wie es der Bischof Irenäus von Lyon (135–202) formulierte:

> Denn wie das von der Erde stammende Brot, wenn es die Anrufung Gottes empfängt, nicht mehr gewöhnliches Brot ist, sondern die Eucharistie, die aus zwei Elementen, einem irdischen und einem himmlischen besteht, so gehören auch unsere Körper, wenn sie die Eucharistie empfangen, nicht mehr der Verweslichkeit an, sondern haben die Hoffnung auf Auferstehung.[100]

Woher das Wort »Brot« letztlich stammt, ist nicht ganz klar.* Eine Ableitung geht von der Bedeutung »Stück, Bissen« aus, woraus sich auch eine Korrespondenz zum Wort »Brosame«** ergibt.

Brot gilt als die Speise schlechthin. Man isst es am Morgen, zu Mittag und zu Abend. Der Ursprung des Wortes »Brot« liegt im Geheimnis der Geschichte. Aber bevor man von »Brot« sprach, sagte man »Laib«, ein Wort, das vom germanischen *hlaiba* stammt und dem germanischen *leiba* für »Leben« ähnelt und aus dem sich auch das Wort »Leib« bildete.[101] Die Wichtigkeit des Brotlaibs zeigt sich darin, dass die heutigen englischen Benennungen »Lord« und »Lady« ursprünglich der »Laibwart« und die »Laibkneterin« waren. Und der Begriff »Leibrente« heißt so viel wie »Lebensrente«.

* Der heutige Begriff ist abgeleitet vom althochdeutschen *prot* bzw. germanischen *brauda*.

** »Brosame« kommt vom althochdeutschen *brosama* (»Zerriebenes«) beziehungsweise *brusmon* (»Krume«) und *bruar* (»Stückchen«).

Bier

Oft wird die Herkunft des Wortes »Brot« mit dem Wort »Bierbrauen« in Verbindung gebracht, was nicht von ungefähr kommt, denn Brauerei und Backstube lagen häufig nah beieinander. Diese beiden mikrobiellen Fermentationsprozesse brachten das Höchste hervor, in das der Mensch ein Pflanzenkorn verwandeln konnte. Bei beiden sind die 1888 erstmals isolierten und als Einzelstamm benannten *Saccharomyces cerevisiae**, Back- oder Bierhefe, die treibende Kraft. Ohne sie und ohne ihre Begleitbakterien hätten beide weniger Nährwert und faden Geschmack. Brot und Bier gehören zusammen. Sie stammen von Getreide ab, das der Mensch in Tausenden von Jahren aus kleinen Grassamen zu kräftigen Ähren herangezüchtet hat.

Honig vergor zu Met, Früchte zu Wein. Beides gab die Natur. Bier jedoch ging aus einer langwierigen Kulturentwicklung des Menschen hervor.

Es entsprang einem aktiven Miteinander von Mikrobe und Mensch. Nicht nur deshalb ist es genauso gut als Getränk wie als Heilmittel bekannt. Brot und Bier waren auch Entlohnung und Zahlungsmittel. Bier und Brot bedingten einander. In der Stein- und Bronzezeit, so wiesen Ausgrabungen nach, wurde Bier aus Fladenbrot gegoren. Als die Kultur fortschritt, brachten bis zum Beginn der fabrikmäßigen Herstellung von Hefe im 18. Jahrhundert Brauer Bäckern ihre Bierhefe. So »befruchteten« beide – Brauer und Bäcker, Bier und Brot – sich gegenseitig.

Doch wie so viele andere Trennungen im 19. Jahrhundert erfolgte auch die zwischen Bier und Brot, und im Zuge veränderter Braugewohnheiten brach die Brot-Bier-Symbiose dabei auseinander. Statt obergärigem Bier, bei dessen Gärung die Hefen obenauf schwimmen, wurde überwiegend zu untergärigem Brauen gewechselt, bei dem die Hefen zu Boden sinken. Abfall statt Auftrieb fand also statt. Solche Bierhefe war zum Backen nicht mehr zu gebrauchen. Brot und Bier entspringen seither nicht mehr demselben Stamm. Nur gegessen und getrunken werden sie immer noch miteinander.

Das Verhältnis des Menschen zu seiner Bier- und Backhefe ist wie zu vielen anderen Mikroorganismen heute nicht mehr von Respekt und Miteinander geprägt. Vorbei ist die Zeit der Brauerei als Klosterkultur.

Saccharomyces cerevisiae werden mittlerweile völlig losgelöst von ihrer uns Menschen seit Anbeginn begleitenden Aufgabe zu völlig anderen Zwecken gezwungen. Man lässt sie Bio-Ethanol als Kraftstoff herstellen, sie müssen in Abwässern Schwermetalle absorbieren, und sie müssen, nachdem man ihnen zwangsweise mittels Technologie Genstücke menschlicher Zellen verpasst hat, menschliche Substanzen für Medikamente produzieren.**

Inzwischen ist man so weit gegangen, Backhefe durch Genmanipulation zur Produktion von Eiweißen zu bringen, die Weizen ersetzen sollen.[102] Man möchte dadurch allergenfreie Backwaren produzieren. Sicherlich ließe sich durch eine gesunde Mikrobenflora im Darm die Allergiebereitschaft besser reduzieren, statt dass man versucht, mit Pseudo-

* Von den griechischen Wörtern *sákcharon* für »Grieß, Körnerzucker«, *mýkēs* für »Pilz« und dem lateinischen *cer(e)visia* für »Bier«.

** Dazu gehören Interferon, humanes Serumalbumin und Insulin.

lebensmitteln Unverträglichkeiten zu kultivieren. Das Gegenteil wird der Fall sein. Aus missbrauchten Mikroben kann sich keine Gesundheit produzieren lassen, und Heilung kann nicht auf Loslösungen aus einem friedlichen Zusammenleben resultieren. Nichts anderes aber ist Genmanipulation. Nach Tausenden von Jahren liebevoller Zusammenarbeit werden *Saccharomyces cerevisiae* heute zu einer Sache erniedrigt und zum »wichtigen Modellorganismus für zellbiologische Forschung«[103] degradiert. Da mag es ein Trost sein, dass natürliche *Saccharomyces cerevisiae* einer der in Effektiven Mikroorganismen enthaltenen Mikroorganismenstämme sind.

Soma, Met und Chicha

In Ländern, in denen Reis, Mais oder andere Nahrung statt Weizen wächst, werden naturgemäß auch andere Gärgetränke fermentiert. Viele davon waren oder sind gleichzeitig Trunke der Götter. Der beim Gären entstehende Alkohol erhob einst den Menschen zum Himmel empor. Heilung erfuhr er im Geiste, wenn dieser dank mikrobengelenkter Verwandlung des Materiellen sich aus dem physischen Körper lockernd ganz dem Göttlichen hingab. Auch hierin verbanden Mikroorganismen getrennt scheinende Welten.

Soma, ein altindisches Gärgetränk (1500–1000 v. Chr.), wird in der Mythologie aus dem Mondbecher getrunken, bei Vollmond ist er gefüllt, bei Neumond geleert. Jeden Tag trinken die Götter einen Schluck, und von allein füllt er sich zum Vollmond hin wieder auf. Ihnen gleich trinkt ein König bei seiner Initiation davon.

Echtes Mädesüß,
Filipendula ulmaria

Met ist der Honigwein der Germanen, der, mit verschiedenen Namen versehen, auf der ganzen Welt bekannt war. Auch er ist aus der Kraft der Götter gewonnen und wird seit ewigen Zeiten zu besonderen Anlässen getrunken. Er konnte berauschen. Und als »Amethyst«* wurde der Stein benannt, der diesem Rausch entgegenzuwirken vermochte. In vielen Namen ist das Met versteckt, beispielsweise in der Pflanze »Mädesüß«, die zum Würzen bei seiner Gärung verwendet wurde. So ist auch unser Sprachalltag von Fermentationsprozessen durchdrungen.

Im germanischen Mythos hatten die verschiedenen Götterfamilien der Asen und Vanen, als sie nach langem Ringen Frieden geschlossen hatten, ihren Speichel voll all ihrer Weisheit und Redekraft in einer Schale gesammelt und daraus das Wesen Kvasir geschaffen. Kvasir war der Erste, der die Menschen Wissen und Weisheit lehrte. Aus Neid wurde er getötet, und aus seinem Blut ward Met gebraut, »Odrövir« genannt, übersetzt: »der zur Geisteskraft Anregende«. Dieser Met gelangte zur weisen und schönen Gunnlöd, die sich damit in eine verschlossene Höhle in einem Berg zurückzog, wo der Trunk der Weisheit und Inspiration geschützt war. Odin, der höchste der Götter, wollte nun persönlich den Trunk erwerben. Verkleidet als Bölverkr, arbeitete er zunächst mit den Geistern des Korns auf den Feldern. Dann bohrte er ein Loch in den verschlossenen Berg, kroch als Schlange verwandelt hinein und vermählte sich drei Nächte lang als Odin mit Gunnlöd. Sie, die Göttin der ältesten Zeit, weihte ihn in ihre Geheimnisse ein, gab ihm das Met zu trinken, und er wurde erfüllt von noch größerer Kraft und Weisheit. Da kam Gunnlöds Vater Suttungr, um ihn mit dem Schwert zu töten. Odin, in einen Adler verwandelt, floh, Suttungr, ebenfalls zum Adler geworden, verfolgte ihn. Fast erwischte er Odin, doch diesem hielten die Götter eine Schale hin, in die er den Met spie und – erleichtert – entkommen konnte. So wurde Ödrovir, der Met der Weisheit und der Inspiration, zum Besitz der Götter, die jedem, der seiner würdig ist, davon schenken, um ihn zum wahren Wortschöpfer zu machen.

Speichel und Blut werden zum Trank der Weisheit. Die Schlange, in dunkler Höhle verbunden mit der Göttin, erhebt sich in die Lüfte empor und gebiert Neues. Ist dies nicht das Bild des Schlucks Met, der sich die Kehle herunterschlängelt in die Leibeshöhle und dort, verdaut, den Menschen beflügelt und im besten Sinne zu neuen Gedanken und Taten ermutigt? Vielleicht sollten wir mehr Metmikroben trinken, um für eine neue Liebe den Bakterien gegenüber offen zu sein.

Die innige Verbindung zwischen Mikrobe und Mensch für ein Gärgetränk gibt es nicht nur in der Mythologie. Im Jahr 1978 lernte ich sie in einem abgelegenen Dorf auf dem Altiplano in Bolivien kennen: Alte Frauen kauten dort zusammensitzend aus Maismehl gebackene Fladen und spuckten den Brei in einen Kübel. Dort beließ man ihn zum Gären, und heraus kam Chicha: Maisbier. Es sind tatsächlich die körpereigenen Mikroorganismen, die die durch Speichelenzyme gespaltenen Stärken des Maises schließlich in ein alkoholhaltiges Getränk verwandeln. Und die Speichelbakterien des Volksstamms wurden auf diese Weise von Generation zu Generation weitergegeben.

Met wurde traditionell zu hohen Festen getrunken, auch noch bis ins letzte Jahrhundert hinein. Sommersonnenwende oder kirchliche Festtage waren Anlass, den Honigwein

* Vom griechischen *améthystos* für »nicht trunken«.

zu trinken – und ihn zu verehren. Aus Oberösterreich ist bekannt, dass man anlässlich des Mettrinkens den Metkeller mit Birkengrün schmückte und mit Wachslichtern erhellte.[104] Als Dank für die Verwandlung ehrte man den Ort des Geschehens und mit ihm unbewusst die Mikroben. Von solcher Verehrung ist das heutige Trinken gegorener Getränke weit entfernt. Selbst wenn Wein- und Bierfeste örtlich erhalten sind, stehen alkoholische Getränke inzwischen eher für Konsum oder sogar für Sucht, Ursache für Gewalt und Rücksichtslosigkeit.

Wein

Nicht nur der Wein aus Honig, sondern auch der aus Trauben vergorene Wein ist ein Trunk der Götter. Im antiken Griechenland feierte man Dionysos, den Gott des Weins, der zugleich Gott der Freude, der Weintrauben und der Ekstase war. Er war ein Sohn des obersten Gottes, Zeus, mit Semele, einer Sterblichen, verband also in seinem Wesen Götterhimmel und Erdenwelt. In ihm lebt der ganze Zyklus von Wachsen–Frucht–Vergärung–Trinken und seiner Wirkung. Nicht von ungefähr ist er der jüngste der großen griechischen Götter. Er wurde unter anderem mit Leopard und Satyr dargestellt.* »Bacchus« heißt seine römische Entsprechung.

»Dionysos mit Leopard und Satyr«, römische Kopie aus dem 2. Jahrhundert n. Chr. nach griechischem Vorbild, Marmor, Palazzo Altemps, Rom

* In der griechischen Antike war »Leopard« die Bezeichnung für ein Mischwesen zwischen Löwe *(léōn)* und Panther *(párdos)*. Beides waren heilige Tiere. Der Leopard drückt in dieser Darstellung also ebenfalls eine Verbindung zwischen verschiedenen Elementen aus. Satyrn waren Geistwesen, die der griechischen Mythologie zufolge Dyonysos begleiteten.

Wein spielte auch bei der römischen Verehrung der *Bona Dea* eine Rolle, der »Guten Göttin«, deren Name von den Priesterinnen geheim gehalten wurde. Ihre Attribute, das Füllhorn und die Schlange, und ihre Fähigkeit zu heilen erinnert auffällig an die Eigenschaften der griechischen Göttin Hygieia. Ihr Festtag war der 4. Dezember, der heutige Gedenktag der heiligen Barbara.

Wir stellen uns unter Dionysos und Bacchus rauschtrunkene Götter vor, so wie wir vielleicht heute vor Trunkenheit schwankende Menschen vor uns sehen. Doch ihre Verehrung war anders gelebt. Beide stehen für das Prinzip einer Vergeistigung aus der Erdenpflanze heraus, über ihre Frucht und deren mikrobielle Verwandlung, und für die Verwandlung des Menschen hin zu Gott. In der bildenden Kunst findet man dies häufig dargestellt, indem die eine Hand des menschengestaltigen Weingottes zur Weintraube hinabreicht und die andere ein weingefülltes Glas erhebt. Es wundert daher nicht, dass der Wein auch im Christentum eine zentrale Rolle einnimmt. Von Noah, von dem im Buch Genesis berichtet wird, dass er den ersten Weinberg bepflanzte,[105] bis zur Offenbarung des Johannes hat Wein in der Bibel einen hohen Stellenwert. Im Sakrament des heiligen Abendmahls offenbart sich Gott uns Menschen im Wein.

Weingärung ist eine Gemeinschaftsleistung vieler Mikroorganismen. Die Mikroben der Traubenschalen führen zur Spontangärung und mischen sich mit den Kulturen, die im Lauf der Zeit in alten Weinkellern vorhanden sind. Durch die Führung von Ernte, Verarbeitung und Lagerung gestaltet der Winzer das Milieu, in dem bestimmte Mikrobenstämme kultiviert werden. Geschmack und Qualität von Wein werden durch den Gärungsprozess erheblich mitbestimmt. Je natürlicher er verläuft, desto besser ist das Aroma. Da Weintrauben aufgrund der chemisch-synthetischen Bearbeitung beim Anbau heute eine für Spontangärung heikle Mikrobenflora auf der Schale tragen, werden dieser inzwischen künstliche Reinzuchthefestämme zugefügt, zum Teil als wirbelstromgetrocknete Granulate. Diese führen begreiflicherweise zu einem immer flacheren und eher standardisierten Weingeschmack.

Korn ist ein Gärgetränk, das seit dem 15. Jahrhundert bekannt ist und aus gemahlenem und mit Wasser verkleistertem Getreide hergestellt wird, indem man diese Maische mit Malz versetzt, mit Hefen vergären lässt und anschließend destilliert. Aus dem Getreidekorn wird der Kornbrand mit über 37 Volumenprozent Alkohol. Er vermag den Geist recht schnell in Verwirrung zu bringen.

Die Krönung der Kunst des Kelterns liegt im Schaumwein und dessen traditionell bedeutender Herkunft nach im Champagner. Er wird zunächst zum Grundwein vergoren und anschließend ein zweites Mal monate- oder jahrelang in der Flasche. Zunächst vermehren sich Hefen, deren Abbauprodukte den Bakterien als Nährstoffe dienen, während Erstere sich allmählich zurückziehen. Jahrelang arbeiten Mikroorganismen so an seinem Bouquet; und je länger ein Sekt reift, desto länger können die Bakterien dies tun. Die Milieuführung des Sekts ist eine Handwerkskunst für sich. Nebst Hefen fanden Forscher der Universität Barcelona[106] in der fertigen Flasche 617 verschiedene Mikrobenstämme, die für Aroma und die Bläschengröße beim Perlen verantwortlich sind. Kein Wunder, dass er bei so viel gemeinsamem Einsatz von Mensch und Mikrobe nur zu besonderen Anlässen getrunken wird.

Am Beispiel der Gärgetränke offenbart sich die Absurdität der Idee, Kleinstlebewesen zu bekämpfen. Hier dürfen sie noch weitgehend in Frieden mit uns zusammenleben und dienen »der Vollendung der Tat«.

Von Schokolade bis Sauerkraut

Alle Früchte wurden von Natur aus mit einer Hülle von Mikroorganismen auf ihrer Haut umgeben. Sie sind die Imprägnierung, die die Pflanze ihrem Nachwuchs auf den Weg zum Keimen in der Erde mitgibt. Ihre Besiedlung hängt von dem ab, was sie von innen wachsen ließ und was sie in der Umgebung erlebte. Natürlich unterscheiden sich in ihrer mikrobiellen Außenbesiedlung chemisch gespritztes und naturbelassenes Obst erheblich.

Gibt man geerntete Früchte zerkleinert in ein Gefäß, beginnen sie von selbst zu gären, indem sich die Mikroorganismen von der Außenhaut vermehren, ebenso wie es diejenigen des Getreides im Sauerteig tun. Sie setzen Fruchtsubstanz mit ihrem Stoffwechsel um und reichern das entstehende Substrat mit ihren Ausscheidungen an. Nicht nur Gase, nicht nur Alkohol und Säuren entstehen, sondern auch der Vitamingehalt nimmt zu, Mineralien, Eiweiße und sekundäre Pflanzenstoffe werden aufgeschlossen, und für den Menschen, der das Endprodukt trinkt, ist alles vorverdaut und bekömmlicher.

Dasselbe gilt für fermentierte Lebensmittel wie Sauerkraut, Käse, Dickmilch und milchsauer eingelegtes Gemüse. Sie bewahren ihre Vitamine, während frisch Geerntetes diese rasch verliert. Von echtem Joghurt wissen wir, dass der Folsäuregehalt gegenüber der Rohmilch um ein Vielfaches steigt. Ähnliches geschieht mit anderen Spurennährstoffen. Im Sauerkraut steigert sich gegenüber dem Weißkohl der Gehalt an freien Aminosäuren, an Palmitin- und kurzkettigen Fettsäuren, an Histamin und an Vitamin C, während Zucker abgebaut werden. Auch ohne vollständige Vergärung bauen Mikroorganismen bereits unerwünschte Begleitstoffe ab.

Bei Bohnen wurde nachgewiesen, dass sie durch Fermentieren ihre blähenden Ballaststoffe verlieren, indem die in den Bohnen vorkommenden Alpha-Galactaside von Darmbakterien verstoffwechselt werden.[107] Nach 48 Stunden Fermentation nahm deren Konzentration bereits um 70 Prozent ab, nach 96 Stunden sogar um 95 Prozent.

Fermentierte Oliven verlieren ihre Bitterkeit. Auf vielerlei Weise verbessern Mikroorganismen unsere Nahrung, konservieren sie und bereiten sie für unsere Verdauung vor. Sogar Schokolade entsteht mit mikrobieller Hilfe, denn die von den Kakaofrüchten geernteten Kakaobohnen müssen zunächst zwanzig Tage lang gären, bevor sie getrocknet, geröstet und zerkleinert zur Kakaomasse verarbeitet werden können.

Bei allen milchsauren Vergärungen sind zwar Milchsäurebakterien wichtig, sie sind aber keineswegs allein tätig. Immer ist es eine Mischung von Mikroben, die die Gärung bewirkt, und niemals ist diese Mischung genau gleich. Fermentation ist ein Prozess, dessen Milieu in Bezug auf Temperatur, Salzgehalt und Luftabschluss vom Menschen geführt wird. Zunächst vermehrt sich eine aerobe Mischkultur, die zum Beispiel unter Synthese von Ameisen-, Essig- und Bernsteinsäure den eingebrachten Sauerstoff verbraucht. Ist dies geschehen, stellen die aeroben Mikroben ihre Tätigkeit ein und geben die Regie an anae-

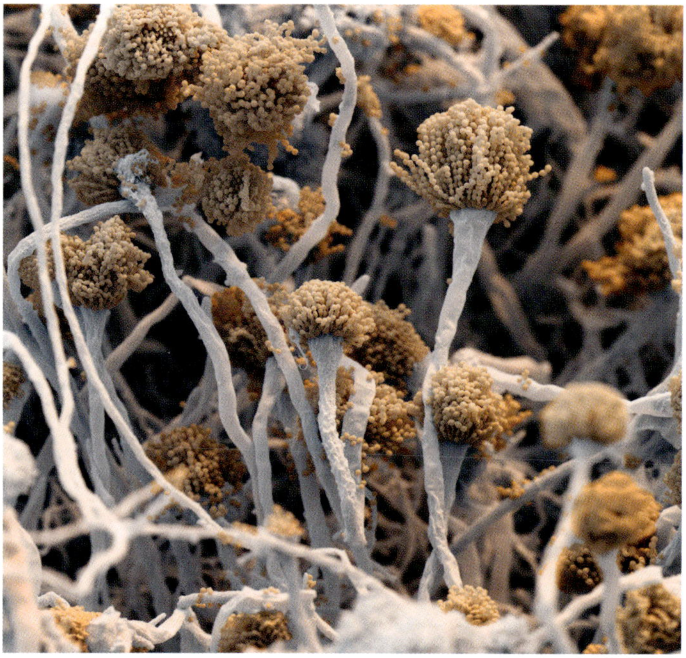

Der Schimmelpilz *Aspergillus fumigatus, Rasterelektronenmikroskopie,* 460fach vergrößert

robe Milchsäurebakterien ab. Neben Milchsäuren entstehen nun prägende Geruchs- und Geschmacksstoffe.* Eine klassische Gärung dauert mehrere Wochen. Je höher der Säuregehalt zuletzt ist, desto haltbarer ist das entstandene Lebensmittel. Moderne industrielle Methoden mit nur kurzzeitiger Gärung unter Zugabe künstlicher Zusätze bringen den Reichtum an Stoffwechselprodukten nicht mehr hervor.

Milch wird, seit sie verwendet wird, ebenfalls vergoren. Milchsäurebakterien führen zur Senkung ihres pH-Werts und lassen Eiweiße sich zusammenlagern. Mit zunehmender Säuerung bildet sich ein Gel, das unter Bewegung zerfällt. Kumys, Joghurt und Sauermilch entstehen durch diesen Wandlungsprozess.

Werden der Milch gezielt Mikroorganismen beigegeben, erfolgt die Veränderung je nach deren Tätigkeit: *Streptococcus bactis* führt zu Crème fraîche, andere Bakterien zu speziellen Joghurtprodukten oder zu den verschiedenen Frischkäse- und Sauermilchkäsesorten wie Quark, Schicht- und Hütten- sowie Doppelrahmkäse und Mascarpone. Hartkäse entsteht durch zusätzliches Versetzen der Milch mit Lab, dem Verdauungsenzym Chymosin, das natürlicherweise aus Kälbermägen gewonnen wird. Dies ist eigentlich ein tierisch-enzymatischer Prozess, der jedoch heutzutage auch aus dem natürlichen Kreislauf ausgesondert wird, indem man das Enzym künstlich herstellt. In Deutschland werden 75 Prozent des verkauften Käses mit Chymosin produziert, das aus gentechnisch manipulierten Mikroorganismen stammt, international sogar noch mehr.[108]

Es wird gewonnen, indem man Schimmelpilzen wie *Aspergillus niger* einen Teil ihrer Gensubstanz nimmt und diese durch Gene von Tieren ersetzt. Dadurch zwingt man sie,

* Dazu gehören Ethanol, Kohlendioxid, Mannit, Dextane und Ester.

Chymosin herzustellen. Sie werden in großen Behältnissen kultiviert, und mit dem Ertrag wird die Käsemilch versetzt. Moderner Hartkäse bringt also immer auch Lebensinformation von unglücklichen Schimmelpilzen mit sich, die als mikrobielle Zwangsarbeiter missbraucht wurden. Auch bei dieser Verwendung biotechnologisch erzeugter Lab-Austauschstoffe geht Vielfalt verloren, denn während Kälberlab aus Chymosin verschiedener Typen und Untertypen besteht, zu denen alle weiteren darin vorkommenden Molekülstrukturen passen, wird künstlich hergestelltes Chymosin von nur einem bestimmten Typen, also quasi jeweils als Monokultur hergestellt.

Bakterien helfen heilen

Wenn ein Denkmuster beim Menschen in Einseitigkeit führt, gedeiht auch der Ausgleich dazu. Kaum hatte die Bakterienbekämpfung die Köpfe der wissenschaftlichen Welt erobert, widmeten sich einige Ärzte der Erforschung der physiologischen Darmflora. Zu den ersten gehörte der Kinderarzt Theodor Escherich (1857–1911), dem zu Ehren später *Escherichia coli (E. coli)* benannt wurde, das bis heute wohl bekannteste Bakterium überhaupt. Er nannte es *Bacterium coli commune*, das »allgemeine Darmstäbchen«, da er es am häufigsten fand. In seiner Habilitationsarbeit von 1886 präsentierte er das Ergebnis aus Untersuchungen von Stuhlproben, in denen er neunzehn verschiedene Darmbakterienarten nachweisen konnte. Das war damals viel, auch wenn man inzwischen weit über tausend bestimmt hat und weiß, dass die Menge der *E. coli* nur weniger als 0,1 Prozent der Darmbakterien ausmacht.

Die Ärzte Alfred Nißle (1874–1965) und Arthur Becker (1893–1952) entdeckten etwa zeitgleich, dass die bakterielle Besiedlung in den Schleimhäuten für die Gesundheit förderlich ist. Geht eine Krankheit mit gestörter Bakterienflora einher, so folgerten sie, lässt sie sich über deren Veränderung auch kurieren. Konsequenterweise fingen sie an, therapeutische Bakterienpräparationen zu erproben.

Vorausgegangen war damals die Meinung, Darmbakterien seien grundsätzlich schädlich und führten zu giftigen Fäulnisprozessen, die krank machten. Der russische Zoologe und Bakteriologe Elias Metschnikow (1845–1916) ging im Jahr 1908 so weit zu fragen, ob der Mensch älter würde, wären nicht solche »wilden Bazillen« im Darm. In seinem Buch *Beiträge zu einer optimistischen Weltauffassung*[109] diskutierte er ernsthaft die chirurgische Entfernung des Dickdarms zwecks Beseitigung dieses Problems, denn Versuche, den Darm zu sterilisieren, hatten sich trotz der Verwendung von Antiseptika wie Quecksilbersalzen oder Naphthalin* im Verlaufe von zehn Jahren als wirkungslos erwiesen. Letzteres hatte sogar zu einer unerwünschten Zunahme der Darmbakterien geführt. Schließlich kam er darauf, dass im Darm dasselbe Mittel helfen müsse, die Verwesung zu verhindern, das auch Lebensmittel nicht faulen lässt, nämlich Milchsäuren. Aus Dörfern in Bulgarien, wo Menschen über hundert Jahre alt wurden, ließ er Milchsäurebakterien importieren, um sie zur Lebensverlängerung zu trinken und als ein Heilmittel zu empfehlen, das diese »wilden Bazillen aus dem Darm verscheucht«. Er sah deutlich einen Zusammenhang zwischen Darmflora und Lebenserwartung, und obgleich er Darmbakterien grundsätzlich als schädlich interpretierte, was uns heute amüsiert, lenkte er doch die Aufmerksamkeit der Menschen auf dieses Zusammenwirken.

* Naphthalin ist ein hochgradig gesundheitsschädlicher bizyklischer aromatischer Kohlenwasserstoff, der aus Steinkohleteer isoliert wird. Es wird heutzutage zur Herstellung von Lösungsmitteln und Kraftstoffzusätzen verwendet.

Titelblatt der ersten Veröffentlichung Theodor Escherichs über die Bedeutung der Darmbakterien

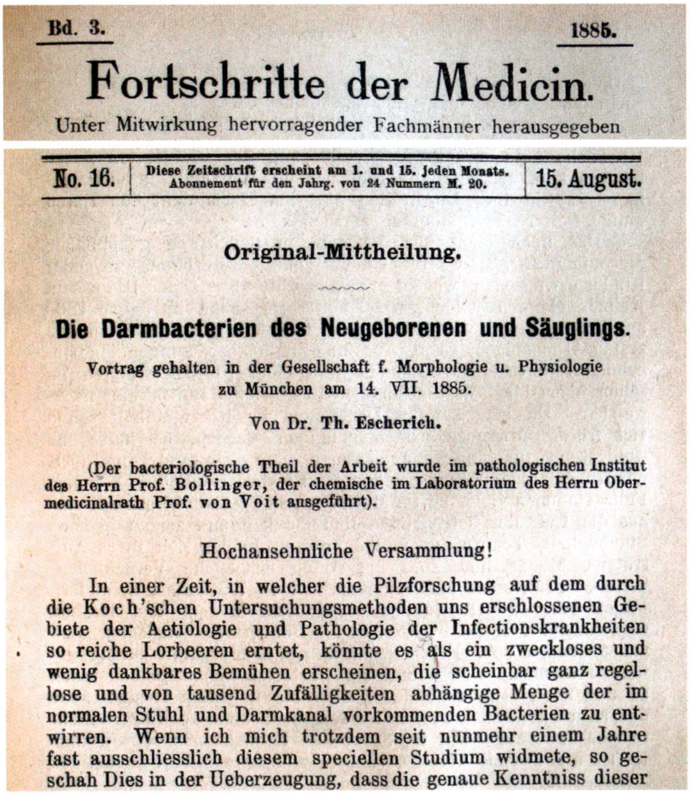

Bd. 3. 1885.

Fortschritte der Medicin.

Unter Mitwirkung hervorragender Fachmänner herausgegeben

No. 16.	Diese Zeitschrift erscheint am 1. und 15. jeden Monats. Abonnement für den Jahrg. von 24 Nummern M. 20.	15. August.

Original-Mittheilung.

Die Darmbacterien des Neugeborenen und Säuglings.

Vortrag gehalten in der Gesellschaft f. Morphologie u. Physiologie zu München am 14. VII. 1885.

Von Dr. Th. Escherich.

(Der bacteriologische Theil der Arbeit wurde im pathologischen Institut des Herrn Prof. Bollinger, der chemische im Laboratorium des Herrn Obermedicinalrath Prof. von Voit ausgeführt).

Hochansehnliche Versammlung!

In einer Zeit, in welcher die Pilzforschung auf dem durch die Koch'schen Untersuchungsmethoden uns erschlossenen Gebiete der Aetiologie und Pathologie der Infectionskrankheiten so reiche Lorbeeren erntet, könnte es als ein zweckloses und wenig dankbares Bemühen erscheinen, die scheinbar ganz regellose und von tausend Zufälligkeiten abhängige Menge der im normalen Stuhl und Darmkanal vorkommenden Bacterien zu entwirren. Wenn ich mich trotzdem seit nunmehr einem Jahre fast ausschliesslich diesem speciellen Studium widmete, so geschah Dies in der Ueberzeugung, dass die genaue Kenntniss dieser

Während Dick- oder Sauermilch als fermentierte Lebensmittel seit alters bekannt waren, kannte man das aus dem Türkischen stammenden Wort »yoğurt« und seine Kultur im übrigen Europa noch nicht. Angeregt durch Metschnikows Erfolge mit Bakterien vom Balkan, ließ sich der von Griechenland nach Barcelona ausgewanderte Arzt Isaac Carasso (1874–1939) im Jahr 1919 bulgarische Joghurtkulturen schicken, die er, zu Joghurt verarbeitet, in Apotheken zur Therapie kindlicher Durchfälle vertrieb. Die nach dem Kosenamen seines Sohnes Daniel »Danone« genannte Joghurtfirma versorgte bald ganz Europa und Übersee mit den freundlichen Keimen. Sohn Daniel Carasso wurde 103 Jahre alt.

Auf einmal wurden dank der Bakterienkulturen Lebensmittel und Heilmittel eins. Wo Bakterien wirken dürfen, finden die dem Hippokrates zugeschriebenen, aber nicht von ihm stammenden* berühmten Worte »Lebensmittel seien eure Heilmittel, und Heilmittel seien eure Lebensmittel« wieder ihren tieferen Sinn. Bakterien verbinden beides miteinander, und da, wo Bakterien eingesetzt werden, erscheint eine Trennung in Nahrung oder Medizin nicht mehr erforderlich.

* Es gibt keinen schriftlichen Beleg für die Herkunft dieses Spruches aus der Ärzteschule von Kos oder von Hippokrates selbst. Laut Prof. Dr. Karl-Heinz Leven, Erlangen, drückt diese Zuordnung eher den Wunsch des heutigen Menschen nach einer Autorität aus (mündliche Mitteilung, 14. Dezember 2011).

Der Beginn der Mikrobiologischen Therapie

Im Jahr 1912 hatte Alfred Nißle beobachtet, dass *E. coli* andere *E.-coli*-Bakterien im Wachstum hemmen konnte. Er forschte daraufhin nach einem *E.-coli*-Stamm, der therapeutisch einsetzbar sei, und fand ihn im Darm eines als einzigem von Durchfall verschont gebliebenen Soldaten des Balkankriegs. Als »*Escherichia coli* Stamm Nißle 1917« wurde sie die berühmteste Forschungsbakterie weltweit und ist bis heute Bestandteil vieler Medikamente. An verschiedenen Orten wurde nun mit Bakterien zur Heilung experimentiert, so gab zum Beispiel der bereits erwähnte Arthur Becker im Jahr 1922 Tuberkulosepatienten zur Therapie eine Mischung von Bakterien, die er aus Speichel gewonnen hatte.

Mit der bewussten Gabe von Mikroorganismen in therapeutischer Absicht entstand als Heilmethode die »Mikrobiologische Therapie«. Sie war erfolgreich und wäre vielleicht noch eher bedeutsam geworden, hätte nicht Theo Morell (1886–1948), der Leibarzt Adolf Hitlers (1889–1945), diese Therapie und ihre Medikamente geschätzt, was nach dem Zweiten Weltkrieg, als vieles pauschal beurteilt wurde, keine gute Reputation mit sich brachte. So aber verstärkten die Weltkriege nicht nur den Krieg in den Köpfen, sondern auch den gegen Bakterien. Die Antibiotikatherapie trat in der Vordergrund und wurde zur »offiziellen« Medizin.

Ein kleiner Kreis von Ärzten um Hans Peter Rusch, Hans Kolb und Arthur Becker begründete im Jahr 1954 den »Arbeitskreis für Mikrobiologische Therapie«, der die Keimzelle für einen praktischen Einsatz von Bakterien in der Medizin wurde, lange Jahre unter der Leitung von Kinderarzt Professor Helmut Mommsen. Seither kennt man unter der Mikrobiologischen Therapie die Behandlung mit lebenden oder toten Bakterien oder deren Bestandteilen, die zum Schlucken oder als Spritzen verabreicht werden. Sie bewirken eine Milieuveränderung im Darm und modulieren das Immunsystem, das heißt, überschießende Reaktionen werden gedämpft, und Schwäche wird gestärkt. Beides kann zur Heilung der verschiedensten Erkrankungen führen. Schon die Pioniere der Mikrobiologischen Therapie beobachteten dabei, dass zugeführte Bakterien sich nicht unbedingt direkt im Körper ansiedelten. Nur bei Neugeborenen und Kleinkindern, deren Darmflora noch ungeprägt war, ließen sich eingenommene Bakterien später auf den Schleimhäuten wiederfinden. Trotzdem wirkten sie sich auf das Schleimhautmilieu aus. Die Wirkung musste also anders stattgefunden haben. Die alte Vorstellung, man schicke eine »Truppe« von Bakterien in den Körper, die dort krankes »Land« besiedeln und die »unerwünschten Keime« verdrängen würden, trog.

Da Bakterien durch Signale miteinander kommunizieren, kann es durchaus sein, dass eine Wirkung aufgenommener Bakterien in der Kommunikation zwischen allen Beteiligten liegt. Zugeführte Bakterien geben einen Impuls an die bereits dort lebenden Mikroorganismen, informieren sie also gewissermaßen, und gemeinsam reguliert sich das Milieu in eine der Gesundheit entsprechende Ordnung um.

Ob dieser Impuls auf direkter, indirekter oder auf übergeordneter Ebene stattfindet, muss die Forschung in der Zukunft noch klären. Schon in den Anfangszeiten der Mikrobiologischen Therapie fanden Heilungen statt, die stofflich nicht erklärbar waren: Wenige Stunden nach der Einnahme lebendiger Bakterien konnten Entzündungen von Leber,

Niere, Vene oder Brustdrüse abklingen.[110] Immunreaktionen allein machen dies auch heute noch nicht plausibel.

Da wir wissen, dass die Bakterien eines Körpers sich dank ihrer Kommunikation untereinander wie eine Gesamtheit, quasi als Organ, unterhalten können, muss es auch möglich sein, dieses »Bakterienorgan« als Ganzes durch einen Impuls von seinesgleichen anregen zu lassen. Durch Regulation des gesamten Organismus Tier oder Mensch findet daraufhin eine Wandlung zur Gesundung hin statt.

Mithilfe der Mikrobiologischen Therapie kann also im Prinzip alles behandelt werden, außer bei Autoimmunerkrankungen oder unter einer Behandlung mit das Immunsystem unterdrückenden Medikamenten. Allerdings sollte man dabei im Zweifelsfall auf Selbstversuche verzichten. Zahlreiche Therapeuten sind inzwischen offen für eine Behandlung ihrer Patienten mit Bakterien.

Die Indikationen zu solch einer Behandlung sind ganz verschieden. Am bekanntesten ist, dass die Verträglichkeit von Lebensmitteln zunimmt, allergische Reaktionen verschwinden, eine Pilzüberbesiedlung korrigiert und chronische Infektionsneigung kuriert wird, dass chronisch-entzündliche Darmerkrankungen heilen oder die Nebenwirkungen anderer Therapien gemildert werden.

Für die gezielte Immunmodulation wurden inzwischen auch individuelle Präparationen entwickelt, »Autovaccine« genannt, für die aus patienteneigenen Körperausscheidungen Mikroorganismen kultiviert und dem Patienten wieder zugeführt werden. Dadurch lassen sich insbesondere bei chronischen Erkrankungen erstaunliche Behandlungserfolge erreichen.

So wegbereitend die Entwicklung der Mikrobiologischen Therapie war, blieb sie trotz allem im Denken getrennter Einheiten stecken. Diejenigen, die eine Alternativtherapie zu Antibiotika, den »Gegnern« von Bakterien, entwickelten, waren nicht etwa bedingungslose Freunde der Kleinstlebewesen. Nißle sprach von einer »antagonistischen Behandlung von Darmstörungen mit *E. coli*« und auch von »Bekämpfen«.[111] Er war ja von Beruf Stabsarzt des Militärs. Auch den Ärzten, die sie später vertraten, blieb zum Teil das kriegerische Freund-Feind-Denken vertraut und wurde auf die Mikroorganismen übertragen. Sätze wie die im Kapitel »Wie Sprache und Denken einander bedingen« (Seite 143) zitierten aus einem Lehrbuch für Mikrobiologische Therapie, aber mit Worten wie aus einer militärischen Strategieanleitung, sprechen eher von verbalkriegerischem Unwillen über unsere kleinsten Mitbewohner als von einem dankbaren Miteinander. Solange darin von »Bekämpfen pathogener Keime« und von einem »keineswegs zu unterschätzendem Feindpotential«[112] gesprochen wird, kann sich Heilung nicht als Ganzes vollziehen.

Die Verwendung ausgewählter einzelne Bakterienkulturen und ein immer noch einseitiges Denken in dieser Therapie führten auch zu ihrer geringen Glaubwürdigkeit und schränkten ihre Entfaltung und Verbreitung ein.

Für die Mikrobiologische Therapie verwendet man bislang Einzelstämme aus bakteriellen Reinkulturen, die als Flüssigkeit, gefriergetrocknet oder abgetötet eingenommen werden. Dabei werden nur selten mehrere Stämme kombiniert. Man teilt die bekannten Stämme in solche ein, die wenig, mittelgradig oder stark auf das menschliche Immunsystem wirken, und bemüht sich, diese kontrolliert zuzugeben. Dass eine weitgehend natürliche Bakterienmischung eine ihr eigene Organisation besitzt, die über die Wirkung isolierter Einzelstämme hinausgeht, wurde – vielleicht immer noch aus Angst vor »pathogenen« Bakterien – bislang übersehen.

Somit bleibt auch dieser wertvolle Ansatz eines Miteinanders von Bakterie und Mensch im eingeengten Denken der Trennung gefangen. Bei allem guten Willen und den wichtigen Impulsen, die die Pioniere dieser Heilmethode auch über die medizinische Anwendung hinaus im Landbau gegeben haben,* blieben viele von ihnen im Gedankengut ihrer Zeit verhaftet und für das umfassende Wirken und Wesen der Bakteriengemeinschaft blind. Jetzt ist die Zeit, um neu hinzuschauen.

Die bisherige Mikrobiologische Therapie, obwohl immer noch einseitig im Freund-Feind-Denken gefangen, das gute und böse, also erwünschte und unerwünschte Bakterien kennt, war historisch gesehen ein wichtiger Schritt, indem sie, nachdem Bakterien generalisiert zu Feinden erklärt worden waren, auf die Nützlichkeit der Schleimhautbakterien hinwies. Sie ist aber darüber noch nicht sonderlich weit hinausgekommen. Bislang befasste sie sich mit den Bakterien des gesamten Verdauungsorgans, doch wenig mit allen übrigen Kleinstlebewesen des Körpers. Dort gibt es für eine positive Beeinflussung noch viel Raum: Haut und Haar, Füße und Ohren, überall warten Bakterien auf unsere freundliche Zuwendung. Unter den Achseln und zwischen den Zehen – wo immer wir mikrobiell besiedelt sind, können wir etwas zu ihrem gesunden Tätigsein beitragen. Auch überall dort können Erkrankungen, bei denen Bakterien mitbetroffen sind, durch einen mikrobiellen Impuls korrigiert werden, solange dieser aus dem natürlichen Miteinander einer gesunden Bakteriengemeinschaft entspringt. Bakterien können erfahrungsgemäß nicht nur Durchfall und Hautausschläge heilen, sondern auch offene Wunden und Prellungen, Entzündungen und Verhärtungen. Hier gibt es in der medizinischen Forschung und Praxis noch ein ganz weites Feld.

Von probiotisch zu conbiotisch

Vielleicht muss der Mensch in der Geschichte immer erst die Gegensätze erleben, bevor er sich, sie überwindend, zum Frieden darüber erheben kann. So prägte der Arzt und Pionier der Vollwerternährung Werner Kollath (1892–1970) im Jahr 1953 den Begriff »Probiotikum«, das so viel wie »*für* das Leben« heißt. Er wollte damit dem »Antibiotikum« ausdrücklich etwas entgegensetzen.[113]

Kollath meinte mit dem Begriff »Probiotikum« zunächst »wertvolle« Nahrung«, doch im Laufe der Zeit änderte sich diese Bedeutung. Probiotikum wurde für »lebendige Makromoleküle« verwendet, dann für Stoffwechselprodukte von Bakterien, später für lebendige Bakterien, die in der Nahrung geschluckt wurden, und heute definiert die WHO Probiotika als »lebende Mikroorganismen, die, wenn in ausreichender Menge verabreicht, dem Wirtsorganismus einen gesundheitlichen Nutzen bringen«. Woran man solch einen Nutzen misst, wird dabei nicht näher benannt. Es können also damit definitionsgemäß

* Dr. Hans Peter Rusch war mit Dr. Maria Müller und ihrem Ehemann Hans Initiator des Bioland-Verbands.

auch Champagner oder Sauerkraut gemeint sein, womit wir wieder bei unserem Ursprung angekommen sind: Bakterien überall. Bakterien auf die Haut gepinselt, Bakterien in die Raumluft versprüht – selbst wenn ein Bauer seinen Schweinestall mit Mikroben benebelt, darf er das nun »probiotisch« nennen. Die Wandlung des Wortes lässt geradezu hoffen, dass wir uns wieder zur Wahrheit zurückbewegen: Bakterien tun einfach gut.

Natürlich sind mit »Probiotika« aber bislang meistens ausgewählte Produkte gemeint. Fachleute unterscheiden Nahrungsprobiotika, zum Beispiel Joghurt oder Sauerkraut, pharmazeutische Probiotika, die meist aus gefriergetrockneten Bakterien in großer Dichte bestehen, und medizinische Probiotika, für deren Wirkung bei Erkrankungen wissenschaftliche Studien bestehen.

*Prä*biotika* heißen hingegen Substanzen, die der Nahrungsversorgung bestimmter Darmbakterienstämme dienen, vorzugsweise den milchsäurebildenden, damit diese sich bevorzugt vermehren. Man zählt Inulin und die Pektine** hierzu. Für die Kombination von Prä- und Probiotika hat man das Wort »Symbiotika« gefunden.

Weil die eigentliche Rolle der Bakterien auf den Schleimhäuten von Mensch und Tier immer noch vor dem geschichtlich verzerrten Hintergrund gesehen und daher nicht ausreichend verstanden wurde und weil sie vehement kommerziell beworben werden, betrachtet man Probiotika bis heute skeptisch. Kein Wunder, wenn man eine frisch aus dem Garten gezogen verspeiste Möhre oder einen gepflückten Apfel ebenso wie ein Glas Bier definitionsgemäß genauso als Probiotikum bezeichnen müsste wie einen teuren Extrajoghurt mit drei statt wie gewöhnlich einer Bakterienkultur.

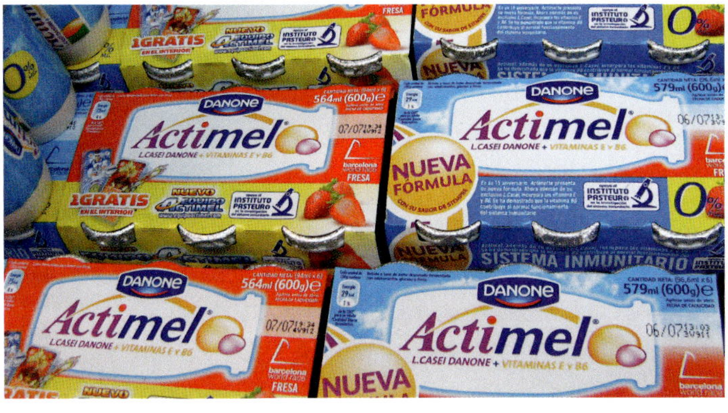

Werbung für »probiotischen« Joghurt***

* Vom lateinischen *prae* für »vor, voran«.

** Inulin ist ein Polysaccharidgemisch aus Pflanzenspeicherorganen, zum Beispiel der Topinamburknolle und der Schwarzwurzel, das nicht direkt vom Menschen, aber von seinen Darmbakterien verdaut werden kann. Da es süß schmeckt, jedoch nicht zu Zucker gespalten wird, dient es an Diabetes Erkrankten als Süßungsmittel. Pektine sind Strukturkohlehydrate aus Pflanzen, die ebenfalls von menschlichen Verdauungssäften nicht aufgeschlossen, aber von Mikroorganismen als Nahrung verwendet werden können. Äpfel und Möhren enthalten relativ viel Pektin und gelten daher als Diät bei Durchfall.

*** Der Packungstext neben dem abgebildeten Mikroskop lautet: »Zum 15. Geburtstag präsentiert sich A. in neuer Formel. Jetzt enthält es außer dem exklusiven *L. casei* auch noch die Vitamine E und B_6. Es hat sich gezeigt, dass Vitamin B_6 zum normalen Funktionieren des Immunsystems beiträgt.«

Auch der Sinn einer therapeutischen Anwendung von Probiotika wird immer wieder infrage gestellt: Sie könnten den sauren Magen nicht passieren, ihre Bakterienmenge sei zu gering, um einen Unterschied in den vielen Arten und über hundert Billionen Einzellern im Darm auszumachen, und sie siedelten sich gar nicht ausreichend dort an. Erst seit gut zehn Jahren wird dies überhaupt in klinischen Studien überprüft. Eine Schwierigkeit dabei ist die fehlende Möglichkeit, deren Ergebnisse zu vergleichen. Da Bakterien so wunderbar wandelbar sind, können Bakterien des einen Stammes einer Art womöglich etwas bewirken, was diejenigen eines anderen derselben Art nicht vermögen, und eine Mikrobenreinkultur kann Wirkungen zeigen, die ein Joghurt mit dieser Kultur nicht mehr hat. Studien sind oft so verschieden konzipiert, dass sie untereinander aus methodischen Gründen nicht verglichen werden können. Zudem kommen auch hier meistens definierte Einzelstämme zum Einsatz, die nichts darüber aussagen, wie sie als Bakterienmischung im Körper wirken. Auch dass Bakterien sich mit Speisebrei vermengt anders verhalten, weil sie beispielsweise eher durch den Magen hindurchwandern, als wenn sie nüchtern geschluckt werden, wird nicht immer berücksichtigt. Obendrein hat auch noch jeder Mensch seine ganz individuelle Flora. Wie überall im Umgang mit Mikroben gibt es also auch bezüglich Probiotika mehr Kontroversen und Diskussionen als Klarheit. Insgesamt gesehen, beweisen die vorhandenen klinischen Studien jedoch ganz überwiegend eine positive Wirkung der Bakterien auf die Gesundheit.

Stellt man sich einen Verdrängungskampf im Darm vor, ist die Skepsis gegenüber Probiotika berechtigt. Was soll ein Joghurt »gegen« die Masse Mikroben im Menschen ausrichten? Berücksichtigt man allerdings die bakterielle Kommunikation, kann man zu einem anderen Denkmodell kommen. Wenn wir wissen, das allein im Darm weit über tausend Bakterienarten wirken, die alle in Beziehungen miteinander stehen, ist klar, dass wir noch nicht viel über ihre »Unterhaltungen« wissen. Es ist also denkbar, dass sie viel umfangreicher ist, als wir uns das vorstellen, und dass Mikroben in noch viel größerer Dimension Angelegenheiten untereinander regeln, als wir bisher ahnen. Von daher ist es auch erlaubt, ihnen zuzutrauen, auf einen Impuls hin ein ganzes System heilsam zu regulieren. Wir dürfen die Heilung durch die Aufnahme einer Bakterienmischung aus der Erfahrung her erst einmal als gegeben hinnehmen, weil zahllose Menschen sie erlebten, und wir dürfen darauf vertrauen, dass wir eines Tages verstehen werden, *wie* dies geschieht.

Effektive Mikroorganismen sind als Bodenhilfsstoff in Verkehr gebracht und nicht für den Menschen konzipiert worden. Trotzdem haben zahllose Menschen sie eingenommen, eingerieben, Wickel damit gemacht, sie versprüht und darin gebadet. Sie fühlten sich dabei vertrauensvoll eingebunden in den Kreislauf des Lebens und der Bakterien, in dem Mikroben zur Erde und den Pflanzen und zu Mensch und Tier gleichermaßen dazugehören und in dem keine Angst und keine Trennung das Leben vor sich selbst hemmen. In der Politik würde man sagen: Dies ist eine Abstimmung mit den Füßen. Wo immer in der Natur Gesundheit ist, ist auch Vielfalt, und je vielfältiger Leben ist, desto stabiler kann es in allen Wandlungen mitgehen. Es hat von daher einen tiefen Sinn, eine Vielfalt von Bakterien für den Heilungsimpuls im Körper einzuladen. Mit Effektiven Mikroorganismen wurden dabei gute Erfahrungen gemacht. Das Neue an ihnen ist der Einsatz von Mikroben als komplexe Mischung. Effektive Mikroorganismen leben untereinander in einem Stoffwechselgleichgewicht, und offensichtlich steckt, salopp gesprochen, dieses Miteinander die bereits vor Ort befindlichen Mikrobengruppen mit ihrer »friedlichen Koexistenz« an. Wie eine große Menge Brot von wenig Sauerteig durchdrungen werden kann, vermögen die Effektiven Mikroorganismen die Mikroorganismen eines Milieus im Sinne von Stoffwechselgleichgewicht zu durchdringen.

Für dieses Prinzip des Miteinanders, des bewussten Einsetzens bakterieller Vielfalt mit der Bitte um Kommunikation mit den Mikroorganismen vor Ort, wähle ich seit zehn Jahren den Ausdruck »conbiotisch«, was »*mit* dem Leben« bedeuten soll. Conbiotische Anwendung überwindet Pro und Contra, Prä-, Syn- und Antibiotisches. Sie trennt nicht in Einzelstämme, sondern setzt auf Gemeinschaft. Sie geschieht in dem Vertrauen, dass Bakterien untereinander und mit den Gewebezellen in größerer Weisheit ein Problem lösen können, als wir Menschen das mit unserem begrenzten Einblick in diese komplexen Prozesse vermögen.

Conbiotisch ist im Grunde genommen der Einsatz derjenigen Bakterien, die der Mensch mit der Nahrung und aus der Umgebung zu sich nehmen würde, wären diese noch auf natürliche Weise besiedelt. Der Erfolg dieser Lebensstrategie gibt seiner Anwendung recht.

Lebensraumgestaltung

Wenn wir von einem Lebensraum von Mikroorganismen sprechen, verwenden wir meistens das Wort »Milieu« und meinen damit den Zustand der »Umgebung«. Das Wort ist ursprünglich aus den altfranzösischen Wörtern *mié* für »mittlerer« und *lieu* für »Ort« zusammengesetzt, heißt also wörtlich »Mittelort« und bedeutet »der Lebensraum, in dessen Mitte etwas eingebettet ist«. Indem es von der Mitte und ihrem Umfeld spricht, drückt es eine Beziehung aus. Wie verhalten sich »Mittelort« und Außen zueinander? Wie gestaltet sich ihr Miteinander? Für die erfolgreiche Anwendung der Effektiven Mikroorganismen spielt diese Gestaltung eine große Rolle.

Die liebevolle Pflege eines Lebensraums ist nicht überflüssiger Luxus, sondern Voraussetzung für ein optimales Gedeihen allen Lebens, einschließlich des Menschen. Sie macht keine zusätzliche Arbeit, sondern erleichtert in Wirklichkeit allen das Dasein. Wenn immer wir uns bewusst um die naturgemäße Pflege eines Lebensraums bemühen, belohnt uns dies mit Wohlstand, Zufriedenheit und Gesundheit, also mit Luxus in des Wortes eigentlicher lateinischer Bedeutung für »üppige Fruchtbarkeit«. Geschenkt wird uns *lux*, das »Licht«: Licht als geistige Erkenntnis der natürlichen Zusammenhänge, als das, was uns ein*leuchtet* von all dem, was uns umgibt. Licht als Einsicht, als Erhellung der Tatsachen. Geschenkt wird uns Licht auch als Strahlen der Sonne, das sich im Grün der Pflanzen zu Biophotonen verdichtet, die uns mit der Nahrung, indem wir sie verdauen, Kraft und Ordnung schenken. Die Verachtung, mit der wir zurzeit noch das Lebendige zu beherrschen und zu manipulieren versuchen, ist ein »Luxus« in des Wortes gesellschaftlichem Sinn: von übermäßigem Aufwand und Verschwendung, die wir uns nicht mehr leisten können!

Milieupflege ist Beziehungspflege, ist bewusste Beziehung zu Boden, Pflanze, Tier und Mensch, zu Sonne, Wolken, Wind und Wetter, Luft, Licht und Wasser, zu allem, was lebt. Es ist ein Bejahen der Erde, die uns gegeben ist, in ihrer überbordenden Schönheit. Wir sind Schöpfer in einer Schöpfung und haben die Freiheit: Wir können uns die Erde untertan machen wie Despoten, die ihr Volk unterjochen und ausplündern, oder wie weise Könige, die die ihnen Anvertrauten fürsorglich fördern, um allen gemeinsam das höchste Wohl zu bereiten. Wecken wir ruhig die königliche Seite in uns und gehen wir pfleglich mit unserer Erde um. Wir bereiten uns und ihr damit neue und große Freude. Doch nicht nur königlich können wir tätig werden, sondern auch im Namen der Göttin.

Es gibt Wörter, die im Deutschen nach ihrem Missbrauch durch den Nationalsozialismus nicht mehr wirklich gern verwendet werden. Das Wort »Hygiene« gehört dazu. Mit dem Begriff der »Rassenhygiene« verbindet sich die Erinnerung an große Grausamkeit gegenüber Menschen. Dabei ist Hygiene an sich ein göttliches Prinzip, auf das sich bis zur Gegenwart die Heilkunde bezieht. So beginnt der Eid des Hippokrates (460–370 v. Chr.), welcher zum Eid führte, der heutzutage zur Approbation eines Arztes gesprochen wird, mit den Worten: »Ich schwöre und rufe Apollon, den Arzt, und Asklepios und Hygieia und

Panakeia und alle Götter und Göttinnen zu Zeugen an, dass ich diesen Eid und diesen Vertrag nach meiner Fähigkeit und nach meiner Einsicht erfüllen werde.«[114]

Von wem ist da die Rede? Der griechische Gott der Heilung Asklepios und seine Gattin Epione, übersetzt »lindernde Göttin«, hatten der griechischen Mythologie zufolge unter anderem die beiden Töchter Panakeia, die für die Arzneien und Zaubereien, und Hygieia, die für den Schutz einer guten Gesundheit und für die vorbeugende Gesunderhaltung zuständig war.

Diese griechischen Götter lebten zum Wohle der Menschen und Tiere und sorgten gemeinsam für deren Heil. Panakeia steht für die Mittel zum Heilen, also das, was wir heute »Medikamente« nennen. In der Antike handelte es sich um Heilpflanzen, heute werden, obwohl »Medikament«* übersetzt »den Geist heilen« heißt, überwiegend chemisch-synthetische Produkte verwendet. Dies wäre in den Augen Panakeias sicherlich auch eine Zauberei, allerdings weniger im antiken griechischen Sinne der Heilkunst.

Hygieia, ihre Schwester, wird mit einem Füllhorn und mit einer Schlange dargestellt, die aus einer Schale trinkt. Das Füllhorn enthält die Früchte der Natur, eine Schale steht für das Empfangen, Bewahren und Bereithalten, und die Schlange symbolisiert unter anderem den Zyklus des ewigen Lebens, das durch den Lauf der Zeiten und der wechselnden Ereignisse immer wieder auf eine höhere Ebene übergeht. Eine Schlange kann auch, als

Hygieia, 1. Jahrhundert n. Chr., Marmor, Antikensammlung der Staatlichen Museen Kassel

* Von den lateinischen Wörtern *medicare* für »heilen« und *mens*, Genitiv *mentis*, für »Geist«.

Omphalos* auf dem Boden liegend, den Schwanz im Maul, den Nabel der Welt bedeuten. Aufgerichtet, wie sie Hygieia begleitet, erhebt sie sich über die Erdgebundenheit hinaus. Indem sie das Wasser des Lebens aus der Schale trinkt, wie es Hygieia ihr gibt, wird sie selbst zum glitzernden Lebensstrom, der, in alle Richtungen beweglich, alle Ebenen von Erde und Mensch verbindet. Ihre Schlangenlinie vereint rhythmisch alle Gegensätze zum rechten Maß.

Spiralig gewunden, steht sie für die wirbelnde Säule, die die Achse des Universums wie des Menschen zusammenhält. In der Schlange erhebt sich die irdische Kraft in die Höhe, erhebt sich die Erdverhaftung ins Licht. Sie überwindet das Dunkle sowie die Einseitigkeit und gibt Ausgleich und Kraft. Hygieia nährt diese Kraft und schenkt dadurch dem Leben seine Fülle.

Dies ist mit Hygiene gemeint: die Weisheit, die Kraft der Lebensgegensätze ausgleichend zu nähren – zu geben, was dem Leben ermöglicht, sich aus Einseitigkeiten, aus Dunkelheit und einem Übermaß an materieller Anhaftung zu lösen. Sie ist die Befreiung und Reinigung von Verhaftungen, die krank machen. Der Archetypus der Hygieia ist die liebevolle Berichtigung der Extreme. Die Göttin hilft uns dabei, dies zu tun.

Bakterien sind mit Hygieia offenbar ziemlich vertraut. Sie lassen sich gern von ihr nähren und gehorchen ihr blind. Bietet man einen Lebensraum gleichsam wie eine Schale an, vermehren sie sich und praktizieren dort ihren Lebensstil im Sinne der Lebensfülle. Dies kann erheblich anders sein, als wir Menschen es uns vorstellen, folgt aber einem ewigen Hygienegesetz: Erst ist der Lebensraum da, dann folgt die dazu passende Besiedlung mit Bakterien. So war es bei der Entstehung der Erde, und so ist es noch heute. Bakterien können dabei gar nicht eigenwillig sein, bösartig schon gar nicht. Selbst wenn dies aus menschlicher Perspektive manchmal so aussieht, entpuppt sich das bei genauerer Betrachtung jedoch als Illusion. Wo wir Menschen einen Lebensraum gestalten, sind wir auch immer für dessen Bakterienbesiedlung verantwortlich. Für die Folgen trifft die Bakterien keinerlei Schuld.

Dies kann man am Beispiel der Legionellen sehr klar erkennen: Da gibt es ein unschuldiges Bakterium, das friedlich auf dem Grund von Seen und Flüssen lebt, in deren schlammigem Untergrund es Eisen, Cystin und weitere Aminosäuren findet, die es zwingend für sein Wohlbefinden braucht. Mit seinen Mitbewohnern hat es Arrangements getroffen. Eisen-Mangan-Bakterien versorgen es mit Kohlenstoff und Energie, und gelegentlich lässt es sich von Amöben schlucken, in deren Vakuolen es sich geschützt fühlt und sich geruhsam vermehrt.

Eines Tages hat der Mensch begonnen, Häuser zu bauen, die sich in der Sonne aufwärmen, und um bei Hitze nicht schwitzen zu müssen, erfand er sich Klimaanlagen dazu. Das Kühlwasser dafür zog er mit Schläuchen aus der Tiefe von Gewässern und stöberte dort das ahnungslose Bakterium auf. Unversehens wurde es mit dem Kühlwasser in die technische Apparatur gesaugt und in einen neuen, vollkommen unnatürlichen Lebensraum geschwemmt. Warm ist es dort, Eisen mag es geben, Amöben sind auch mit dabei,

* *Omphalós* bedeutet im Griechischen »Nabel«. Als solcher wurde auch ein Stein im Apollontempel zu Delphi bezeichnet, auf dem man früher der Göttin der Erde, Gaia, opferte. Er galt als Mittelpunkt der antiken Welt.

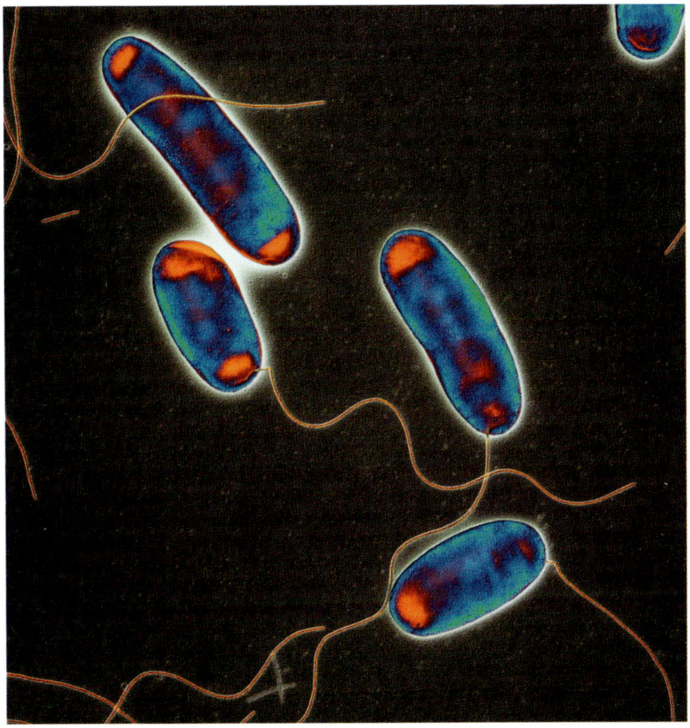

Legionella pneumophilus, Transmissionselektronenmikroskopie, 23 000fach vergrößert

also passt es sich artgemäß seinem neuen Schicksal an und lässt sich gemütlich darin nieder. Zu dumm nur, dass das Kühlwasser mit der Luft über ein Leck verbunden sein kann. In feinsten Tröpfchen fliegt es dann durch die gekühlten Räume, in denen Menschen atmen, und das Bakterium mit ihm – und unversehens landet es im nächsten ihm wiederum völlig fremden Lebensraum, in der Tiefe einer Lunge. Verwundert erlebt es diesen paradiesischen Bakterientraum. Ein bisschen schleimig ist es dort, wie im »Schlammzuhause«, es gibt alle Nährstoffe, Feuchtigkeit, wohlige Wärme: ein Ort, um es sich gutgehen zu lassen und um sich viele Nachkommen zu schaffen. Es legt also mit der Vermehrung los. Bei gesunden Menschen ist dieser Traum allerdings jäh vorbei: Blutzellen fressen es unverzüglich, und anders als in Amöben bleibt es dabei nicht am Leben. Nur ältere oder kränkelnde Menschen, denen diese Fresszellen fehlen, lassen es in ihren Lungen siedeln. Dort wähnt es sich wie im Schlaraffenland und setzt seine Vermehrung ungehemmt fort. Es konnte ja nicht wissen, dass es in einer Falle geendet war. Hätte es doch seine Mitbewohner bei sich, die es vor zu großer Verdopplung warnten. Nicht lange nämlich, und der Mensch stirbt an einer Lungenentzündung, wird beerdigt, und mit ihm, fern der Heimat, haucht auch das Bakterium traurig seinen Atem aus. Hätte der Mensch es doch friedlich in seinem vertrauten Flussschlamm gelassen!

Es war im Juli 1976, als 182 von 4400 Veteranen der »American Legion« bei einem Treffen in Philadelphia an der von den Medien anschließend so getauften »Legionärskrankheit« starben. Sie hatten bakterientragende Kühlluft eingeatmet, die durch die Hotelräume floss. Als man nach fieberhaftem Suchen das Bakterium in der Klimaanlage

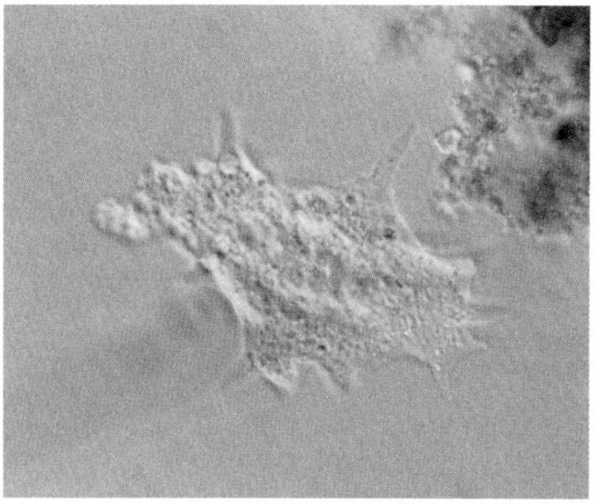

Amöbe, Lichtmikroskop

des Hotels entdeckt hatte, war man stolz, den vermeintlichen Verursacher gefunden zu haben. Die bösen Mikroben waren es gewesen! Wie so oft reagierte der Mensch, wenn er als mächtiger Eindringling mit den Folgen seiner Ignoranz konfrontiert worden ist: Nicht etwa entschuldigte er sich bei den Bakterien für ihre Entführung und setzte Filter in den Fluss, die ihnen die Möglichkeit gegeben hätten, an ihrem Ursprung zu bleiben. Vielmehr schob er ihnen alle Schuld in die Schuhe, die sie bis heute dafür vermeintlich haben, und fixierte diese durch die anmaßende homozentrische Benennung *Legionella pneumophilus*, was etwa »die Lungen der Legionäre Liebende« bedeutet. Sie würde sich selbst mit Sicherheit eher als »die den Flussschlamm Liebende« bezeichnen.

Kein gesunder Mensch stirbt an einer Legionellenexposition. Er merkt nichts davon oder bekommt Kopfweh und etwas Fieber als Verarbeitungsreaktion des Körpers. Nur ein bereits geschwächter Mensch kann durch ihre Besiedlung sterben. Es ist einmal mehr eine Frage des mikrobiell-menschlichen Gleichgewichts.

Geschichten, wie es das Schicksal der Legionellen zeigt, gibt es zwischen Bakterie und Mensch zuhauf. Niemals ist das Bakterium, der Pilz oder ein anderer Mikroorganismus an Tod oder Krankheit »schuld«. Fast immer ist es vielmehr der Mensch, der in seiner Unwissenheit Durcheinander in natürliches Miteinander bringt, Zusammenhänge auseinanderreißt oder eine Einseitigkeit bewirkt, in deren Folge Schwierigkeiten entstehen. Wenn wir das erkennen, lassen sich diese Probleme durch eine Änderung unserer Einstellung und durch einen aktiven Umgang mit den Bakterien vermeiden oder lösen.

Erst das Umfeld, dann die Besiedlung

Allein die Wahl der in unserem Umfeld vorkommenden Materialien macht Grundlegendes für die Bakterienbesiedlung aus. So enthält Holz Gerbstoffe, die bestimmte Bakterien und Pilze in ihrem Wachstum hemmen und eine gleichmäßige lebensfreundliche Flora fördern. Ein Holzbrett in der Küche ist genauso gesund wie ein gefülltes Weinfass, ein Holzfußboden, Holzkochlöffel oder die hölzerne »Badebütt«, wie sie früher üblich war. Sie werden in der Benutzung bakteriell stabilisiert und bieten ein gesundes Milieu. Holz für eine Benutzung desinfizieren zu wollen, hat keinerlei Sinn.

Metalle haben eine bakterienregulierende Wirkung. Je nach Zusammensetzung und Verarbeitung siedeln sich unterschiedliche Mikroben dort an, und man kann tatsächlich durch die Wahl der Legierung und die Oberflächengestaltung eine Auswahl der Bakterien hemmen oder fördern. Bei vielen Metallen wird das bereits in konkreten Lebensbereichen genutzt, auch in direkter Verwendung am Menschen, in Kosmetik und Medizin. Goldene Ohrringe frisch nach dem Stechen des Loches, Gold oder Silber als Teil des Amalgams in Zahnfüllungen und Silber zur Wundbehandlung erfüllen diesen Zweck. Man warf Silbermünzen auch in Trinkwasser, um es zu reinigen, und man hat schon immer gern mit Silberbesteck gespeist. Durch Silberionen werden enzymvermittelte Stoffwechselschritte blockiert, sodass Bakterien sterben. Dies setzt man gezielt zur Bekämpfung ein.

Silber wird dafür, ganz im Geiste des Trennens, heutzutage in so kleinen Stücken hergestellt, dass sie nur wenige Atome groß sind und sich in die verschiedensten Materialien einbauen lassen. Solche Nanopartikel aus Silber finden sich in zahlreichen als »antimikrobiell« bezeichneten Produkten wie Kleidung, Verpackungen und Gebrauchsgegenständen bis hin zur angeblich keimbefreiten Waschmaschine und Türklinke. Durch die künstliche Winzigkeit der Nanoteilchen vergrößert sich die Oberfläche des Silbers, und es wirkt dadurch stärker. Damit läuft es aber auch Gefahr, natürliche Grenzen zu überwinden, wie die Blut-Hirn-Schranke im Menschen und andere biologische Raumgrenzen. Man hat Nanosilber in Kläranlagen gefunden und mit Klärschlamm in Ackerböden und Grundwasser transportiert. Was es dort alles anstellt, wissen wir noch nicht.[115]

Das »lebendige Silber«, althochdeutsch *quecsilabar*, heute »Quecksilber« genannt, begegnet uns natürlicherweise kaum, da es bei Raumtemperatur flüssig oder gasförmig ist. Es kommt im Kreislauf der Natur in feinsten Mengen verteilt vor, zum Teil dampfförmig in der Atmosphäre und zum Teil in vulkanisch entstandenen Mineralien. Bei Vulkanausbrüchen wird es in den Äther freigesetzt. Dabei ist es natürlicherweise mit Schwefel zu Zinnober verbunden und wurde als solches schon in der Antike zum Färben und Malen verwendet. Während der Schwefel in der Alchemie für »männlich« gehalten wurde, galt das Quecksilber als »Mutter der Metalle« und als das weibliche Prinzip aller Materie. Ihr natürliches gemeinsames Vorkommen stellt die Vereinigung der Gegenpole dar, das heilige Prinzip der Verbindung, womit auch seine kosmische Zuordnung zusammenhängt, aus der wiederum die französischen und englischen Begriffe *le mercure* und *mercury* für »Quecksilber« stammen. Merkur, der römische Götterbote, vermittelt zwischen den Gegenpolen, indem er zwischen Himmel und Erde auf- und absteigt, aber auch zwischen Händlern und Dieben, deren Patron er ist.

Schon in der Antike wusste man Quecksilber und Schwefel zu trennen und jeweils als Heilmittel einzusetzen. Und von Paracelsus (1493–1541) wissen wir, dass Quecksilbersalze zur Behandlung der Syphilis auf die Haut aufgetragen oder eingenommen wurden, was noch bis ins 20. Jahrhundert hinein üblich war. Dabei geht metallisches Quecksilber auch im Organismus mit Schwefel in Kontakt, blockiert Enzymschritte und führt zur Zerstörung von Eiweißen. Es kann dadurch Einzeller hemmen oder töten, führt aber ab einer gewissen Menge zu Vergiftungen, unter anderem mit schweren Schäden der Niere und des Nervensystems.

Quecksilbersalze werden heute noch als bakterientötendes Konservierungsmittel eingesetzt, zum Beispiel als Thiomersal in Kosmetika, Reinigungslösungen für Kontaktlinsen, Augentropfen und in Impfstoffen für Mensch und Tier. Als Amalgam* in Zahnfüllungen wird es in feinsten Mengen beim Kauen abgerieben und gelangt in Darm, Blut und Gewebe. Man hat beobachtet, dass sich die Darmflora dadurch verändert und die Bakterienmenge abnimmt, während mehr Pilze wachsen.[116] Eine Studie der University of Georgia wies nach, dass Bakterien, die sich im Darm unter Einfluss von Quecksilber aus Zahnamalgam verändert hatten, in erhöhtem Maße auch Vielfachresistenzen gegen Antibiotika ausbildeten.[117] Dass Bakterien anorganisches Quecksilber in organische Verbindungen verwandeln können, die für Lebewesen sehr viel giftiger sind, führt bei der umfangreichen Freisetzung von Quecksilber durch den Menschen in die Umwelt zu seiner gefährlichen Anreicherung in der Natur und in der Nahrungskette. So wirkt die künstliche Trennung des Quecksilbers aus seinem natürlichen schwefeligen Verbund und sein wenig göttlicher Gebrauch belastend auf die ganze Erde.

Kupfer hat ebenfalls eine starke Wirkung auf Mikroorganismen. Es ist ein notwendiges Spurenmetall, wirkt aber in großen Mengen giftig. Seit 1885 wird das Versprühen von Kupferkalkbrühe zur Mikrobenbekämpfung in der Landwirtschaft angewendet, allerdings sind manche Böden inzwischen so stark mit Kupfer angereichert, dass ihre Mikro- und Makroflora dadurch erheblich beeinträchtigt wird. Das Kupfer blockiert in konzentrierter Menge lebensnotwendige Enzymschritte und verhindert dadurch das Wachstum.

Das macht man sich inzwischen zur Bakterienbekämpfung in Krankenhäusern zunutze. So konnte nachgewiesen werden, dass die bakterielle Besiedlung von Kupfergeräten wesentlich geringer ist als die der gleichen aus Edelstahl. Auf Oberflächen, die zu 70 Prozent aus Kupfer bestanden, konnte man das in Krankenhäusern multiresistent gewordene Bakterium *Clostridium difficile* nach 24 bis 48 Stunden selbst als Sporen nicht mehr nachweisen, während es auf Edelstahl langfristig überlebte.[118] Im Labor untersuchte Kulturen von MRSA waren auf Kupfer nach Beimpfung bei 22 Grad Celsius nach 45, 60 beziehungsweise 90 Minuten nicht mehr nachweisbar, während sie auf Edelstahl bestehen blieben.[119] Nicht nur resistente Stämme, auch Laborkulturen von *Escherichia coli*, Staphylokokken, Salmonellen und *Mycobacterium tuberculosis* starben auf Kupfer vollständig ab. Da auf reinen Kupferoberflächen auch mehrfach resistente Bakterien nicht weiterleben konnten, hat man bei Pionierprojekten in Krankenhäusern Türklinken, Lichtschalter und andere häufig berührte Gegenstände durch solche aus Kupfer ersetzt und durch diese Milieuänderung die resistenten Bakterienstämme tatsächlich zum Verschwinden gebracht. Was das allerdings langfristig für die Bakteriengemeinschaft bedeutet, wurde nicht untersucht. Auf jeden Fall aber bestimmt die Wahl der Umgebung Menge und Art des Bakterienbewuchses.

Da wie das Quecksilber zum Merkur auch andere Metalle Zuordnungen zu den Gestirnen aufweisen – etwa Gold zur Sonne, Silber zum Mond, Eisen zum Mars, Kupfer zur Venus, Blei zum Saturn und Zinn zum Jupiter –, könnte man sich fragen, ob sie neben der

* Der Name der Quecksilberlegierung »Amalgam« leitet sich vom arabischen *al-malgám* für »schmelzende Substanz« ab, das vom Griechischen *málagma* für »weicher Körper, Heilpflaster« stammt.

rein materiellen Wirkung auch Vermittler eines bestimmten Kräftewirkens sind, auf das die Bakterien reagieren. Bei Bäumen ist eine Empfänglichkeit dafür nachgewiesen.

Auch Stein ist ein bakterienharmonisches Material. Wo Fliesen oder Badeinrichtungen aus Naturstein vorkommen, hat man mit mikrobiellem Ungleichgewicht nicht zu rechnen.

Mit Kunststoffen verhält es sich vollkommen anders. Sie sind, wie der Name schon sagt, künstliche Stoffe und signalisieren der Mikrobenwelt: »Bau mich bitte ab!« Abbauende Bakterien sowie Schimmelpilze werden sich davon angezogen fühlen, dort üppig gedeihen und versuchen, diesem Wunsch möglichst schnell Folge zu leisten. Im Kreislauf der Natur kommen Kunststoffe natürlicherweise nicht vor, und was künstlich ist, soll so schnell wie möglich in seine natürlichen Grundbausteine zurückversetzt werden. Silikonfugen im Bad, Kühlschrankinnenräume, Essen in Plastikbehältnissen, kunststoffbeschichtete Flächen – jeder kennt diese Haushaltsbereiche, die mikrobielle Probleme bereiten. Nicht umsonst wird beispielsweise in Plastik verpackter Käse zuvor antimikrobiell präpariert. Je mehr Kunststoffe man im eigenen Lebensraum verwendet, desto mehr driftet die Mikrobenzusammensetzung in ein Übermaß an Abbaubestrebung ab. Dies ist nicht im Sinne einer gleichgewichtigen Lebenskultur. Dass für öffentliche Toiletten, für Schneidbretter und Hygieneartikel immer noch überwiegend Kunststoffe empfohlen oder sogar vorgeschrieben werden, kann man aus bakterieller Sicht nicht wirklich unterstützen. Je natürlicher die Materialien sind, desto natürlicher ist auch die Mikrobengesellschaft, die sich darauf niederlässt.

Lasst uns wie die Göttin sein!

Zuerst ist also das Milieu da, und daraus ergibt sich die bakterielle Besiedlung. Immer ist naturgegeben eine mikrobielle Besiedlung da, und in jedem Kulturraum formen wir diese mit. Wir gestalten ihre Menge, ihre Vielfalt und ihre Eigenschaften und letztendlich auch ihr Miteinander. Es kann keinen gesunden Raum auf unserem Planten geben, der ohne Mikroorganismen ist, ausgenommen vielleicht die innersten Organe von Individuen.

Der eindringlichste Appell der Bakterien, unser Verhalten ihnen gegenüber zu überdenken, ist ihr hartnäckiges Bleiben in Lebensräumen, von denen wir sie vergeblich zu vertreiben versuchen. Eine solche Vorstellung haben wir beispielsweise von den meisten Flächen im Krankenhaus. Mit Desinfektionsmitteln, Sterilisationsmethoden und antimikrobiellen Präparaten versucht man, eine Bakterienbesiedlung loszuwerden, obwohl sie dorthin gehört. Weitgehend ohne Erfolg. Wie eine Studie von Prof. Dr. Elaine Larson der Columbia University in New York ergab, ist es für die Erkrankungshäufigkeit von Personen in Haushalten belanglos, ob mit antibakteriellen Reinigungsmitteln geputzt und gewaschen wird oder ohne.[120] Für die Häufigkeit, an Magen und Darm zu erkranken, spielt das Händewaschen an sich eine Rolle, aber die Verwendung von gewöhnlicher Seife ist dafür am besten geeignet.[121] Antimikrobielle Produkte haben für die Gesundheit keinen vorteilhaften Effekt.

Bakterien besiedeln ausnahmslos jeden irdischen Lebensraum. Das ist ihr Sinn auf diesem Planeten, und sie davon abhalten zu wollen, macht allen Beteiligten bloß unnötige

Arbeit. Denn jede Bakterie, die man davon abzubringen versucht, ihre ihr gegebene Aufgabe zu erfüllen, wird sich verändern, um trotzdem dazu imstande zu sein. Es bleibt ihr keine andere Wahl. Sie wird ihre Membrandurchlässigkeit modifizieren, ihre Enzymtätigkeit umstellen, andere Stoffwechselwege einschlagen oder auf anderweitig kreative Weise versuchen, mit der Belästigung durch den Menschen umzugehen. Damit hat sie aufgrund ihrer jahrmilliardenlangen Übung selbstverständlich Erfolg. Sie entwickelt Überlebensstrategien unter dem harten Beschuss menschlicher Bekämpfungsmethoden um den Preis, dass sie ihre Natürlichkeit verliert. Dies beraubt sie nicht nur ihrer Kraft, es macht die Bakterie auch mürrisch und ungesellig, sprich: Sie passt nicht mehr in die ursprünglichen sozialen Beziehungen. Anstatt beispielsweise ein harmloser Hautbewohner des Menschen zu sein, der zwischendurch auf Oberflächen von Materialien verweilt, verhindert sie Heilung, führt zu Erbrechen, reizt zu Durchfall und strampelt auf mühsame Weise um ihr Leben. Wir nennen das »resistent«, für sie ist es der verzweifelte Versuch, allen Widerständen zum Trotz ihrer Aufgabe auf dem Planeten gerecht zu werden. Erst wenn die existenzielle Bedrohung durch die Bekämpfung verschwindet, kehrt sie entspannt zu ihrer eigentlichen Lebensweise zurück. Das ist kein hilfreicher Weg zu wahrer Hygiene.

Logische Folge ist: Lasst uns doch wie Hygieia sein. War der Mensch nicht schon immer gern wie Gott? Fangen wir mit dem Göttinnensein an.

Jeder Lebensraum kann so gestaltet werden, dass alle diejenigen Mikroorganismen sich wohl fühlen, die ihm und dem großen Ganzen optimal dienen.

Am Anfang zahlreicher Schöpfungsmythen steht ein Wort, ein Ton, eine Bewegung im Luftraum. Raum wird Lebensraum, indem Schwingung aus dem Nichts Formen schafft. Oft trifft es auf Wasser, und aus diesem steigt dann Gestaltetes, Schöpfung als aus schwingendem Raum Geborenes. Klänge, Farben und Stoffliches sind letztendlich Schwingungen und geben sichtbar und hörbar geworden unsichtbare Muster wieder, die uns umgeben, durchdringen und die wir sind. Mit jedem Gedanken, mit jedem Gefühl, mit jeder Tat beteiligen wir Menschen uns daran, Schwingungsmuster zu kreieren und zu verändern. Meistens tun wir es unbewusst.

Wasser, das bei 30,5 Hertz schwingt

Lotosblüte

Wie der bereits genannte Alexander Lauterwasser mit den »Wasserklangbildern« zeigt, kann die Formbildekraft von Schwingungen auf Wasser Chaos auslösen oder harmonische Formen bilden. Beides finden wir in den gesunden oder kranken Gestalten von Pflanzen und Tieren wieder.[122]

Nicht nur unser Luftraum ist von Schwingungen erfüllt, von hörbaren, sichtbaren, unsichtbaren und unhörbaren. Wir nehmen sie manchmal als »Atmosphäre« wahr, als »Stimmung«, die in einem Raum ist oder als Ursache für Wohl- oder Unwohlsein.

Jedes Milieu besteht seit seiner Erschaffung aus verschiedenen ineinanderwirkenden Existenzebenen: der physischen, also materiellen Ebene, die wir mit unseren fünf Sinnen erleben, und darüber hinaus Ebenen, die unsichtbar und unhörbar erscheinen und die daher von den meisten Menschen ganz unbewusst wahrgenommen werden. Sie erstrecken sich in die Grenzenlosigkeit des Raumes. Über die Wahrnehmung ihrer Existenz lässt sich daher trefflich streiten, und ihr Einfluss auf das Leben, auch das der Mikroorganismen, ist nicht mit den üblichen wissenschaftlichen Methoden nachweisbar. Er ist jedoch in gewisser Weise bedeutsamer als das, was wir »physisch« nennen. Diese feinstofflichen Ebenen zu untersuchen setzt eine subjektive Wahrnehmung voraus, die wiederum einer guten Schulung bedarf. Das macht es für viele Menschen schwer, sie anzuerkennen.

Dass hörbare Schwingungen wie Musik die Aktivität von Bakterien beeinflusst, wissen wir. Meistens sind es jedoch nicht solche Wohlklänge, die unser Milieu in Bewegung setzen, sondern Schwingungen technischen Ursprungs, hörbare wie unhörbare, die in zunehmendem Maße unseren Luft- und Lebensraum prägen. Sie folgen nicht rhythmischen Schwingungen, vielmehr bestehen sie in einförmiger Taktung. Wieweit sie die Mikrobenzusammensetzung der Luft bestimmen, wurde wohl noch nicht untersucht. Daniel Favre, Biotechnologe vom Swiss Federal Institute of Technology, konnte im Jahr 2010 nachweisen, dass zumindest Bienen Mobilfunkwellen wahrnehmen und darauf mit gestörtem Verhalten reagieren.[123] Von daher ist es naheliegend, dass auch Einzeller von technischen Schwingungen beeinflusst werden.

Alle Existenzebenen gemeinsam, auch die Schwingungen unserer Gedanken und Gefühle, gestalten das Milieu, in dem dann die entsprechenden Mikroorganismen gedeihen. Das gilt für die Mikrobenbesiedlung unseres Körpers ebenso wir für diejenige von Haus, Garten und Feld. Wer mit Widerwillen oder Abscheu mit Mikroorganismen umgeht, erlebt folglich als Antwort deren widerspenstige Seiten.

Soweit wir die Wahl haben, können wir also auch durch aktive Gestaltung dieser Schwingungen Einfluss auf ein Milieu nehmen. Es ist bekannt, dass alle feinen Schwingungsfrequenzen einen »Ein-Fluss« auf Lebewesen, einschließlich der Einzeller haben.

Daher reicht der aktive Einsatz von Mikroorganismen allein in einem gestörten Biotop nicht unbedingt aus. Man muss erkennen, wo die Ursache eines mikrobiellen Ungleichgewichts in einem Milieu liegt, und dieses wenn möglich beseitigen.

Wenn beispielsweise eine Wand schimmelig bewachsen ist, sucht man zunächst nach der Ursache der Feuchtigkeit. Ist es eine Kältebrücke? Läuft Wasser in die Wand? Erst die Behebung dieser Ursachen kann das Milieu schaffen, in dem die Effektiven Mikroorganismen zur Regulation des Schimmels vollständig wirken.

Man nennt eine derartige Lebensraumgestaltung »Pflege«: Hautpflege, Körperpflege, Beziehungspflege, Teppichpflege, Seelenpflege, Landschaftspflege, Gerätepflege, Textilpflege, Tierpflege …

Pflege ist ein Prozess. Sie ist dauerhafte Hinwendung, ist Aufmerksamkeit einem Bereich der Welt gegenüber. Der Zustand wird wahrgenommen, Bedürfnisse werden erkannt und auf das Urbild des Wesens hin erfüllt. Das kann im Garten sein, wo wir über das Wachstum oder Jäten von Pflanzen entscheiden, im Haus, wo wir Materialien wählen, und überall sonst durch unsere Art, wie wir mit etwas umgehen.

Was pflegen wir heute noch? Welche Prozesse begleiten wir? Erkennen wir Einseitigkeiten und nehmen wir uns ihrer an? Oder verschließen wir davor ängstlich die Augen? Pflegen ist aus der Mode gekommen. Geduldiges Wahrnehmen, aufmerksames Beistehen, fleißiges Helfen und selbstloses Dienen stehen auf der Liste der vom Aussterben bedrohten menschlichen Qualitäten. Bakterien haben diese Qualitäten beibehalten.

Für die meisten Menschen muss heutzutage alles, was produziert wird, gleich perfekt sein; und hat es einen Fehler und ist nicht mehr perfekt, gilt es als unbrauchbar und kommt in den Müll. Wer repariert heute noch gern etwas? Wer stopft schon noch Socken? Lieber wird gleich ein Ersatz gekauft. Dinge dürfen keine Entwicklung mehr haben. Auch dies entspringt unserem Denken in erstarrten Kategorien (siehe das Kapitel »Eine mikrophilosophische Vorbemerkung«, Seite 14), und solange wir dies beibehalten, müssen wir auf Frieden in der Welt warten. Pflege erlaubt es uns, die Bakterienaktivität in allen Kulturbereichen liebevoll zu führen. Ja, wir müssen es sogar. Allein aufgrund unserer kulturellen Entwicklung können wir unsere Umgebung nicht mehr einfach sich selbst überlassen. Wo wir Natur zu Kultur geformt haben, müssen wir die Verantwortung für deren Pflege übernehmen und uns ihr widmen, damit uns nicht auf einmal der Wildwuchs überwuchert. Mit dem Wissen um die Bedingungen für eine gesunde Mikrobenbesiedlung können Lebensräume so gepflegt werden, dass sich in ihren Kreisläufen optimale Mikrobenpopulationen und damit Harmonie auch bei den anderen Lebewesen entfalten.

Dass auch die Wahl im Garten angebauter Pflanzen Teil der Milieupflege ist, leuchtet ein. Bakterien mögen eine Mischkultur. Man pflanzt Möhren und Zwiebelgewächse nicht umsonst nebeneinander. Nicht, weil Lauchfliege und Möhrenfliege sich vielleicht nicht vertragen, sondern weil die Bakterienflora unterirdisch durch die Vielfalt besser miteinander kooperiert, dadurch ein besseres Wurzelwachstum möglich ist und dies den Pflanzen mehr Robustheit gibt. Dann brauchen auch keine Fliegen mehr zu kommen. Aus dem gleichen Grund sollte man Gemüse und Feldfrüchte in wechselnder Fruchtfolge anbauen. Die Vielfalt in der unterirdischen Bakterienflora bleibt dadurch dauerhaft lebendig.

Eine Brache dient auch der Regeneration der Mikrobenwelt. Pflanzen, die der Boden nach geheimnisvollen Kriterien zum Wachstum auszuwählen gedenkt, reichern durch ihre Wurzelimpulse den Boden mikrobiell so an, wie er es für das Gleichgewicht braucht. Mit großem Staunen kann man dies immer bei ruhenden Kulturflächen beobachten. Wer sich mit dem Wesen von Pflanzen auskennt, sieht in dem, was wir »Unkraut« nennen, in aller Regelmäßigkeit einen Harmonisierungsversuch der Natur. Es wächst genau das, was dem Ganzen förderlich ist. Wir sollten daher nicht alles ausrupfen, sondern ihm, wo möglich, Raum lassen. Auch ein Boden hat eine Weisheit, die wir noch nicht umfänglich kennen, und es lohnt sich zu versuchen, diese zu verstehen. Das heißt nicht, dass man ein Gelände verwildern lassen muss. Feld und Garten sind Kulturlandschaften und können nicht einfach sich selbst überlassen bleiben. Es empfiehlt sich aber, von »Unkräutern«, die unbedingt gehäuft wachsen wollen, einen Teil vorübergehend stehen zu lassen, um deren Wurzelmikroorganismen eine Weile lang die Vermehrung zu ermöglichen. Zukünftige Ernten werden es Ihnen danken. Man kann beobachten, dass dies dem Boden zu einer besseren Gare verhilft, und mit zunehmender Fülle an Bodenlebewesen verringern sich zuvor massenhaft auftretende »hartnäckige« Beikräuter auch wieder. Ganz abgesehen davon lassen sich viele der Wildkräuter als köstliche Speisen verzehren.

Eine interessante Beobachtung kann man an Gartenwildpflanzen machen, wenn man ihre Heilwirkung kennt. Sie spiegeln oft die Störung der Welt wider, in der sie stehen; das heißt, im Umfeld wachsen häufig genau diejenigen Kräuter und Blumen auf, die den dort lebenden Menschen zur Heilung verhelfen können: Odermennig bei Angst, bei Bronchialschwäche Lungenkraut, für Depressionen Johanniskraut, Hirtentäschel bei Blutungsneigung, Baldrian bei Nervosität, Stiefmütterchen für die Heilung von Hauterkrankungen, Tausendgüldenkraut bei Verdauungsbeschwerden und Brennnessel zur Entgiftung. Der Löwenzahn, der bei uns so üppig wächst, ist ein entgiftender Kraftspender und passt zur weitverbreiteten Leberschwäche. Im Frühjahr überzieht gern das Scharbockskraut die Beete. Sein Name kommt von »Skorbuts«kraut, weil seine Blätter für die erste Vitaminversorgung nach dem Winter sehr viel Vitamin C enthalten.

Ob die Wurzelsymbionten dieser Pflanzen im Rahmen einer Mikrobiologischen Therapie eine ähnliche organbezogene Heilwirkung besäßen wie die Pflanze selbst, hat wahrscheinlich noch nie jemand ausprobiert. Hier stehen uns noch weite Felder für Entdeckungen offen.

Auch Pflanzen sind übrigens empfindsame Wesen. Sie mögen es, wenn man sich mit ihnen in Beziehung begibt. Amadeus Zschunke, Saatgutforscher und Gartenbauingenieur aus der Schweiz, machte die Probe aufs Exempel und streichelte von je zwei mit Johanniskraut beziehungsweise Leinsaat bebauten Feldern die Pflanzen eines Feldes jeweils täglich, indem er durch ihre Reihen ging und sie dabei berührte. Bis in die zweite Generation hinein erbrachte die Ernte in diesen Pflanzen eine bessere Qualität und hatte einen höheren Ölgehalt.

Es ist also nicht nur für die Mikroorganismen schön, wenn Pflanzen in bunter Mischung zusammenstehen. Pflanzen mögen es auch selbst.

In manchen Pflanzen finden sich bestimmte Spurennährstoffe in höherer Konzentration angereichert als im umgebenden Boden, wodurch sie Defizite des Bodens kompensieren können. Gänseblümchen sammeln beispielsweise Kalk an, Schachtelhalm Kiesel und die Kamille Kalium. Ob dabei eine passende Bakterienflora im Boden eine Rolle spielt, wissen wir nicht, aber sie wirken zusammen. Jedenfalls könnten Pflanzen nicht nur fehlende oder übermäßige mineralische Substanzen anzeigen, sondern auch einen Mangel an gewissen Mikroben. Ist durch Monokultur eine mikrobielle Einseitigkeit im Boden entstanden, versuchen dort Pflanzen zu siedeln, deren Wurzeln auch benachteiligten Mikroorganismen Lebensraum bieten. Durch ihre Wurzelhormone können sie gezielt das Wachstum bestimmter Mikrobenarten fördern. Es wäre interessant, einmal zu untersuchen, ob Pflanzen, die bekanntlich gewisse Bodenmüdigkeiten anzeigen – wie die Melde bei kartoffelmüden, der Schwarze Nachtschatten bei hackfruchtmüden und die Kamille bei getreidemüden Böden –,[124] mit einer bestimmten Bakterienflora im Boden vergesellschaftet sind, die die jeweilige Mikrobenflora der Nutzpflanze ergänzen. Ein häufiger Anbau derselben Pflanze im selben Boden bringt ja auch eine Bodenmikrobenmonokultur mit sich. In der Literatur wird beschrieben, dass vielseitig bewachsene Randstreifen an Äckern und Gärten die Pflanzengesundheit der auf den Feldern und Beeten gepflanzten Kulturen verbessern. Dies ließe sich vielleicht auch dadurch erklären, dass diese Pflanzenvielfalt die für das Gelände nötige Mikrobenvielfalt mit sich bringt. Da wir wissen, dass Mikroorganismen prinzipiell untereinander kommunizieren, wäre es interessant, der Frage nachzugehen, wie weiträumig dieser Austausch unterirdisch stattfindet. Vielleicht gibt es neben dem quasi vertikalen Kreislauf des Lebendigen (Boden–Pflanze–Tier/Mensch–Boden) auch eine weitere beispielsweise horizontale Mikrobenbewegung nicht durch Wanderung der Mikroben selbst, sondern durch Weitergabe ihrer stofflichen oder nichtstofflichen Elemente.

Milieupflege mit Effektiven Mikroorganismen

Der Einsatz der Effektiven Mikroorganismen geht mit einer besonderen Milieupflege einher, die sich entweder aus der Natur der Lebensräume ergibt – wie eine schonende Bodenbearbeitung – oder aus dem anaeroben Charakter der Mikrobenmischung, etwa das Berücksichtigen eines luftarmen Anwendungsraums.

Darüber hinaus sind wie überall im Leben natürlich auch alle anderen Einflüsse von Bedeutung, obwohl Effektive Mikroorganismen selbst eine solch starke Ausstrahlung haben, dass sie sogar schwierigste Situationen harmonisieren können. Auch das feinstoffliche Schwingen ist Teil des Milieus. Meistens wird dies in kranken Lebensräumen auch beeinträchtigt sein. Manchmal ist es beim Umgang mit den Effektiven Mikroorganismen vorgekommen, dass ein Umfeld von lebensfeindlichen Schwingungsfrequenzen so stark belastet war, dass nur der Einsatz großer Mengen Effektiver Mikroorganismen die gewünschte und übliche Wirkung erzielte. In Ausnahmefällen geschah es sogar, dass bei einzelnen Personen die EM-Vermehrung misslang, während am selben Ort mit denselben Zutaten eine andere Person dieselben Effektiven Mikroorganismen völlig normal zur Vermehrung bringen konnte.

Effektive Mikroorganismen sind Lebewesen, sogar ausgesprochen sensible Lebewesen. Auch wenn sie in ihrer flüssigen Lösung und deren Geruch kaum als sonderlich anheimelnd erscheinen, dürfen wir sie ruhig als liebenswürdige Mitgeschöpfe betrachten.

Wo immer Effektive Mikroorganismen eingebracht werden, ist es natürlich kontraproduktiv, parallel dazu desinfizierende oder antimikrobielle Maßnahmen zu ergreifen. Es ist wichtig, sich hierzu den Kreislauf des Lebendigen im Bewusstsein zu vergegenwärtigen. Wenn in Boden, Pflanze oder Tier antimikrobiell wirkende Präparate zum Einsatz kommen, ist immer auch der folgende Bereich des lebendigen Kreislaufs davon betroffen. Erhalten Nutztiere Futter mit antibiotischen Zusätzen, muss man dies beispielsweise bei einer EM-Behandlung von Mist oder Gülle berücksichtigen. Die Veränderung einzelner Mikroorganismenstämme durch antimikrobielle Manipulation kann so groß sein, dass es unter Umständen Jahre dauert, bis ihre Natürlichkeit wieder zurückgekehrt ist.

Bekanntermaßen sind Effektive Mikroorganismen in erster Linie für den Boden entwickelt worden, und der Boden als Basis des Lebens, als Lebensgrundlage, bedarf bei ihrer Anwendung einer besonderen Pflege: Er wird vorzugsweise schichtenerhaltend bearbeitet. Im Garten, ohne umzugraben, auf dem Feld, ohne zu pflügen, wird den Mikroorganismen die Möglichkeit gegeben, sich optimal zu entfalten, ohne dass ihre Ordnung auf den Kopf gestellt wird. Die Bodenhorizonte bleiben erhalten und die Bodenlebewesen in ihrem Lebensraum weitgehend ungestört. Man spricht daher auch von konservierender, also erhaltender Bodenbearbeitung. Nicht das Pflügen an sich ist schädlich, sondern die Tiefe, die es erreicht. »Aus dem Säerohr, das am Pflug befestigt ist, sollen die Körner zwei Finger tief in das Erdreich rieseln«, heißt es auf einer sumerischen Tontafel, die etwa aus dem

Jahr 2100 v. Chr. stammt. Aus diesen zwei Fingerbreit Tiefe sind heute bis zu 35 Zentimeter Tiefe geworden.

Es täuscht der Gedanke, wir müssten den Boden tief pflügen, damit genug darin wachsen kann. Allein der Regenwurm vermag teure maschinelle Bodenbearbeitung zu ersetzen. Er frisst Erde, vermengt sie durch kräftige Knetbewegungen mit Bakterien in seinem Darm, und wenn er sie mit seinem fruchtbaren Kot, der sorgfältig und schleimig an die Wände seiner bis zu zweieinhalb Meter tief reichenden Röhren geheftet wird, wieder ausscheidet, enthält sie aufgeschlossene Nährstoffe als kostbare Ton-Humus-Komplexe. Fünffach an Stickstoff, doppelt an Kalk, zweieinhalbfach an Magnesium, siebenfach an Phosphor, elffach an Kali in bakterien- und pflanzenfreundlicher Form angereichert, dies alles chemisch neutralisiert, verlässt die überarbeitete Erde seinen Leib.[125] 250 000 Regenwürmer kommen in 1 Hektar gesunden Waldbodens vor. 2000 Kilogramm Körpergewicht in 1 Hektar Weide, aber nur noch 500 Kilogramm auf 1 Hektar gepflügten Ackers. Bis zu 400 Meter Länge kann das Wurmröhrennetz in 1 Kubikmeter Boden betragen.[126] Dadurch wird Wasser gleichmäßig ins Erdreich geführt, dieses zugleich belüftet, und Pflanzenwurzeln bahnen sich gern in den vorgebohrten Futterspeichern den Pfad in die Tiefe. Die Lockerung ist geschmeidiger als durch jeden Pflug.

Wer seine Bodenfruchtbarkeit erhöhen will, füttert daher durch Mulchen seine Regenwürmer und lässt sie im Boden möglichst in Ruhe. In solcherart gepflegten Böden fand man bei Regenwürmern eine um vieles reichere Darmflora als in nicht organisch versorgtem Boden.[127] Gesunder Regenwurmkot enthält eine siebenfach höhere Menge an Actimomyceten, Strahlenpilzen, die für die Humusbildung wichtig sind. 65 Tonnen Kot hinterlässt der Regenwurm jährlich auf 1 Hektar Weideland. So viel Stallmist streut man vielleicht in fünf Jahren. Jährlich baut er die Humusschicht um 25 Millimeter auf, wenn man ihn lässt.[128] Und das Jahr für Jahr, verborgen vor unseren Augen.

Ist ein Boden verhärtet, neigen dickwurzelige Pflanzen dazu, als »Unkraut« aufzutreten: die Ackerwinde, der Pferdeampfer oder der Giersch. Sie sprengen verdichtete Bodenareale mit ihren Wurzeln auf und reichern sie mikrobiell mit ihren Wurzelsymbionten an, um die natürliche Lockerheit wiederherzustellen. Mechanische Lockerung und die Zugabe von Effektiven Mikroorganismen können Ähnliches bewirken. Es hat sich gezeigt, dass die Lockerungs»unkräuter« dadurch mit der Zeit aus dem Garten verschwinden. Im Garten hat sich dafür das Durchziehen des Bodens mit einem Sauzahn bewährt, oder man sticht

Regenwurm in einer Bodenkrume

Mit einem Sauzahn lässt sich der Boden bequem lockern.

Tiefengrubber zur nichtwendenden Bodenbearbeitung

mit der Grabegabel ins Erdreich und bewegt sie so hin und her, dass harte Erdschollen gebrochen werden. Für die Landwirtschaft wurden Grubber entwickelt, die den Boden bis in die gewünschte Tiefe lockern, ohne ihn zu wenden.

Ein sogenannter Zweischichtenpflug hat zwei Schare übereinander, ein oberes, das den Boden bis in 15 Zentimeter Tiefe wendet, ein unteres, das ihn, ohne zu wenden, bis zu 30 Zentimeter tief lockert. Mit ihm wird man dem Wunsch nach oberflächlichem Einarbeiten und tiefer Horizonterhaltung gerecht.

Solche mechanischen Lockerungen überbrücken die Zeitspanne, bis die mikrobielle Aktivität im Boden groß genug ist, um sie vollständig zu übernehmen, denn die wahre Lockerheit eines Bodens entsteht durch langfristige Lebendverbauung durch gutgenährte mikrobielle Aktivität.

Nichtwendende Bodenbearbeitung spart in der Landwirtschaft Arbeitsgänge, Zeit und Kraftstoff und wird immer beliebter. Gleichzeitig schont sie die Umwelt und baut Bodenfruchtbarkeit auf. Die CO_2-Abgabe aus dem Boden in die Luft beträgt laut einer Studie innerhalb von 5 Stunden nach seiner Bearbeitung beim Pflügen 81,3 Milligramm pro Quadratmeter, beim Lockern 25 und bei Direktsaat nur 5,9 Milligramm pro Quadratmeter.[129] Im Vergleich zu gepflügten Parzellen steigen Humusgehalt und Biomasse im Boden an, und Nährstoffe bleiben im Oberboden, wo sie dem Pflanzenwachstum dienen, anstatt ins Grundwasser ausgespült zu werden. Voraussetzung dafür ist natürlich das gleichzeitige Füttern der Bodenlebewesen mit organischem Material durch Mulchen und/oder sein Einarbeiten in die oberste Bodenschicht. Ernterückstände oder Zwischenfrüchte als Gründüngung werden dafür als Nahrung für die Bodenfauna auf den Flächen belassen.

In wissenschaftlichen Studien konnte gezeigt werden, dass Menge und Aktivität der Bodenlebewesen signifikant anwachsen, nachdem nicht mehr gepflügt wird. Anzahl und Artenvielfalt der Regenwürmer im Boden nehmen zu, und die Zahl ausgewachsener Regenwürmer steigt erheblich an. Durch die Rückführung organischer Reste in den Boden und ihre Umsetzung wird das Verhältnis von Kohlenstoff (C) und Stickstoff (N) im Boden erweitert, was wiederum die Aktivität der Bodenlebewesen fördert (siehe auch das Kapitel »Das Kohlenstoff-Stickstoff-[C-N-]Verhältnis«, Seite 189). Die Befürchtung, oberflächliches Einarbeiten von Grünmasse fördere Bodenkrankheiten, ist unberechtigt, wenn für eine gesunde Zusammensetzung der Bodenmikroorganismen Sorge getragen wird. In einem Vergleich von pflügender und schichterhaltender Feldbearbeitung der Landwirtschaftskammer Rheinland zeigte sich, dass die Kartoffeln, die im nichtgewendeten Feld

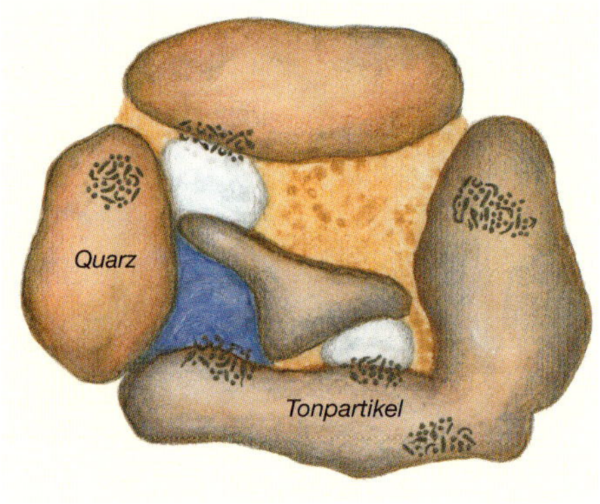

Lockerer und stabiler Boden mit Bodenteilchen, Luft und Wasser; auf allen Grenzflächen leben Mikroorganismen.

wuchsen, erheblich weniger von Befall mit Drahtwurm betroffen waren als diejenigen im gepflügten.[130] Das lässt sich durchaus mit einer mikrobiellen Selbstregulation erklären, die in einem ungestörten Bodenraum möglich ist.

Bodenschonende Bearbeitung und Versorgung mit organischem Material unter bewusster Führung der mikrobiellen Aktivität durch den Einsatz der Effektiven Mikroorganismen führt im Laufe weniger Jahre erfahrungsgemäß zur Wiederbelebung selbst ausgelaugter und verbrauchter Böden. Auch gute Böden können auf diese Weise verbessert werden. Die gesamte obere Bodenschicht erhält strukturellen Halt in physikalischer, chemischer und biologischer Hinsicht und wird zu einer kräftigen Haut der Erde, die flexibel auf Schwankungen reagiert und bereitwillig fruchtbares Wachstum hervorbringt.

Es heißt, dass die Ernteerträge unter nichtwendender Bodenbearbeitung nicht steigen. Müssen sie das? Es gibt für ein Volk keinen größeren Reichtum als die Fruchtbarkeit der Erde, von der es lebt. Wichtiger als die Erntemenge ist der langfristige Erhalt der Bodenfruchtbarkeit oder sogar deren Verbesserung für die kommenden Generationen und die Qualität der Nahrung, die wir zu uns nehmen. Von ihr hängt unsere »Zellzufriedenheit« und unsere Gesundheit ab, die für jeden Einzelnen der größte Reichtum sind. Von der Masse geschmackloser und nährwertarmer Nahrungsmittelprodukte landet derzeit ohnehin ein erheblicher Teil im Müll. Langfristig gesehen ist der Wiederaufbau der Bodenfruchtbarkeit die beste Pflege, die wir unserem Land und uns selbst angedeihen lassen können.

Mit EM kompostieren

Neben der schichtenbewahrenden Bodenbearbeitung ist die anaerobe Kompostführung ein wichtiger Bereich der Milieupflege. Der gewöhnliche Komposthaufen eines durchschnittlichen Alltagsgärtners besteht in einer wahllosen Ansammlung aller Abfälle organischer Art, die in Haus und Garten anfallen. Lässt man ihn lange genug liegen, wird eines Tages Erde daraus. Doch was geschieht dabei? Der Luft ausgesetzt, reagiert das Material mit dessen Sauerstoff. Aerobe Mikroorganismen gedeihen, und es kommt zur Oxidation, also zu Verbrennung. Wärme entwickelt sich und geht als Energie in die Umgebung verloren, und im Inneren steigen die Temperaturen so hoch, dass ein Teil der Mikroorganismen abstirbt, darunter auch die humusbildenden Mikroben. Diese mögen keine Hitze, sind aber zum Aufbau von Bodenfruchtbarkeit im Boden naturgemäß wichtig.

Mit der Wärmeentwicklung werden Stickstoffverbindungen gasförmig freigesetzt. Diese bewirken nicht nur unangenehme Gerüche, sondern entführen die Grundbausteine der Eiweißbildung, für die Pflanzen Stickstoff aus dem Boden brauchen, in die Luft. Aus einer großen Menge Kompost bleibt schließlich ein kleiner Haufen verrottetes Material übrig, das energiearm und mit zahlreichen aeroben Mikroorganismen versetzt ist und das dem Boden wenig hilft. Es ist zu allem Überfluss in der Regel mit denjenigen Mikroorganismen versehen, die aufgrund unserer Umweltsituation in einem Übermaß die Luft anreichern, darunter vielen Schimmelpilzen.

All dies bringt man dann ahnungslos in den Boden ein, guten Willens, ihn mit Kompost zu bereichern. Die Folgen dieses Kompostes im Boden sind an den Pflanzen ablesbar, die in ihm wachsen: Obwohl sie gedeihen, werden sie krank und gern von »Schädlingen« vertilgt. Es geschieht, was im Kapitel »Der Kreislauf des Lebens« (Seite 61) beschrieben wurde: In der Natur gelangen vorzugsweise die gesunden Pflanzen zur Samenreife. Dies ist insbesondere bei ein- und zweijährigen Pflanzen für die Art überlebensnotwendig. Ist eine Pflanze hingegen schwach, treten Regulatoren auf, die diese Pflanze rasch wieder in Erde zurückverwandeln, also die »Schädlinge« alias die »Artenschutzbeauftragten der Natur«. Sie haben so feine Sinnesorgane, dass sie aus weiter Ferne wahrnehmen können, welche Eigenschaften eine Pflanze aufweist, und daraufhin dort tätig werden. Dann hilft es wenig, die Pflanze mit »Schädlingsmitteln« zu behandeln. Alle Pflanzen, die oberirdisch wachsen, repräsentieren die Qualität des Bodens, in dem sie wurzeln, und diese Qualität bestimmt im Wesentlichen seine Besiedlung mit Kleinstlebewesen. Daher ist jeder sogenannte »Schädling« ein Indikator für eine Störung im Boden, die behoben werden muss, wenn Pflanzen gesund darin wachsen sollen.

Gießkannenschimmel *Aspergillus glaucus* auf Kompost, Rasterelektronenmikroskopie, 260fach vergrößert

Sich liebende Nacktschnecken

Nacktschnecken fressen von einem Auto überfahrene Artgenossen.

Natürlich gehört auch unsere heißgeliebte Nacktschnecke zu den »Artenschutzbeauftragten der Natur«. Sie bevorzugt Fäulnisprodukte als Nahrung und kann aus mehreren hundert Metern Entfernung riechen, was für sie leckeres Futter ist, beispielsweise Kot oder tote Tiere, auch tote Schnecken, zum Beispiel in einer Bierfalle, zu der sie dann gern aus weiter Umgebung in den Garten angereist kommt. Treten Nacktschnecken im Übermaß auf und fressen sie junges Grün, ist dies ein Hinweis auf eine gestörte Bodenmikrobenflora, die sich in die Pflanzen hinein fortgesetzt und auf deren Gesundheit ausgewirkt hat, auch wenn wir dies noch nicht sehen. Oder sie vertilgen Vegetation, die dort ursprünglich nicht heimisch ist.

Ein Teil des mikrobiellen Bodenungleichgewichts ist der Bodenbearbeitung geschuldet, ein anderer den Umwelteinträgen, ein weiterer den Prozessen, die wir mit Dünger in den Boden einbringen. Diesen können wir bequem ändern, zum Beispiel durch eine anaerobe Kompostierung. Wurden mit einem aerob oxidierten Kompost Fäulnismikroben in den Boden eingebracht und dominieren diese dort, werden Pflanzenwurzeln nicht nur suboptimal mit Nährstoffen versorgt, sie nehmen auch Einzeller auf, die ihr Zellwachstum nicht fördern. Um dies zu vermeiden, setzt man den Kompost mit EM von vornherein als anaeroben Stapelkompost auf. Stapelkompost oder Stapelmist wurde früher öfter prakti-

Stapelmisthaufen, Simmental, Schweiz

Um den Kompost maximal zu verdichten, tritt man ihn möglichst gründlich fest.

ziert als heute. Er wird ähnlich wie eine Silage so dicht gepackt, dass möglichst keine Lufträume in ihm verbleiben, damit anaerobe Mikroorganismen darin gut gedeihen und das organische Material fermentieren können. Stapelkompost wird nicht heiß, sein Stickstoffgehalt bleibt bewahrt, er stinkt nicht, und Energie und Volumen des Materials bleiben weitgehend erhalten. Ein mit Effektiven Mikroorganismen gut geführter Stapelkompost bringt in den Boden, in den er eingearbeitet wird, reiche Nahrung ein und gibt einen regenerativen mikrobiellen Impuls. Er unterstützt die gesunde Bodenmikrobiologie, und in solchem Milieu ist dann ein optimales Pflanzenwachstum gewährleistet.

Es heißt häufig, ein Kompost müsse Unkrautsamen »verbrennen«. Doch darauf ist der Kompost nicht angewiesen. Auch durch eine Fermentation in anaerobem Milieu werden Samen von Mikroorganismen angedaut und können später nicht mehr keimen. Ist man sich nicht sicher, ob dies im eigenen Kompost tatsächlich geschieht, kann man darin für ausreichende Feuchtigkeit sorgen, sodass die Samen gleich dort zu keimen beginnen. Pflanzenwurzeln, die der vegetativen Vermehrung dienen, die also auch in einem Kompost womöglich weiterleben – wie die der Quecke und des Gierschs –, lassen sich vor der Kompostierung separat in Wasser ansetzen und verjauchen.

Neben einem anaeroben Stapelkompost ist für eine mikrobenfreundliche Milieupflege die Flächenkompostierung förderlich. Die Natur kennt keinen Komposthaufen, sondern überall verrottet das organische Material vor Ort. Flächenkompostierung spart nicht nur das Hin-und-her-Tragen von Pflanzenresten im Garten vom Beet zum Komposthaufen und zurück, es schafft auch ein mikrobenfreundliches Bodenklima, indem die Oberfläche durch Pflanzenreste wie mit einer Schutzhaut belegt wird. In jedem Wald ist dies natürlicherweise der Fall, und in Feld und Garten kann man dem nahekommen. Alles Kraut, das anfällt, wird – wenn nötig grob zerpflückt – auf die Beetoberfläche gelegt beziehungsweise auf Feldern gehäckselt, gemulcht aufgebracht oder flach eingearbeitet. Um ihm die für die Umsetzung förderliche Mikrobenflora mitzugeben, gießt oder besprüht man es mit den Effektiven Mikroorganismen.

Eine Mulchdecke bewahrt den Boden und seine Kleinstlebewesen vor direkter Bestrahlung, vor Verdunstung und Austrocknung ebenso wie vor Erosion durch Wind und Wasser, sie sorgt für eine gleichmäßige Temperatur und auch für eine gleichbleibende Nährstoffversorgung, indem die Bodenlebewesen, allen voran der Regenwurm, sich an ihr jederzeit laben können. Sie bedienen sich in dem Maße, wie die Nährstoffe im Boden benötigt werden. Dadurch wird ein Boden ernährt.

Regenwürmer transportieren abgestorbene Pflanzenteile durch ihre Gänge in den Boden, wo sie auch von anderen Kleinstlebewesen weiterverdaut werden.

Der Große Tauwurm *Lumbricus terrestris* streckt nachts aus seinen unterirdischen Gefilden heraus seine Nase über die Erdoberfläche, kriecht umher und sucht nach verwelkenden Pflanzenteilen. Er frisst sie nicht sogleich, sondern speichelt sie mit den Mikroorganismen ein, die er in sich trägt, also denen des Bodens, und zieht sie so weit, wie er kann, in den Oberboden hinunter. Dort nehmen sich andere Kleinlebewesen ihrer an, verspeisen sie und setzen sie in noch kleinere Stücke um. Auch was für den Regenwurm noch zu groß ist, speichelt er erst mit Bakterien ein, lässt es welken und zieht es später hinunter in den Boden. Manchmal bilden die über einem Regenwurmgang gesammelten Stücke regelrechte Häufchen im Garten.

Mit ihrem Kot kleiden Regenwürmer die Wände ihrer Kriechröhren aus. Regenwurmkot unterscheidet sich erheblich vom umgebenden Erdreich, und für Pflanzenwurzeln sind nährstoffausgekleidete Regenwurmröhren wie Schlaraffenland und Autobahn zugleich. Optimal ernährt, können sie an ihnen entlang zügig in die Tiefe wachsen. Daher hängt die Pflanzengesundheit auch mit der Regenwurmdichte zusammen.

Sehr schön lässt sich die Umsetzung von Mulchmaterial durch Bodentiere beobachten, wenn man großflächige Blätter wie von Salat oder Rhabarber auslegt und ihre Veränderung

Die Gänge von Regenwürmern enden als kleine Löcher sichtbar an der Erdoberfläche.

Regenwürmer haben während des Winters für sie unverdauliche Pflanzenstängelstücke rund um ihre Löcher zu Häufchen angesammelt.

Legt man Pflanzenteile auf lebendigen Boden, werden sie in kürzester Zeit von Kleinstlebewesen in die Erde aufgenommen.

täglich betrachtet. Mit der Zeit werden sie einfach von Kleinstlebewesen in den Boden aufgenommen, ohne dass wir Menschen Hand dabei angelegt hätten. Das Vertrauen auf die unerschöpfliche Weisheit der natürlichen Prozesse spart uns also viel Arbeit.

Besonders wichtig für die Mikroben der Kulturböden ist deren Bedeckung während der Winterzeit. Auch wenn sie sich an Bodenfrost anpassen, sodass sie ihn überleben, hilft es Mikroorganismen, wenn die Bodenschichtung während der kalten Jahreszeit erhalten und die Oberfläche bedeckt ist. Auf Feldern eine abfrierende Gründüngung oder im Garten eine Mulchpackung helfen den Bodenlebewesen, die kalte Jahreszeit gut zu verleben. Gießt oder besprüht man diese frühzeitig mit Effektiven Mikroorganismen, geht der Boden mit einem regenerativen Impuls in die Winterphase.

Das Kohlenstoff-Stickstoff-(C-N-)Verhältnis

Mikroorganismen vermögen alles zu zersetzen. Dabei richten sich ihre Aktivitäten nach dem vorhandenen Milieu und seinen Bestandteilen. Für Bodenmikroorganismen ist darunter das Verhältnis von Kohlenstoff (C) und Stickstoff (N) bedeutsam, das sogenannte C-N-Verhältnis. Sie bevorzugen zur Vermehrung und zur Pflanzenernährung ein C-N-Verhältnis von 15 bis 25 zu 1, also überwiegend Kohlenstoff. Dieses Verhältnis lässt sich durch die Wahl der Kompost- oder Mulchzutaten lenken. Als grober Anhaltspunkt für ein rechtes Verhältnis kann die eigene Wahrnehmung dienen: Je härter oder holziger ein Material ist, desto mehr Kohlenstoff enthält es, je näher es am Tierischen ist, umso höher ist sein Eiweißgehalt, und desto mehr Stickstoff ist darin. Harn, Gülle und Fäkalien enthalten viel Stickstoff. Spelze, Stroh und Sägespäne hingegen sind überwiegend aus Kohlenstoffstrukturen zusammengesetzt. Weiche Grünabfälle liegen dazwischen. Mist aus Stalleinstreu mit Stroh, wie sie früher üblich war, hat demnach die optimale Zusammensetzung für eine fruchtbarkeitsfördernde Umsetzung von organischen Abfällen in pflanzenverfügbare Nährstoffe durch Mikroorganismen.

Das C-N-Verhältnis unterschiedlicher organischer Stoffe in der Trockensubstanz

Um organische Masse wieder in pflanzenverfügbare Nährstoffe umsetzen zu können, brauchen Mikroorganismen Kohlenstoff und Stickstoff.
Die für die Kompostierung und Fermentierung vorgesehenen organischen Abfälle müssen daher ein angemessenes C-N-Verhältnis und eine gute Vermischung haben.

Organische Masse	*C*	*N*
Harn	0,8	1
Mistsickersaft	2–3	1
Fäkalien	6–10	1
Grünmasse	5–15	1
Schwarzerde	5–20	1
Rasenschnitt	10–15	1
Kot landwirtschaftlicher Nutztiere	10–15	1
Stapelmist	10–15	1
Mistkompost	10–20	1
Hülsenfruchtstroh	10–20	1
Luzerne/Zwischenfrüchte	15–25	1
Stroharmer Frischmist	20–25	1
Küchenabfälle	20–25	1
Strohreicher Mist	25–30	1
Schwarztorf	30–40	1
Baumlaub	30–50	1
Getreidekleie	30–50	1
Getreidespelz	50–80	1
Getreidestroh	50–150	1
Verrottetes Sägemehl	150–250	1
Sägemehl	250–500	1

(C = Kohlenstoff, N = Stickstoff)

Copyright Adolf Daenecke 2001

Praktisch bedeutet dies, dass in großer Menge anfallende Grünmasse, zum Beispiel Rasenschnittgut, besser mit holzigerem Material wie Stroh, Laub oder Sägespänen zusammen kompostiert wird. Saftiges Grünmaterial allein wird von stickstoffliebenden Fäulnismikroben rasch in eine stinkende Masse verwandelt, die nicht mehr nährt. Hartes Material allein verrottet lange Zeit nicht. Fallen also große Mengen Laub an, fügt man ihm beispielsweise tierische Exkremente zu, um das C-N-Verhältnis auszugleichen. Hat man selbst keine Haustiere, freuen sich manchmal Nachbarn, wenn man ihren Kleinviehmist übernimmt. Es ist generell empfehlenswert, dem Kompost gelegentlich tierische Substanzen beizufügen. Das können auch Haare, Federn oder Hornspäne sein. Rein tierische Exkremente werden nie direkt auf den Boden ausgebracht, sondern gemischt oder kompostiert, weil sie sonst das Bodenleben vorübergehend hemmen können. Maria Thun – bekannte Forscherin des Pflanzenanbaus im Einklang mit kosmischen Rhythmen – berichtet, dass Pflanzen, die jahrelang mit Kompost angebaut wurden, der quasi rein vegetarisch entstanden war, zunehmend ihre Fähigkeit zur Fruchtbildung verloren.[131] Das zeigt, wie bedeutsam die Vielfalt im Kompostprozess für das Gedeihen der damit versorgten Pflanzen ist. Seine bewusste Pflege und eine gesunde Zusammensetzung seiner Mikroorganismen ist eine wichtige Voraussetzung für das Wachstum der Pflanzen, die im kompostgedüngten Boden wachsen. So ist der Kompost ein Ort, wo wichtige Impulse in den Kreislauf des Lebendigen gesetzt werden können. Seine Mikrobenflora prägt den Wandlungsprozess und auch die Geschwindigkeit seines Umsatzes. Überwiegen Schimmelpilze, weil beispielsweise im Übermaß Essensreste oder Schalen von Zitrusfrüchten dort an der Luft oxidieren, können die von diesen Schimmelpilzen abgegebenen Stoffwechselprodukte das Bakterienwachstum sogar hemmen und eine gesunde Kompostierung verhindern. Der Einsatz der Effektiven Mikroorganismen unterstützt das Kompostieren und kann auch solch ein Übermaß an Schimmelwachstum reduzieren.

Selbst wenn manche Handhabung der mit den Effektiven Mikroorganismen verbundenen Milieupflege zunächst fremd erscheinen mag, hat sie ihren tiefen Sinn. Blickt man in die Geschichte, entdeckt man, dass vieles in früheren Zeiten genau so getan wurde, wie wir es jetzt wieder lernen. Auch so gesehen schließt sich ein Kreis. Wir kehren zur Einfachheit naturgegebener Prozesse zurück und gewinnen Zeit, Gesundheit und Geld. Der Erfolg dieses anderen Umgangs mit der Erde bereitet Freude. Dafür lohnt es sich, selbst liebgewonnene Gewohnheiten zu ändern.

Wenn Sie nun bis hierher lesend nachvollziehen konnten, dass es sich bei Mikroorganismen um das kostbare Reich unsichtbaren Lebens auf unserer Erde handelt, Sie aber immer noch ein wenig befürchten, Bakterien seien möglicherweise doch irgendwie gefährlich, könnten Sie, bevor Sie über EM weiterlesen, versuchen, auf kuschelige Weise mit ihnen in Kontakt zu treten. Zum Beispiel mit »Plüschmikroben« …

»Plüschmikroben«:
rosa: *Trichophyton mentagrophytes* (wächst als Fußpilz)
braun: Ebola-Virus
lila: *Trypanosoma brucei* (afrikanischer Parasit, der in Tieren und Menschen vorkommt, wird unter anderem durch die Tsetsefliege übertragen und gilt als Erreger der Schlafkrankheit)
blau: Grippevirus
gelb: *Helicobacter pylori* (gewundenes Bakterium des Magenpförtners)

Grundwissen über Effektive Mikroorganismen

Was sind EM und wozu dienen sie?

Effektive Mikroorganismen sind eine mikrobielle Mischkultur aus circa dreizehn verschiedenen Stämmen, überwiegend Milchsäurebakterien, Hefen und Fotosynthesebakterien, die in einem flüssigen sauren Milieu bei einem pH-Wert von etwa 3,3 bis 3,5 anaerob stabilisiert sind. Ihre Bezeichnungen im Handel sind derzeit »EM-Urlösung«, »EM-Farming« oder »EM-1«. Betrachtet man EM unter dem Mikroskop, sieht man verschieden große Einzeller, die sich zum Teil in unaufhörlichen feinen Bewegungen in flüssigem Medium befinden. Sie bilden untereinander eine Gemeinschaft aus, deren Besonderheit ein Zusammenwirken in »friedlicher Koexistenz« ist. Dies bedeutet, dass jeder in den EM enthaltene Mikrobenstamm zwar gewisse Eigenschaften und Eigenheiten aufweist, diese sich jedoch mit denjenigen der anderen Stämme ergänzen, sodass die Gesamtwirkung der Mischung die Wirkung der summierten einzelnen Stämme übersteigt. Entscheidend sind also nicht allein die Einzelqualitäten der enthaltenen Stämme, wie wir sie vielleicht im Labor erforschen können. Diese geben nur einen kleinen Ausschnitt der mikrobiellen Wirklichkeit wieder. Auf eine uns nicht bekannte Weise agieren EM als Komplex, der, in ein vorhandenes Milieu eingebracht, dazu führt, dass die dortigen Mikroorganismen im Sinne eines regenerativen Gleichgewichts harmonisiert werden. EM sind gleichsam ein Impuls, der in eine gegebene Situation gegeben wird.

EM sind Wesen der Verbindlichkeit. Mikroorganismen besiedeln ja bis ins Allerkleinste alle Oberflächen, und Oberflächen sind zugleich Grenzflächen zwischen verschieden gearteter Materie. Mikroben bilden also quasi stets die Brücke zwischen Elementen und ordnen sie, und je umfangreicher sie dies vermögen, desto gesünder gestaltet sich ein Lebensraum.

EM sind als Bodenhilfsstoff im Handel erhältlich, und ihr wahrhaft grundlegender Anwendungsbereich ist jede Art von Boden, vom Blumentopf über den Balkonkasten hin zu Garten und Landwirtschaft. In den dreißig Jahren seit ihrer Entdeckung haben sich EM darüber hinaus auch in den anderen Bereichen des Lebens als hilfreich erwiesen, bei denen Mikroorganismen eine Rolle spielen – und das ist naturgemäß beinahe überall. Mit EM lassen sich Fenster putzen und Rostflecken entfernen, Schimmel sanieren, Müll kompostieren und Fußpilz kurieren. Sie vermögen alte Bäume wiederzubeleben und Gewässer zu klären, die Kraftstoffausbeute zu erhöhen und Betoneigenschaften zu verbessern. Ihre Vielseitigkeit irritiert, solange man in einzelnen Fachbereichen denkt. Man kann dies nur aus der Allgegenwärtigkeit der Mikroorganismen verstehen.

Wir Menschen haben uns angewöhnt, unser Tun nach seiner Nützlichkeit einzuschätzen. Also zu fragen: Wem oder was nutzen EM? Die Antwort lautet: dem Leben. Wo EM einen harmonisierenden Impuls in den Strom des Lebens geben, der sich durch alles ergießt, entfaltet sich das Leben in dem ihm innewohnenden Bestreben nach einer Ordnung in Fülle, Schönheit, Gesundheit und Frieden. Erstarrtes gerät wieder in einen gesunden rhythmischen Fluss. Dass EM anscheinend alles können, was ihnen gelegentlich die Bezeichnung »Wundermittel« eingebracht hat, ist in Wirklichkeit ein Hinweis an uns, dass wir aufhören sollten, die Welt in Einzelbereiche aufzuteilen, und diese wunderbare Ordnung erkennen, in der alles mit allem verbunden ist. Es ist nicht nur geistig verbunden, sondern auch eins durch den Strom des Lebendigen, der mit den Mikroorganismen überall hinfließt. Das ist das eigentliche Wunder.

Wo EM mit den bereits vor Ort befindlichen Mikroorganismen kommunizieren, tritt Verwandlung ein. Natürlicherweise bestimmt sich eine Mikrobenpopulation durch die Gegebenheiten des Milieus. Dies ist ursprünglich durch die Natur gegeben, wird aber mittlerweile überwiegend von uns gestaltet, meistens ohne dass wir wissen, was wir dabei tun. Jedes Mal, wenn wir in die Natur eingreifen, greifen wir in die Mikrobenbesiedlung ein.

Es gibt zwei verschiedene Wege, eine Mikrobenpopulation zu führen: Ein Weg ist die Gestaltung des Milieus (siehe die Kapitel »Lebensraumgestaltung«, Seite 170, und »Milieupflege mit Effektiven Mikroorganismen«, Seite 181), der andere ist die direkte Einführung bestimmter Mikroorganismenstämme in einen Lebensraum. Diese müssen dominant sein, damit sie etwas ändern können. Eine Mikrobenflora lässt sich also sowohl durch Milieupflege als auch durch gezielte Führung der Mikroorganismen selbst verändern, am besten natürlich, wenn beides sich fördernd ergänzt.

Bisher hat sich die Menschheit kaum um die aktive Pflege ihrer Mikroorganismen gekümmert. »Große Tiere« in freier Wildbahn genauso wie als Haustier oder im Zoo – wie Meise und Walfisch, Katze und Hund – erhalten unsere Aufmerksamkeit. Die Aufmerksamkeit für unsere Kleinstlebewesen hingegen haben wir bislang weitgehend versäumt. Obwohl sie omnipräsent sind, beachten wir sie nur da, wo sie uns als brauchbar oder bedrohlich erscheinen. Gleichzeitig gehen wir unbewusst ständig und überall mit ihnen um, und ein Großteil unserer heutigen globalen Probleme basiert auf Veränderungen in ihren Populationen. Wo man hinschaut, fault und schimmelt, stinkt, verwittert, korrodiert und verrostet es. Dies gilt nicht nur in kleinen Lebensräumen wie einem Blumenkübel, einem Auto, einem Teich oder einem Schuh, es gilt auch im Großen für den Erdboden, die Gewässer und die Luft. Die Mikroorganismen zeigen uns, dass wir die Welt in einen überwiegend degenerativen Zustand gebracht haben, und in die dazwischen verbleibenden gesunden Lebensräume fahren wir zur Erholung in den Urlaub.

Woher kommt dieses Ungleichgewicht? Eine Hauptquelle davon ist die Verunreinigung der Luft durch die Rückstände fossiler Rohstoffe aus Verbrennungsmotoren. Im Laufe der Erdentwicklungsgeschichte wurden viele Substanzen aus der Erdatmosphäre in den Erdboden fixiert. Dadurch entstand der Sauerstoffreichtum in der Luft, der uns das Atmen erlaubt. Indem wir sie jetzt verbrennen, kehren die eingelagerten Substanzen aufgelöst in die Atmosphäre zurück. Wir verbrauchen in einem Jahr eine Menge an fossilen Energieträgern, die im Laufe von etwa 500 000 Jahren entstanden ist. Im Bestreben, die Luft davon wieder zu reinigen, leben darin überwiegend Mikroorganismen, die die Fähigkeit zum Abbau besitzen. Diese abbauenden Tendenzen finden sich folglich überall dort, wohin Luft gelangt: auf allen Oberflächen, in allen Lufträumen, in allen Atmungsprozessen. Von dort setzen sie sich überallhin fort, bis ins Empfinden der Menschen und ihre seelischen Prozesse hinein, die von zunehmenden Depressionen geprägt werden.

Effektive Mikroorganismen dienen dem Ausgleich dieser Einseitigkeit. Dass wir sie überhaupt brauchen und dass sie helfen können, viele große Probleme der gegenwärtig lebenden Menschheit zu lösen, liegt daran, dass diese ursächlich mit degenerativen mikrobiellen Prozessen zusammenhängen und die EM den regenerativen Ausgleich dazu bewirken können. Umweltverschmutzung, Nahrungsmangel, Krankheiten und Energiemangel sind direkt mit dem Mangel an Mikroben oder mit der Aktivität von degenerativ tätigen Mikroorganismen gekoppelt.

Der Sinn der EM liegt in ihrem Ausgleich der Ungleichgewichte, die in der Welt durch unsere einseitige Kulturentwicklung entstanden sind. Wäre dies nicht der Fall, bräuchten wir sie nicht. Sie helfen uns, in den überwältigenden Schwierigkeiten, in die wir unsere Erde gebracht haben, an vielen Orten auf vielerlei Weise lauter kleine Wandlungsprozesse anzuregen. In den dreißig Jahren seit ihrer Entdeckung haben sie dies bereits bewirkt: Aus mageren Böden lassen sie üppige Fruchtbarkeit gedeihen, aus stinkendem Müll wird nahrhafter Dünger, eutrophierte* Meeresbuchten klären sich, der Energieverbrauch sinkt, und Krankheiten werden geheilt.

Die Wirkung der EM

EM bestehen aus dominant regenerativen Mikroorganismenstämmen und können, in ausreichender Menge angewendet, ein degeneratives in ein regeneratives Milieu überführen. Sie lassen den ursprünglichen Fluss des Lebens, von Substanzen, Energien und deren Informationen wieder zu. EM geben vor Ort vorhandenen Mikroorganismen den Impuls, ebenso wie sie selbst in »friedlicher Koexistenz« miteinander und mit der Umgebung zu leben. Sie wandeln Stoffe um, wobei ein reduktives Potenzial entsteht – landläufig »Antioxidation« genannt –, das ein Übermaß an Oxidation ausgleicht. Gleichzeitig geben sie feine Informationen in ihre Umgebung ab, die harmonisierend wirken. Wo sie angesiedelt sind, stabilisieren sie einen Raum gegenüber Einseitigkeiten.

Dabei folgt ihr Wirken gewissen Kriterien, die wir aus der praktischen Erfahrung mit EM ablesen können: Je stärker ein Lebensraum gestört ist, desto wirksamer können die EM etwas ändern. Je mehr EM eingesetzt werden, desto deutlicher findet diese Änderung statt. In einem völlig gesunden Boden beispielsweise bewirken EM wenig. Überwiegen in einem Boden hingegen gestörte Prozesse, können sie, in ausreichender Menge eingebracht, für gesünderes Pflanzenwachstum, größere Erntemengen und bessere Qualität von Früchten sorgen. Ihre Wirkung ist damit sowohl abhängig von den Eigenschaften des Lebensraums als auch von der Art und Weise, wie sie dort eingebracht werden.

* Unter der Eutrophierung versteht man die meist menschengemachte Stoffüberfrachtung, oft mit Nitrat und Phosphaten, und das sogenannte »Umkippen« eines Gewässers (vom griechischen *eútrophos* für »gut nährend, nahrhaft«). Ein Übermaß an Nährstoffen bewirkt stärkeres Pflanzen- und Algenwachstum, der Abbau zu vieler abgestorbener Pflanzenteile durch aerobe Mikroorganismen verbraucht zu viel Sauerstoff, und der folgende Abbau organischen Materials durch anaerobe Mikroben setzt Faul- und Giftstoffe frei. Das veränderte Milieu führt zum Teufelskreis weiterer Nährstofffreisetzung aus dem Sediment.

Die Wirkung der EM wird mit dem sogenannten Dominanzprinzip erklärt. Nach dieser Vorstellung existieren unter den Mikroorganismenstämmen drei verschiedene Sorten:

1. dominant regenerative,
2. indifferente und
3. dominant degenerative.

Die jeweils dominanten Stämme können von geringerer Zahl sein, bestimmen aber den Charakter der gesamten Aktivität, denn die Masse der indifferenten orientiert sich an ihnen. Dominieren beispielsweise Fäulnismikroben, praktizieren auch die indifferenten Stämme Fäulnisstoffwechsel. Kommt es nun im selben Lebensraum zu einer Veränderung der Dominanz, zum Beispiel durch Zugabe von dominant regenerativen Mikroorganismen, stellen die indifferenten Stämme ihre Aktivität um und werden nun ebenfalls regenerativ tätig. Damit entscheiden die dominant wirkenden Mikrobenstämme über die Stoffwechselrichtung der Gesamtpopulation. Kommt es zu einer Änderung der wenigen dominanten Stämme, folgt eine Änderung in größerem Ausmaß. Diese kann rasch oder allmählich geschehen.

Die Führung einer Mikrobenpopulation durch einzelne Gruppen kann der Mensch als Kulturleistung vollziehen. Der Bäcker tut es, indem er Mikroorganismen dem Teig zufügt, und Ärzte praktizieren es im Rahmen der Mikrobiologischen Therapie. EM sind dominant regenerativ und wirken, indem sie als Mikroorganismen einem Lebensraum im Kreislauf des Lebendigen zugegeben werden. Neu daran ist, dass es sich nicht um definierte Einzelstämme, sondern um eine von der Natur abgelesene Mischung handelt, welche in sich selbst Gemeinschaftseigenschaften trägt, die sie auf ein Milieu übertragen. In einer Zeit des Kämpfens und Trennens bringen sie Beziehung, Füreinander und Miteinander sowie eine Anbindung an die höhere Weisheit, die unseren Planeten durchdringt. Ob sie den Anschluss auch an die kosmischen Rhythmen wieder knüpfen, die dem Leben nicht nur von Pflanzen zugrunde liegen, wurde noch nicht erforscht, es ist allerdings naheliegend.

Vielleicht kann man sich die Effektiven Mikroorganismen wie eine Art Vorbild vorstellen, in das sich andere Mikroorganismen harmonisch einfügen können. Sie bieten als Team eine Kraft, mit deren Hilfe sich chaotische und unorganisierte oder einseitig gewordene Lebensprozesse wieder in Ordnung bringen lassen. Wie genau sie dies alles bewirken, ist uns bislang noch verborgen.

Die Zusammensetzung der EM

EM sind eine Mischkultur aus aeroben und anaeroben Mikroorganismenstämmen, die sich als Mikrobengemeinschaft, nicht aus ihren Einzelstämmen heraus verstehen lassen. Ihre Besonderheit ist, dass sie ihre Stoffwechselprodukte untereinander als Nährsubstrat nutzen. Das heißt, was ein Stamm abgibt, kann Nahrung für einen anderen sein, und dessen Stoffwechselprodukt dient wiederum als Nahrung für den nächsten Stamm, sodass sie

Die EM-Wirkungen zusammengefasst

- Effektive Mikroorganismen reichern ein mikrobiell verarmtes Milieu wieder mit Mikroben an.
- Indem sie mit vorhandenen Mikroorganismen kommunizieren, verändern sie deren Ordnung im Sinne lebensfördernder Prozesse. Dabei wirkt ein Dominanzprinzip.
- Sie geben einen Impuls zur Harmonisierung in den jeweiligen Lebensraum.
- Stoffwechselprozesse werden ausgeglichen.
- Materie wird unter Bildung von Substraten umgewandelt.
- Dabei entsteht ein reduktives, also antioxidatives Potenzial.
- Es entsteht ein Zuwachs an Energie.
- EM ändern feinstoffliche Schwingungsphänomene im Sinne einer Harmonisierung.
- Sie schließen erstarrte Bereiche wieder an den schöpferischen Aspekt des Lebendigen an.
- Ein degeneratives wird in ein regeneratives Milieu umgestimmt.
- EM geben eine gesunde und harmonische Bakterien-Pilz-Besiedlung vor und verdrängen dadurch pathogene Prozesse.
- Sie ermöglichen Heilung.

sich gegenseitig versorgen und weder Abfall noch Nährstoffmangel entsteht. Sie bilden dadurch ein stabiles Team. Indem sie untereinander zusammenarbeiten, entfalten sie nach außen das Potenzial, auf gestörte Prozesse harmonisierend zu wirken.

So wie die Wirksamkeit der EM nicht als Summe ihrer Einzelstämme, sondern als deren darüber weit hinausgehende Gemeinschaftswirkung zu verstehen ist, entfaltet sich ihre Wirksamkeit nicht in der isolierten Kultur, sondern im Verbund mit organischem Material. Laborkulturen der EM auf ihre Fähigkeiten zu untersuchen ist möglich, darin entfalten sie aber nicht die Möglichkeiten, die sie im Zusammenwirken im lebendigen Lebensraum zeigen. Dieses Zusammenwirken, das fruchtbare, einander fördernde Miteinander ist gewissermaßen die Signatur der EM.

Trotzdem interessieren uns natürlich Eigenschaften ihrer einzelnen Stämme. Die genaue Zusammensetzung der EM liegt in der Hand der Hersteller und wird von ihnen gern geheim gehalten, zumal sie sich im Lauf der Zeit verändert hat. Es sind überwiegend Milchsäurebakterien, Hefen und Fotosynthesebakterien, daneben ursprünglich »fermentaktive« Pilze und Aktinomyceten.

Milchsäurebakterien tragen ihren Namen, weil sie bei Gärungsprozessen Milchsäure abgeben. Die in EM enthaltene Gattung *Lactobacillus** zählt wohl zu den ältesten von Menschen genutzten Mikroben, sie werden schon seit Jahrtausenden für die Verarbeitung von Lebensmitteln kultiviert. Sie gedeihen bei niedrigem pH-Wert. Und obwohl sie anaerob wachsen, vertragen sie auch die Anwesenheit von Sauerstoff. Milchsäurebakterien kommen

* Vom lateinischen *lac*, Genitiv *lactis*, für »Milch«.

in Joghurt, Silage, Sauerkraut und eingelegtem Gemüse vor. Sie lassen den Sauerteig aufgehen und bilden auf unseren Körperschleimhäuten Schutz und energiereiche Verbindungen. Die Laktobazillen prägen das insgesamt saure Milieu der EM.

Die in EM enthaltenen Hefen *Saccharomyces cerevisiae* sind den Menschen ebenfalls seit alter Zeit vertraut (siehe das Kapitel »Vom Brot zum Korn«, Seite 152). Hefezellen sind größer als Bakterienzellen und lassen sich, wenn man EM mikroskopiert, als ovale Einzeller mit deutlich sichtbaren Innenstrukturen, zum Beispiel dem Zellkern, gut erkennen. Sie können sich sowohl durch vegetative Knospung als auch durch Zellteilung und Paarung vermehren. Wie andere Hefen sind sie imstande, Gärung und Atmung, also zwei gegensätzliche Stoffwechselwege durchzuführen. Sie können bei Vorhandensein von Sauerstoff unter Bildung von Kohlendioxid atmen, sobald jedoch Sauerstoff fehlt, schalten sie auf anaeroben Stoffwechsel um und vergären Kohlenhydrate zu Alkohol. Damit richten sie sich nach dem Milieu, in dem sie leben. Die geschickte Führung dieser Prozesse verhilft zur Brot- und Weinherstellung. In EM erhalten sie dadurch auch das Gleichgewicht der Gesamtmischung aufrecht.

Während wir mit Milchsäurebakterien und Hefen seit alters zusammengearbeitet haben, ist die gezielte Verwendung von fotosynthetischen Bakterien, auch »phototrope Bakterien« genannt (siehe das Kapitel »Erdgeschichte: Adam stammt von Bakterien ab«, Seite 47), etwas Neues. Diese Bakterien enthalten ein Membransystem, in dem ein Elektronenfluss stattfindet, der durch Licht angeregt wird. Lichtenergie wird durch spezielle Moleküle in den Bakterien aufgenommen und als beweglicher Elektronenfluss weitergegeben. Dies erfolgt in einer Geschwindigkeit von Billionstelsekunden (10 hoch 12). Durch diesen Elektronenfluss wird in der Bakterienmembran ein Energieniveau aufgebaut, die sogenannte protonenmotorische Kraft. Auf komplexe Weise verwenden die Bakterien sie dazu, Substanzen auf- und umzubauen, wobei die Gegenwart von Sauerstoff die Stoffumwandlung steuert. Nur in einem anaeroben Milieu können sie Fotosynthese durchführen, Anwesenheit von Sauerstoff schaltet hingegen gewisse Stoffwechselschritte ab.

Fotosynthetische Bakterienstämme gehören zu den sehr alten Bakterienarten der Erde, sind also Nachfahren aus der Zeit, als diese noch keine sauerstoffhaltige Hülle trug. Sie behielten ihre damaligen Fähigkeiten bis zum heutigen Tage bei, und es scheint, dass wir genau diese zum Ausgleich der modernen, durch Verbrennung fossiler Rohstoffe entstandenen Verschmutzungen brauchen.

Was wir »Rohstoffe« nennen, sind ja in Wirklichkeit in gewaltigen Zeiträumen in die Erde verlagerte Prozessqualitäten. Aus der Atmosphäre wurden gasförmige Stoffe einst ins feste Erdmaterial eingebunden, damit für Sauerstoff in der Luft Raum war und sich Atmung entwickeln konnte. Unsere Verbrennungsaktionen machen diesen Entwicklungsschritt rückgängig. Wie damals können uns nun die Fotosynthesebakterien helfen, wieder Raum für Atmung und eine gesunde Umwelt zu schaffen.

Die in den Effektiven Mikroorganismen enthaltenen Fotosynthesebakterien gehören zur Gattung *Rhodopseudomonas** und sind zu erstaunlichen Umwandlungskünsten fähig.

* Von den griechischen Wörtern *rhódon* für »Rose«, *pseúdein* für »belügen, täuschen« und *mónos* für »allein, einzeln, einzig«.

Eiweiße, Zucker und Fette, organische Säuren und Alkohole gehören zu den von ihnen verarbeiteten Verbindungen ebenso wie solche mit aromatischen Ringmolekülen, die auch als Gifte wirken können, darunter Derivate des Benzols. Mithilfe ihrer Enzyme neutralisieren *Rhodopseudomonas* Gerüche. So ist das von ihnen synthetisierte Enzym Nitrogenase imstande, Stickstoffgase in Ammonium und weiter zu geruchlosen organischen Verbindungen umzuwandeln. Dies alles tun sie, indem sie Elektronen austauschen. Dabei oxidieren sie nicht, sondern reduzieren und sorgen für ein insgesamt reduktives, auch »antioxidativ« genanntes Umfeld.

Phototrophe Bakterien sind klein und als Einzelstämme schwierig zu kultivieren, weshalb wir weniger über ihre Stoffwechseleigenschaften wissen als über die von Milchsäurebakterien und Hefen. Gemeinsam mit diesen schaffen sie die erstaunliche Wirksamkeit der EM. Zusätzlich umfasst die ursprüngliche Rezeptur der Effektiven Mikroorganismen die sich fädig verzweigenden Bakterien Aktinomyceten sowie Pilze der Gattungen Aspergillus und Mucor.

Die Geschichte der EM

Über die Anfänge der EM-Entwicklung gibt es in Europa nur wenige Informationen. Zugänglich, weil in europäische Sprachen übersetzt, ist uns dazu nur das eigentlich zweite Buch von Teruo Higa, Ackerbauprofessor auf Okinawa, einer zwischen Japan und Taiwan liegenden und zu Japan zählenden Inselgruppe namens »Ryūkyū«, die bis zum Jahr 1879 ein eigenständiges Königreich war. Sie liegt etwa 1500 Kilometer südwestlich von Tokio entfernt am Philippinischen Meer. Okinawa ist eine geschichtlich belastete Insel. 1945 fand dort eine der mörderischsten Schlachten des Zweiten Weltkriegs statt, die man als Anlass dafür nahm, dass statt weiterer Gefechte auf Japan Atombomben abgeworfen wurden. Danach wurde Okinawa »Insel des Todes« genannt. Sie wurde einer der größten US-Militärstützpunkte weltweit. Zugleich nennt man Okinawa »Insel der Hundertjährigen«, denn die Lebenserwartung der dort traditionell lebenden Menschen ist die höchste der Welt. Sie wird auf die vielseitige und natürliche Ernährung, auf bewusstes Maßhalten und ein sinnerfülltes Leben in der Gemeinschaft zurückgeführt.

Dort, in dem Spannungsfeld zwischen Tod und Leben, wurden die Effektiven Mikroorganismen entwickelt.

Da ich inzwischen aus verschiedenen japanischen und europäischen Quellen verschiedene Entstehungsgeschichten der EM erfahren habe, die ich im Einzelnen nicht persönlich nachprüfen kann, und da sich die Angaben in der internationalen Literatur zur frühen Entwicklung der EM widersprechen, möchte ich an dieser Stelle hier keine davon wiedergeben. Beteiligt waren auf die eine oder andere Weise verschiedene Institutionen und Menschen, darunter die Firma Sanko Sangyo und der Universitätsprofessor Teruo Higa, der für sie arbeitete. Er wurde schließlich als Vertreter der EM am bekanntesten. Anscheinend gab es zunächst eine Mikrobenmischung aus Milchsäurebakterien, Hefen und Fotosynthesebakterien, die »Saion« genannt wurde, nach einem auf Okinawa verehrten Gott der Landwirtschaft.

Higa schreibt in seinem 1994 in Japan veröffentlichten Buch, das im Jahr 1996 in Englisch unter dem Titel *An Earth Saving Revolution* und im Jahr 2000 auch erstmals auf Deutsch erschien,[132] von seiner Hinwendung zu EM und zu chemiefreier Düngung. Die Begegnung mit der spirituellen Vereinigung Sekai Kyusai Kyu*, übersetzt so viel wie »Religion zur Rettung der Welt«, machte ihn mit biologischen Anbaumethoden vertraut. Diese von Mokichi Okada (1882–1955) im Jahr 1935 gegründete Gemeinschaft bemüht sich um naturgemäße Bodenbearbeitung, die in Frieden mit der Schöpfung, unter Respekt vor der Weisheit der Natur und zu ihrem Schutz praktiziert wird. Zu ihrer Vision gehört neben einer völlig giftfreien Behandlung der Umwelt auch die Vision einer Erde, auf der Menschen in Respekt und Frieden miteinander leben, in einer Welt ohne Hunger, Krankheit,

* Von den japanischen Wörtern *sekai* für »Welt«, *kyūsei* für »retten« und *kyō* für »Religion«.

Armut und Krieg. Diese Liebe zur Erde schließt die Verwendung chemisch-synthetischer Mittel im Landbau aus.

Der Einsatz von mikrobiellen Prozessen für die Bodenfruchtbarkeit hatte unter anderem durch die Impulse der biologisch-dynamischen Landwirtschaft schon lange weltweit Bedeutung erlangt. Es war bekannt, dass eine Zugabe von Fotosynthesebakterien in den Boden dem Pflanzenwachstum förderlich war. Versuche, die damit im Mandarinenanbau durchgeführt wurden, brachten zwar keine Steigerung der Erntemenge mit sich, die mit ihnen aufgezogenen Früchte schmeckten jedoch besser, erhielten mehr Vitamin C und blieben länger lagerfähig.[133]

Im Jahr 1982 gab es schließlich ein anwendbares Produkt, das »Effektive Mikroorganismen« genannt wurde, aber anfangs hielt sich das Interesse an EM offenbar in Grenzen. Erst die Kongresse der Sekai Kyusai Kyu machte EM weitläufig bekannt. Im Jahr 1986 stellte Higa die Effektiven Mikroorganismen auf der 6. Wissenschaftlichen Konferenz der IFOAM* in Kalifornien einem internationalen Publikum vor. In Japan gab es jährliche EM-Konferenzen, zu denen Referenten aus der ganzen Welt eingeladen wurden. Nachdem sich das EM-X (siehe das Kapitel »Mit EM fermentierte Getränke«, Seite 217) als Heilmittel erwiesen hatte, wurde im Jahr 2001 auf Okinawa die erste medizinische EM-Tagung durchgeführt. Auf Tagungen der Kyusei Kyu, die zweijährig auf wechselnden Kontinenten stattfanden, wurden die Effektiven Mikroorganismen präsentiert: 1989 in Thailand, 1991 in Brasilien, 1993 in Kalifornien und 1995 in Paris.

Ähnlich wie Mikroben im Kreislauf des Lebendigen fließen, flossen nun die Informationen über EM allmählich in und um die Welt. Sie haben bis heute nahezu alle Länder der Erde erreicht und unterstützen überall Wandlungsschritte im Kleinen wie im Großen. Die erstaunlichen Wirkungen in der praktischen Anwendung überzeugten vor allem dann, wenn scheinbar unlösbare Probleme vorlagen, wie bei der Sanierung des Seto-Inlandsees, eines Binnenmeeres in Japan, das durch langjährige Abwassereinleitung und Umweltverschmutzung so eutrophiert war, dass der lebensnotwendige Fischfang auf ein Zwanzigstel der früheren Menge geschrumpft war. Durch Einsatz der EM wurde es so gründlich gereinigt, dass sich wieder eine gesunde Fauna einstellte.

Zum Pionierland der EM-Anwendung entwickelte sich Thailand. Dort wurden die Effektiven Mikroorganismen offenbar durch die Kyusei Kyu und Professor Higa erstmals im Jahr 1986 vorgestellt. In Sara Buri im Süden des Landes wurde 1988 ein Stück Land erworben, um dort biologische Landwirtschaft mit EM zu betreiben. Schon ein Jahr darauf, 1989, waren die Erfolge mit EM so eindrucksvoll sichtbar, dass die Teilnehmer einer Kyusei-Kyu-Konferenz, die aus 23 verschiedenen Ländern kamen und die dies auf Feldbegehungen sahen, das Netzwerk APNAN** etablierten, um EM überregional einzuführen. In Sara Buri selbst wurde ein Seminarzentrum zur Ausbildung in EM-Technologie eingerichtet, in dem Landwirte, Gärtner und andere Interessierte die praktische Anwendung der EM erlernen konnten und dies bis heute können.

* IFOAM: International Federation of Organic Agriculture Movements, internationale Dachorganisation des ökologischen Landbaus, gegründet 1972.

** APNAN: Asia Pacific Natural Agricultural Network, Netzwerk für natürlichen Landbau im asiatisch-pazifischen Raum.

Bald fanden die Effektiven Mikroorganismen in Thailand Eingang ins öffentliche Leben. Inzwischen wurden dort Zehntausende von Landwirten ebenso in EM unterrichtet wie zahlreiche Lehrer. Effektive Mikroorganismen wurden in die Lehrpläne von Schulen und Hochschulen aufgenommen, seit 1994 empfiehlt das thailändische Gesundheitsministerium EM zur Reinigung in Krankenhäusern, und seit 1998 schickt das thailändische Militär Auszubildende nach Sara Buri, um sie mit dem Umgang mit EM vertraut zu machen. Überall im Land werden EM angewendet: in der Abwasserbehandlung, bei Krokodil- und Krabbenzucht, im Haushalt, Gartenbau und im Zoo.

Jährlich gibt es am Geburtstag der Königin einen »Mountain Loving Day«, einen »Tag der Liebe zu den Bergen«, an dem Hunderte von Menschen mehrere Tonnen von organischem Material mit Effektiven Mikroorganismen in die Wälder tragen, um den Boden zu verbessern. Im Laufe der Zeit entwickelte sich dort eine reiche Vegetation im Unterholz, dessen gute Verwurzelung Wasser bindet und dadurch Waldbränden vorbeugt.

Als Thailand 2004/05 vom Tsunami betroffen war, konnten Effektive Mikroorganismen in großem Umfang erfolgreich eingesetzt werden, um Verwesungsgeruch zu neutralisieren und Seuchenbildung vorzubeugen.

Die internationalen Kyusei-Kyu-Kongresse waren wie Katalysatoren für den Einsatz von EM in den jeweiligen Kontinenten und Ländern. So wurden die Effektive Mikroorganismen bald nach der Konferenz in Paris 1986 auch in Europa bekannter, zunächst in Dänemark, Holland und Österreich, bald auch in der Schweiz, in Deutschland und Südtirol.

Es ist immer die Initiative einzelner sich für EM begeisternder Menschen, die dazu führt, dass das Wissen um die Effektiven Mikroorganismen weitergegeben wird. Die meisten probieren die EM-Anwendung einfach dort aus, wo sie ein Problem haben: Schimmel an der Wand, zu viele Schnecken im Garten, stinkende Abfalltonnen, Fußpilz, ein krankes Tier oder zu viel Rasenschnitt. Fast immer sind die Erfolge so verblüffend, dass EM danach auch in anderen Lebensbereichen eingesetzt und auf diesem Wege zu einem Hausmittel werden, von dem man gern weitererzählt.

EM tragen dadurch nicht nur zu einer neuen Kommunikation der Mikroorganismen untereinander, sondern auch der Menschen miteinander bei. Es macht einfach Spaß, Begeisterung zu teilen. Diese Kommunikation sollte von der »friedlichen Koexistenz« geprägt sein, die die EM untereinander leben. EM »gehören« niemandem, denn wie sollten Mikroorganismen der Erde jemals jemandes Besitz sein können? Es besitzt auch niemand Anspruch auf ihre »Alleinvertretung«, denn damit würden sie von Menschen missbraucht. Sie sind uns als Hilfe für die derzeitige Weltsituation gegeben worden. Als Neulinge auf diesem Planeten fällt uns Menschen dieser friedliche Umgang manchmal noch schwer, doch der direkte Blick auf die EM selbst kann uns stets neu dazu ermutigen. Es ist eine große Herausforderung, mit den Effektiven Mikroorganismen so umzugehen, dass der Strom des Lebens und die friedliche Koexistenz auch unter allen Menschen praktiziert werden, die mit EM handeln. Nur dann aber kann der Segen, den die EM mit sich bringen, weit über die praktische Anwendung hinaus auf die Menschen ausstrahlen. Nicht nur die Effektiven Mikroorganismen beweisen, dass dort, wo jeder Einzelne seinen anerkannten Platz hat und niemand bekämpft oder ausgegrenzt wird, für alle die größte Fülle gedeiht.

Herstellung, Aufbewahrung und Haltbarkeit der EM

Mit »EM« sind die in flüssiger Lösung vorliegenden Effektiven Mikroorganismen gemeint. Sie werden von den Herstellern aus drei Vorkulturen kultiviert, den sogenannten Seeds – was im Englischen *(seed)* so viel wie »Samen, Saatgut, (Zucht)keime« heißt. Diese werden nach einem bestimmten, etwa vier Wochen dauernden Verfahren nacheinander zusammengefügt. Man kann sich EM zu Hause im Laufe einer Woche vermehren lassen.

EM-Stammlösungen sind im deutschsprachigen Europa derzeit unter den Bezeichnungen »EM-Farming«, »EM-Urlösung« und »EM-1« im Handel. Die Bezeichnung »EM 4« für die Stammlösung ist in Südamerika anzutreffen und stammt aus der Zeit, als die Zutaten zu ihrer Herstellung »EM 1«, »EM 2« und »EM 3« genannt wurden.

Erwirbt man EM, ist es wichtig, darauf zu achten, ob es sich tatsächlich um die Stammlösung handelt oder ob es einfach vermehrte EM sind (siehe das Kapitel »Die Vermehrung von EM zu EMa«, Seite 207). Sie unterscheiden sich in Herstellungsprozess, Preis und Wirksamkeitsdauer. Findige Verkäufer vermehren die Stammlösung zu EMa und verkaufen sie einfach als »EM«, als »EM aktiviert«, »fertige EM« oder Ähnliches. Dabei wird selten dazugesagt, worum es sich handelt, und oft wird übergangen, dass so vermehrte EMa nur gut zwei Wochen lang die volle Wirksamkeit entfalten und sich zu Hause nicht weiter vermehren lassen. Da 1 Liter EM 33 Liter EMa ergibt, sollten EMa nur einen Bruchteil des Preises der Stammlösung kosten, sie werden jedoch oft für wesentlich mehr verkauft. Immer wenn EM erheblich preiswerter angeboten werden, als der übliche Preis der Stammlösung ist, sollte man ausdrücklich danach fragen, worum es sich genau handelt. Inzwischen erscheinen im Vertrieb auch verschiedene Einzelpräparationen für verschiedenste Anwendungsbereiche. Von ihnen ist in diesem Buch nicht die Rede, da sie dem Grundprinzip des *einen* Kreislaufs des Lebendigen widersprechen und alle flüssigen Anwendungen mit EM beziehungsweise EMa erfolgen können. Sonderpräparationen sind nur dort erforderlich, wo es gelegentlich gesetzliche Vorgaben nötig machen. Solche Gesetze, beispielsweise ein Teil der Hygienevorschriften, folgen noch einem Denken, das ohne die Liebe zu den Mikroorganismen agiert.

Zur Vermehrung werden EM in der Regel mit Zuckerrohrmelasse kultiviert. Melasse enthält im geeigneten Verhältnis die für die Vermehrung der Mikroben notwendigen Kohlenhydrate, Mineralien, Vitamine und Aminosäuren. Sie ist für die braune Färbung und einen Teil des Geruchs der Effektiven Mikroorganismen verantwortlich. Um EM für Anwendungen in Milieus zu kultivieren, in denen Braunfärbung unerwünscht ist, wird in Japan mit Reis und in Europa mit Getreide gearbeitet. Die dabei entstehenden Mischungen werden »EM blond« oder »EM klar« genannt. Zu diesen gibt es noch keine langjährigen Anwendungserfahrungen. Andere Nährmedien, wie zum Beispiel Zuckerrübenmelasse, haben andere Eigenschaften und sind weniger oder gar nicht für die Vermehrung der EM geeignet. Honig behindert aufgrund seiner bakterienhemmenden Eigenschaften das

Wachstum einzelner Stämme und führt zu einem Ungleichgewicht in der Gesamtlösung. Die Haltbarkeitsdauer der EM ist abhängig von Luftzufuhr und Temperaturveränderungen. Je kleiner eine Menge ist, desto labiler reagiert sie darauf. Die stabilisierte EM-Stammlösung ist im Originalbehältnis ungeöffnet lange lagerfähig, laut Mindesthaltbarkeitsdatum ein Jahr. Sobald es geöffnet wurde und Luft hinzutritt, beginnt ein Prozess in der Mischung, und die Haltbarkeit verkürzt sich.

EM sind temperaturempfindlich. Ihr Lagerungsoptimum liegt laut Hersteller bei 12 bis 18 Grad Celsius. Sobald die EM in einen Lebensraum ausgebracht werden, befähigen sie ihre mikrobiellen Anpassungsmöglichkeiten dazu, dass ihnen schwankende Temperaturen, wie sie die Jahreszeiten mit sich bringen, nichts ausmachen. Im Boden überleben sie auch Frost und Hitze, in der Flasche aber nicht. Temperaturen unter 8 Grad, wie sie zum Beispiel im Kühlschrank herrschen, und solche über 40 Grad führen zu ihrem Verderben.

Um die Luftzufuhr möglichst gering zu halten, entnimmt man der Plastikflasche die für einen kurzen Zeitraum benötigte Menge, drückt die Flasche so zusammen, dass der Flüssigkeitsspiegel innen bis unter den Verschluss steigt, und stellt sie wieder kühl. Man entnimmt immer die Menge, die man tatsächlich benötigt. So kann man sich beispielsweise die im Haus für eine Woche erforderliche Menge in ein kleineres Gefäß abfüllen, bei ganz geringem Bedarf in ein Tropfpipettenfläschchen, das dann durchaus auch tägliches Öffnen und Zimmertemperatur verkraftet. Nach etwa einer Woche leert man den Rest zur anderweitigen Verwendung aus, spült das Gefäß mit kochendem Wasser und befüllt es frisch.

EM sind lebendig. Wo immer sie sind, gehen sie in Kontakt mit der Umgebung, auch mit der Luft, die sich im Gefäß befindet. Dabei fühlen sich die anaeroben Stämme in den EM unwohl, und das Gleichgewicht in der Mischung verschiebt sich. Man merkt am sich wandelnden Geruch, ob und wie weit die EM sich verändern. Das kann man bewusst ken-

Hat man EM aus der Flasche entnommen, drückt man sie so weit zusammen, dass möglichst wenig Luftraum darin bleibt.

nenlernen, wenn man sich eine geringe Menge EM, zum Beispiel einen Eierbecher voll, offen ins Zimmer stellt und täglich daran riecht. Mit der Zeit bildet sich an der Oberfläche eine Haut aus sauerstoffliebenden Mikroorganismen wie den Hefen, und der Geruch verändert sich zunehmend in die Richtung von Buttersäure.

Solange die Effektiven Mikroorganismen frisch sind, bleiben sie fähig, Lebendiges – also zum Beispiel Boden, Pflanzen und Tiere – zu unterstützen. Verschiebt sich ihr Verhältnis geringfügig, helfen sie noch bei anderen Anwendungen wie zum Reinigen. Sind sie dafür auch zu alt geworden, lassen sich immer noch Orte damit tränken, deren Fäulnis beträchtlich ist, etwa Abflüsse im Haus.

Die üblichen Qualitätskriterien für EM sind die Kombination von Aussehen, Geruch und pH-Wert. Dabei spielt der pH-Wert allein keine große Rolle, da er von den Milchsäurebakterien bestimmt wird, die unabhängig von den EM auch allein einen niedrigen pH-Wert bewirken.

Vermehrte EM (siehe das nächste Kapitel »Die Vermehrung von EM zu EMa«) sollten so rasch wie möglich in den gewünschten Lebensraum ausgebracht werden. Ihre Wirksamkeit nimmt nach zwei Wochen rapide ab, und nach drei Wochen handelt es sich zwar immer noch um eine lange haltbare milchsaure Mikrobenlösung, deren Mikrobendichte und -zusammensetzung aber nicht mehr die Bedingungen der EM erfüllt.

Ist eine Anwendung von EM nicht mit Erfolg gekrönt, obwohl eine ausreichende Menge unter angemessenen Voraussetzungen ausgebracht wurde, stellt sich immer auch die Frage, welche Qualität die verwendeten EM hatten. Sogar die Stammlösungen der Hersteller zu verschiedenen Zeiten und aus verschiedener Herkunft können unterschiedlich ausfallen. Bei der Durchführung wissenschaftlicher Studien sollte dies berücksichtigt werden.

Die Vermehrung von EM zu EMa

Man kann EM sich vermehren lassen, indem man ihnen Nahrung, Wärme und ein geeignetes Milieu zur Verfügung stellt. Vermehrte EM werden »EMa« genannt, im englischen Sprachgebrauch auch EMAS für *EM activated solution.* Aus 1 Liter EM werden 33 Liter vermehrte EM, sodass man mehr EM für den gleichen Preis zur Verfügung hat. Das ist insbesondere überall dort nützlich, wo große Mengen EM eingesetzt werden, wie in der Landwirtschaft, in der Großgastronomie und zur Gewässersanierung.

Das »a« in »EMa« steht für das englische *activated*, ins Deutsche übersetzt: »aktiviert«. Diese Bezeichnung ist allerdings ein wenig irreführend, denn sie suggeriert, es sei notwendig, EM vor ihrer Anwendung zu etwas anzuregen. Das ist es nicht. Man kann EM und EMa in gleicher Weise und in gleicher Dosierung verwenden. Sie gehen von allein in diejenige Aktivität über, die am jeweiligen Ort angemessen ist.

Der Vermehrungsprozess erfolgt, indem eine 3-prozentige Lösung von EM, Zuckerrohrmelasse und Wasser für acht Tage bei 30 bis 34 Grad Celsius warmgestellt wird. Man kann auch eine 4- bis 5-prozentige Mischung ansetzen, wenn man befürchtet, dass eine Vermehrung sonst misslingt. Das ist normalerweise aber nicht nötig. Die daraus entstehenden EMa sollten wegen ihres hohen Melasse-, also Nährstoffgehalts nicht zur Gewässersanierung verwendet werden.

Mikroorganismen beginnen sich zu verdoppeln, wenn ausreichend Nahrung und Wärme zur Verfügung stehen. Dabei entwickeln sie eine unterschiedliche Geschwindigkeit. Während die in EM enthaltenen Milchsäurebakterien bereits am zweiten Tag Wachstum zeigen, braucht der Stamm der Fotosynthesebakterien sechs Tage, um überhaupt damit anzufangen. Daher ist eine Vermehrungsdauer von acht Tagen sinnvoll. Durch die Milchsäureproduktion sinkt der pH-Wert in der Vermehrungslösung in den ersten Tagen rasch ab, was das Wachstum unerwünschter Mikroben hemmt, wie sie aus der Melasse oder der Umgebung in die Lösung gelangt sein könnten. Das wiederum ermöglicht den Fotosynthesebakterien eine ungestörte Anlaufphase zur Vermehrung. Die Wachstumsphasen, in denen eine Vermehrung von Bakterien erfolgt, sind in der Abbildung auf Seite 104 dargestellt. Nach einer Anlaufphase folgt eine Phase exponentiellen Wachstums, darauf eine stationäre Phase, in der die Bakteriendichte gleich bleibt, bis die für das Wachstum notwendigen Stoffe im Umgebungsmedium verbraucht sind. Danach sterben zunehmend Einzeller ab. Für die Vermehrung der EM bedeutet dies: Es sollte ausreichend Melasse zugesetzt werden, auch damit sich die Milchsäurebakterien rasch vermehren und den pH-Wert senken können. Für die Zeitdauer des exponentiellen Wachstums der jeweiligen Stämme in EM sollte eine angemessene gleichmäßige Wärme zugeführt werden. Nach Abschluss der Vermehrung sollten EMa zügig in den erwünschten Lebensraum ausgebracht werden, wo sie weiterleben können.

Die stationäre Phase der EMa dauert zwei bis maximal drei Wochen. Danach verlieren sie rasch an Dichte und somit auch Wirksamkeit. EMa, die länger als drei Wochen nach Abschluss der Vermehrung in einem Gefäß aufbewahrt wurden, vermögen keine volle EM-Wirkung mehr zu entfalten. Sie können als milchsaure Lösung zum Putzen, für den Kompost, die Gülle oder Ähnliches durchaus noch hilfreich sein, haben aber nicht mehr die Fähigkeiten der EM-Mischung, selbst wenn über einen langen Zeitraum pH-Wert, Geruch und Konsistenz bestehen bleiben. Die Wirksamkeit dieser EMa lässt sich äußerlich nicht mehr ablesen. Ihre tatsächliche Zusammensetzung müsste man mikroskopisch beurteilen, wo man unter Umständen die eher unbeweglichen Milchsäurebakterien von den eher beweglichen Fotosynthesebakterien unterscheiden könnte, oder man müsste sie mit mikrobiologischen Techniken analysieren. Dies ist in der Regel schwer praktikabel.

Das Zubehör für die EMa-Herstellung

Für die praktische Anwendung hat sich gezeigt, dass die Vermehrung unter Beachtung der Vorgaben einfach zu handhaben ist und gut funktioniert. Benötigt werden:

- ein verschließbares Vermehrungsgefäß,
- Wasser,
- EM,
- Zuckerrohrmelasse,
- Messbecher,
- gegebenenfalls ein Trichter,
- Wasserkocher,
- Thermometer,
- Topflappen oder ein Tuch,
- eine Wärmequelle und
- pH-Wert-Messstreifen.

Alle Materialien sollten ebenso wie der Ort, an dem man EM zur Vermehrung ansetzt, sauber sein, da die Umgebungsmikroben immer mit in den Ansatz gelangen. Sie werden, sofern sie nicht ebenfalls anaerob und säureliebend sind, in den EMa bald von den Laktobazillen verdrängt, man muss diesen jedoch nicht unnötig viel Arbeit machen.

Als *Vermehrungsgefäß* ist alles geeignet, was imstande ist, eine gärende Mikrobenflüssigkeit acht Tage lang in Wärme zu beherbergen. In der Regel sind es Kunststoffbehältnisse, weil deren Elastizität eine Volumenänderung durch Gasbildung, wie sie bei der Vermehrung entsteht, aufzufangen vermag. Es sollte sich um lebensmittelechten Kunststoff handeln, anderenfalls kann es passieren, dass die EM den Kunststoff zu zersetzen beginnen und nach einigen Verwendungen EM durch die porös werdenden Wände austritt.

Auch die für die Fermentation von Wein üblichen Glaskolben mit Gärspund zum Druckausgleich können zur EM-Vermehrung verwendet werden.

Um den Luftraum in einem stapelbaren Kanister zu verringern, kann man die Wärmekiste schräg aufstellen.

Nicht geeignet sind Gefäße, deren Öffnung oder Einfüllstutzen deutlich unterhalb der Gefäßoberkante liegt. Dann verbleibt nämlich ein Luftraum über der Lösung, dessen Sauerstoffgehalt verhindert, dass die EMa sich anaerob vermehren können. Eine geringe Luftmenge unter dem Deckel kann toleriert werden, da die entstehenden Gase sie verdrängt. Dies ist bei stapelbaren Kunststoffkanistern der Fall. Haben sie auch noch einen luftgefüllten Griff, stellt man sie während der Vermehrung am besten schräg auf.

Solche Kanister haben häufig auch ein größeres Innenvolumen als angegeben, zum Beispiel 12 Liter bei einem 10-Liter-Kanister. Man nimmt dann natürlich entsprechend mehr EM und Melasse.

Man verwendet grundsätzlich reines, chlorfreies und sauberes *Wasser*, zum Beispiel Leitungswasser. Da Mikroorganismen sehr wässrige Zellen sind, findet sich in ihnen die Art des Wassers wieder, das zugeführt wurde, womit die Wasserqualität großen Einfluss auf die Qualität der EMa hat. Je lebendiger es ist, desto wirksamer können sie sein. Man kann die benötigte Wassermenge einige Stunden lang mit EM-Keramikröhrchen versehen und dadurch seine Eigenschaften verbessern (siehe das Kapitel »EM-Keramik«, Seite 215). Dabei gasen erfahrungsgemäß auch Chlorverbindungen aus Leitungswasser aus.

Die verwendeten *EM* sollten stets von der frischen Stammlösung kommen, die im Handel erhältlich ist. Sonderprodukte der Hersteller, wie sie für die Tierhaltung oder die Gewässersanierung angeboten werden, sind in der Regel nicht vermehrungsfähig.

Zuckerrohrmelasse ist ein schwer zähflüssiges Substrat, das sich durch Wärme verflüssigen lässt. Sie enthält in der Regel eigene Mikroorganismen, die zur Vermehrung unerwünscht sind, weshalb man sie für den EM-Ansatz zunächst mit sehr heißem Wasser übergießt.

Man bezieht sie am besten über den EM-Vertrieb. Melasse aus dem Futtermittelhandel hat meistens einen höheren Wasseranteil und proportional niedrigeren Nährwert und wird daher höher dosiert.

Zuckerrohrmelasse ist zähflüssig.

Als *Messbecher* verwendet man am besten solche aus Glas oder Kunststoff, die auch das Ausspülen mit sehr heißem Wasser vertragen, insbesondere damit man die Melasse gut daraus entfernen kann.

Das *Thermometer* hilft, den Temperaturverlauf von Ansatz und Vermehrungsprozess zu überprüfen. Es sollte eine Skala zwischen mindestens 25 und 45 Grad Celsius aufweisen und tauchbar sein.

Die zur Vermehrung notwendige *Wärme* kann auf verschiedenste Weise erzeugt werden. Erforderlich ist eine konstante Temperatur von 30 bis 34 Grad in der Lösung. Dabei ist zu beachten, dass Bakterien elektrischen Strom wahrnehmen können. Tauchsieder oder ein Heizstab, die in die EM-Lösung selbst getaucht werden, sind ungeeignet, zumal diese an sich selbst Temperaturen von bis zu 70 Grad erzeugen, um die Gesamttemperatur auf der gewünschten Höhe zu halten. Sie verursachen in der Lösung ein erhebliches Temperaturgefälle, das keine gleichmäßige Vermehrung erlaubt, sodass die resultierenden EMa womöglich wenig wirksam sind. Man führt die Wärme besser aus der Umgebung an das EM-Vermehrungsgefäß heran. Dies kann beispielsweise durch ein Wasserbad erfolgen, in dem ein tauchbarer Aquarienheizstab mit Thermostat liegt.

Als Wärmequelle können genauso gut ein Einkochtopf, für kleine Mengen ein Joghurtbereiter geeignet sein oder für große Mengen eine Heizdecke, die unter einen Container gelegt wird. Es sind auch fertige Vermehrungskästen mit einer in den Boden eingelassenen Heizplatte oder Heizmatte erhältlich, die die gewünschte Temperatur herstellt.

Die Wärmeabstrahlung kann durch eine passende Isolierung reduziert werden: mit Styroporplatten, alten Decken oder Ähnlichem. Das Beibehalten einer gleichmäßigen Temperatur ist notwendig, um die Vermehrung gelingen zu lassen. Steigt sie über 40 Grad Celsius an, stirbt ein Teil der Mikroorganismenstämme ab, bei Absinken unter 26 Grad verschiebt sich die Mischung ebenfalls so, dass keine EMa als Resultat mehr zu erwarten

EM-Vermehrung in Brasilien: Ein tauchbarer Heizstab, dessen Temperatur auf 35 Grad Celsius eingestellt wurde, liegt geschützt auf dem Boden eines Bottichs für das Wasserbad.

Zum Bewahren der Wärme wird ein Deckel anliegend zurechtgeschnitten.

Das Vermehrungsgefäß mit EM wird ins Wasserbad gestellt; zum Entweichen des Gases wird ein Gärspund aufgesetzt.

sind. Dann kann man die Vermehrung abbrechen und sich überlegen, wofür man die Lösung vielleicht nutzen kann. In landwirtschaftlichen Betrieben kippt man sie beispielsweise in die Gülle.

Für das Messen des *pH-Werts* am Ende der EM-Vermehrungszeit gibt es Teststreifen, deren Farbe sich nach Kontakt mit der Lösung verändert, sodass sich der Wert ermitteln lässt. Er sollte pH 3,5 oder darunter betragen, wobei Werte bis pH 4 tolerabel sind. Es gibt auch elektronische pH-Meter, die zu erwerben sich dann lohnt, wenn man öfter den pH-Wert von Gewässern zu messen hat.

EM-Vermehrung in Benin, Westafrika, ohne Elektrizität: Eine Ölkerze mit einwöchiger Brenndauer hält das Wasser warm, in dem Flaschen mit EM stehen. Die Wärme fängt sich in einer übergestülpten Schüssel, die noch mit mehreren Tüchern behängt wurde.

Die EM benötigen für ihre Vermehrung keine weiteren *Zutaten*, insbesondere nicht solche, die dem Vermehrungsstoffwechsel widersprechen, wie Essig. Auch Salz ist – obendrein, da es alkalisch wirkt – als Zugabe unnötig. Es gibt Mittel, die prinzipiell die Ordnungsstrukturen in Lebewesen unterstützen, indem sie auf feinstofflicher Ebene wirksam sind, zum Beispiel das »Greengold«*. Diese können zur Stabilisierung der EM-Vermehrung beitragen.

Anleitung für die Vermehrung zu EMa

Die benötigten Zutaten und Gerätschaften werden bereitgestellt. Für eine 3-prozentige Mischung verwendet man pro angesetzten Liter Wasser 30 Milliliter Melasse und 30 Milliliter EM. Die Menge von EM und Melasse muss gleich sein, außer man vermehrt EM speziell zur Teichsanierung, wo man verhindern möchte, dass unverstoffwechselte Melasse mit den EMa ins Gewässer gelangt. Dann nimmt man etwa ein Drittel weniger Melasse. Für EM zur Teichsanierung wird besonders gern 1 Milliliter »Greengold«* pro Liter EM-Ansatz zugegeben.

Setzt man EM an, sollte man sich bewusst sein, dass es sich bei der Lösung um kleine Lebewesen im Wasser handelt. Sie haben einen liebevollen Umgang verdient wie alle anderen Tiere, mit denen wir zusammenleben, wie Hund und Hamster, Kuh und Pferd. Sie bellen zwar nicht, weil sie sich seelisch nicht zu äußern vermögen, wir können aber sicher sein, dass sie alles wahrnehmen, was mit ihnen geschieht. Wir wissen, wie sensibel bereits Wasser allein auf feinste Reize reagieren kann. Als wässrige Lebewesen empfinden Mikroorganismen alles mit.

Gehen Sie wie folgt vor:

– Melasse in das Vermehrungsgefäß geben und mit sehr heißem Wasser übergießen. Das hilft, die in der Melasse und im Gefäß noch vorhandenen Mikroorganismen zu reduzieren und die Melasse aufzulösen. Sie würde sonst auf den Boden des Gefäßes sinken und nicht alle Mikroben mit der Lösung ausreichend mit Nahrung versorgen. Man schüttelt das Gefäß so lange, bis keine Melasse mehr am Boden klebt. Achtung: den Deckel danach vorsichtig öffnen, da heiße Luft zischend entweicht.

– Lauwarmes Wasser zufügen, bis das Gefäß zu etwa vier Fünfteln bei circa 35 Grad Celsius gefüllt ist.

– EM zufügen und vorsichtig einrühren.

– Wasser zugeben, sodass das Gefäß vollständig gefüllt ist und die Temperatur bei etwa 32 bis 34 Grad liegt. Sie darf 40 Grad keinesfalls überschreiten und sollte möglichst nicht unter 30 Grad betragen.

* »Greengold« ist ein feinenergetisches Funktionsmittel, das als Bodenhilfsmittel, zur Pflanzenstärkung und für die Behandlung von Wasser, Gülle und Kompost eingesetzt wird. Es ist eine klare Flüssigkeit, die in einer hierarchischen Verschüttelung die Wirkungen von Mineralien, Spurenmetallen, organische Verbindungen und verschiedene Pflanzenauszüge enthält (die Verschüttelung ist eine Potenzierung durch rhythmisches Klopfen, wie sie auch bei Homöopathika durchgeführt wird).

– Gefäß so schließen, dass keine Luft eindringt, gleichzeitig jedoch entstehende Gärgase entweichen können. Bei Schraubverschlüssen dreht man den Deckel nur leicht bis zum Anschlag zu.
– Wärmequelle vorbereiten und Gefäß in die Wärme stellen. Für acht Tage bei etwa 34 (29 bis 36) Grad ruhig warm stehen lassen und Temperatur täglich überprüfen. Ab dem zweiten Tag bilden sich Gärgase, die bei Schraubverschlüssen durch leichtes Aufdrehen des Deckels abgelassen werden.
– Nach acht Tagen Gefäß aus der Wärme nehmen und öffnen. Geruch und pH-Wert und bei Belieben den Geschmack überprüfen. Es sollte so riechen und (wenn man mag) schmecken wie die Stammlösung zuvor. Eine weißliche Schicht auf der Flüssigkeit besteht aus Hefen und ist normal. Man mischt sie gegebenenfalls durch behutsames Umdrehen des Gefäßes unter. Die fertigen EMa sollte man entweder gleich gebrauchen oder in ein anderes Gefäß umfüllen, damit das Vermehrungsgefäß sofort wieder mit kochendem Wasser ausgespült und getrocknet werden kann. Es passiert sonst, dass sich bei allmählichem Verbrauch die Hefen der jeweiligen Flüssigkeitsoberfläche am Gefäßrand anheften und dort eintrocknen. Dies würde bei der nächsten Vermehrung stören.
– EMa kühl stellen (12 bis 18 Grad) und zügig, spätestens jedoch binnen drei Wochen gebrauchen. Danach nimmt ihre Wirksamkeit rasch ab, selbst wenn sich die Konsistenz kaum verändert hat.
– EMa können grundsätzlich in derselben Dosierung eingesetzt werden wie die Stammlösung.

Häufige Fehler bei der EM-Vermehrung

- Die Gefäße waren schmutzig.
- Es wurden EM verwendet, die in einer schon zu lange geöffneten Flasche, also zu alt und im Ungleichgewicht waren.
- Es wurden zu wenige EM oder zu wenig Melasse für die Wassermenge genommen.
- Das Wasser war zu heiß, als die EM zugegeben wurden.
- Die Melasse wurde nicht vollständig gelöst.
- Es verblieb ein Luftvolumen im Gefäß, das ein aerobes Milieu schuf.
- Die Wasserqualität war schlecht.
- Die verwendeten Gerätschaften waren nicht ausreichend gereinigt worden.
- Tauchsieder oder Heizstab wurden direkt in die Lösung gesteckt.
- Es kam zu Temperaturschwankungen während der Vermehrungszeit.
- Die Vermehrungsdauer war zu kurz oder zu lang.
- Das Vermehrungsgefäß war starken elektromagnetischen Feldern ausgesetzt.

EM-Technologie

Alle aus der flüssigen Mikrobenmischkultur abgeleiteten Techniken und Produkte werden unter dem Begriff »EM-Technologie« zusammengefasst. Er hat im Deutschen einen recht sachlichen Beiklang und verführt dazu, die Lebendigkeit der Einzeller zu vergessen. Damit verkommen EM leicht zu einer »Sache«, die unter entsprechenden Konditionen vermarktet und benutzt werden kann. Dies geht so weit, dass sogar von »das EM« geredet wird, was ja »*das* Effektive Mikroorganismen« hieße. Ziel des Umgangs mit EM sollte es jedoch auch sein, ein neues Bewusstsein zu wecken für die Kostbarkeit unserer hochkomplex organisierten Welt der Mikroorganismen und für das Leben auf dem Planeten Erde, den sie geschaffen haben. Es geht um ein gemeinsames Wirken für die Heilung unserer Erde, für ein respektvolles Miteinander von Mikrobe und Mensch, zu dem auch Dank und Fürsorge zählen. Mithilfe der EM lassen sich Lebensräume so fruchtbar gestalten, dass sie eine Fülle hervorbringen, die allen zum Segen gereicht. Das ist so unglaublich, dass es unsere Dankbarkeit verdient.

Zur EM-Technologie gehören die folgenden Produkte, die im Weiteren näher beschrieben werden:

- EM-Keramik,
- Bokashi,
- EM-Lehmkugeln (Dangos),
- mit EM fermentierte Getränke
- EM-Pflanzengärsäfte (FKE, FPE),
- EM 5 und EM-Salz.
- In letzter Zeit wird auch viel über Terra Preta und EM geredet.

Zusätzlich werden mittlerweile zahlreiche EM-Produkte angeboten, die entweder für spezifische Einsatzspektren als Mikrobenmischung konzipiert wurden oder herkömmliche Produkte sind, die unter zusätzlicher Verwendung der EM hergestellt wurden. Deren Palette ist natürlich nahezu unbegrenzt, und leider steht zu befürchten, dass EM auf diese Weise kommerzialisiert und zu allgemeinen Produktaufwertern degradiert werden, die unter Marketingaspekten Bedeutung erlangen. Das wird ihnen nicht gerecht. So richtig es ist, dass beispielsweise Lebensmittel, die in einem mikrobiell gesunden Boden aufwachsen, von besserer Qualität sind, ist es doch für eine grundlegende Verbesserung der Lebensqualität vor allen Dingen notwendig, dabei auch anders zu denken und zu handeln als bisher. Die üblichen kommerziellen Methoden führen zu Kampf und Konkurrenz, indem Einzelne verdienen und sich Vorteile suchen, während andere sich womöglich benachteiligt fühlen. EM sind der lebendige Beweis dafür, dass es auch anders geht.

Man sollte angebotene »EM-Produkte« stets auf ihren Sinngehalt hin überprüfen. Bietet beispielsweise jemand teure Kleidungsstücke aus Pflanzenfasern an, deren »antibakterielle« Wirkung gepriesen wird, während sie gleichzeitig mit »EM-Schwingungen« versehen wurden, bedeutet dies, dass offensichtlich weder Hersteller noch Händler den Sinn der EM verstanden haben.

EM-Keramik

Über die Entstehung der EM-Keramik wissen wir wenig. Es war wohl beim Experimentieren mit EM in Keramikgefäßen aufgefallen, dass deren Wirkung auch noch bestand, nachdem man die Gefäße gründlich gereinigt hatte. Sogar nach der Sterilisation in Autoklaven war eine EM-Wirkung wahrnehmbar, die von den Keramikgefäßen ausging, obwohl sich keine EM mehr darin befanden. Offensichtlich waren die Fähigkeiten der EM auf die Keramik übergegangen. Wie genau dies stattfand, konnte man nicht wirklich feststellen, man weiß es auch bis heute nur ansatzweise. In seinem bereits erwähnten Buch schreibt Teruo Higa vom Einschluss lebender Mikroorganismen, die das Brennen von Ton bei über 1000 Grad Celsius überstehen. Das ist schwer vorstellbar. Eher denkbar ist, dass sich beim Fermentieren des Rohstoffs oder beim Zerfall der Einzeller in kleinere Bestandteile, also durch ihre Auflösung während des Brennvorgangs, neue Wirkmöglichkeiten bilden und sich die Frequenzmuster der EM auf den Ton übertragen. Ähnlich wie in den Kristallen, die den Kern jedes Computers ausmachen, können auch die Quarze der Keramik Schwingungsmuster speichern und wieder abgeben.

Tone sind feinste Verwitterungsböden, bei deren Bildung die Ausgangsmineralien, oft Aluminium, Silizium und Magnesium, in Kristallgitter angeordnet werden. Sie haben durch die feine Partikelgröße eine sehr große innere Oberfläche und eine hohe Kationenaustauschkapazität. Durch Erhitzen wandeln sich die plastischen Tonmineralien in harte Mineralien um und werden dann »Keramik«* genannt.

EM-Keramik entsteht, indem Ton mit EM allein oder unter Zusatz eines mit EM fermentierten Getränks, in Gebrauchstöpfereien auch unter Beigabe fertigen EM-Keramik-

EM-Keramik
in verschiedenen Formen

* Vom griechischen *keramiké* für »Töpferkunst«, zu *kéramos* für »Töpferware, -ton«.

pulvers, verknetet wird und etwa drei Monate fermentiert. Anschließend wird der Ton in Form gebracht und gebrannt. Die EM-Keramik steht zu Pulver zermahlen und zu Ringen, Röhrchen und Hohlzylinder geformt zur Verfügung. Am bekanntesten sind die kleinen EM-Keramikröhrchen, die überwiegend zur Frischwasserverbesserung eingesetzt werden. Sie lassen sich beliebig ausstreuen, in Gefäße legen oder auffädeln.

Ausschlaggebend für die Qualität der EM-Keramik ist neben der Fermentation auch diejenige des Ausgangstons. So gibt es Tonarten, die aufgrund ihrer Mineralienzusammensetzung und ihres pH-Werts antimikrobielle Eigenschaften aufweisen.[134]

Anfangs wurde EM-Keramik vollständig aus Japan importiert, inzwischen wird sie teilweise in Europa hergestellt. Im Handel sind EM-Keramikpulver in verschiedenen Typen und Farbschattierungen erhältlich, was bei der Zugabe des Pulvers zu Baumaterialien eine Rolle spielt. Ein weißes wird auch zur Verarbeitung in Zahnersatz verwendet. Mittlerweile gibt es etliche Töpfereien in Europa, die nach eigenen Rezepturen ihren Ton mit EM fermentieren und Gebrauchskeramik daraus herstellen. Auch wenn die EM-Keramikröhrchen sich äußerlich ähneln, können sie bedauerlicherweise aus verschiedenen Herkünften unterschiedliche Wirkqualitäten aufweisen.

Bokashi

Wird pflanzliches Material mit EM fermentiert, hat sich für das entstehende Produkt der japanische Begriff »Bokashi« eingebürgert. Es ist ein von *bokasu* für »abstufen« abgeleitetes Kunstwort. Bokashi kann also aus organischem Material fermentiert worden sein, das ganz verschieden zusammengesetzt ist; und es kann verschiedenen Zwecken dienen: als Dünger, als Futter oder als Fermentationshilfe.

Dementsprechend gibt es im Handel viele verschiedene Bokashis zu kaufen, man kann sich jedoch auch sein eigenes Bokashi herstellen. Es kann aus frischen Zutaten gezielt kombiniert werden oder aus organischen Resten bestehen, wie etwa aus Küchenabfällen oder Haushaltsmüll. Immer wandeln die EM dabei die Ausgangsstoffe durch ihren regenerativen Impuls in ein höherwertiges Produkt um, das der Verbesserung des nächsten Lebensbereichs dient: als Dünger dem Boden, im Futter dem Tier, als Lebensmittel dem Menschen. Bokashi ist der Ausdruck dafür, dass mit EM kein Müll mehr entsteht, weil jegliches organisches Material sinnvoll veredelt im Lebenskreislauf verbleiben kann – als Grundlage für weiteres Gedeihen. Hier zeigt sich die erstaunliche Kraft der EM, Leben wieder in einen gesunden Fluss zu bringen, am deutlichsten.

Wichtigste Voraussetzung für das Gelingen eines Bokashi ist seine anaerobe Fermentation, das heißt eine, die weitestgehend unter Luftabschluss erfolgt. Zufluss von Sauerstoff würde zur Oxidation führen und das Zusammenspiel der Mikroorganismen stören. Stiege der pH-Wert dadurch ins Alkalische, erlaubte er beispielsweise ein Wachstum von Schimmelpilzen. Bokashi ist also normalerweise sauer, was bei seiner Verwendung als Futter und bei Pflanzen bedacht werden muss. Es wird vorzugsweise mit anderem gemischt. Bokashi ist durch den hohen Milchsäuregehalt langfristig konserviert. Braucht man es nicht bald, kann es – sofern dies anaerob erfolgt – lange gelagert werden.

Herstellung von Dangos in Brasilien

EM-Lehmkugeln (Dangos)

Dango ist ein japanisches Wort und bedeutet so viel wie »Kloß«. Es werden damit Lehmkugeln bezeichnet, manchmal auch »Lehmbällchen« genannt, die mit EM und gegebenenfalls EM-Keramikpulver geformt, getrocknet und anschließend zur Sanierung von Gewässern eingesetzt werden, deren Grund von Faulschlamm belegt ist.

Dangos werden auf den Grund von Gewässern geworfen und transportieren die EM in Bereiche, die für die flüssige Lösung allein schwer oder gar nicht zugänglich sind. Dort werden sie allmählich freigesetzt und können die Wirkung der Effektiven Mikroorganismen entfalten. Die Zusammensetzung der Dangos richtet sich nach dem Bedarf des Anwendungsorts.

Bokashi sollte nur zugesetzt werden, wenn das Zielgewässer nicht schon mit organischem Material überfrachtet ist.

Mit EM fermentierte Getränke

Die Herstellung von Gärgetränken hat bereits eine lange Tradition (siehe auch das Kapitel »Vom Brot zum Korn«, Seite 152). Während der Fermentation von organischem Material aus Pflanzen werden Zellen aufgelöst, und ihr Inhalt tritt als Saft aus. Diesen kann man von den Strukturstoffen trennen und als Getränk oder Dünger verwenden, je nachdem, woraus er besteht.

Während Wein schon seit alter Zeit ein Gärgetränk ist, bei dem zunächst der Saft ausgepresst und dann vergoren wird, werden bei EM-Fermentationsgetränken zunächst Effektive Mikroorganismen zu den Pflanzenteilen gegeben. Nach Abschluss einer geführten mikrobiellen Gärung und Reifung wird der Saft von den festen Partikeln abgefiltert, und die Mikroorganismen selbst werden durch Pasteurisieren abgetötet. In solchem Saft befinden sich organische Makromoleküle aus den Pflanzenzellen sowie die von den Mikroorganismen gebildeten Umwandlungssubstanzen in konzentrierter und hochkomplexer Form. Es entsteht ein Getränk, das die sonnenorganisierte Lebenskraft der Pflanzen enthält, vorverdaut von Mikroorganismen und kombiniert mit deren Lebenskräften für die Ernährung von Mensch und Tier. Wie sich leicht ahnen lässt, kann ein solches Getränk große Heilkräfte entfalten.

Seit Juni 1994 wurde in Japan das EM-X produziert und bald auch nach Europa importiert. EM-X wurde aus Reiskleie, Algen und Papaya in mehrmonatigem Prozess fermentiert.

Aus Gründen, die von Europa aus nicht leicht zu durchschauen sind, endete im Jahre 2008 die Möglichkeit der 1989 gegründeten japanischen Firma Tropical Plant Resources Research Institute, ihr Produkt »EM-X« zu nennen. Derzeit gibt es bei uns folgende Erzeugnisse:

- das aus den gleichen Zutaten und von derselben Firma auf dieselbe Weise fermentierte »Manju«,
- das »EMzyme«, das mit einer um Karotte und Gelbwurz erweiterten Rezeptur, aber ansonsten wie das EM-X hergestellt wird, und
- das mit völlig anderen, mineralischen Rohstoffen hergestellte »EM-X Gold«, dessen Grundlage unter anderem Korallenkalzium und Nigari sind. Als es auf den Markt kam, enthielt es auch Hirsepigment.

Der EM-X-Gold-Bestandteil Nigari, vom japanischen Wort *nigai* für »bitter« abgeleitet, ist ein überwiegend magnesiumchloridhaltiger Bitterstoff, der als Restprodukt der Meersalzgewinnung anfällt und traditionell als Gerinnungsmittel bei der Tofuherstellung verwendet wird. »EM-X-Gold« wird als »Verbesserung« und »Weiterentwicklung« des EM-X beworben, ist aber tatsächlich ein andersartiges Produkt, neu hergestellt, aus anderen Zutaten und mit anderen Wirkungen.

Alle EM-fermentierten Getränke wurden in Europa als Lebensmittel zugelassen. Es wäre erstrebenswert, aus heimischen Pflanzen ein dem ehemaligen EM-X vergleichbares Getränk in Europa selbst zu fermentieren. Darüber hinaus gibt es zahlreiche Getränke, die EM und Kräuter enthalten und als Probiotika vertrieben werden.

EM-Pflanzengärsäfte (FKE, FPE)

Ähnlich wie für Getränke können Pflanzenteile für Gärsäfte fermentiert werden, die im Garten eingesetzt werden. Irrtümlich hat sich der Begriff »Extrakt« für solche Gärsäfte eingebürgert, obwohl Extrakte wässrige oder alkoholische Pflanzenauszüge sind. Mit FKE für »fermentierter Kräuterextrakt« oder FPE für »fermentierter Pflanzenextrakt« ist der Gärsaft gemeint, der abgeseiht werden kann, nachdem Pflanzenteile mit EM und Zuckerrohrmelasse in Wasser über mehrere Tage fermentiert wurden. Die Anwendung dieser Gärsäfte ergibt sich aus den Eigenschaften der jeweils angesetzten Pflanzenteile und ihrem Wirkungsspektrum.

EM 5 und EM-Salz

Als »EM 5« wird ein aus EM, Essig und Alkohol gemischtes Präparat bezeichnet, das als Pflanzenschutzmittel angewendet werden soll. Wie ich in dem Buch *Die erstaunlichen Kräfte der Effektiven Mikroorganismen EM*[135] ausgeführt habe, halte ich die Mischung von EM 5 für unpassend und seine Herstellung für überflüssig.

Es gibt verschiedene Arten von EM mit Salz, die zum Teil unter enormem Energieaufwand hergestellt und vertrieben werden, wie das aus Japan importierte EM-Meersalz. In Deutschland wird unter anderem ein Solesalz angeboten, das mit EM und »EM-X Gold« versetzt wurde. Auf die Herstellung gehe ich ebenfalls in dem obenerwähnten Buch ein. Heilwirkungen von EM-Salz wurden bislang nicht wissenschaftlich belegt, wobei gutes, vollwertiges Salz bei präzisem Einsatz und angemessener Verwendung schon an sich eine ausgesprochen heilsame Wirkung haben kann.

Terra Preta und EM

Vor einigen Jahren wurde publik, dass es in den an und für sich humusarmen Regenwäldern des Amazonastieflands Inseln meterdicker schwarzer und außerordentlich fruchtbarer Böden gibt, die zum Teil bereits seit 7000 Jahren bestehen. In ihnen fanden Archäologen Spuren menschlicher Kultur: Tonscherben, Überbleibsel menschlicher Exkremente von Pflanzenresten und von Knochen kleiner Säugetiere, Fischgräten und Schildkrötenpanzer. Am auffälligsten war jedoch ihr hoher Gehalt an Holzkohle. Seither fasziniert Forscher die Frage: Wie konnten mitten in sandigen und relativ unfruchtbaren Gebieten solche reichhaltigen Böden geschaffen und langfristig bewahrt werden, deren Nährstoffgehalt, Anteil an organischem Material, Wasserhaltekapazität und Nährstofffixierung wesentlich höher sind als die der Umgebung? Und wie lässt sich dies für heutige Böden nachvollziehen?

Einen großen Beitrag dazu leisten offensichtlich die beim Umbau der organischen Materialien unter diesen Bedingungen tätigen Mikroorganismen. Dass Nährstoffe in diesen Schwarzerdeböden* langfristig gespeichert und langsam abgegeben werden können, was ein üppiges und zuverlässiges Pflanzenwachstum ermöglicht, ist maßgeblich auf polykondensierte** aromatische Strukturen zurückzuführen, also auf eine raumbildende molekulare Ordnung. Es ist, als würde die Bodenporung bis in die feinste molekulare Ebene fortgesetzt. Diese hat man zunächst ausschließlich auf die polyaromatische Strukturbildung der Kohle zurückgeführt, das heißt den festen Stoffen zugedacht, und ist davon ausgegangen, dass in den feinen Lufträumen der Kohle Mikroorganismen und Nährstoffe langfristig »wohnen« können. Mittlerweile fand man aber heraus, dass die Holzkohle allein zwar durchaus eine Anreicherung des Bodens mit organischer Masse bewirkt, dass das

* *Terra preta* heißt auf Portugiesisch »schwarze Erde«.

** Unter einer Polykondensationsreaktion versteht man eine chemische Reaktion organischer Stoffe, bei der aus mehreren Molekülen – unter Abspaltung kleinerer Moleküle (meist Wasser) – Makromoleküle gebildet werden (vom griechischen *polýs* für »viel« und lateinischen *condensare* für »zusammenpressen, verdichten«).

Einbringen von Holzkohle in Böden der Umgebung von Terra-Preta-Flächen gleichzeitig jedoch das Spektrum der Bodenlebewesen verändert und anaerobe Bakterien zunehmen und offensichtlich nicht die mechanischen Poren, sondern Mikroorganismen selbst die polykondensierten aromatischen Strukturen bilden, die als Minihöhlen der Fruchtbarkeit der Böden zugrunde liegen.[136] Es handelt sich demnach um eine feine Innenraumbildung, die von Lebewesen und nicht als Skelett aus einem Verbrennungsvorgang gebildet worden ist. Da Mikroorganismen alle Oberflächen der Erde besiedeln und da Kohle sehr große Innenoberflächen besitzt, die von mikrobiellen Biofilmen überzogen werden können, ist es naheliegend, dass Kohlepartikel in Böden mehr Mikroorganismen Lebensraum bieten, insbesondere dort, wo sandiger Boden ihnen sonst wenig Möglichkeiten dazu bietet. Sauerstoffarmut lässt darin anaerobe Bakterienstämme überwiegen, und diese fermentieren organisches Material unter Energiezuwachs um.

Bei dem Versuch, solche Schwarzerde aufzubauen, hat sich die Kombination von Holzkohle, organischer Masse und EM bewährt. Es fragt sich allerdings, ob diese Bodenbildung mit Verbrennungsrückständen in Europa angemessen ist und welche Lebensprozesse dabei im Feinstofflichen stattfinden. Dazu gibt es noch keine langfristigen Erfahrungen. Zur Wirkung auf der Lebenskräfteebene ist ganz gewiss auch die Herkunft des Holzes für die verwendete Kohle bedeutsam. Die in der alten Kultur Amazoniens lebenden Menschen hatten dazu sicher ein besonderes Verhältnis.

Leider wird Terra Preta in Amazonien kommerziell abgebaut und als Substrat weiträumig verkauft, womit der jahrtausendealte Schatz fruchtbarer Erde dort für die Zukunft auf immer verloren geht.

Erfahrungen mit EM

Den Forschungshorizont erweitern

Das Kürzel »EM« könnte auch für »Erfahrungen machen« stehen, denn die meisten Menschen wenden Effektive Mikroorganismen versuchsweise in einem Problemfeld ihres Lebens an und werden durch ihre Wirkung ermutigt, noch weitere Anwendungen auszuprobieren. Dadurch sind die EM rasch bekannt geworden und haben sich zunächst in der Praxis bewährt, bevor sich auch in Europa naturwissenschaftliche Studien mit ihrer Wirksamkeit befassten.

Die Frage, ob es denn Studien zu den EM gebe, wird häufig gestellt. Hier tritt aber ein Konflikt auf: EM werden immer dem jeweiligen Milieu angemessen verwendet, und zwar im Dialog mit den Erfordernissen vor Ort. Das heißt, in jeder Situation wird zunächst wahrgenommen, ob und wann und welche Menge der EM hilfreich sind, welche Lebensraumgestaltung damit einhergeht und wie ein Einsatz von EM im Laufe der Zeit fortgeführt wird. Jedes Mal geht es um eine einzigartige Situation. Zu EM gibt es keine festen Dosierungen, und anders als Mineraldünger, Putzmittel oder chemisch-synthetische Medikamente sind sie nicht immer von exakt der gleichen Qualität. Vielmehr begegnen Lebewesen einem lebendigen Milieu und regen dabei die dortige Dynamik an. Das macht es schwierig, unter den üblichen naturwissenschaftlichen Bedingungen, wie sie eine Studie erfordert, zu gültigen Aussagen zu kommen. Wie soll man mit EM standardisierte Methoden anwenden können, wie sie landläufig als erforderlich erachtet werden? Man wird entweder den Studienstandards gerecht oder den EM. Trotzdem gibt es tatsächlich zahlreiche Studien zu EM.

Üblicherweise beruhen naturwissenschaftliche Studien auf dem analytischen Trennen der Phänomene in ihre Teile und deren Reduzierung auf Zahlenwerte. Sobald es sich dabei jedoch um Lebensprozesse handelt, gehen analytische Ergebnisse an einem Teil der Realität vorbei. Viele der herkömmlichen Beurteilungen werden daher den EM nicht gerecht. Sie beruhen auf Vorgaben, die wir uns aus einem bestimmten Denk-, Werte- und Vorstellungshorizont heraus gegeben haben, die für das Leben in der Welt der Kleinstlebewesen jedoch oft nicht angemessen sind, weil diese viele unserer Horizonte wesentlich überschreiten.

Daraus kann entstehen, dass die EM in einzelnen Studien vermeintlich keinen Nutzen brachten, obwohl sie tatsächlich durchaus hilfreich waren. So las ich mit Erstaunen in der einleitenden Zusammenfassung einer Untersuchung zum Einfluss der EM auf Erntemenge und Qualität von Äpfeln den Satz: »Es konnte in der Erntemenge pro Baum kein Unterschied festgestellt werden.«[137] Das widersprach allen guten Erfahrungen, die wir bei Apfelbäumen mit EM gemacht hatten. Es handelte sich um einen dreijährigen Feldversuch an frisch gepflanzten Bäumen auf einem biologisch wirtschaftenden Betrieb in Österreich. Bei genauer Lektüre der Studie fand ich heraus, dass die mit EM behandelten Bäume signifikant weniger anfällig für Krankheiten waren (34,41 Prozent zu 50,7 Prozent), dass der

Stammdurchmesser der EM-Bäume dicker gewachsen war, dass das durchschnittliche Apfelgewicht höher war (160 zu 149 Gramm pro Apfel) und dass auch die Gesamterntemenge pro EM-Baum höher war (10,29 Kilogramm zu 9,72 Kilogramm). Das klingt eigentlich nach einem guten Ergebnis. Da man aber als Zeichen des Erfolgs üblicherweise die Erntemenge auf den Stammdurchmesser bezieht und dieser Quotient für die EM-Bäume ungünstiger ausfiel, weil zwar Erntemenge und Äpfel größer waren, die Baumstammdicke jedoch auch, fiel die Gesamtbeurteilung der Effektiven Mikroorganismen negativ aus. Während folglich naturwissenschaftlich gesehen die EM-Anwendung an jungen Apfelbäumen nicht empfohlen wird, würde jeder Kleingärtner mit seinem Menschenverstand sagen: »Gesündere Bäume, mehr Ernte, dickere Äpfel: Prima! EM sind wunderbar.«

Die Effektiven Mikroorganismen fordern uns auf, unseren herkömmlichen, durch bestimmte Denkweisen und Schemata begrenzten Forschungshorizont zu erweitern. Die bisherigen Beurteilungsmethoden allein erfassen sie nicht. Es ist gesellschaftlicher Konsens, sich durch naturwissenschaftliche Studien von der Wirksamkeit oder Untauglichkeit einer Sache überzeugen zu lassen. Von Studienergebnissen werden Akzeptanz und Finanzierungen abhängig gemacht. Wo Studiendesign und Studienobjekt zueinander passen, mag dies gerechtfertigt sein. Bei den Effektiven Mikroorganismen verläuft der Prozess jedoch offensichtlich andersherum. Sie revolutionieren unsere Erkenntnisgewinnung. Nicht vom Wissen zur Erfahrung, sondern von der Erfahrung zum Wissen bewegt sich ihre Erscheinung. Die Akzeptanz in der allgemeinen Gesellschaft ist längst da, bevor die akademische Wissenschaft sie thematisiert. Es gibt inzwischen zwar eine ganze Anzahl ernstzunehmender wissenschaftlicher Untersuchungen, es gibt Diplom-, Bachelor- und Facharbeiten und eine Promotion zu den Effektiven Mikroorganismen, doch in den allermeisten Fällen ist es die Weitergabe persönlicher Erfahrungen mit den EM von Mensch zu Mensch, die sie in die Welt bringt.

Die Effektiven Mikroorganismen entspringen keiner neuen akademischen Erkenntnis, die auf die Menschheit herabgelassen wurde, sondern dem persönlichen Wiederentdecken tiefer Zusammenhänge in unserer seit Ewigkeit unermüdlich schöpferisch webenden Natur. EM führen zurück zu den Ursprüngen unseres Seins, dorthin, wo alles miteinander verbunden und heil ist. Damit sind sie ein Geschenk und eine großartige Hilfe für die Menschheit in der Weltsituation, in der wir jetzt gerade stecken. Warum fordern wir Studien? Weil wir anderen die Kompetenz über unser Tun und Lassen zutrauen? Wir wollen vielleicht sichergehen. Vielleicht fehlt uns der Mut, selbst Verantwortung zu übernehmen. EM sind ein Angebot. Wir können sie natürlich skeptisch hinterfragen und ihren Sinn anzweifeln, das steht jedem frei. Wir können sie jedoch auch als Chance ergreifen und es mit ihnen wagen, wie man es mit jemandem tut, der Hoffnung schenkt. Anders als menschengemachte Erfindungen enttäuschen uns Effektive Mikroorganismen nicht. Es lohnt sich, es einfach mit ihnen zu versuchen. Wenn wir vor diesem Hintergrund Studien mit EM durchführen, und zwar solche, die ihren Eigenschaften gerecht werden, können deren Ergebnisse tatsächlich hilfreich sein und zu einem besseren Einsatz der EM führen, weil wir ihre Bedürfnisse und Besonderheiten damit noch besser verstehen lernen.

Effektive Mikroorganismen bringen das Leben wieder in Fluss, nicht nur in Miniform als Mikroorganismen selbst, sondern auch die zwischenmenschliche Kommunikation, indem EM überall auf der Welt Menschen zusammenführen, die von ihren erstaunlichen Fähigkeiten begeistert sind. Seit es sie gibt, bilden sich EM-Stammtische, EM-Initiativen, EM-Gruppen und eine weltweite Solidarität. Mit dem Wissen und der Erfahrung, dass EM bei Großereignissen wie Erdbeben und Überschwemmungen immense Hilfe leisten können, indem sie beispielsweise Gerüche binden, Wasser reinigen, Wunden heilen und Seuchen vorbeugen, wurden bei allen großen Katastrophen der letzten Jahre EM oder Geld für die Anwendung der EM aus anderen Ländern von zahlreichen Menschen und Institutionen gespendet, um die Lebensbedingungen vor Ort zu verbessern. Wie die Mikroben in der Flasche im Kleinen beginnen mit EM die Menschen im Großen zu handeln: füreinander zum Wohle aller.

Diese sozialen Auswirkungen der EM auf die Menschheit zu betrachten, wäre ein durchaus lohnenswertes Thema für eine Studie. Sie würde aufzeigen, dass das Miteinander im Mikrokosmos ein Miteinander im Makrokosmos fördert. Allein diese Wirkung wäre es schon wert, EM einzusetzen. EM als Sozialimpuls sozusagen, als ein praktiziertes »Vom Einzelkämpfer zum Miteinander«.

Natürlich ist die primäre Motivation für die EM-Anwendung jedoch für die meisten Menschen eine praktische. Davon und von einer Anzahl Studien ist in diesem Abschnitt des Buches die Rede. Sie erheben keinerlei Anspruch auf Vollständigkeit, sondern mögen Anregungen zu eigenen Erfahrungen sein. Die meisten Studien, die es zu EM gibt, wurden nicht in etablierten akademischen Journalen abgedruckt und sind daher nur schwer zugänglich.

Erfahrungen mit EM in flüssiger Form

EM im Boden

Effektive Mikroorganismen bereichern das Bodenleben. Sie bewirken mit der Zeit eine bessere Bodenstruktur und -stabilität mit höherer Tragfähigkeit und Bodenwärme, eine feinere Krümelbildung und größere Nährstoff- und Wasserspeicherfähigkeit. Bei einer Befragung von Landwirten, die mit EM auf Ackerböden arbeiten, äußerten 50 Prozent der Anwender nach zwei bis drei Jahren, die Bodenstruktur habe sich verbessert, nach vierjähriger EM-Anwendung stellten 100 Prozent der Befragten eine Bodenverbesserung fest. Nach ihren Beobachtungen nimmt auch die Regenwurmpopulation mit zunehmendem Anwendungszeitraum zu.[138]

Eine Studie der niederländischen Universität Wageningen zeigte, dass der Einsatz von EM, Muschelschalen und Tonmineralien in Bodenparzellen mit Grünland über vier Jahre zu einer durchschnittlichen Zunahme an organischem Material von 6,5 Prozent führte. Gleichzeitig stieg der pH-Wert des Bodens an, was auch in anderen Studien nachgewiesen und von vielen Landwirten beobachtet wurde, die mit EM arbeiten.[139]

In China wurde eine dreijährige Studie mit EM bei Erdnüssen durchgeführt, die zeigte, dass die organische Masse im Boden durch EM zunimmt. Gesamtstickstoffgehalt sowie verfügbare Phosphor- und Kaliummengen stiegen ebenso an wie das C-N-Verhältnis. Gleichzeitig nahm die Populationsdichte an Bakterien, Pilzen und Actinomyceten zu.[140] In vielen Studien wird erstaunt zur Kenntnis genommen, dass die organische, also auch die mikrobielle Biomasse im Boden unter Einsatz von EM zunimmt, dadurch mehr Kohlenstoff und Stickstoff organisch gebunden vorliegen, Pflanzen aber »trotzdem« gesünder und mit hohen Erträgen heranwachsen. Man stellt sich seit der Entwicklung von Bodenanalysen im 19. Jahrhundert, die zur Praxis der Mineralstoffdüngung führte, vor, dass den Pflanzen nur diejenigen Nährstoffe zur Verfügung stünden, die »mineralisiert« vorliegen, also in frei löslicher Form wie zum Beispiel als Salze. Tatsächlich wissen wir inzwischen, dass Pflanzenwurzeln Nahrung aufnehmen, die aus komplexen organische Strukturen besteht, in denen auch Mineralien in eine Ordnung eingebunden sind. Sie ernähren sich ebenso von mikrobieller Biomasse selbst, sodass deren gesteigerter Gehalt im Boden nicht etwa die Nahrung für die Pflanzen »festhält«, sondern Pflanzenwuchs und Gesundheit fördert. Da die moderne Ernährungsforschung zeigt, dass es auch die Ordnungskräfte selbst sind, die ernähren, ist dies nicht weiter überraschend.

Im Ackerbau kann die betriebsübliche Stickstoffdüngung erfahrungsgemäß im Laufe der EM-Anwendungsjahre reduziert werden.

In einer Promotion an der Universität Halle wurde unter anderem untersucht, welche Wirkung Effektive Mikroorganismen auf Botulinustoxine haben. Diese vom bodenbürtigen, also über den Boden übertragbaren Bakterium *Clostridium botulinum* abgegebenen

Wiese mit und ohne EM-Anwendung: Nach einer langen Trockenphase, die auf anderen Wiesen sogar den Löwenzahn vertrocknen ließ, steht das Gras Anfang August auf der seit Jahren mit EM besprühten Wiese fast schulterhoch (Tondorf 2011).

Eiweiße können in Faulschlämmen enthalten sein, die als Rückstände aus Biogasanlagen auf landwirtschaftliche Flächen ausgebracht werden. Auch das Düngen mit Geflügeleinstreu, die tote Küken enthält, sowie das Vorkommen von Kadavern im Futter, zum Beispiel durch das schnelle Mähen erfasste Mäuse, Hasen und Kitze in Heu und Silage, bringen Clostridien mit sich. Die Bedeutung der an Botulismus erkrankenden und zum Teil sterbenden Tiere, insbesondere Rinder, nimmt seit einigen Jahren zu. Diskutiert wird auch eine Gefährdung des Menschen bei chronischer Exposition gegenüber dem Toxin. Während EM die Anbindung der Toxine an Bodensubstrate in Laborversuchen nicht verhinderte, wirkte EM jedoch dosisabhängig direkt auf eine Botulinustoxinlösung ein. Bei einer Zugabe von EM zur Lösung in einer Konzentration von 1 zu 10 war nach einer Inkubation bei 18 Grad Celsius für vier Stunden kein Botulinustoxin mehr nachweisbar.[141] Auf welchem Wege das Toxin durch EM eliminiert wurde, konnte, wie so viele Wirkungen der EM, noch nicht geklärt werden.

EM im Boden gleichen auch die Population der Makroorganismen dort aus. Erfahrungsgemäß verbessern EM beispielsweise den Schutz der Pflanzen vor Fusarien.

In einer Studie wurde gezeigt, dass EM bei Silage für Biogasanlagen die Methan-, also Energieausbeute pro Fläche steigert und ihr Einsatz die unerwünschte Schwefelwasserstoffbildung von Silagen erheblich senkt.[142]

EM bei Pflanzen

Effektive Mikroorganismen fördern durch die Optimierung des Bodens ein gesundes Pflanzenwachstum: Sie verbessern die Wurzelbildung, steigern die Keimfähigkeit von Saaten und verkürzen die Keimungsdauer, lassen kräftiges und widerstandsfähiges Kraut heranwachsen, fördern Blühtendenz und Fruchtansätze und führen zu größerer Erntemenge bei höherer Qualität und besserer Lagerfähigkeit.

In einer Studie zur Wirkung von EM auf den Tomatenanbau des Instituts für Gartenanbau, Obst- und Weinbau der Universität Wien[143] wurde darüber hinaus festgestellt, dass die mit EM gegossenen und besprühten Tomaten keine Allergene des Typs »nsLTP« in sich trugen, während diese in der Kontrollvariante feststellbar waren. In dieser Studie wurde auch eine höhere Keimungsrate, früheres Aufwachsen, weniger Blütenendfäule (3 Prozent versus 31 Prozent), ein höherer Chlorophyllgehalt in den mit EM gegossenen Pflanzen und ein höherer Gesamtertrag an marktfähigen Früchten festgestellt.

Bei Versuchen mit EM beim Tomatenanbau über mehrere Jahre in Foliengewächshäusern eines biologisch-dynamisch wirtschaftenden Hofes beobachtete Landwirtschaftsmeister Adolf Daenecke, dass die Ertragsmenge unter EM-Gabe stieg und der Geschmack besser war, wie mit Verkostungsproben bei der Hofladenkundschaft eruiert wurde. Dabei staunten die Kunden, dass wider Erwarten die großen EM-Tomaten besser schmeckten als, wie gewöhnlich, kleinere. Diese waren ohne EM gewachsen. Die Anfälligkeit gegenüber Krankheiten war geringer. Beispielsweise trat die Krautfäule (Phytophthora) später auf und befiel insbesondere die zu erntenden Früchte kaum.

Die bessere Keimung von Samen unter Anwendung von EM zeigte sich in einer Studie an Samen der Damaszenerrose, der am häufigsten für die Gewinnung von Rosenöl angebauten Rosen. Sie keimen erst nach mehrwöchiger kalter und warmer Behandlung des Saatguts. Unter Anwendung verschiedener mikrobiologischer Präparate kam es zu einer Verkürzung der Keimdauer, wobei nur die Anwendung von EM zum Auskeimen von 100 Prozent des Saatguts führte.[144] Man kann die unterschiedliche Keimungsrate leicht selbst beobachten.

Vom Diplom-Geografen Jochen Dinstuhl stammt das Beispiel mit den Zucchinisamen im Kasten »Höhere Keimungsrate bei der Anwendung von EM«, nächste Seite. Was wie ein Wunder erscheint, ist schlichtweg die Folge größerer Lebendigkeit des Bodens und seiner Bewohner dank einer verbesserten gesunden Mikrobenflora.

Tomaten ohne EM am 24. Oktober 2005: Kraut und Früchte sind von Krautfäule betroffen.

Tomaten mit EM am 24. Oktober 2005: Während das Kraut von Krautfäule betroffen ist, sind die Früchte frei davon und können für den Verkauf geerntet werden.

Höhere Keimungsrate bei der Anwendung von EM

Folgender »Versuch« demonstriert die unterschiedliche Keimungsrate von Samen, die mit EM behandelt, und solchen, die nur mit Wasser gegossen wurden.

Material:
2 Minitreibhäuser, Anzuchterde, 18 Zucchinisamen, 1 Milliliter EM

Durchführung:
Die Treibhäuschen werden mit circa 250 Gramm Anzuchterde gefüllt. Anschließend werden jeweils drei Dreierreihen Zucchinisamen in die Anzuchterde gesteckt, sodass diese leicht mit Erde bedeckt sind. Nun wird ein Treibhäuschen mit 100 Milliliter Wasser, das andere mit 100 Milliliter EM-Wasser-Lösung (1/100) begossen. Die Treibhäuschen werden dann verschlossen und zehn bis vierzehn Tage auf eine Fensterbank gestellt und bei Bedarf feucht gehalten.

Ergebnis: Das Ergebnis zeigt die Abbildung.

Wasser	Wasser mit EM

Die Qualität der Samen ist ein nicht kontrollierbarer Faktor des Experiments. Durch eine Steigerung der Samenanzahl erhöht sich die statistische Sicherheit.[145]

Interessanterweise hat EM-Keramik eine vergleichbare Wirkung auf das Pflanzenwachstum. In einem Zuckerrüben-Ertragsversuch, den Landwirtschaftsmeister Adolf Daenecke und sein Kollege Franz Courth im Jahr 2001 in einem konventionell wirtschaftenden Betrieb und in Zusammenarbeit mit der Zuckerfabrik von Pfeiffer und Langen in Euskirchen durchführten, brachte der Einsatz von EM-Keramik eine größere Steigerung von Ertrag und Qualität als der Einsatz der EM selbst.

Zuckerrüben-Ertragsversuch mit EM

Feldversuch mit drei Teilflächen à 1 Hektar. Alle Teilflächen mit betriebsüblicher konventioneller Düngung und Pflanzenschutz. Durchgeführt im Jahr 2001 in Vettweiß, Kreis Düren/Eifel.
Sorte: Impuls
Gedrillt: 3. Mai 2001
Geerntet: 13. Oktober 2001
Teilfläche 1: keine EM-Gabe
Teilfläche 2: 5 Kilogramm EM-Keramikpulver pro Hektar
Teilfläche 3: 10 Liter EM pro Hektar

	Anwendung	Pol.Prozent	RR in Kilogramm	RR in dt/ha
Teilfläche 1	00	15,85	15,15	606
Teilfläche 2	EM-Keramik	16,20	17,90	716
Teilfläche 3	EMa	16,11	16,95	678

Einnahme:	8,91 DM (4,56 €) pro dt Rüben
Ertrag Teilfläche 1, ohne EM:	5399,– DM/ha (2763,36 €/ha)
Durchschnittsertrag Teilfläche 2 und 3, mit EM (697 dt/ha):	6210,– DM/ha (3178,32 €/ha)
Differenz:	811,– DM/ha (414,96 €/ha)
Aufwand für EM:	350,– DM/ha (178,95 €/ha)
Zusätzlicher Gewinn:	461,– DM/ha (236,01 €/ha)

Bei den damaligen Preisen ergab sich nach Abzug des Aufwands für EM ein zusätzlicher finanzieller Gewinn von 461 DM/ha (236,01 €/ha) im ersten Anwendungsjahr, der erfahrungsgemäß mit der Zeit zunimmt.

Polarisation in Prozent = Zuckerausbeute (die Menge des reinen Zuckers aus dem Rübensaft), RR = reine Rübe (gewaschene und geputzte Rübe). RR in kg ist die pro 2,5 Quadratmeter Versuchsfläche geerntete Menge in Kilogramm. RR dt/ha ist die Rübenmenge in Doppelzentner (100 Kilogramm), hochgerechnet auf Hektar.

In einer fünfjährigen Studie an der Universität von Peradeniya auf Sri Lanka mit EM-Anwendung bei Mungbohnen und Tomaten steigerte sich der Ertrag von Jahr zu Jahr und lag schließlich bis zu 71 Prozent über demjenigen des ersten Anwendungsjahres. Dabei spielte die gleichzeitige Gabe von organischem Material eine erhebliche Rolle, und es wurde beobachtet, dass die Fähigkeiten der EM sich während der dortigen Regenzeit stärker auswirkten als in der Trockenzeit.[146] Das ist naheliegend, da die Aktivität des Bodenlebens an dessen Wassergehalt gebunden ist.

EM bei Tieren

Nachdem Landwirte gute Erfahrungen mit EM im Ackerbau und bei der Futterbergung gemacht hatten, zeigte sich bald, dass auch die damit gefütterten Tiere gesünder wurden. Effektive Mikroorganismen verbessern die Konstitution von Tieren, indem sie die mikrobielle Besiedlung in den Verdauungsorganen regulieren. Ihre Ausscheidungen stinken nicht mehr, sondern riechen angemessen, was die Tierhaltung und das Düngen mit ihrem Mist angenehmer macht. Das Immunsystem der Tiere wird gestärkt, Gesundheit und Fruchtbarkeit erfahren eine Steigerung. Fell und Häute werden gleichmäßig und kräftig, und der Befall mit Parasiten nimmt ab. Die Tiere sind ausgeglichener und wirken zufriedener.

Was für uns Sauerkraut ist, ist für Tiere die Silage: fermentierte Nahrung. EM bewirken in Silagen eine schnelle pH-Wert-Absenkung. Durch die größere Zahl an Milchsäurebakterien und eine höhere mikrobielle Aktivität steigt unter anderem der Gehalt an Propion- und Essigsäuren, die für die Pansengesundheit wichtig sind.[147] Auch dass dadurch die aerobe Stabilität steigt und es eine geringere Nachgärungstendenz gibt, dient der Tiergesundheit.

Mit EM fermentierte Futterpflanzen werden im EM-Sprachgebrauch zu Bokashi (siehe das Kapitel »Bokashi«, Seite 216). In einem Rinderbestand, der im Jahr 2004 in einer Studie der Veterinärmedizinischen Fakultät Leipzig mit EM versorgt wurde, änderte sich dadurch die Zusammensetzung der Darmflora, gemessen an der Kotkonzentration zugunsten von Laktobazillen und Bifidobakterien unter Reduktion von Clostridien.[148] Da eine verbesserte Mikrobenflora im Pansen von Rindern zu einer höheren Futterverwertung und besserer Eiweißsynthese bei reduzierter Gasproduktion führt, fördert sie sowohl Tiergesundheit als auch die Milchleistung.

In einem Milchviehbetrieb in Wolhusen in der Zentralschweiz wurden Effektive Mikroorganismen zusätzlich zu einigen Veränderungen in der Tierhaltung wie bessere Lüftung, ganzjährige EM-Silagefütterung und dreimaliges Melken täglich verabreicht. Den Kälbern wurden von Geburt an EM gegeben. Dadurch entwickelten sie sich besser, insbesondere ihr Pansen, und das Erstkalbealter sank von im Schnitt dreißig auf 24 Monate ab. Bei den Aufzuchtrindern konnte die Anzahl der Besamungen pro erfolgreiche Belegung gesenkt werden, und die Tierarztkosten pro Liter Milch reduzierten sich um fast die Hälfte. Die Milchleistung der Kühe stieg im Lauf der vier Beobachtungsjahre an.[149]

Auch in der Geflügelzucht erwiesen sich EM als förderlich für die Tiergesundheit. In China wurde im Jahre 1993/94 eine Studie mit EM in einem Betrieb durchgeführt, wo man Intensivtierhaltung mit großem Einsatz von Antibiotika praktizierte. Der Einsatz von EM im Futter reduzierte das Auftreten von Krankheiten zum Beispiel mit Durchfällen signifikant, und die Sterberate sank bei Hühnern in den ersten sechs Wochen um 80 Prozent im Vergleich zur Kontrollgruppe. Bei einem Versuch mit EM bei 5000 Legehennen überraschte vor allem, dass der sonst durch keine Maßnahmen zu kontrollierende Kannibalismus der Tiere untereinander schlagartig endete, nachdem sie sieben bis zehn Tage lang EM im Futter erhalten hatten.[150]

Eine Studie in Pakistan, bei der EM in der Hähnchenmast eingesetzt wurden, führte zu einem größeren Lebendgewicht der Tiere. Sie neigten weniger zu Herzvergrößerungen als diejenigen der Kontrollgruppe und hatten besser entwickelte Bursa* und Thymusdrüse. Auf die Exposition gegenüber Viren reagierten die mit EM gefütterten Hähnchen mit einer stärkeren Antikörperproduktion als die der Kontrollgruppe.[151]

Bei der Fischzucht wurden EM unter experimentellen Bedingungen zum Beispiel bei Tilapien angewendet, einem der wichtigsten Zuchtfische weltweit. Jungfischen wurden 0, 2, 4 oder 6 Prozent EM zum Futter gegeben. Nach 84 Tagen gab es signifikante Unterschiede zwischen den Fischen, die EM erhalten hatten, und der Kontrollgruppe (0 Prozent), wobei die Fische mit 6 Prozent EM Menge im Futter den größten Zuwachs und die beste Futterverwertung zeigten.[152]

In einer Aufzuchtstation für Bachforellen der österreichischen Bundesforste in Spital am Pyhrn werden Setzlinge in Containern herangezogen und ein Teil der Jungfische in Zuchtteiche, alle übrigen in Bäche ausgesetzt. Nach einem Totalausfall durch schlechtes Futter und Krankheiten wurden ab dem Jahr 2000 Effektive Mikroorganismen in Container und Teiche zugegeben. Der Bestand gesundete völlig, und der Gesamtertrag stieg in den folgenden Jahren deutlich an. Gleichzeitig konnte der Arbeitsaufwand erheblich gesenkt werden, und der Verkauf an Fischen von hervorragender Qualität begeisterte die Kunden, sodass der Betrieb sich auch wirtschaftlich wieder rentierte. Die positive Wirkung der EM wurde auch in den nachfolgenden, tiefer gelegenen Bachläufen beobachtet.[153]

Auch bei Haustieren werden EM mittlerweile umfangreich angewendet. Zum Futter gegeben, verbessern sie erfahrungsgemäß die Gesundheit von Katzen, Hunden und Pferden genauso wie von Meerschweinchen, Hamstern, Aquariumsfischen und Kanarienvögeln. Fell, Haut oder Gefieder werden glänzender, farbenfroher und dichter, der Befall mit Parasiten nimmt ab, und die Tiere wurden oft zufriedener. Die Tiere selbst und ihre Ausscheidungen stinken weniger und haben stattdessen einen arttypischen Geruch, der weniger Fliegen anzieht. Das kommt durch die Fähigkeit der EM zustande, Ammoniak zu zersetzen beziehungsweise zu verhindern, dass er gebildet wird. Die Reinigung von Käfigen, Katzenklos oder Wasserbecken ist seltener erforderlich und erfolgt leichter.

Das Versprühen von EM in Ställen bindet Staub und sorgt für eine regenerative Mikrobenflora in Körbchen, Käfigen und der Einstreu, die dadurch für die Tiere angenehmer ist. Es macht mehr Freude, die Tiere zu Hause zu haben.

* Als *Bursa Fabricii*, benannt nach dem in Padua tätigen Anatomen Girolamo Fabrizio (1537–1619), wird ein beutelförmiges lymphatisches Organ am Dach der Kloake (dem Körperausgang für Geschlechtsorgane, Harnleiter und Darm) bei Vögeln bezeichnet. In diesem Organ werden die dort zuerst entdeckten und nach ihm »B-Lymphozyten« genannten Immunzellen differenziert.

EM-Beratung bei der Elefantenhaltung, Llanpumsaint, Carmarthen, Wales, 2008

Zum Einsprühen eignet sich eine handliche Sprühflasche.

Mit der Zeit stellte sich heraus, dass die Effektiven Mikroorganismen helfen können, äußere Verletzungen zu heilen. Pferdebesitzer erzählen, dass klaffend tiefe Wunden nach Auftragen von EM, die sie zum Teil mit Heilerde und EM-Keramik mischten, binnen kürzester Zeit verheilten – und dies meistens, ohne Narben zu hinterlassen. Ekzeme auf Haut oder Fell verschwanden bei regelmäßigem Einsprühen mit EM. Die Besitzerin eines Isländerponys, das alljährlich an einem Sommerekzem litt, staunte, dass ihr Pferd von dem Frühjahr an, als sie begann, es regelmäßig mit EM einzusprühen, keinerlei Symptome mehr zeigte.

Einer Katze mit chronischem Fellverlust, den der Tierarzt als unheilbar bezeichnet hatte, wuchs nach regelmäßigem Einsprühen mit EM das Fell wieder vollständig nach. Eine andere Katze sollte wegen einer fortgeschrittenen »unheilbaren« Erkrankung eingeschläfert werden. Nach innerlicher Gabe und mehrmals täglichem äußerem Einstreichen des gesamten Körpers mit EM, ergänzt durch eine Traumabehandlung, begann sie wieder zu trinken und zu essen und lebte trotz der Krankheit noch eine Weile glücklich, bis sie friedlich in den Armen ihrer Besitzerin starb.

Bei Ziervögeln bewährten sich EM in Trink- und Badewasser als gesundheitsförderlich. Bei Zuchtvögeln stieg die Nachwuchsrate deutlich an.

Bienen sind zurzeit wohl unsere gefährdetsten Haustiere. Da ihr Lebensraum sich in die Landschaft erstreckt, kann ein Imker ihnen nur bedingt das gesunde Milieu bieten, dessen sie bedürfen. Sie leiden unter allen Giften und Störungen, die wir als moderne Zivilisation der Natur zumuten. Wie schon gesagt wurde, stören sogar die von Mobilfunknetzen abstrahlenden Schwingungen die über feines Summen erfolgende Kommunikation dieser Insekten untereinander.

Es hat sich bewährt, Bienen durch das Versprühen von EM in Stock und Umgebung und das Anbieten von EM in Tränkewasser zu stärken. Es wird berichtet, dass sich Jungvölker dadurch rasch und tüchtig entwickeln, dass es weniger varroabedingte* Verluste gibt und die Bienen insgesamt gesünder gegenüber in der Umgebung auftretenden Krankheiten sind.

Wurde EM-Keramik mit Oxalsäure zur Varroabehandlung im Stock verdampft, beobachteten Imker, dass die Bruttätigkeit zunahm, sodass die Völker stark in den Winter gehen, diesen besser überleben und im darauffolgenden Jahr eine größere Tracht eintragen konnten. Der Parasitenbefall der Völker nahm insgesamt ab.

EM beim Menschen

EM sind für die Einnahme für den Menschen offiziell nicht zugelassen, werden dennoch vielfach in Eigenverantwortung dafür genutzt. Diese Diskrepanz entsteht dadurch, dass unsere Gesetzgebung Boden, Pflanzen, Tiere und Menschen getrennt voneinander behandelt, Mikroorganismen solche Trennungen jedoch nicht kennen. Die guten Erfahrungen der Landwirte, die als Erste Effektive Mikroorganismen auch für sich persönlich nutzten, sprach sich rasch herum.

Eine Korrektur der körpereigenen Bakterienflora kann erstaunliche Folgen haben. Es gibt Menschen, bei denen sie die inneren Organe stärkte, Polyarthritis oder Hautekzeme zum Verschwinden brachte, Entzündungen heilte oder bewirkte, dass sie keine Erkältungskrankheiten mehr bekamen. Viele befreiten sich von langjährigen Erkrankungen, indem sie mit EM Mund-, Rachen-, Magen- oder Darmflora umstimmten. Kaum kratzt es im Hals, gurgeln sie mit EM, zum Beispiel 3 Milliliter verdünnt in einer Tasse Wasser, und erleben, dass sich keine weiteren Symptome entwickeln. Bei Magenschmerzen halfen einer Frau einige Tropfen EM in einem großen Glas Wasser getrunken. Eine andere Frau, die eine Salmonellenvergiftung erlitten hatte, kurierte diese mit EM und dem Trinken von EM-X binnen kürzester Zeit aus.

Auch äußerlich angewendet, linderten EM viele Wunden oder Schmerzen. Eine Frau, die unter lästigen Schuppen im Haar litt, bildete keine mehr, seit sie regelmäßig EM auf ihre Kopfhaut gab. Ein Mann, der im Gebirge in den Fels stürzte und sich Verletzungen im Gesicht zuzog, erhielt sofort EM auf die blutenden Wunden. Auch nach dem Nähen der klaffenden Stellen in der Unfallchirurgie konnten EM aufgetragen werden, da dort in diesem Fall gerade eine Nachtschwester arbeitete, die EM aus der Landwirtschaft kannte und Verständnis dafür hatte. Die Fäden konnten nach kürzester Zeit gezogen werden, und es blieben keine Narben zurück.

Gibt man EM pur auf offene Wunden, beißen sie sehr, fördern allerdings auch eine rasche Blutstillung. Man kann sie für eine sanftere Behandlung zunächst 1:10 in Wasser verdünnen und die Konzentration allmählich steigern.

* Die Varroamilbe *(Varroa destructor)* ist ein Parasit, der im Jahr 1977 aus Asien nach Europa eingeschleppt wurde und sowohl die Brut befällt als sich auch auf der ausgewachsenen Honigbiene festbeißt und sie schwächt. Dies kann unter anderem die Kommunikations- und Orientierungsfähigkeit der Biene beeinträchtigen. Die chemisch-synthetische Bekämpfung der Milbe hinterlässt Rückstände in Wachs und Honig.

Ein rheinischer Fußballverein der deutschen Bundesliga versorgt die Verletzungen seiner Sportler mit EM. Schürfwunden heilten besser ab, Blutergüsse gingen rasch zurück, und Entzündungen wurden frühzeitig gestoppt.

Beim Pilgern auf dem Jakobsweg eilte einem Bekannten, der EM mit sich trug, bald der Ruf eines Heilkundigen voraus, der mit Bakterien Füße leidender Pilger behandelte. Er spülte, wenn er darum gebeten wurde, Blasen mit EM aus, trocknete sie mit Toilettenpapier ab und bedeckte sie nach einer halben Stunde mit einem Pflaster. Zur weiteren Pflege gab er den Menschen EM mit. Die Blasen verheilten vollständig.

Als mir beim Schlendern über eine Wiese eine Biene in den Zeh stach, tauchte ich diesen für eine Viertelstunde in EM pur ein. Er wurde weder dick noch schmerzhaft, und man sah einzig die Einstichstelle, in der der Stachel gesteckt hatte.

Als ich auf einem Fest war, fragte dort gerade eine Frau nach, ob man ihr bei einem Mückenstich helfen könne. Sie hatte bereits eine dicke Schwellung deshalb am Arm. Ich bot ihr an, EM aufzutragen, die ich in einem 10-Milliliter-Fläschen bei mir trug. Sie willigte ein. Man konnte geradezu dabei zuschauen, wie die Schwellung daraufhin sofort zurückging.

Dass die EM Schwellungen, Prellungen und Blutergüsse zu heilen vermögen, ist kaum durch ihre Stoffwechselaktivität zu erklären. Hier besteht noch viel Forschungsbedarf. Offensichtlich übertragen die EM die Information ihrer eigenen Ordnung auf gestörte Zellverbände, und diese kehren, sobald sie mit EM in Resonanz gehen, in ihre dem Gesunden entsprechende Ordnung, zurück. Diese feinstofflichen Schwingungseigenschaften der EM werden von zahlreichen Menschen wahrgenommen, sind naturwissenschaftlich jedoch noch nicht darstellbar.

Leichter nachvollziehbar ist, dass EM bei Hautausschlägen und bei Juckreiz helfen. Mütter, die ihre an Neurodermitis erkrankten Kinder mit verdünnten EM waschen oder sie darin baden, berichten, dass der quälende Juckreiz nachlässt und sie sich nicht mehr blutig kratzen. Auch bei Verbrennungen halfen verdünnt aufgetragene EM, Schmerzen zu lindern und Wunden zu heilen. Der Schutz durch erwünschte Bakterien auf der Wunde verhindert augenscheinlich, dass sich Entzündungen oder Wundheilungsstörungen entwickeln. Dies macht man sich auch bei chronischen Wundheilungsstörungen und Dekubitus (Wundliegegeschwür) zunutze, insbesondere bei Menschen, die mit resistenten Bakterienstämmen besiedelt sind. In vielen Fällen zeigte sich, dass eine Besiedlung mit Effektiven Mikroorganismen die resistenten Bakterienstämme wie den sogenannten Krankenhauskeim MRSA zum Verschwinden brachte (siehe das Kapitel »Vermehrung nach höherer Weisheit«, Seite 135). In einem ausreichend und harmonisch besiedelten Lebensraum verlieren sie ihre Bedeutung. Von den Folgen der Besiedlung mit resistenten Bakterien wie Durchfall, Erbrechen, Entzündungen und offene Wunden wurden Menschen bei konsequenter EM-Anwendung binnen kürzester Zeit befreit.

Effektive Mikroorganismen lassen die Ausprägung von unerwünschten Eigenschaften resistenter Bakterienstämme nicht mehr zu. Ob dies durch Dominanz, durch Veränderung der Resistenzgene oder durch einen anderen Wirkmechanismus geschieht, wurde noch nicht erforscht. Ist jemand von resistent gewordenen Mikroorganismen besiedelt, empfiehlt sich die Umstimmung des gesamten Umgebungsmilieus. Die Angehörigen einer

Dame, die mit MRSA besiedelt vom Krankenhaus nicht ins Altersheim entlassen werden durfte, nahmen sie mit nach Hause. Sie badeten sie in einem Vollbad unter Zusatz von 750 Milliliter EM, putzten das Zimmer komplett mit EM und versprühten EM regelmäßig in der Raumluft. Zusätzlich gab die Dame EM tropfenweise zu den Mahlzeiten auf ihr Essen. Nach kurzer Zeit waren keine MRSA mehr nachweisbar.

Manchmal lernen wir Menschen unter Umständen von unseren Tieren, wie eine Dame, der eine Freundin EM schenkte, um damit ihre Verdauungsstörungen zu kurieren. Sie hatte ihr erklärt, dass sie mit wenigen Tropfen täglich zum Essen beginnen und nach wenigen Tagen behutsam die Menge steigern könne, bis sich ein Erfolg einstelle. Ansonsten könne sie mit EM auch ihre Blumen gießen oder putzen. Die Dame bedankte sich, zog aber nach der Lektüre des Etiketts vor, die Flasche ungeöffnet in den Keller zu stellen. Nach geraumer Zeit fand sie das Geschenk zu schade, um es verderben zu lassen, gab EM in den Putzeimer und begann, die Böden im Haus zu wischen. Kaum sah dies ihr Hund, lief er auf den Eimer zu und begann daraus zu saufen. Sie scheuchte in weg, doch kaum hatte sie sich vom Eimer entfernt, lief ihr Hund wieder hin und soff weiter daraus. Irgendwann gab sie es auf, ihn daran zu hindern. Da ihre Böden schön glänzend sauber geworden waren, wischte sie sie auch beim nächsten Mal mit EM, worüber sich ihr Hund wieder freute und das Wischwasser soff. Bald danach wurde sie darauf angesprochen, wie ihr Hund denn auf einmal zu solch einem schönen Fell gelangt sei. Es konnten nur die EM im Putzwasser bewirkt haben. Ermutigt vom sichtbaren Erfolg der EM bei ihrem Hund, wagte sie es schließlich selbst, Bakterien zu schlucken, und kurierte mit EM ihre Verdauungsstörungen vollständig aus.

Von einer wundersamen Wirkung der EM erzählte ein Ehepaar, dessen Kinderwunsch über Jahre unerfüllt geblieben war. Untersuchungen hatten schließlich ergeben, dass sie unfruchtbar seien. Einige Zeit nachdem sie angefangen hatten, in Haus und Garten mit EM zu arbeiten und sie diese auch einnahmen, wurde die Frau dennoch schwanger und gebar einen gesunden Sohn. Da ein Organismus eine Schwangerschaft nur unter Bedingungen zulässt, die für Mutter und Kind förderlich sind, ist es durchaus möglich, dass die Änderung einer Mikrobenflora eine lang ersehnte Schwangerschaft begünstigt.

Da ständig eine Kommunikation zwischen körpereigenen und Umgebungsmikroorganismen stattfindet, ist eine Veränderung nicht nur des inneren Mikrobenmilieus, sondern die des gesamten Umfelds hilfreich, um die Gesundheit zu verbessern. Bei Neugeborenen und Kleinkindern reicht es oft schon aus, die Umgebung mikrobiell umzustimmen, um die körpereigene Bakterienflora zu beeinflussen.

Von der Inhalation mit Mikroorganismen, insbesondere auch mit EM-Fermentationsgetränken, ist allerdings dringend abzuraten, da es dabei zu unerwünschten Reaktionen des Immunsystems kommen kann. Eine Wirkung auf die Mikrobenflora der Atemorgane erfolgt über die Aufnahme der Mikroben in den Darm (siehe das Kapitel »Der Kreislauf des Lebens«, Seite 88).

EM und Nahrung

Dass gesund aufgewachsene Pflanzen bekömmliche Lebensmittel sind, ist naheliegend, und jeder Einsatz von EM im Boden trägt über die Nahrung zu besserer Gesundheit von Mensch und Tier bei. Lebensmittel, die mit EM angebaut wurden, haben eine bessere Qualität und sind länger lagerfähig.

Auch die Verarbeitung und Veredelung zu Lebensmitteln wird gern mit EM gehandhabt. Brotteig, der unter Zugabe von EM angesetzt wurde, geht gut auf und führt zu aromatischerem Brot. Bäcker, die ihrem Sauerteig EM beigegeben haben, berichten, dass viele dieses Brot bekömmlicher finden. Hausfrauen erleben, dass der Sauerteigansatz unempfindlicher gegenüber fehlender Wärme und schwankenden Temperaturen ist.

Sauerteig ist ein Teig, der durch die Vermehrung von Milchsäurebakterien unter fortlaufender Säuerung gehalten wird. Dies ist bei Getreidearten notwendig, die kaum Klebereiweißgerüst ausbilden, zum Beispiel dem Roggen. Die Milchsäurebakterien stammen gewöhnlich aus der Umgebung des Getreides und haften am Korn, von dem sie ins Mehl übergehen. Vollkornbrot gelingt mit EM leichter, vorausgesetzt, man lässt ihm ausreichend Zeit zur Reifung.

Gern legt man auch Körner vor der Bearbeitung zum Quellen in EM ein. Sie werden dadurch verdaulicher. Mikroorganismen dauen die Samenhüllen an und setzen unter anderem durch die Phytase, also Enzyme, die Salze der Phytinsäure frei. Phytinsäure bildet bei hohem pH-Wert schwerlösliche Komplexe mit zweiwertigen Kationen wie Kalzium und Magnesium, die dadurch unresorbierbar bleiben. Mikrobielle Säuerung von Hülsenfrüchten und Getreiden löst diese Verbindungen auf, was die Bioverfügbarkeit von Thiamin (Vitamin B_1) und Mineralstoffen sowie von manchen Eiweißen erhöht.

Sprossen, die mit EM in Wasser angesetzt werden, sind schneller essbar. Milchsauer eingelegtem Gemüse, dem bei der Verarbeitung EM beigegeben werden, wird ein intensiverer Geschmack bezeugt. Im Haushalt können EM dazu beitragen, dass Lebensmittel länger haltbar sind. So können Obst, Salat, Brot und Gemüse länger frisch bleiben, wenn man sie mit EM einsprüht, in EM-Wasser wäscht oder Keramikröhrchen zu ihnen legt. Und wo EM das Milieu bestimmen, kommt es zu weniger Schimmelwachstum.

Das Wachstum von Schimmel wird durch die EM-Anwendung stark gehemmt.

EM in Gewässern und Abwässern

Über die Möglichkeiten, Trinkwasser in Zusammenhang mit Effektiven Mikroorganismen zu verbessern, werden wir weiter unten im Kapitel über die EM-Keramik sprechen (»Die Verbesserung des Trinkwassers«, Seite 242). Hier geht es um die Sanierung von Gewässern, die natürlich auch eine wesentliche Voraussetzung für eine hochwertige Trinkwasserversorgung ist.

Eutrophierte und verseuchte Gewässer können durch Effektive Mikroorganismen vollständig geklärt und renaturiert werden. Faulschlämme werden durch Effektive Mikroorganismen in Bewegung gebracht und beginnen aufzuschwimmen, sodass man sie abfischen kann. Bei Gewässern, die zum Abfischen zu groß sind, sorgt eine weitere Zufuhr von EM für deren allmähliche Zersetzung. Der Algenbewuchs wird reduziert, und toxische Substanzen werden abgebaut.

Effektive Mikroorganismen können auch in Kläranlagen angewendet werden. Sie verhindern die Geruchsbildung, reduzieren Sauerstoffbedarf und Schlammmenge und verbessern sowohl die Qualität des Restschlamms als auch des abfließenden Wassers. Die Verminderung von Schwefelwasserstoff und Schwefelsäure im System spart Mittel zur Ausfällung von Schwefelwasserstoff (H_2S) und verringert das Ausmaß von Korrosion in der Anlage.

Die Zufuhr Effektiver Mikroorganismen hilft, beim Ladungswechsel, also bei der wechselnden Verdünnung des zufließenden Wassers zur Kläranlage, die mikrobiologische Phase der Klärung aufrechtzuerhalten. Ein Ungleichgewicht der Mikroorganismen bei zu großer Verdünnung führt gewöhnlich zu ihrem Absterben, wodurch sie selbst zur Klärlast werden. Es muss dann unter hohem Energieaufwand aerobisiert werden, bis sie ihre Aufgabe wieder erfüllen. Die konstante Zugabe von EM in solchen Anlagen erhält die mikrobiellen Prozesse auch bei Schwankungen aufrecht.

Die besten Ergebnisse werden erzielt, wenn EM den einzelnen Zuflüssen beigegeben werden, so früh es geht, damit sich von vornherein so wenig Fäulnisprozesse wie möglich

Verminderung des Schwebalgenaufkommens durch EM in den Becken 2 und 4

bilden. Ideal ist die EM-Anwendung am Ursprung, also in den Haushalten, bewährt hat sich auch die Zudosierung an Schlüsselstellen des Abwasserleitungssystems.

In einer Bachelorarbeit an der FH München ermittelte man eine auf den Trockensubstanzbereich bezogene Reduktion der Klärschlammmenge um bis zu 70 Prozent.[154] Durch raschere Trennung des Trübwassers vom Absetzschlamm, niedrigeren Nitratgehalt und reduzierten Belüftungsbedarf sanken die Kosten von Klärschlammentsorgung und Stromverbrauch der Kläranlage um einen fünfstelligen Betrag. Der Nutzen für die Umwelt durch Rückführung gesünderer Materie in den Boden wurde dabei nicht berechnet.

Wo EM in Dreikammergruben angewendet werden, reduziert sich der anfallende Schlamm, und die Leerung ist erst in erheblich größeren Abständen nötig. Die Reinigung der Gruben ist leichter und der Geruch geringer.

Der Einsatz Effektiver Mikroorganismen in Kläranlagen erfordert in jedem Fall eine sorgfältige Planung unter Berücksichtigung der örtlichen Bedingungen.

EM und Luft

Mit Effektiven Mikroorganismen lässt sich Luft auf verschiedene Weise verbessern: Das Versprühen von EM in Innenräumen verändert die mikrobielle Zusammensetzung ihrer Luft und vermindert unter anderem den Schimmelpilzbesatz. Dies nutzt man gern an Orten, wo eine hohe Luftfeuchtigkeit besteht, wie in Obst-, Käse- und Gemüselagern oder alten Kellern. In Abfüllhallen der Getränkeindustrie versprühte Effektive Mikroorganismen beugen Schimmelbildung auf Böden, Wänden und Flaschenetiketten vor.

Die Atemluft wird gesünder, wo EM versprüht wurden, sodass die dort lebenden Menschen zufriedener werden. Wer an Erkrankungen der Luftwege leidet, zum Beispiel an einer Bronchitis oder an Asthma, kann den Unterschied direkt spüren. Ausdünstungen von Möbeln, Textilien und Kunststoffen werden neutralisiert, Chemikalien gebunden und abgebaut. Menschen, die an multipler Chemikalienunverträglichkeit (MCS) leiden, atmen oft im wahrsten Sinne des Wortes auf, nachdem sie ihre gesamte Umgebung mit EM behandelt haben. Sie sparen dadurch viel Zeit und Geld.

In einem Spanplatten verarbeitenden Betrieb sank der Anteil an Formaldehyden in der Raumluft nach Anwendung der EM deutlich ab.

Alle Luft, die durch Maschinen hindurchbewegt wird, wie durch Heizgebläse, Staubsauger, Kühlmaschinen, Klimaanlagen oder Luftbefeuchter, lässt sich durch das Anreichern mit EM und/oder den Kontakt mit EM-Keramik auffrischen.

Auch indirekt verbessern Effektive Mikroorganismen die Luft, nämlich indem sie die Entstehung von Gerüchen sozusagen schon im Vorfeld vermindern. Ein Bauer erzählte begeistert, dass die Bewohner einer naheliegenden Siedlung, die sich sonst zum Teil heftig beschwert hatten, nicht einmal mehr bemerkten, wann er Gülle auf die Felder fuhr, seit er Tiere und Stall mit Einsatz der EM bewirtschaftete.

In einer Studie an der Universität Wien zur Gas- und Geruchsentwicklung in der Schweinemast[155] wurde gemessen, dass sich beide erheblich reduzierten, wenn EM im Stall versprüht und den Schweinen im Futter mitgegeben wurden.

Latrinen in Port-au-Prince werden mit EM ausgesprüht.

Nach dem Erdbeben in Haiti besprühen junge Männer Abfall zur Geruchseindämmung mit EM.

Über die Dauer einer Mastperiode wurden die Methanemissionen um 33 Prozent, die des Ammoniaks um 35 Prozent gesenkt. Die Gesamtkohlenwasserstoffabgabe als Maß für geruchsrelevante Bestandteile der Emission aus den Schweineställen reduzierte sich durch den EM-Einsatz um 78 Prozent. Da diese Gase klimarelevant sind, ist der Beitrag der EM zur Verringerung atmosphärischer Schäden beträchtlich.

Auch die Verbesserung von Abgaswerten durch EM-Keramik in Brenn- und Heizsystemen bedeutet Gutes für die Luft und den Klimaschutz.

Das Reinigen von Toilettenanlagen mit EM verändert durch die mikrobielle Umsetzung des stechenden und zu Tränen reizenden Ammoniaks in geruchlose Substanzen Lufträume erheblich.

Nikotingestank, Parfümwolken oder Farbgeruch lassen sich mit Effektiven Mikroorganismen ebenso neutralisieren wie Ausdünstungen aus neuen Fahrzeugen oder Bierzeltgestank.

Eindrucksvoll ist die Geruchsveränderung durch EM auf Abfallhalden, in der Intensivtierzucht und bei den Folgen dramatischer Ereignisse wie Erdbeben und Überschwemmungen: Selbst über Leichenfeldern reduzieren versprühte Effektive Mikroorganismen den oft beißenden Gestank binnen kürzester Zeit.

Sind Gebäude bislang nach einem Hochwasser wegen andauernder Fäulnisgerüche unbewohnbar geworden, können EM ihre vollständige Sanierung ermöglichen.

EM und das Reinigen

Das Reinigen von Räumen mit Effektiven Mikroorganismen ist wohltuend für alle Beteiligten: Die auf den Flächen siedelnden Mikroorganismen werden durch einen regenerativen Impuls harmonisiert, Umwelt und Reinigungskräfte werden von giftigen Stoffen verschont, und die in den Räumen lebenden Bewohner erhalten ein gesundes Umfeld. In einer Schule in Franken stellte man fest, dass zwei Monate nachdem man begonnen hatte, die Schule nur noch mit Reinigungsmitteln zu putzen, die Effektive Mikroorganismen enthielten, die Zahl kranker Kinder deutlich zurückging.[156]

Mit EM gereinigte Oberflächen glänzen schön, wirken sauberer und bleiben dies auch lange. In einer Diplomarbeit der Fachhochschule Wels in Oberösterreich wurde ermittelt, dass EM-Reiniger die gleiche Reinigungswirkung haben wie herkömmliche chemische Reinigungs- oder Desinfektionsmittel, die Reinigungswirkung aber länger anhält. Die mit EM-Reiniger geputzten Flächen wiesen 24 beziehungsweise 42 Stunden nach ihrer Anwendung eine geringere Wiederbesiedlung mit unerwünschten Keimen auf als die an den Versuchsorten üblicherweise angewandten Reinigungs- und Desinfektionsmittel.[157] Diese Wirkung der EM war konzentrationsabhängig. Bei hoher Konzentration beeindruckten die EM nach einmaliger Anwendung sogar dadurch, dass die Reinigungswirkung langfristig noch selbständig zunahm, was zeigt, dass die EM ein Milieu allmählich umstimmen.

Besonders eindrucksvoll ist die Reinigung mit EM bei Toiletten, insbesondere denen öffentlicher Einrichtungen, deren Geruch oft unerträglich ist. Da EM die Bestandteile des Harns anstatt zu Ammoniak zu geruchlosem Harnstoff verstoffwechseln, kann bereits ihr erstmaliger Einsatz zu einer deutlichen Geruchsverminderung führen. Durch das Reinigen mit EM werden Oberflächen vielseitig und umfassend mikrobiell besiedelt, sodass sich eine eigene Flora entfalten kann. Dies verhindert auch das Wachstum von Schimmelpilzen auf diesen Flächen.

Eine ungewöhnliche Reinigungshilfe waren EM für einen Bastler, der mit Superkompaktkleber gearbeitet hatte und versehentlich seine Finger mitbeklebte. Er war mit den üblichen Mitteln nicht abwaschbar, konnte jedoch schließlich mit EM abgelöst werden.

Teppiche, die mit EM gründlich gereinigt werden, verlieren ihren Parasitenbesatz und neigen weniger zur Wiederverschmutzung.

Eine Autowaschanlage, bei der die Effektiven Mikroorganismen ins Vorwaschwasser zugefügt werden, kommt mit wesentlich weniger Reinigungsmitteln im Hauptwaschgang aus. 80 Prozent des gebrauchten Wassers werden mit EM recycelt.

Eine Getränkefirma wäscht ihren gesamten Fuhrpark mit EM-Wasser und hat im Fettabscheider seither keine öligen Ablagerungen mehr. Außerdem müssen die Fahrzeuge seltener gewaschen werden.

EM vermögen auch zu entrosten. Dies geschieht durch ihren Säuregehalt und ihr hohes antioxidatives Potenzial.

Entrostung eines Fräskopfes in EM

1. Vorher
2. In EM gebadet
3. Nach dem Abtrocknen

Mit Effektiven Mikroorganismen behandelte Werkzeuge und Maschinen, Besteck in der Gastronomie und Geräte in Anlagen, die unter Einsatz von EM betrieben werden, verschleißen weniger und bleiben länger benutzbar.

Auch in der Möbelrestauration wurden die Effektiven Mikroorganismen mit Erfolg eingesetzt.

EM und das Kompostieren

Das Kompostieren unter Zuhilfenahme von Effektiven Mikroorganismen fördert die zügige Zersetzung in bodenfreundliche Bestandteile, verhindert Fäulnis im Substrat und geschieht ohne Entwicklung schlechter Gerüche.

Als eine der ersten öffentlichen Kompostieranlagen Europas wurde die des Südtiroler Dorfs Sand in Taufers mit EM betrieben. Dort hatte die Geruchsentwicklung zu einer Belästigung der Menschen in nahegelegenen Sportanlagen und im Schwimmbad geführt. Man begann, EM über die angelieferten Grünabfälle zu vernebeln und diese gleich als Mieten aufzusetzen, um eine zügige anaerobe Fermentierung zu initiieren. Um die frühe mikrobielle Führung noch zu unterstützen, wurden vom Kompostwerk EM zur Abgabe an Haushalte zur Verfügung gestellt, damit bereits dort ein regeneratives mikrobielles Milieu geschaffen wird. In der Folge reduzierte sich die Reifedauer des Komposts um die Hälfte auf acht Wochen, in denen selbst hartnäckiges Material wie Schalen von Zitrusfrüchten umgesetzt wurde. Der fertige Kompost fand fortab begeisterte Abnehmer, obwohl ein Entgelt dafür erhoben wurde, während zuvor große Kompostmengen teuer gelagert werden mussten, obwohl sie kostenlos abgegeben wurden.

Von einer Müllverarbeitungsanlage in der ägyptischen Hauptstadt Kairo berichtete Professor Higa, dass selbst kompletter Haushaltsmüll mit EM vollständig kompostierbar war und sogar Kunststoffteile nach Aussieben und erneutem Zugeben zum Eingangsmüll zusammen mit organischem Material nach mehreren Durchgängen vollständig wieder in ihre Kohlenstoffe zerlegt wurden. Auch der daraus entstehende Kompost wurde bei Gärtnern besonders beliebt.

Ein Kompostprojekt mit Effektiven Mikroorganismen wurde in Salt Lake initiiert, einem Vorort von Kalkutta. Abfälle waren zuvor einfach in Gräben entsorgt worden, wo sich Gestank und Fliegenplagen entwickelten. Unter Einsatz von 1 Liter EM, der dort 150 Rupien kostet, konnten organische Abfälle zu 500 Kilogramm Kompost verarbeitet und für 2000 Rupien verkauft werden.[158] Hier wie an vielen anderen Orten der Welt gaben Effektive Mikroorganismen Menschen neue Arbeit und Brot.

Erfahrungen mit der EM-Keramik

EM-Keramik wird verwendet, wo die Effektiven Mikroorganismen in flüssiger Form nicht eingesetzt werden können oder sollen. Ihr Hauptanwendungsbereich ist das Wasser. Die durch die Schwingungsphänomene, welche aus der Verarbeitung des Tons mit Effektiven Mikroorganismen entstanden sind, ausgelösten Veränderungen im Wasser führen zu Qualitätsveränderungen. Wie sie zustande kommen, ist noch nicht wirklich erforscht. Unter anderem ändern sich innere Strukturen des Wassers, die sogenannten Cluster*, durch den Einfluss der EM-Keramik.** Dies geschieht auch bei indirektem Kontakt, zum Beispiel von außen durch Wasserleitungen hindurch. Offenbar reichert die Abstrahlung von Schwingungen die Bindungen innerhalb des Wassers mit Informationen an, durch die es ein höheres Energieniveau erlangt. Dies führt bei sozusagen anders geordneten Molekülverbänden innerhalb des Wassers zu einer Verbesserung seiner Fähigkeit, seinen ursprünglichen Eigenschaften gemäß zu sein, bereitwilliger Stoffe aufzunehmen und abzugeben, und zu seiner leichteren Reaktionsbereitschaft. Sicherlich finden auch auf andere Weise Veränderung statt, die weniger physikalisch zu verstehen sind. Wir wissen, dass Wasser über seine praktischen Eigenschaften hinaus elementare Wesenszüge besitzt, die in Kontakt mit Kräften sind, welche auf technisch zu messende Weise nicht erfassbar sein können. Offenbar gibt EM-Keramik auf dieser Ebene ebenfalls Impulse, was man als Zunahme der »Lebendigkeit« des Wassers fühlen kann.

Die Verbesserung des Trinkwassers

Praktisch bedeutet dies, dass mit EM-Keramikröhrchen Trinkwasser verbessert werden kann. Die Wirkung tritt fast sofort ein. Es wirkt geschmeidiger, schmeckt feiner und weicher und bleibt auch bei längerem Stehen frisch. Substanzen fallen weniger aus, sodass beispielsweise Kalk in Leitungswasser sich an Leitungen und Geräten weniger stark ablagert. In Wasserkochern, in denen EM-Keramikröhrchen mitgekocht werden, lässt sich der wenige, sich an den Innenwänden niederschlagende Kalk mit einem Lappen leicht abwischen. Aus aufbereitetem Leitungswasser verflüchtigt sich Chlor schneller. In Trinkflaschen, denen EM-Keramikröhrchen beigegeben werden, wird Wasser auch nach längerer Zeit nicht modrig. Es wäre interessant zu untersuchen, ob EM-Keramik einen Einfluss auf die bekanntermaßen aus Kunststoffflaschen ins Trinkwasser übergehenden chemischen, zum Teil hormonell wirksamen Substanzen hat.

* Englisch *cluster* für »Traube, Gruppe, Verbund«. Ein Wassercluster ist eine komplexe dynamische Struktur, die eine Anzahl Wassermoleküle umfasst.

** Für den Fall, dass Sie sich weiter über die Feinphysik des Wassers informieren wollen, finden Sie im Literaturverzeichnis Hinweise auch zum Thema »Wasser«.

Ein Familienvater kaufte in regelmäßigen Abständen Beutel mit EM-Keramikröhrchen, und als der Händler nachfragte, was er denn mit der Menge mache, erzählte er, dass seine Kinder, wenn Freunde zum Spielen kamen, bislang immer Cola getrunken hätten. Er habe ihnen eines Tages einen Krug Wasser mit EM-Keramikröhrchen dazugestellt. Seither tränken alle literweise dieses Wasser, und die Freunde wollten dann auch die Keramikröhrchen mit nach Hause nehmen.

Haustiere, denen Näpfe mit und ohne EM-Keramikröhrchen angeboten werden, entscheiden sich für Erstere. Pferdehalter berichten, dass ihre Tiere mehr saufen, nachdem ihr Wasser mit EM-Keramik versehen wurde.

Mit der Zeit können Keramikröhrchen aus dem Leitungswasser feinste Partikel in ihre Poren aufnehmen und verfärben sich dadurch. Das geschieht am häufigsten in Großstädten. Man erneuert die Röhrchen dann besser. Da die Schwingungsinformation erhalten bleibt, können die alten Röhrchen entweder zerkleinert im Boden oder in größeren Gewässern noch ihren Dienst tun.

Mir wurde von einem Fall berichtet, in dem sogenannte EM-Keramikröhrchen eines Händlers das Wasser bei Gebrauch milchig trübten. Das sollte nicht sein, ist ein Zeichen für fehlende Qualität und darf reklamiert werden.

Gibt man EM-Keramikröhrchen in einem Säckchen in die Geschirrspülmaschine, werden Gläser, Geschirr und Besteck auch mit weniger Spülmittel glänzend sauber. In der Waschmaschine in einem Stoffbeutel eingebunden und mitgewaschen, sparen sie Waschpulver und schonen das Gerät. Auch hartnäckige Flecken lösen sich leichter. Gibt man sie in den Toilettenspülkasten, entstehen weniger Ablagerungen in der Toilettenschüssel und im Siphon. Im Blumengießwasser, im Campingkanister, im Aquarium, in der Regentonne und der Vogeltränke, in der Zisterne – überall, wo Wasser ist, kann EM-Keramik hilfreich sein.

EM-Keramik kann die Sanierung von Gewässern unterstützen, indem sie Fäulnisprozesse umwandelt. Da die Wirkung der Keramik länger bestehen bleibt, als flüssige EM an

Pater Pankratius freut sich über die Sanierung des Kreuzgangbrunnens im Kloster Steinfeld, Eifel.

einem Ort bleiben können, wird sie gern in Fließgewässern und Wasserspielen eingesetzt. EM-Keramikpulver wird auch in EM-Lehmkugeln eingemischt.

Im Kloster Steinfeld in der Eifel konnte der Springbrunnen im Kreuzgang wieder in Betrieb genommen werden, seit EM-Keramikröhrchen im Becken verhindern, dass das ihn speisende Regenwasser veralgt. EM-Keramik in Zuläufen von Schwimm- oder Fischteichen sorgt für bessere Wasserqualität. Bei Gewässern werden EM und EM-Keramik in der Regel kombiniert eingesetzt.

Fast jede Materie profitiert von EM

EM-Keramikpulver unterstützt im Erdboden die Wirkung der EM oder kann sie teilweise ersetzen. Es kann auch bei Temperaturen ausgebracht werden, die flüssige EM nicht vertragen. Bei der Rettung alter Bäume und zur Stärkung von Obstbäumen half das Verteilen von EM-Keramikpulver im Erdreich und als Paste auf die Stämme gestrichen.

Mit EM-Keramik kann nahezu jede Materie in ihren Eigenschaften verbessert werden. Sie beeinflusst Stoffe im Sinne von Regeneration und mehr Energie. Baumaterialien erhalten eine bessere Qualität und lassen sich leichter verarbeiten, Treibstoffe und Heizöl geben mehr Antrieb beziehungsweise Wärme ab. Auch in Kunststoffe, zum Beispiel für Frischhaltepackungen, wurde EM-Keramikpulver eingearbeitet.

In einem Großraumbüro wurde ein neuer grauer Teppichboden verlegt. Die mit EM-Keramikpulver angereicherte Spachtelmasse trocknete schneller ab als üblich, und der ebenfalls mit EM-Keramikpulver versehene Kleber entwickelte kaum den sonst unangenehmen Geruch.

Die Mitarbeiter, die nicht über die EM-Anwendung informiert worden waren, äußerten anschließend, seit der neue Teppich verlegt sei, ginge ihnen die Arbeit schneller von der Hand. Ihr Chef hingegen führte dies auf die verbesserte Raumatmosphäre durch die EM-Information im Boden zurück.

EM-Keramikröhrchen in Zusammenhang mit Verbrennungsprozessen erhöhen die Energieausbeute und verringern den Schadstoffausstoß. Wird Heizöl durch einen Ölfilter geführt, der mit EM-Keramikröhrchen gefüllt ist, wird bei gleicher Wärmeleistung Heizöl gespart. Immer wieder berichten Menschen, dass alte Heizanlagen mit schlechten Abgaswerten weiterbetrieben werden können, nachdem das Öl und gegebenenfalls die Brennanlagen mit EM-Keramik bestückt wurden. Zum Teil sank der CO_2-Ausstoß von dreistelligen auf einstellige Milligrammwerte ab, die Düsen verstopften nicht mehr, und Rußablagerungen lösten sich zunächst und entstanden kaum noch. Die Wartungsintervalle verlängerten sich merklich. Es wurde auch schon berichtet, dass Dioxinwerte in Abgasen sanken, nachdem in den entsprechenden Ofen EM-Keramik eingebracht wurde. Auch Treibstoff, insbesondere Dieselkraftstoff, ergibt mehr Fahrleistung, wenn er mit EM-Keramikröhrchen aufbereitet wurde. Allerdings sollte man sie keinesfalls lose in den Tank werfen, wie es ein begeisterter EM-Anwender tat. Er blieb mit seinem Auto auf freier Strecke stehen, weil die Benzinzufuhr zum Motor blockiert war. Man fädelt sie dazu besser auf. Allerdings muss man dazu passende Schnüre verwenden und diese häufig erneuern.

Leichter haben es Firmen, die ihre Treibstofftanks auf dem Betriebsgelände mit EM-Keramik bestücken können.

EM-Keramikpulver wird gern in Baumaterialien verwendet. Lehmputz trocknet gleichmäßiger ab und bildet weniger Setzrisse, wenn er mit EM-Keramikpulver verarbeitet wurde. Beton bindet zügiger ab, und sein Redoxpotenzial verschiebt sich vom oxidierenden in den reduzierenden Bereich, sodass, wie eine Arbeit von Robin Harder an der ETH Zürich ermittelte,[159] eine geringere Neigung zur Lochfraßkorrosion in Stahlbeton besteht.

EM-Keramikpulver wird auch in Farben und Lacke gemischt. Ein Malermeister bot seinen Kunden Farbproben sowohl mit als auch ohne EM-Keramikpulver an und stellte fest, dass sie von derselben Farbe spontan diejenige mit EM-Zusatz wählten. Bei Fassadenfarben verblassen die Töne auch unter starker Sonneneinstrahlung weniger.

Durch EM-Keramikpulver in Baumaterialien entsteht ein angenehmes Wohnklima, das von den Bewohnern als harmonisierend erlebt wird.

Nachdem Ställe mit EM-Keramikpulver-haltigem Material verputzt wurden, wirkten die Tiere darin ruhiger und zufriedener. Das Raumklima verbesserte sich.

EM-Keramikpulver, in Zahnersatz eingearbeitet, hilft insbesondere Menschen, die auf Prothesen allergisch reagieren. Der Zahnersatz wird vom Körper weniger als Fremdsubstanz aufgefasst, Zahnfleisch wächst geschmeidig an die Ersatzzähne heran, Restzähne unter Kronen und Brücken reagieren unempfindlicher, und der allgemeine Tragekomfort wird als angenehmer beschrieben. In einzelnen Fällen verschwanden systemische Erkrankungen, nachdem ein vorhandener Zahnersatz durch einen solchen mit EM-Keramik ersetzt wurde.

Immer spielt bei der Wirkung der EM-Keramik die antioxidative Wirkung der Effektiven Mikroorganismen eine Rolle, nebst weiteren Eigenschaften, auch solchen, die im Einzelnen noch zu erforschen sind. Ausgleichende Wirkungen entfaltet EM-Keramik jedenfalls ebenso in Hinblick auf elektromagnetische Felder. Zu den sogenannten energetischen Wirkungen der EM-Keramik zählt die Harmonisierung von Strahlungsbelastungen technischen Ursprungs. Baubiologen wenden EM-Keramikpulver auf Platten fixiert an, um Störphänomene abzuschirmen und Schlafplätze zu sanieren. EM-Keramik-Hohlzylinder konnten, auf Fensterbänken postiert, Störeinflüsse neutralisieren.

Eine Dame, die viel unterwegs ist und häufig in großen Hotels übernachtet, legt EM-Keramikröhrchen auf die oft in die Bettkästen integrierten elektrischen Lampen und Anlagen und kann dann besser schlafen. Da die Wahrnehmung feinstofflicher Phänomene bislang durch den Menschen erfolgt, weil technische Geräte noch nicht fein genug dafür sind, gibt es bisher keine naturwissenschaftlichen Studien zu diesen Wirkungen der EM-Keramik. Viele Menschen haben sie jedoch am eigenen Leib erfahren.

EM-Keramikröhrchen werden gern als Schmuck zur Belebung des Energiekörpers getragen. Sie werden zu Halsketten, Arm- und Fußbändern aufgefädelt, wobei es unterschiedliche Meinungen darüber gibt, ob die wie eine Lochantenne wirkende Röllchenform erfordert, dass ein Knoten oder eine Perle zwischen einzelne Röllchen gesetzt werden muss oder nicht. Hierfür ist allerdings ebenso wie beim Einsatz in der Baubiologie die Fähigkeit erforderlich, solche feinen Energien wahrzunehmen und bewusst mit ihnen umzugehen, damit es bei der Anwendung nicht zu überschießenden Reaktionen wegen zu viel Infor-

Halsband
mit EM-Keramik

mationszufuhr kommt. Meistens reichen wenige Röllchen am Körper aus, beispielsweise in der Hosentasche getragen. Sie haben einen fördernden Einfluss auf das Energiefeld des Körpers, der nicht nur von Mensch zu Mensch, sondern auch von Tag zu Tag verschieden sein kann. Daher ist es notwendig, sehr gut auf sein Gefühl für diese Prozesse und das Maß des Körperkontakts damit zu achten. Einseitig oder ununterbrochen getragener EM-Keramikschmuck kann, wenn man es übertreibt, auch zu unerwünschten Wirkungen führen.

Hunden und Katzen werden gern Halsbänder mit EM-Keramik umgebunden, weil man beobachtet hat, dass sie dadurch weniger empfänglich für Flöhe, Milben, Läuse und Zecken sind.

EM-Keramik sollte nicht gegessen werden, auch wenn manche Leute im Überschwang der EM-Begeisterung Keramikpulver zum Essen eingenommen haben. Die menschliche Verdauung ist auf den Verzehr von Keramik, auch von gemahlener, nicht eingerichtet. Äußerlich angewendet, als Paste in Fettcreme oder in Tuch eingenäht als Wickel, hat EM-Keramikpulver eine Heilwirkung. Eine Pferdehalterin mischte EM-Keramikpulver in passende Salben ein, um Verletzungen ihrer Tiere oder Hautausschläge damit zu kurieren. Diese Wunden heilten ohne Entzündungsreaktionen und narbenlos zügig ab.

Schwingungsphänomene bilden unsere Realität

Mit den Erfahrungen, die mit EM-Keramik gemacht und meistens in persönlichen Gesprächen berichtet werden, betreten viele Menschen Neuland. Dass eine Bakterienmischung im Lebendigen wirken kann, ist leicht nachvollziehbar, wieso aber gebrannte Keramik, deren Ton mit EM verknetet wurde, anders wirkt als dieselbe Keramik ohne EM, lässt sich weniger leicht erklären. Es erfordert eine Erweiterung des eigenen Welt- und Menschenbilds um die Sichtweise, dass letztendlich Schwingungsphänomene unsere Materie bilden und die unsichtbare Welt in diese eingebettet ist. Nicht alle Frequenzen solcher Schwingungen sind mit den uns heute zur Verfügung stehenden technischen Geräten darstellbar. Sie werden aber bewusst oder unbewusst durch Lebewesen wahrgenommen und prägen tatsächlich das Leben in grundlegender Weise. Schwingungen interagieren mit allem, was ist.

In der Wirkung der EM-Keramik berühren die Effektiven Mikroorganismen Daseinsebenen, die die aktuell noch dominierende Lehrmeinung der Naturwissenschaften erst allmählich zu akzeptieren beginnt: das Feinstoffliche. Bislang schließen Naturwissenschaft und Physik jenseits des Materiellen liegende Phänomene explizit aus; und eine den Erscheinungsformen zugrunde liegende feinstoffliche Matrix, wie sie alle Kulturen spirituell überliefern, gilt als Glaubenssache. Dies ist wissenschaftshistorisch bedingt und grenzt im akademisch geprägten Weltbild die Existenz feinstofflicher Qualitäten aus und somit auch die Möglichkeit, die Welt in all ihren Erscheinungen zu verstehen. Was außerhalb des persönlich als »erklärbar« geltenden Weltbildhorizonts liegt, wird dann gern als »esoterisch« bezeichnet und gilt als persönliche Angelegenheit. Indem feinstoffliche Vorgänge dem Weltbild der Allgemeinheit durch den Materialismus entzogen und ins Reich des privaten Glaubens verschoben wurden, während sie genau genommen mit fließenden Übergängen als eigener Bereich dazwischen anzusiedeln sind, fehlt uns nicht nur Unvoreingenommenheit diesbezüglich, sondern auch eine geschulte Wahrnehmung und das dazu passende Vokabular. Das macht es für viele Menschen schwer, mit feinstofflichen Erscheinungen umzugehen. Manche lehnen sie völlig ab, andere flüchten sich gedanklich vollkommen in diese Welt des Unsichtbaren, als sei sie die einzig wahre.

Mikroorganismen leben in größerer räumlicher und zeitlicher Weite auf der Erde als wir. Mit ihnen, eingewoben in die EM-Keramik, kann auch unser Weltbild erweitert werden – erweitert werden in dem Sinne, dass EM-Keramik ja nachweislich Wirkungen zeigt, es feinstoffliche Phänomene also geben muss. Diese können erst dann naturwissenschaftlich erklärt werden, wenn wir die Naturwissenschaften aus ihren historisch bedingten Abgrenzungen befreien und um die Legitimation bereichern, sich feinstofflichen Phänomenen forschend zuzuwenden. Bis es allerdings so weit ist, sind wir darauf angewiesen, ihre Wirkungen als Erfahrung darzustellen.

Gemeinsames Formen von EM-Keramik

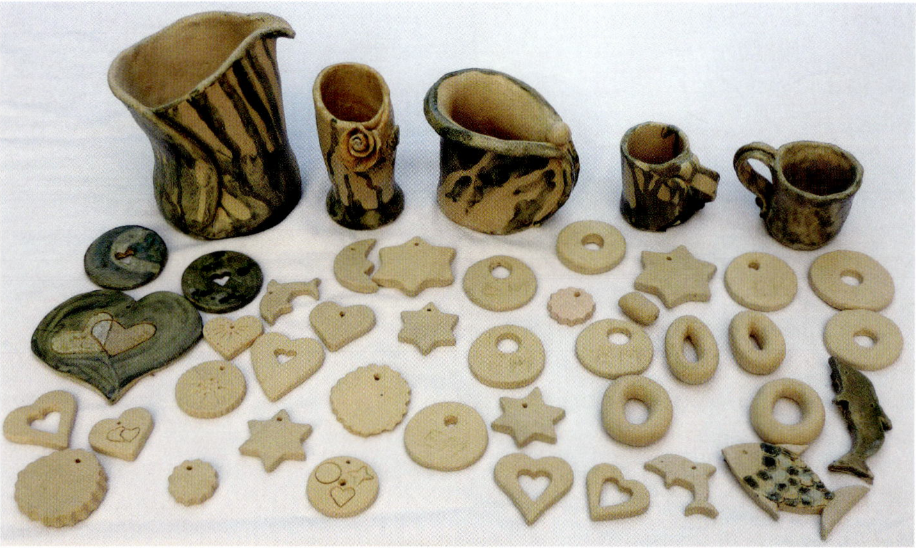

Individuelle EM-Keramik

Ein Bauer im Schweizer Kanton Luzern beschäftigt sich schon seit vielen Jahren mit kosmischen Rhythmen und der Wirkung der Himmelskörper, insbesondere der Venus, auf seinen gesamten Hoforganismus. Aus der Geschichte wusste er, dass in der Majakultur bei bestimmten Venuskonstellationen neues Geschirr gebrannt wurde, damit das Gestirn die Menschen über die Nahrung mit dieser neuen Qualität berühren kann. Durch den Brennvorgang ließen sich die kosmischen Einflüsse langfristig in Ton fixieren. Er machte einen regionalen Kreis von mit EM arbeitenden Menschen auf zwei besondere Venuskonjunktionen im Jahr 2010 aufmerksam, während deren die Liebesqualität der Venus in besonderer Weise auf die Erde wirkt. Sieben Bauernfamilien trafen sich daraufhin während der ersten Konjugation und kneteten mit innerer Hinwendung gemeinsam EM in Ton ein.

Sie erzählen, dass sie bereits während des Arbeitens mit EM-Ton seinen harmonisierenden Charakter spüren konnten. Nach dessen zweieinhalbmonatiger Reifung trafen sich alle an einem Sonntag wieder und formten daraus verschiedenste Gefäße, Ringe und Teile, die nach dem Trocknen während der zweiten Venuskonstellation gebrannt wurden.

Diese EM-Keramik wirkte auf Menschen und Tiere außergewöhnlich positiv. Ein Landwirt beispielsweise konnte deutlich wahrnehmen, dass seine Schweine sofort lebendiger wirkten und einen anderen Ausdruck bekamen, sobald sie Futter gefressen hatten, das mit Wasser angerührt worden war, in dem sich solche EM-Keramik befand.

Erfahrungen mit Bokashi

Bokashi bringt die Effektiven Mikroorganismen in organischem Material an ihren Anwendungsort. Jeder, der zum ersten Mal eigenes Bokashi hat entstehen lassen, staunt über das Ergebnis. Wir sind so sehr daran gewöhnt, dass organische Abfälle zunächst zu einer unansehnlichen und stinkenden Masse verrotten, dass uns die Verwandlung solcher Materie in wohlriechenden Dünger verblüfft. Was sonst dem Vergehen anheimgegeben wäre, wird in neue Nahrung verwandelt. Es ist wie ein mikrobiell geführter Auferstehungsprozess.

Während der Begriff »Kompost« sich aus dem lateinischen Wort *compositum* für »das Zusammengesetzte« entwickelt hat und zunächst in England die Bezeichnung für »Mischdünger« wurde, steht der Begriff »Bokashi« für den Prozess der mikrobiellen Vergärung und Konservierung. »Kompost« meinte ursprünglich einfach nur das Zusammenfügen verschiedener Materialien; und die meisten Komposthaufen in Gärten bestehen auch aus dem, was wahllos auf sie draufgeworfen wird. Unter »Kompostierung« verstehen wir in der Regel die Umwandlung von Pflanzenresten in Erde, während mit Bokashi ein Fermentationsprodukt gemeint ist, das die Ausgangsmaterialien in ihrer Struktur erhält. Die Mikroorganismen sorgen für ihre Stabilisierung und die spätere Verfügbarkeit nach Bedarf. Setzt man in einem Eimer Küchenabfälle mit EM zu Bokashi an, kommt nach einigen Wochen nicht etwa Erde dabei heraus, sondern quasi milchsauer eingelegter Müll. Dieser kann dann anschließend im Boden vererden.

Bokashi wird entweder als Dünger für den Boden oder als Tierfutter verwendet, sofern es dafür zugelassen ist. Genau genommen wäre auch Nahrung für Menschen, die mit EM fermentiert wurde, als »Bokashi« zu bezeichnen. So viel Ganzheitlichkeit im Strom des Lebens ist jedoch noch unüblich. Wir trennen uns sprachlich lieber von den anderen Bereichen ab und sprechen statt von »Weißkohl-Bokashi« von »EM-Sauerkraut«.

Das Fermentieren von Lebensmitteln bedeutet das langfristige Bewahren oder sogar eine Steigerung seines Nährwerts. Damit ist auch im Winter eine hochwertige Ernährung aus dem eigenen Garten möglich. Wer sich im Sommer und Herbst ein paar Tage Zeit nimmt, um Gemüse milchsauer einzulegen, und dies im Winter verzehrt, versorgt dann seinen Organismus mit Vitaminen, trainiert sein Immunsystem mit einer gesunden Mikrobenflora und erspart es sich, ein paar Tage krank im Bett zu verbringen. Einst genügte es, mit den in der Umgebung vorhandenen Mikroben die gewünschte Fermentation vollziehen zu lassen. In Anbetracht der veränderten und zu Schimmel, Fäulnis und Abbau neigenden Umweltmikroflora liegt es nahe, den Prozess mit EM zu unterstützen.

Wie Bokashi aus einer Mischung aus Rohstoffen und organischem Material hergestellt werden kann, dessen Entsorgung ansonsten Schwierigkeiten bereitet, zeigte eine Initiative von Bauern im Berner Oberland. Feingehäckseltes Tannenreisig und Obsttrester wurden mit Strohhäckseln, weiteren Zutaten und einer Getreidemischung mit EM zu Bokashi fermentiert, das eine gute Verwendung fand.

Führende Futtermittelhersteller bieten inzwischen Präparationen für Nutztiere an. In der Tierzucht führte das Zufüttern von 1 bis 3 Prozent Futter-Bokashi zu besserer Futterverwertung und mehr Tageszuwachs. Kühe wurden bereits bei der ersten Besamung trächtig und regenerierten schneller, nachdem sie abgekalbt hatten. Gleichzeitig wurden Geruchsbelastungen im Stall verringert und tierische Kote besser in den Kreislauf rückführbar.

Im Prinzip sind die Wirkungen ähnlich wie die bei der direkten Gabe von Effektiven Mikroorganismen, wobei die Mikroben im Bokashi sich mit dem organischem Material verbunden haben.

Auch Haustiere fressen gern Futter, das mit EM zu Bokashi fermentiert worden ist. Manchmal wird Futter-Bokashi regelrecht als »Leckerchen« und zum Anlocken von Pferden von der Koppel verwendet. Es werden dazu allerdings grundsätzlich Pflanzenteile fermentiert, die an sich schon zum Verzehr geeignet wären, keine verdorbenen oder ungenießbaren Materialien.

Anders ist dies bei Bokashi für den Boden. Der Boden ist imstande, auch Bokashi zu verdauen, das aus Küchenabfällen und Speiseresten einschließlich schimmeliger Obstschalen von Zitrusfrüchten und Fleischresten entstanden ist. Das ermöglicht die Rückführung sämtlicher organischer Abfälle aus der Gastronomie in den Boden als fruchtbaren und gesunden Dünger. Allerdings ist unsere Gesetzgebung darauf noch nicht wirklich eingerichtet, und beim Verarbeiten von Küchenabfällen aus Großküchen sind die amtlichen Beschränkungen zu berücksichtigen. Solche Gesetze sind zum Schutz vor der Verbreitung unerwünschter mikrobieller Prozesse entstanden, als man von den erstaunlichen Fähigkeiten der Effektiven Mikroorganismen, aus Abfall gesunden Dünger zu fermentieren, noch nichts wusste.

Als Gefäße zur Fermentation von Grün- und Küchenabfällen kann prinzipiell alles dienen, was gut befüllbar, verschließbar und mit einem Abfluss mit Siebfunktion zum Ablassen von Sickerflüssigkeit versehen ist. Ein fertiger sogenannter Küchen-Bokashi-Eimer ist im Handel erhältlich. Man kann ihn sich auch selbst basteln, muss aber immer auf gute Dichtigkeit achten, damit keine Luft zutritt. Sonst beginnt der Inhalt zu faulen. Es wurden auch schon Mülltonnen zu Bokashi-Tonnen umgearbeitet.

Das Sammeln von Küchenabfällen in speziellen Eimern geschieht in der Regel aus praktischen Gründen. Man kann die Mengen im Haus hygienisch handhaben, jederzeit lagern und nach Bedarf in den Boden geben. Eine vergleichbare Wirkung hat jedoch auch das direkte Eingraben von Küchenabfällen, die mit EM besprüht oder begossen wurden, in den Boden. Sie werden dort rasch zur Förderung der Bodenfruchtbarkeit umgesetzt. Grundsätzlich ist das Ansetzen von Bokashi überall möglich, wo ein anaerobes Milieu gegeben wird. Das kann für landwirtschaftliche Grünabfälle auch eine dichtgepresste und mit Folie bedeckte Bokashimiete sein.

Die positiven Wirkungen auf Pflanzengesundheit und Ertragsverbesserungen sind prinzipiell die gleichen wie beim Gießen mit EM, wobei ein an organischer Masse armer Boden durch Bokashi zusätzlich zum regenerativen mikrobiellen Impuls mit Dünger versorgt wird. Das Vererden von Bokashi im Boden fördert das Bodenleben zunächst für Umwandlungs- und nicht für Wachstumsprozesse. Es hat obendrein einen sauren pH-Wert von 3,5 bis 4. Daher arbeitet man Bokashi entweder mindestens zwei Wochen vor Aussaat oder Pflanzung in den Boden ein oder hält mit beidem einen räumlichen Abstand ein, der von den Pflanzenwurzeln erst in frühestens zwei Wochen überbrückt wird. Die in den zwei Wochen Wartezeit eventuell aufgelaufenen Beikräuter können vor der Aussaat oberflächlich eingearbeitet werden und der zusätzlichen Düngung dienen. Feines Bokashi wie zum Beispiel Rasenschnitt-Bokashi kann in kleiner Menge mit so viel Erde vermengt werden, dass der pH-Wert neutral wird. Dies ist für den Boden wie ein Gewürz im Essen. In diese Erde kann man sofort pflanzen.

Eine schöne Erfahrung machte jemand, der in Norddeutschland am Rande eines Orts nahe des Waldes wohnt. Er hatte ein kleines Feld mit Roter Bete bestellt und in der Mitte geteilt. Um die Wirkung von Bokashi zu beobachten, hatte er vor dem Setzen der Pflanzen in den Boden einer Hälfte Bokashi eingearbeitet. Er freute sich, dass die Beten dort besonders schön gediehen. Zu seinem großen Unmut kamen nachts Rehe, die ihn sonst nicht behelligt hatten, aus dem Wald und fraßen großflächig das Kraut der Rote-Bete-Pflanzen ab, und zwar nur von der Fläche, in die Bokashi eingearbeitet worden war. Zunächst war er ärgerlich, doch das Kraut wuchs kräftig nach, und er erntete schließlich von beiden Flächen eine gleich große Menge an Roter Bete.

Bokashi kann monatelang gelagert werden, sofern es unter weitgehendem Luftabschluss bleibt. Angebrochene Mengen deckt man praktischerweise mit Plastikfolie wieder ab. Möchte man Küchenabfall-Bokashi im Winter lagern, weil Frost und Schnee ein Ausbringen in Boden oder Komposthaufen unmöglich machen, haben sich zwei Vorgehensweisen bewährt: Man packt den Inhalt des Bokashi-Eimers in einen Plastiksack, an dessen unterem Zipfel ein Siebchen mit einer Ablassfunktion für den Sickersaft angebracht wurde; oder man schichtet es zwischen Erde dicht gepackt in Bottiche oder Pflanzkübel, die im Winter nicht gebraucht werden, und bringt es im Frühjahr in den Garten aus.

Nochmals: Gibt man frisches Bokashi zum Beispiel aus Küchenabfällen in ein Gartenbeet, sollte man entweder zwei Wochen warten, bis man darauf pflanzt, oder so säen oder pflanzen, dass Wurzeln es erst nach zwei Wochen berühren.

Erfahrungen mit Dangos

Werden EM in EM-Lehmkugeln (Dangos) auf den Grund von Gewässern gebracht, können sie dort Fäulnisprozesse umwandeln. Die getrockneten Lehmbällchen lösen sich langsam auf und geben die EM allmählich frei. Dadurch werden Prozesse in Gang gesetzt, die Faulschlämme mobilisieren. Entweder sie zersetzen sich, oder sie schwimmen auf und können gegebenenfalls abgefischt und unter Zugabe von EM kompostiert werden. Der Gasaustausch und die Stoffwechselprozesse im Gewässer ändern sich, sodass wieder Pflanzen und Tiere darin leben können, die zur weiteren Reinigung des Wassers beitragen. Das Gleichgewicht im Gewässerorganismus kehrt zurück, das Wasser wird klarer, sein Sauerstoffhaushalt gesundet, und der mit Fäulnis verbundene Gestank verschwindet.

Unzählige Gewässer weltweit wurden bereits mit Dangos beschickt und saniert: Tümpel und Gräben, Gartenteiche und Seen. Man braucht bei großer Verschmutzung dafür

Gemeinsames Formen von Dangos, Haiti 2010

Eine Mitarbeiterin des Umweltministeriums wirft Dangos in ein Gewässer, das von einer angrenzenden Müllkippe verschmutzt ist, Haiti 2010.

entweder sehr große Mengen Dangos oder Durchhaltevermögen und Geduld. Je wärmer das Wasser ist, desto besser können die Mikroorganismen aus den Dangos ihr Werk vollbringen.

Das Formen und Werfen der Bällchen ist in der Regel eine Gemeinschaftsaktion und macht allen Beteiligten immer besonders viel Spaß. Berühmt geworden ist beispielsweise der in Malaysia erstmals ausgerufene »Internationale Dango-Tag« (»International EM Mudball Day«). Monatelang formten Menschen, motiviert durch Arbeitgeber, Schulen und Aufrufe der Regierung, circa 1 200 000 Dangos, die unter dem Motto »Eine Million Entschuldigungen bei Mutter Erde« am 8. August 2009 von etwa 20 000 Menschen in verschmutzte Flüsse und stinkende Meeresufer geworfen wurden. Eine in Ufernähe angebrachte Messlatte ermöglichte es, die Auflösung des Schlicks von der Promenade aus abzulesen. Die Aktion war so erfolgreich, dass sie seither jährlich durchgeführt wird.

Die beste Wirkung bei stehenden Gewässern erzielt man mit einer gleichzeitigen Anwendung von flüssigen EM und EM-Lehmkugeln. Dies ermöglicht sogar die Klärung extrem verschmutzter Teiche, wie sich an einer Müllkippe am Rande der haitianischen Hauptstadt Port-au-Prince bewies: In einen Tümpel, in den unter anderem die Fäkalien entleerter Toiletten abgelassen worden waren, wurden 900 Dangos geworfen. Zusätzlich wurden regelmäßig EM über die umliegenden Abfallhalden versprüht. Die Effektiven Mikroorganismen mobilisierten die Faulschlämme von Grund auf und begannen sie zu zersetzen. Der Gestank verschwand, und eine gesunde Tierwelt begann sich wieder einzustellen.

Mit Dangos und EM können prinzipiell alle Gewässer und durch die Zuflüsse auch die Meere gereinigt werden. Es ist eine Frage der eingesetzten Menge.

Erfahrungen mit EM-fermentierten Getränken

Mit Effektiven Mikroorganismen fermentierte Getränke haben eine so stark ordnende Wirkung auf den Körper, dass sie vielen Menschen und auch Tieren, gelegentlich sogar Pflanzen, geholfen haben, ihre Gesundheit wiederzuerlangen.

In Japan, wo mikrobiell fermentierte Lebensmittel eine große Tradition haben, hatte man bald erkannt, dass mit dem damals »EM-X« genannten Getränk der Organismus so gut unterstützt werden kann, dass eine Heilung beziehungsweise Linderung von schwersten Erkrankungen erfolgt, beispielsweise von Hepatitis, Aids, Rheuma, Diabetes und Krebs. Studien wiesen Wirkungen auf den Zellstoffwechsel, den Enzymhaushalt, die Lebensdauer von Versuchstieren und das Immunsystem nach, wobei diese größer war, je mehr EM-X eingesetzt wurde. EM-X wurde mit großem Erfolg Patienten in Kliniken gegeben, worüber unter anderem in zwei Büchern des Arztes Shigeru Tanaka berichtet wird: *EM-X* und »*Fit und vital mit Antioxidanzien*.[160] Die dort ebenfalls beschriebene intravenöse Injektion von EM-X ist allerdings in Europa, offensichtlich wegen einer anderen ursprünglichen Immunprägung, überhaupt nicht empfehlenswert. Die Reaktion des Immunsystems, welche beim Trinken von EM-fermentierten Getränken vom Körper angemessen erfolgen kann, ist dabei nicht kontrollierbar.

Nimmt man plötzlich große Mengen EM-X (bzw. Manju oder EMzyme) zu sich, kann die Regulationsreaktion des Körpers sich in erhöhter Körpertemperatur und Schweißausbrüchen äußern. Ein Mann, der früher Drogen genommen hatte und jetzt wegen der Spätschäden in der Leber EM-X trank, und zwar in Unwissenheit gleich mit einer übermäßigen Einstiegsmenge von dreimal 25 Milliliter pro Tag, erzählte, er habe sich daraufhin »high« gefühlt wie in alten Tagen. Das ist natürlich nicht erwünscht. Wenn man mit wenigen Millilitern am Tag beginnt, bei Beeinträchtigungen des Immunsystems mit ganz geringen Mengen und erst ab dem dritten Tag die Menge nach Gefühl langsam steigert, treten in der Regel keine heftigen Körperreaktionen auf.

Eine der erstaunlichsten Wirkungen des EM-X war seine Fähigkeit, die Zahl von Radionukleiden im Körper nach radioaktiver Bestrahlung bis zum völligen Verschwinden zu reduzieren. Studien in Weißrussland zeigten, dass die durch eine erhöhte radioaktive Strahlenexposition im Körper entstandenen Schäden geheilt werden konnten. Heute, viele Jahre später, mutet es schicksalhaft an, dass die Entwicklung von EM und EM-X in dem Land geschah, wo sie nach den Super-GAUs in den Kernreaktoren von Fukushima dringend benötigt werden.

In einer Laborstudie, veröffentlicht von Nobuyuki Sato, IOND University of Hawaii, und Professor Teruo Higa,[161] wurde gezeigt, dass in der Gegenwart von EM-X die Spaltung von DNA, die einer Bestrahlung mit γ-Strahlen ausgesetzt wurde, zu 90 Prozent gehemmt wurde. Freie Radikale wurden durch EM-X eliminiert, sodass eine antioxidative Wirkung im lebenden Organismus nicht auf eine Anregung der körpereigenen antioxidativen

Enzymaktivität, sondern auf die direkte Kapazität des EM-X zurückgeht. Dadurch erklärt sich auch die dosisabhängige Wirkung des EM-X. Dabei spielt offensichtlich nicht nur die Summe der in EM-X enthaltenen pflanzlichen und von Bakterien zerlegten Stoffe wie Vitamine, Spurenelemente, Aminosäuren und weitere sekundäre Pflanzenstoffe eine Rolle, sondern auch deren Ordnungsstrukturen. So vermuten die Autoren, dass insbesondere molekulare Metallkomplexe aus den Ausgangszutaten möglicherweise in Kontakt mit Krebszell-DNA verhindern kann, dass diese sich verdoppeln.

Da EM-X auf einer unspezifischen Ebene im Körper wirkt, kann es erfahrungsgemäß bei vielen Erkrankungen helfen. Dabei ist wie gesagt die Dosis letztendlich für das Maß an Ausgleich entscheidend, das EM-X einem kranken Körper geben kann. Je größer die Störung im Körper, also gewissermaßen die Unordnung im Organismus ist, desto mehr Einsatz von EM-X als Ordnungshelfer bedarf es.

Viele Menschen berichten über die sehr guten Heilwirkungen von »Manju«, das aus den gleichen Zutaten und von derselben Firma auf dieselbe Weise fermentiert wird wie EM-X. Ein Mann mit einer inoperablen Krebserkrankung und Metastasen, dem noch eine Lebenserwartung von zwei Monaten zugesprochen worden war, nahm nach einer langsamen Eingewöhnung täglich 200 Milliliter Manju ein. Nach zwei Wochen ließen seine Schmerzen nach, und die Blutwerte verbesserten sich. Nach drei Monaten waren keine Metastasen mehr nachweisbar.

Eine ältere Frau, die wegen einer fortgeschrittenen Brustkrebserkrankung zum Sterben nach Hause entlassen worden war, war wegen der starken Schmerzmittel, die sie erhielt, nicht mehr bei Bewusstsein. Nachdem ihre Angehörigen ihr reichlich EM-X gegeben hatten, konnte die Dosis der Schmerzmedikation reduziert werden. Sie kam wieder zu Bewusstsein und konnte sich in den letzten sechs Wochen ihres Lebens in Ruhe von ihrem Ehemann und allen anderen Menschen verabschieden, die ihr lieb und kostbar waren.

Bei schwerkranken und bei bettlägerigen Menschen hat es sich bewährt, die Flüssigkeit in ein handliches Glasfläschchen mit Sprühkopf abzufüllen, aus dem sie sich selbst oder andere nach Bedarf die gewünschte Menge in den Mund sprühen können. Von der feinen Schleimhaut unter der Zunge wird sie rasch in den Körper aufgenommen.

In Pakistan wurde im Jahr 2000 eine prospektive* Studie publiziert, in der zwischen 1997 und 1999 65 Brustkrebspatientinnen ohne und 173 mit EM-X behandelt worden waren. Ihnen wurde in den ersten Tagen 5 Milliliter, später 10 Milliliter EM-X täglich gegeben, was eine vergleichsweise geringe Menge ist. Der Krankheitsverlauf und das Wohlbefinden waren bei den Patienten, die EM-X erhielten, hochsignifikant besser als in der Kontrollgruppe. Auch ihr Appetit war besser, und Schmerzen sowie Atembeschwerden waren geringer. Auffällig war eine Verbesserung der Lymphozytenwerte im Blut bei 82,76 Prozent der Patientinnen mit EM-X-Anwendung, während niemand in der Kontrollgruppe eine Verbesserung aufwies. Gleichzeitig entwickelten 10,77 Prozent der Kontrollgruppe, jedoch niemand der EM-X einnehmenden Personen Pilzinfektionen.[162]

* In einer prospektiven Studie wird die *Hypothese* der medizinischen oder psychologischen Wirksamkeit einer Behandlungsmethode geprüft (vom spätlateinischen *prospectivus* für »zur Aussicht gehörend«.

Zum EM-X Gold liegen mir keine naturwissenschaftlichen Studien über Wirkungen und Heilungserfolge vor. Menschen, die jahrelang EM-X eingenommen hatten, berichteten enttäuscht, dass sie nicht die gleiche Wirkung erfahren, wenn sie das EM-X Gold nehmen. Dabei ist dies bei zwei verschiedenen Produkten ja auch nicht anders zu erwarten.

Anleitungen

Grundsätze

Bei allen praktischen Anwendungen der Effektiven Mikroorganismen sind ihre grundsätzlichen Eigenschaften und Bedürfnisse zu berücksichtigen, damit man gute Ergebnisse und Freude mit ihnen hat. Diese sind überschaubar und leicht zu befolgen.

Effektive Mikroorganismen sind Lebewesen. Sie verfügen über eine Wahrnehmung und über Ausdrucksmöglichkeiten, und mit ihnen zu arbeiten ist eine Form der Kommunikation. Generell gilt, dass sie Prozesse anregen, die dem Leben dienen und von Ort zu Ort verschieden sein können. Starre Anwendungsschemata haben daher wenig Sinn. Die größten Erfolge hat man mit EM, wenn man vor ihrer Anwendung den bestehenden Zustand des zu behandelnden Objekts sorgfältig betrachtet und sich dann vom eigenen Gespür für den Bedarf an EM leiten lässt.

Der persönliche Bezug ist tatsächlich wichtig. Das klingt für manche Menschen möglicherweise befremdlich. Oder sie sagen: »Ich habe kein Gefühl dafür«, und sie wünschen sich konkrete Dosierungen. Als Hilfe dazu sind in diesem Teil des Buches Anwendungsweisen aufgeführt, die sich bewährt haben. Es sind Erfahrungswerte, die als Orientierungshilfe für den Einstieg dienen können. Ziel sollte jedoch sein, sich anstatt auf äußere Vorgaben mit der Zeit auf eigene Erfahrungen zu verlassen, auf einen inneren Bezug zu den EM, aus dem heraus Ort, Zeit und Menge eigenständig gefunden werden können. Gute EM-Berater haben dieses Gespür bereits entwickelt und können es auch vermitteln. Dabei müssen unter Umständen gewisse gesetzliche Vorgaben berücksichtigt werden. EM vermögen uns vom Verstandesdenken zum Herzempfinden zu führen, wenn wir mutig genug dafür sind, uns auf diese Weise auf eine Beziehung mit ihnen einzulassen. Alle im Folgenden zu findenden Dosierungen und Anleitungen sind als Angebot zu verstehen – mit der ausdrücklichen Ermutigung, auch andere Wege zu erkunden.

Zu beachten ist bei der Anwendung der Effektiven Mikroorganismen vor allem, dass

- *EM lebendig sind.* Sie verdienen alle Fürsorge, deren Lebewesen bedürfen.
- *unverdünnte EM-Lösung und Bokashi mit einem pH-Wert von etwa 3,5 sauer sind.* Sie werden daher mit wenigen Ausnahmen wie der Schimmelbehandlung und bei Extremsituationen verdünnt eingesetzt. In alkalischem Milieu wie Meerwasseraquarien können flüssige EM nicht wirken.
- *EM durch die Melasse eine braune Lösung sind.* Sie können auf hellen Materialien Flecken hinterlassen, wenn sie nicht ausreichend verdünnt wurden.
- *EM organisches Material verdauen.* EM benötigen für ihre Tätigkeit im Boden ausreichend organische Masse, im Ackerbau spricht man von mindestens 1,5 Prozent. Es ist sonst keine sichtbare Wirkung auf das Pflanzenwachstum zu erwarten. Das Zersetzen organischen Materials ist bei der Kompostierung von Abfällen erwünscht, kann aber auch

ungewollt geschehen, zum Beispiel wenn man EM in Tapetenkleister mischt und die Tapete wieder von der Wand fällt, nachdem die Mikroben den Kleber verdaut haben. EM können auf Dauer auch Plastik zersetzen. Für Geräte zum Versprühen der EM ist daher stets eine Metalldüse vorzuziehen.

- *EM anaerob tätig sind und alle Fermentationsprozesse mit EM daher unter weitgehendem Ausschluss von Luft stattfinden sollten.* Gefäße mit EM sollten so wenig Luft wie möglich enthalten (siehe auch das Kapitel »Herstellung, Aufbewahrung und Haltbarkeit der EM«, Seite 205). Die geöffnete Flasche kann man nach Entnahme von EM zusammendrücken, bis der Flüssigkeitsspiegel wieder unter dem Verschluss steht. Kleinere Mengen füllt man am besten in entsprechend kleine Gefäße ab.
- *EM Temperaturen wahrnehmen und bei unterschiedlichen Temperaturen unterschiedlich aktiv sind.* Hitze über 40 Grad Celsius und ein Abkühlen der Lösung unter 4 bis 6 Grad töten einen Teil der Mikroben in EM ab.
- *EM Feuchtigkeit brauchen, um im Lebendigen zu wirken.* In Trockenheit ausgebrachte EM können nicht oder nur teilweise aktiv werden, direktes Sonnenlicht blockiert sie. Die Qualität des Wassers beeinflusst ihre Entfaltungsmöglichkeit und somit ihre Wirkung.
- *eine gleichzeitige Anwendung von EM und antimikrobiellen Präparaten unsinnig ist.* Daher können EM auch nicht mit Honig vermehrt werden. Die einzige Ausnahme scheint die zeitgleiche Einnahme von Antibiotika und EM zu sein, bei der sich beim Menschen zeigte, dass die Behandlung wirkte, ohne dass bekannte Nebenwirkungen der Antibiotika auftraten.
- *Mikroorganismen aus Plasma bestehen, das von einer feinen Membran umgeben ist.* Hoher Druck von über 2,5 bar, wie er in Spritzdüsen entstehen kann, zerstört ihre Integrität und tötet sie. Sie können dann natürlich nicht mehr wirken.
- *vermehrte EM, also EMa, nur maximal drei Wochen wirksam sind.* Danach handelt es sich um eine milchsaure Mikrobenmischung, die keine EM mehr sind.

Es ist grundsätzlich gleich, ob man EM oder EMa verwendet (siehe auch das Kapitel »Herstellung, Aufbewahrung und Haltbarkeit der EM«, Seite 204). Der Unterschied liegt in der Herstellung, dem Preis, der Haltbarkeit und darin, dass bei der Vermehrung zu EMa auch Umgebungsmikroorganismen mit in die Lösung gemischt werden. Sie passen die EMa an den Ort an.

Dosierungen

Die Grunddosierung beträgt 20 Milliliter EM auf 1 Liter Wasser.

Die Menge der EM, die angewendet werden, richtet sich nach dem jeweiligen Bedarf des betreffenden Milieus. Je intensiver die Umstimmung erforderlich ist, desto mehr EM sind nötig. Gemäß dem Dominanzprinzip (siehe das Kapitel »Die Wirkung und die Zusammensetzung der EM«, Seite 197) wendet man beim allerersten Mal eine große Menge an. Gibt man eine geringe Menge ständig oder öfter, wird die Dominanz nicht erreicht und kann die grundsätzliche Veränderung des Milieus unter Umständen gar nicht oder erst im Laufe längerer Zeit geschehen. Hat also eine EM-Anwendung nicht zum gewünschten Erfolg geführt, obwohl die Voraussetzungen dafür stimmten und alle Grundsätze beachtet wurden, wiederholt man sie mit mehr EM.

Es gibt inzwischen für viele Anwendungsgebiete Dosierungsvorschläge, die aus den langjährigen Erfahrungen mit EM entstanden sind. Diese können ein Anhalt sein, müssen aber nicht immer und überall zutreffen. Möglicherweise sind aufgrund der besonderen Umstände vor Ort mehr oder weniger EM in geringerer oder stärkerer Verdünnung nötig. Im Boden hängt die Menge der EM beispielsweise von dessen Zustand ab. In einem bereits langjährig organisch belebten Boden werden weniger EM ausgebracht als in frisch aufgeschüttetem Erdreich eines Neubaugartens. Hier ist Fingerspitzengefühl gefragt und eine persönliche Einschätzung erwünscht. Gegebenenfalls fragt man andere Menschen um Rat, die schon mehr Erfahrungen mit EM gesammelt haben.

Der Umgang mit EM macht unter anderem deshalb so viel Freude, weil jede und jeder aufgrund eigener Erfahrungen selbst entscheiden kann, wie viel sie oder er irgendwo anwenden möchten. Mikroben sind lebendig und flexibel. Es lohnt sich daher auch nicht, über Dosierungen von EM zu streiten. Entweder sie bewirken etwas, dann war die gegebene Menge ausreichend, oder es geschieht nichts oder zu wenig, dann probiert man es mit mehr. Wenn man sich anfangs unsicher ist, fängt man in Bereichen an, die überschaubar sind, beispielsweise mit einem Blumentopf.

Eine übertriebene Dosis kommt außerordentlich selten und am ehesten bei unbedarfter innerlicher Anwendung beim Menschen vor. Es ist geschehen, dass Menschen die EM-Lösung regelrecht getrunken haben. Lebewesen mit einem Verdauungstrakt reagieren auf eine Überdosis von Mikroorganismen mit Durchfall, also mit Flüssigkeitsabgabe in den Darm zum Ausspülen unerwünschter Fremdstoffe, wobei dieser genauso gut als eine angebrachte Entgiftungsreaktion erfolgen kann. Das muss man jeweils individuell unterscheiden. Insbesondere bei Menschen, deren Immunsystem bereits auffällig ist, kann durch eine übergroße Menge der Mikroben auch eine überschießende Reaktion der Regulationssysteme ausgelöst werden. Dies ist bei behutsamem Vorgehen vermeidbar. Sie kann sich in Verstärkung von Hautausschlägen oder anderer bestehender Symptome äußern. Das geschieht, weil sich Individuen als Einzelraum durch ein Immunsystem von der Umgebung abgrenzen und dieses Immunsystem mit Mikroorganismen zusammenwirkt, folglich jede Änderung des Miteinanders eine Reaktion zeigt (siehe im Kapitel »Der Kreislauf des Lebens« den Abschnitt »Kosmos Mensch«, Seite 88). Es korrespondiert zudem mit Seelenaspekten. Wichtig ist auch hier ein gutes Gefühl für die eigene Situation.

Da die tatsächliche Menge hilfreicher Mikroorganismen für Individuen also ganz verschieden sein kann, ist es bei Mensch und Tier üblich, mit wenigen anzufangen und die Menge allmählich zu steigern, bis sich eine Reaktion zeigt. Anders als in einem Fäulnismilieu in Boden, Luft, Gebäuden oder Wasser möchte man hier keine Revolution anzetteln, sondern eine behutsame Umstimmung des Milieus herbeiführen.

Zu viele EM im Boden zeigen dann Folgen, wenn bei Pflanzen ein maßloses Wachstum angeregt wird. Dies führt im Boden zu kurzfristiger Mobilisation verfügbarer Nährstoffe und resultiert unter Umständen nach gewisser Zeit in einer Unterversorgung. Daher muss jede große Gabe von EM immer mit der Zufuhr ausreichender Mengen organischen Materials einhergehen.

Die Anwendungsmenge der EM ist etwas anderes als ihre Verdünnung. Manchmal wird bei Dosierungsvorschlägen auch die Menge der den EMa zugrunde liegenden EM angegeben, was zu Verwirrung führen kann. Man möchte damit die entstehenden Kosten für größere Einsätze darstellen.

Auf Materialien wie Holz, Metall oder Kunststoffen spielt die Verdünnung eine wichtige Rolle, denn auf empfindlichen Flächen hinterlässt die Säure konzentrierter EM-Lösung Spuren. Zum Putzen im Haushalt und Gewerbe werden EM daher gern mit mehr Wasser angewandt. Je empfindlicher das Material ist, mit denen sie in Kontakt kommen, desto stärker verdünnt man sie. Auch die Färbung der EM kann eine größere Verdünnung der Lösung verlangen, beispielsweise wenn man EM in Räumen versprüht, deren Wände oder Polstermöbel hell sind.

So richten sich Menge und Konzentration der EM immer nach momentanen Gegebenheiten. Wir dürfen darauf vertrauen, dass die EM dann zusammen mit den bereits ansässigen Mikroben vor Ort das Optimum der Situation bewirken.

EM für Boden und Pflanzen

EM leben im wässrigen Milieu. Sie werden ins Freie vorzugsweise bei Feuchtigkeit ausgebracht, in den Boden am besten während oder bevor es regnet. Pralle Sonne vertragen sie nicht.

Im Gartenboden

Beete

Bei der ersten Anwendung, am besten im Herbst, gießt man ein Beet und versieht es mit einer Mulchdecke, die nochmals gegossen wird. Man verteilt 200 Milliliter EM im Wasser einer 10-Liter-Gießkanne auf 10 Quadratmeter Bodenfläche. Im Frühjahr ab Bodentemperaturen über 8 Grad Celsius sollte man nochmals gießen und die verbliebenen Mulchreste oberflächig einarbeiten. In gesunden Böden reicht es aus, zwei- bis dreimal jährlich zu gießen: im Frühjahr, vor der Hauptwachstumsphase und im Herbst. Wenn immer organisches Material eingearbeitet wird, empfiehlt sich seine Fermentation mit EM oder gleichzeitiges Gießen mit EM.

Bokashi arbeitet man in Pflanzbeete nach dem Winter bei warmem Boden und frühzeitig vor dem Bepflanzen ein. EM-Keramikpulver kann man bei Bedarf aufbringen, und zwar so dünn, als streue man ein wenig Pfeffer auf ein Essen.

Rund um neuerbaute Häuser wird oft roher Boden aufgeschüttet, der kaum bepflanzt werden kann. Er lässt sich mit EM fruchtbar machen:

- Boden mit EM gießen.
- Gründüngung, beispielsweise Phacelia oder Senf, einsäen und wachsen lassen, bis sie im Winter zu einer Mulchdecke abfriert.
- Im Frühjahr circa 5 Zentimeter Pferde- beziehungsweise Rindermist oder Ähnliches auftragen, idealerweise von Tieren, die mit EM versorgt wurden.
- Ab Bodentemperaturen über 8 Grad Celsius mit 250 Milliliter EM pro 10 Liter Wasser auf circa 8 Quadratmeter begießen.
- Nach circa 3 Wochen oder später nochmals mit EM gießen und alles, zum Beispiel mit einer Fräse, einarbeiten.
- Einsäen und walzen oder bepflanzen.

Rasen oder Wiese in ein Beet umwandeln

Man kann sich bei der Neuanlage eines Beets mit der Hilfe von EM das Abtragen von oberflächlichem Bewuchs und die damit verbundene Störung des Oberbodens ersparen, indem man ihn unter Lichtabschluss absterben und fermentieren lässt.

Benötigt werden EM, eine dicke schwarze Plastikplane, zum Beispiel Teichfolie – und Geduld. Man geht wie folgt vor:

- Zeitpunkt wählen, an dem der Boden möglichst trocken ist.
- Die gewünschte Beetgröße in beliebiger Form abstecken. (Das Abstecken kann noch bei feuchtem Boden erfolgen, ist dann sogar leichter. Das Weitere sollte dann aber möglichst bei trockenem Boden geschehen.)
- Außenrand spatentief einstechen.
- Bewuchs so kurz wie möglich mähen und nach Belieben Schnittgut woanders mit EM fermentieren, um es später als Düngebokashi zur Verfügung zu haben.
- Fläche mit reichlich EM begießen.
- Folie auf die Fläche legen und in der Außenrandspalte mit Stöckchen fixieren. Das verhindert den Lichteinfall und das Einwachsen von Umgebungswurzeln.
- Folie mit Steinen beschweren.
- Durch den Lichtentzug stirbt die Vegetation unter der Folie ab und fermentiert dank EM zu Mulch für das spätere Beet.
- Folie nachspannen, wenn die Pflanzendecke schwindet, um den Luftraum gering zu halten.
- Wenn nach etwa drei bis vier Monaten alles Grün unter der Plane vergangen ist, Folie entfernen.
- Fläche mit EM gießen.
- Erdreich lockern, ohne es zu wenden (zum Beispiel mit einem Sauzahn), und nach Belieben bepflanzen.

Nach Entfernen der Plane kann direkt in die Erde gepflanzt oder gesät werden.

Saatgut präparieren

Direkt vor der Aussaat Saatgut je nach Größe kurz in EM tauchen, kurze Zeit quellen lassen oder mit EM einsprühen. Man kann es dafür zum Beispiel in einen alten Nylonstrumpf stecken. Bei zu langer Einwirkzeit beginnen die EM das Saatgut anzudauen.

Zum Aussäen anschließend kurz antrocknen lassen.

Verdünnung: 50 Milliliter EM auf 1 Liter Wasser (1:20).

Einpflanzen

Kleine Pflanzen setzt man wie gewohnt in mit EM vorbereiteten Boden und gießt sie mit etwas EM im Wasser an. Bei größeren Pflanzen geht man wie folgt vor:

- Boden mit EM vorbereiten.
- Pflanzloch etwas größer ausheben und entnommenes Erdreich, wenn vorhanden, mit feinem Bokashi vermengen. Einen Teil davon wieder hineingeben.
- Urgesteinsmehl und/oder EM-Keramikpulver hineinpudern.
- Wurzelballen mit verdünnten EM einsprühen oder in EM-Wasser tauchen.
- Pflanze einsetzen und schichtweise Erdreich mit EM-Wasser eingießen.
- Pflanzscheibe mulchen.

Pflanzerde

Zugekaufte Erde wurde in der Regel gedämpft, das heißt bei 180 bis 200 Grad Celsius teilsterilisiert. Ihre Wiederbesiedlung mit Mikroorganismen erfolgt mit Luftmikroben, also überwiegend mit oxidativen Fäulnismikroorganismen. Vor ihrer Verwendung kann man solche Erde mit 30 Milliliter EM auf 1 Liter Wasser vermischen und vier Wochen fermentieren lassen. Alles organische Material, das von außerhalb des Gartens kommt, wie Mist, kann auf diese Weise mikrobiell umgestimmt werden, bevor es mit Pflanzen in Berührung kommt.

Zugekaufte Pflanzen kann man für ein bis zwei Wochen mit Topf in eine Kiste mit EM-Erde setzen und mit EM gießen, bevor man sie auspflanzt. Das mindert das Risiko der Einwurzelschwäche.

Aussäen

Mit EM präparierte Samen in mit EM vorbereiteten Boden säen. Je nach Pflanze und Bodenqualität in der Wachstumsphase alle vier bis sechs Wochen mit EM gießen.

Die Wintervorbereitung

Mulchdecke vor Abkühlung des Bodens unter 10 Grad Celsius aufbringen und mit 250 Milliliter EM auf 10 Liter Wasser auf 10 Quadratmeter Boden gießen. Über den Winter ruhen lassen.

EM oberirdisch

Pflanzenschutz erfolgt am besten durch den Boden. Sind Boden und Wurzeln in guter Kommunikation miteinander und alle ihre Grundbedürfnisse gestillt, kann das Leben ungehindert aus der Erde in die Pflanze fließen und ihr vollkommene Gesundheit und Robustheit gegenüber äußeren Einflüssen geben. Solange dies noch nicht gegeben ist, unterstützt das Einsprühen oder -spritzen von Pflanzen mit EM deren Gesundheit.

Es darf nicht bei Sonneneinstrahlung und in blühende Fruchtpflanzen gesprüht werden, da dies die Befruchtung blockieren kann. Gesprüht wird mit verdünnten EM, mit Flüssigkeit, die aus eingeweichtem Bokashi abgefiltert wurde, oder mit EM-Pflanzengärsaft. Das gleichzeitige Spritzen von EM und synthetischen Spritzmitteln ist nicht empfehlenswert. Mengen und Häufigkeit hängen von den jeweiligen Umständen ab.

Das Versprühen von EM im Garten kann auch zur allgemeinen Belebung erfolgen. Je 300 Milliliter EM auf 5 Liter Wasser können mit einer Rückenspritze während feinen Regens oder nach gründlichem Regen in den nassen Garten vernebelt werden.

Rasen

Man verwendet stets einen Rasenmäher mit Mulchfunktion, damit der Rasenschnitt liegen bleiben kann. Den Rasen behandelt man bei Bedarf wie folgt:

- 200 Milliliter EM auf 10 Liter Wasser auf 10 Quadratmeter Rasen gießen.
- Gesteinsmehl mit EM-Keramikpulver vermischen und circa 80 Gramm Keramikpulver in der Mischung auf 10 Quadratmeter Rasen verteilen.
- Statt mit EM zu gießen, kann man Rasenschnitt-Bokashi oder anderes feines Bokashi als organische Bodennahrung streuen.

Während der Hauptwachstumsphase kann nicht aller Rasenschnitt auf der Fläche verbleiben. Man kann ihn entweder mit EM begossen als dünne (!) Mulchdecke auf Freiflächen im Garten ausstreuen oder zu Bokashi verarbeiten, der wieder als Rasendünger dient (siehe im Kapitel »Rezepturen« den Abschnitt »Rasenschnitt-Bokashi«, Seite 280).

Obstbäume

Obstbäume kann man je drei- bis viermal im Frühjahr und Herbst mit EM gießen, im ersten Jahr bis zu 180 Liter EM pro Hektar insgesamt, je nach Entwicklung in späteren Jahren weniger. Die Verdünnung sollte nicht unter 3 Liter auf 100 Liter, also 3 Prozent liegen. Man gießt bevorzugt in den Traufbereich*.

Im Frühjahr kann man drei- bis viermal im Abstand von circa zwei Wochen mit EM spritzen. Es ist erfahrungsgemäß möglich, dabei EM und Molke zusammen als Blattschutzmittel auszubringen.

* Der Traufbereich ist derjenige Bereich bei Bäumen, wo das Wasser von den Blättern und Zweigen auf den Boden abläuft. Darunter ist die größte Wurzelaktivität und höchste Nährstoffaufnahmekapazität.

Einsprühen vor der Ernte imprägniert die Früchte mit EM und verbessert deren Lagerfähigkeit. Das Einsprühen der Bäume vor dem Laubfall beziehungsweise das Gießen des gefallenen Laubs fördert ein gesundes Verrotten und beugt bodenbürtigen Pilzen vor. Geerntetes Obst, Obstlager und verarbeitende Geräte mit 200 Milliliter EM pro 10 Liter Wasser zu reinigen, hilft Schimmel und Fäulnis vorzubeugen.

Bäume pflanzen

Im Wurzelbereich von Bäumen spielen neben den Bakterien die Pilze eine bedeutende Rolle, insbesondere Mykorrhiza, die für den Baum einen Teil der Ernährung übernehmen (siehe das Kapitel »Mykorrhiza«, Seite 75).

Pflanzt man Bäume in eine Wiese oder in Rohboden ein, wo noch keine dieser Bäume wuchsen, sollten neben EM und gegebenenfalls Bokashi auch Mykorrhiza in das Pflanzloch gegeben werden. Da es sich um spezifische Wurzelsymbionten handelt, besorgt man sich dafür die für die Baumart passenden Mykorrhiza im Fachhandel.

Bäume und Hecken sanieren

Für eine Baumheilung mit EM gibt es zahlreiche Optionen, die nach Bedarf miteinander kombiniert werden können:

- Boden im Bereich des Kronenumfangs reichlich und bis in die Tiefe durchdringend mit EM gießen.
- In mehrere tiefe Löcher oder ganzflächig eingearbeitet Bokashi geben.
- Stamm und Krone mit EM einsprühen, jedoch nicht während der Blüte.
- Boden, Stamm und gegebenenfalls Krone mit EM-Keramikpulver einstäuben.
- Mit Wasser gießen, das mit EM-Keramikröhrchen informiert worden ist.
- Herbstlaub als Mulchdecke mit EM imprägnieren.

Hecken werden wie Bäume behandelt. Als Mulchdecke kann Bokashi aus Rasenschnitt mit Laub oder Holzwolle, Urgesteinsmehl und EM-Keramikpulver aufgebracht werden.

Grundsätzlich können auch ganze Waldbestände mit EM saniert werden. Am wirksamsten ist das großflächige Ausbringen von Bokashi aus passenden organischen Resten. Dies sollte bei Bodentemperaturen oberhalb von 8 Grad Celsius und bei ausreichender Bodenfeuchtigkeit geschehen. Je wärmer es ist, desto eher tritt eine Wirkung ein.

In der Landwirtschaft

Grünland

Zur Behandlung von Grünland werden je nach Nutzung zwischen 166 und 500 Liter EM pro Hektar und Jahr empfohlen, die man in mehreren Gaben ausbringt, die erste im Frühjahr bei einer Bodentemperatur über mindestens 9 Grad Celsius.

Man sprüht EM zur Futterbergung entweder über den Schwaden …

… oder beim Pressen der Ballen auf.

Zur Futtergewinnung kann man Heu und Siliergut beim Schwaden* mit 1 Liter EM pro Quaderballen von 1,2 Kubikmeter (entspricht 5 Milliliter EM pro Kilogramm Heu beziehungsweise 1 Liter EM pro 1 bis 2 Kubikmeter Siliergut) besprühen, dabei sollte man auf die ausreichende Verdichtung der Ballen achten. Für Grassilage 2 Liter EM in Wasser je Tonne fertige Silage einsetzen. Wird die Grünfläche langfristig mit EM versorgt, ann die Menge im Lauf der Jahre reduziert werden. Beim Sprühen auf den Pick-up** eine 120-Grad-Düse mindestens von Stärke 3 verwenden, Siliergut zügig und gründlich verdichten.

Ackerbau

Alle organische Düngung kann mit EM zusammen ausgebracht werden. Gleichzeitiges Ausbringen von chemisch-synthetischem Mineraldünger und EM ist nicht förderlich (siehe das Kapitel »Der Kreislauf des Lebens«, Seite 61). Der Einsatz von flüssigen EM ist nur bei einem Bodengehalt an organischem Material von mindestens 1,5 Prozent sinnvoll. Ansonsten muss entsprechend viel organisches Material mit ausgebracht werden.

Man sollte EM mit reichlich Wasser, zum Beispiel Regen, in den Boden einschwemmen lassen oder oberflächlich, bis in maximal 20 Zentimeter Tiefe, einarbeiten. Das tiefere Unterpflügen von EM verhindert ihre Wirksamkeit. Zu Fungizid- und Herbizideinsätzen sollten mindestens drei bis vier Tage Abstand eingehalten werden.

Beim Versprühen von EM darf ein Düsendruck von 3 bar nicht überschritten werden. Regentropfendüsen sind empfehlenswert.

Alle Spritzgeräte muss man nach dem Gebrauch mit EM gründlich mit Wasser nachspülen, um zu verhindern, dass verbleibende Mikroben sich als Biofilme organisieren, die Düsen verstopfen können.

Werden EM mit Gülle ausgebracht, vermengt man sie so früh wie möglich miteinander. Empfohlen werden 1 Liter EM auf 10 bis 20 Kubikmeter Gülle. Auch hierbei ist auf gute Einwässerung durch Niederschläge zu achten. Idealerweise stammt die Gülle von Tieren, die bereits mit EM versorgt wurden. Solche Gülle zeigt erfahrungsgemäß auch

* Als »Schwade« wird das reihenförmig zusammengerechte Erntegut bezeichnet.

** Ein Pick-up ist ein Aufnahmesegment eines landwirtschaftlichen Ladewagens oder der Heupresse.

dann die von EM gewünschte Wirkung, wenn sie im Frühjahr bereits bei Frost ausgefahren wird.

Feldgemüse und Feldfrüchte

Diese Flächen sollte man erstmals bereits im Herbst mit EM anreichern, abgefrorene Gründüngung im Frühjahr zusammen mit circa 170 Liter EM pro Hektar maximal 12 Zentimeter tief einarbeiten und nach etwa fünf Tagen Ruhezeit einsäen oder bepflanzen. Vier Wochen nach der Pflanzung mit circa 160 Liter EM pro Hektar besprühen, sofern genügend organische Masse im Boden ist. Nach der Ernte Krautreste mit EM als Mulchdecke auflegen, gegebenenfalls mit Einsaat einer Gründüngung.

- *Mais:* Gülle zusammen mit EM oder Mist-Bokashi einbringen. Ernterückstände und Zwischenfrüchte in die Bodenkrume mit EM einarbeiten.
- *Zuckerrüben:* Bei EM-Erstgabe im Herbst zur Aussaat im Frühjahr circa 70 Liter EM pro Hektar geben. Bei Erstgabe im Frühjahr circa 170 Liter EM pro Hektar aufspritzen und oberflächlich einarbeiten. Erst beim zweiten Vorbereitungsarbeitsgang auftragen, damit sie gleichmäßig verteilt bleiben.
- *Getreide:* Bei Wintergetreide nach EM-Erstgabe im Herbst, im Frühjahr zu Beginn des Schossens, in Stadium* 39 bei gut geschlossenem Bestand circa 70 Liter EM pro Hektar bei leichtem Regen und mit möglichst viel Wasser so spritzen, dass EM tatsächlich in den Boden gelangen. Bei Wintergetreide Erstgabe im Frühjahr in den mindestens 20 Zentimeter hohen, gut geschlossenen Bestand 100 Liter wie oben einbringen. Im Stadium 39 weitere circa 70 Liter pro Hektar spritzen. Für Sommergetreide vor der Aussaat in den eingeebneten Boden 100 Liter pro Hektar geben, zweite Gabe circa 70 Liter pro Hektar, wenn der Bestand mindestens 20 Zentimeter hoch gewachsen ist.

* »Stadium« ist ein Fachbegriff aus der Landwirtschaft. Das Getreidewachstum wird in Stadien beschrieben: Null entspricht der Aussaat, und 72 ist das Ende der Vollreife (»Totreife«).

EM bei Tieren

In den vorangehenden Kapiteln dieses Buches wurden schon einige gute Erfahrungen beschrieben, die Tierbesitzer mit der Anwendung von Effektiven Mikroorganismen gemacht haben. Hier folgen nun einige weitere Hinweise für den Hausgebrauch und für den Einsatz in der Landwirtschaft:

• *Katzen:* anfangs täglich 2 Tropfen zum Futter, alle drei bis vier Tage um 1 bis 2 Tropfen steigern.

• *Hunde:* anfangs täglich 10 bis 40 Tropfen, nach drei bis vier Tagen steigern.

• *Kleintiere:* je nach Körpergröße, Haltungsform und Verdauungsorganen.

• *Ziervögel:* das Futter mit 2 bis 4 Milliliter EM auf 1 Liter Wasser besprühen; täglich 1 bis 2 Milliliter ins Tränke- und Badewasser geben.

• *Bienen:* Man gibt bis zu 10 Prozent EM sowie Keramikröhrchen ins Tränkewasser. Flugloch, Bienenstand, Stock und Umgebung mit 5 bis 500 Milliliter EM pro Liter Wasser einsprühen. Winterfütterung: 4 bis 30 Milliliter EM pro Liter Zuckerwasser. In geschleuderten Honig pro Eimer einen Keramikring einhängen. Es gibt zur Behandlung der Varroamilbe Oxalsäuretabletten mit EM zum Verdampfen.

• *Geflügel:* Futter regelmäßig mit einem zugelassenen EM-Präparat vermischen. Tränkewasser mit EM-Keramikröhrchen versehen. Stall dreimal pro Woche mit 7 Milliliter EM pro Quadratmeter Bodenfläche aussprühen, auch auf Decke und Wände. Nach dem Ausstallen Mist mit EM besprühen und den gesamten Stall mit EM reinigen. Vor dem Einstallen den Stall mit 20 bis 25 Milliliter EM pro Quadratmeter, auch über die Einspreu, versprühen.

• *Pferde:* Je nach Körpergröße und Konstitution gibt man Pferden täglich, sofern dafür zugelassen, 3 bis 60 Milliliter EM zum Futter, staubiges Heu wird in EM-Wasser getaucht. Tränke, Futtertröge und Trense mit 30 bis 40 Milliliter EM pro Liter Wasser reinigen. Stall mit 50 Milliliter EM pro Liter Wasser ausnebeln. Fell und Hufe mit 30 bis 40 Milliliter EM auf 1 Liter Wasser einsprühen, bei Bedarf auch mit mehr. Sattel, Satteldecken und Schabracken auf der Trageseite mit 10 Milliliter pro Liter Wasser verdünnten EM besprühen. Zur Lederpflege circa 2,5 Milliliter (circa ½ Teelöffel) EM in 100 Gramm Lederpflegemittel einmischen, 1 Stunde ziehen lassen und frisch gebrauchen. Bei Kutschpferden Geschirre vor und nach Gebrauch mit verdünnten EM einsprühen. Pferdeputzzeug je nach Verschmutzungsgrad gelegentlich in Wasser mit 30 bis 40 Milliliter EM pro Liter einweichen und gut lufttrocknen. Auslaufflächen oder Paddock (Koppel) dreimal jährlich bei warmem Boden mit 500 Milliliter EM in 3 Liter Wasser auf 100 Quadratmeter ausbringen.

Ein Nebelgerät erlaubt das Versprühen von EM bis in alle Ecken.

Wo kein Nebelgerät zur Verfügung steht, kann man EM beispielsweise mit einem Handfeger versprengen: Landwirtschaftsmeister Adolf Daenecke bei der EM-Verteilung auf einem Bauernhof in Brasilien 2004.

• *Rinder:* Pro »Großvieheinheit«* verwendet man 100 Milliliter EM pro Tag, zum Teil über Aussprühen des Stalls und zum Teil über mit EM siliertes oder geborgenes Futter. Muttertiere vor der Kalbung mit 20 Milliliter auf 1 Liter Wasser verdünnten EM waschen, Ersteinstreu gründlich mit EM einnebeln.

Frisch geborenes Kälbchen, besonders den Nabel, mit EM einsprühen. Kälbchen ab Fütterung mit Milchaustauscher 10 bis 20 Milliliter EM für die ersten Wochen, ab der sechsten Woche 20 bis 30 Milliliter. Ab Umstellung auf Raufutter vorzugsweise mit EM siliertes oder geborgenes Futter. Jungtiere je nach Alter, Aufgaben und Größe 15 bis 75 Milliliter EM pro »Großvieheinheit« pro Tag, kombiniert mit 100 bis 500 Gramm Bokashi pro Tag.

Klauenbäder: 20 bis 50 Milliliter EM pro Liter Wasser.

Wird das Futter mit EM angebaut und fermentiert und der Stall umfassend mit EM ausgesprüht, sind langfristig nur geringe EM-Erhaltungsdosen erforderlich. Ställe und Gänge insbesondere bei Milchviehhaltung auf Stroh zweimal wöchentlich, auf Spaltenboden dreimal wöchentlich mit 3 Liter EM auf 7 Liter Wasser pro 50 Quadratmeter Bodenfläche mit tragbarem Nebelgerät ausnebeln.

• *Schweine:* Ställe zweimal wöchentlich mit 3 Liter EM auf 7 Liter Wasser ausnebeln.

* Mit Großvieheinheit (GVE) berechnet man in Land- und Forstwirtschaft das Lebendgewicht von Tieren, gemessen am Gewicht eines ausgewachsenen Rindes. Eine GVE entspricht 500 Kilogramm.

EM in Haus und Gewerbe

Reinigen

• Zum Wischen und Putzen verwendet man 7 Milliliter EM pro Liter Wasser, bei empfindlichen Flächen weniger, auf Holzböden 2 bis 3 Milliliter EM pro Liter Wasser.

• Werkzeuge und rostige Geräte weicht man in weitgehend konzentrierte EM ein.

• Man kann 30 bis 70 EM-Keramikröhrchen in ein bis zwei stabilen, aber durchlässigen Stoffbeuteln in der Waschmaschine mitwaschen. Flüssige EM setzt man nur bei Wäsche bis 30 Grad Celsius ein und überprüft ebenso wie beim Einweichen von Textilien in EM zur Fleckenentfernung, ob der Stoff womöglich die Farbe der EM annimmt.

• 30 bis 40 EM-Keramikröhrchen können in einem stabilen Netz in die Spülmaschine gegeben werden.

• Angebrannte Kochtöpfe lassen sich mit EM pur einweichen. Einige Tage stehen lassen und gegebenenfalls erneuern, bis sich alle Beläge ablösen lassen.

• Zur Teppichreinigung je nach Teppichqualität und Robustheit Teppich erst mit Wasser waschen, EM einbürsten und mindestens drei Stunden einwirken lassen. Läufer können dabei in Plastikfolie eingewickelt, Auslegeware flächendeckend mit Folie belegt werden. Die Raumtemperatur sollte mikrobenfreundlich sein. Anschließend mit Wasser auswaschen, trocknen, nochmals absaugen und zuletzt dünn mit EM einnebeln. Laufspuren auf Hausteppichboden können mit verdünnten EM eingesprüht werden, die über Nacht dort arbeiten. Nach der Trocknung am nächsten Tag absaugen.

• Bei allen gewerblichen Anwendungen von EM sind die jeweils geltenden Hygienevorschriften zu beachten.

Gerüche neutralisieren

Effektive Mikroorganismen können je nach Anwendungsart und Ziel verdünnt oder konzentriert versprüht werden. Auf organischem Material wie in der Biotonne verwendet man EM eher pur, auf Müllhalden ebenso. Im Umfeld kranker Menschen, Pflanzen und Tiere kann man beispielsweise mit einer Blumensprühflasche gefüllt mit 15 Milliliter EM auf 1 Liter Wasser so sprühen, dass die feinen Tröpfchen von oben nach unten durch die Luft rieseln. Bei hellen Wänden, Tüchern oder empfindlichen Materialien sollte man auf mindestens 3 Milliliter EM pro Liter Wasser verdünnen. In Tierställen vernebelt man 3 Liter EM auf 7 Liter Wasser.

Nach Wasserschäden und in nassen, muffigen Wänden werden EM bereits ausgesprüht, bevor eine Trockenlegung erfolgt, damit sie zur Ursache von Gerüchen in die Tiefe des Mauerwerks vordringen können.

In unbenutzte Abflüsse und Siphons werden im Haus 50 bis 80 Milliliter EM gegeben. Gründlich einwirken lassen.

Nach großen Überschwemmungen können gering verdünnte EM mit Wasserspritzen, zum Beispiel der Feuerwehr, über Häuser, Gärten und Straßen versprüht werden.

In Hallen von Kunststoff- oder Pressspanproduktion oder Ähnlichem versprüht man zur Neutralisierung von Ausdünstungen zwei- bis dreimal wöchentlich 150 Milliliter EM je 10 Liter Wasser.

Zur Geruchsneutralisierung mit Effektiven Mikroorganismen in Toilettenanlagen geht man wie folgt vor:

- Räume mit klarem Wasser reinigen, um alte Putzmittel zu entfernen.
- Betriebsübliche Reinigungsmittel weglassen.
- Kacheln, Fliesen, Raumluft und Becken mit 200 Milliliter EM auf 3 bis 5 Liter Wasser einsprühen, gegebenenfalls mit einer Rückenspritze.
- 1 Liter EM in jeden Abfluss geben.
- 48 Stunden wirken lassen.
- Gründlich lüften.
- Alles mit reichlich klarem Wasser spülen und wischen.
- In den üblichen Zeitintervallen mit 100 Milliliter EM pro 10 Liter Wasser putzen.
- Anfangs zweimal wöchentlich, später bei Bedarf 200 Milliliter EM pro 5 Liter Wasser im Raum versprühen.

Schimmelsanierung

Wird eine Wand später ohnehin frisch gestrichen, können die Effektiven Mikroorganismen bei der Schimmelsanierung dort pur angewendet werden. Die Behandlungsdauer richtet sich nach der Intensität des Befalls und kann bis zu Monaten dauern. Schimmelpigmente in Silikonfugen verschwinden durch EM kaum, es gibt auch Silikon, das die Farbe der EM annimmt. Man geht folgendermaßen vor:

- Kältebrücken (bei Wänden) und Feuchtigkeitsquellen beseitigen.
- Vor Bearbeiten der Schimmelflächen 30 Milliliter EM pro Liter Wasser im Raum versprühen.
- Gegebenenfalls befallene Oberflächen entfernen oder Schimmelbelag mit Essigwasser oder Ähnlichem abwaschen (Atemschutz!).
- Betroffene Flächen, auch schon vor Beginn einer Trockenlegung, täglich mit konzentrierten EM fein einnebeln.
- Dabei so wenig Nässe wie möglich aufbringen.
- Regelmäßig heizen und lüften.

Bokashi aus der Küche

Zum Fermentieren von organischen Resten sammelt man diese bequemerweise zunächst unter Einsprühen mit EM ein. Ist eine ausreichende Menge angefallen, schichtet man sie in den dafür vorgesehenen Bokashi-Eimer oder lagert sie zwischen Erde. Dabei zerkleinert man grobe Stücke und Stängel, um zu verhindern, dass sich Lufträume bilden. Jede Schicht wird mit EM besprüht oder mit fertigem Bokashi bestreut und dicht zusammengedrückt. Ein oben aufgelegtes und beschwertes Brett oder eine mit Sand gefüllte Plastiktüte gewähren den Luftabschluss nach oben.

Da auch Plastik von den EM mit der Zeit zersetzt werden kann, nimmt man gleich zwei Tüten übereinander und tauscht die äußere öfters aus. Auf der Oberfläche können sich weißliche Pilzfäden bilden, was normal ist. Der nach unten austretende Sickersaft sollte regelmäßig entleert werden; man kann ihn zum Reinigen in Abflüsse geben oder, sofern er gut riecht, verdünnt im Garten vergießen.

Entsteht ein unangenehmer Geruch im Bokashi-Eimer,

- war zu viel Sauerstoff zugetreten,
- wurde das Material nicht ausreichend zerkleinert,
- wurden zu wenig EM verwendet,
- oder der Sickersaft konnte nicht ablaufen.

Die Reifezeit ist temperaturabhängig und dauert einige Wochen. Fertiges Küchen-Bokashi kann anschließend

- entweder zwischen den Kompost gepackt
- oder in den Garten eingegraben werden, wobei ein räumlicher Abstand zu den Pflanzen eingehalten werden muss,
- oder man füllt ihn zum weiteren Lagern dichtgepackt in einen Plastiksack um, der ebenfalls eine Möglichkeit zum Ablassen des Sickersafts hat.
- Man kann ihn auch, was im Winter praktisch ist, zwischen Erde in ungenutzte Pflanzkübel packen.

EM und Wasser

In *Trinkwasser* gibt man drei bis zehn Keramikröhrchen pro Liter Wasser, in Zisternen 500 Gramm (einen Beutel) Röhrchen auf etwa 10 000 Liter (10 Kubikmeter). Im Wasserkocher kann man zehn bis fünfzehn Röhrchen mitkochen lassen. Wenn sie sich nach gewisser Zeit verfärben, hat der poröse Ton Partikel aus dem Wasser aufgenommen, und man erneuert sie besser. Hat sich Kalk auf ihnen niedergeschlagen, kann man sie durch Einlegen in Obstessig für mindestens zwanzig Stunden auffrischen.

Im *Toilettenspülkasten* kann man circa zehn Röhrchen einlegen oder auf eine Schnur geknotet einhängen. Man kann eine Schnur mit aufgeknüpften EM-Keramikröhrchen auf 15 bis 20 Zentimeter um die Hauswasserleitung wickeln oder eine Manschette von 15 bis 20 Zentimeter Länge mit EM-Keramikpulver füllen und um das Rohr herum anlegen. Je länger sich die Strecke um die Wasserleitung windet, desto mehr wirkt die Keramik. Wird in die Hauswasserleitung ein Zwischenstück eingebaut, das mit Keramikröhrchen gefüllt wird, müssen diese so dicht gepackt sein, dass der Wasserdurchfluss sie nicht rüttelt und bricht. Ihr Widerstand verändert beim Durchfluss auch den Wasserdruck.

In Springbrunnen und Wasserspielen postiert man die EM-Keramikröhrchen möglichst direkt vor oder hinter Pumpe oder Filter, damit viel Durchflusskontakt entsteht.

In *Süßwasseraquarien* kann man ein bis zehn Keramikröhrchen je Liter Wasser geben, entweder lose auf dem Boden verteilt oder auf eine Angelschnur aufgeknüpft, damit sie sich beim Reinigen leichter handhaben lassen. Flüssige EM richtet man je nach Pflanzen- und Fischbesatz aus, zum Beispiel 1 Milliliter je Liter. Bei jedem Wasserwechsel werden auch die Röhrchen erneuert.

Ein Beutel EM-Keramik wiegt 500 Gramm.

Zum *Badewasser* gibt man 750 Milliliter EM in die gefüllte Wanne üblicher Größe, dazu je nach Wasserqualität einen passenden EM-Keramikring.

Für den *Gartenpool* verwendet man circa ¼ Beutel EM-Keramikröhrchen (etwa 120 Stück) pro Quadratmeter Filterfläche oder integriert mehrere große EM-Keramikringe in die Filteranlage. Bei einem Eintrag von organischem Material wie Sonnencreme kann man sie mit flüssigen EM im Becken ergänzen. Empfohlen werden je nach Belastung und Temperatur 50 Milliliter EM pro 10 Kubikmeter Wasser. Mit EM versorgtes Wasser kann erfahrungsgemäß über den Winter im Pool belassen und im nächsten Jahr weitergenutzt werden.

In einem *großen Schwimmbecken* beziehungsweise öffentlichen *Schwimmbad* können EM-Keramikröhrchen aufgeknüpft eingehängt werden und werden beispielsweise als Netzin den Schwallwasserraum installiert. Das Aussprühen der gesamten Becken und Anlage nach Ende der Badesaison mit 300 Milliliter EM je Liter Wasser erleichtert das Reinigen im Frühjahr. Während des Badebetriebs können Umkleideräume und Sanitäranlagen mit EM gereinigt werden (siehe zur Toilettenreinigung auch den Abschnitt »Gerüche neutralisieren«, Seite 271).

Teichsanierung mit EM

Will man einen Teich sanieren, ist zunächst eine Bestandsaufnahme durchzuführen: den pH-Wert messen, die Schlammkonsistenz bestimmen und den Bestand an Pflanzen und Tieren überprüfen. Denn jeder Teich ist ein einzigartiger Organismus, der einer jeweils angemessenen Behandlung bedarf. Ob eine einmalige Gabe von EM genügt oder ob öfter und regelmäßig EM zugegeben werden müssen, hängt von den Umständen ab. Hierzu ist die Beratung durch einen fachkundigen EM-Anwender zu empfehlen.

In stark frequentierten Schwimmteichen und Naturschwimmbädern ist während der Saison eine häufige Gabe ratsam, bei hohen Temperaturen im Sommer mancherorts bis zu dreimal wöchentlich. Für die Teichsanierung empfiehlt sich gegebenenfalls das Vermehren von EMa mit einer um 10 Prozent niedrigeren Melassemenge, um zu verhindern, dass überschüssige Nährstoffe ins Wasser gelangen. Der gleichzeitige Einsatz von Ozongeräten oder UV-Lampen kann die Wirkung von EM teilweise aufheben, da sie stark oxidierend wirken.

Das äußere Gleichgewicht wird wiederhergestellt, indem zunächst der pH-Wert auf unter 7,2 gesenkt, Pflanzenbewuchs auf einen angemessenen Teil der Wasserfläche reduziert und Algen abgefischt werden. Bei Fischteichen, zum Beispiel mit Kois, musste in vielen Fällen die Futtermenge dem tatsächlichen Bedarf der Fische angepasst werden, da nichtverzehrtes Futter eutrophierend wirkt. Zum Senken des pH-Werts wird entweder das Wasser ausgetauscht oder durch frisches Regenwasser ersetzt. Leitungswasser ist meist alkalisch eingestellt und dafür ungeeignet. Oder man mischt Gesteinsmehl mit EM-Keramikpulver und bringt circa 250 Gramm zu 50 Gramm pro Kubikmeter Wasser ein. Man kann auch vorübergehend ein Bündel Stroh pro Kubikmeter Wasser einhängen.

Das Ufer eines durch Fäkalien verseuchten Sees bei Port-au-Prince, Haiti, wird mir EM besprüht.

Sobald der pH-Wert unter 7,2 beträgt und die Wassertemperatur über 8 Grad Celsius liegt, kann man EM einsetzen, und zwar 3 bis 8 Liter EM je 10 Kubikmeter Wasser, indem man sie entweder einem Zufluss langsam beigibt oder mit reichlich Teichwasser vermengt untermischt. Flachwasserbereiche und Pflanzen können mittels einer Gießkanne mit Brausekopf begossen oder mit einer Rückenspritze besprüht werden, und auf größere Teiche fährt man mit einem Floß oder Boot, um eine gleichmäßige Verteilung sicherzustellen.

Schlammreduktion durch EM-Einsatz in einem städtischen Parkteich: oben Uferbereich im August 2008, unten dieselbe Stelle im August 2009

EM sollten nicht während Sonneneinstrahlung und nicht pur auf Fische und Pflanzen verteilt werden. Gleichzeitig kann man Zuflüsse und fließende Wasserpartien mit EM-Keramik bestücken.

Um EM in Sedimente einzuführen, verwendet man entweder Dangos aus EM, Gesteinsmehl und EM-Keramikpulver, impft große Mengen EM mittels einer Röhre in den Schlamm ein oder versenkt poröse Steine in der Tiefe des Gewässers, die zuvor für einige Stunden in EM pur gebadet wurden und, an eine Schnur gebunden, nach etwa zwei Wochen herausgeholt und erneuert werden können. Auf 10 Quadratmeter Grundfläche kommt je ein Stein. Pro Zentimeter Schlammdicke gibt man in Gartenteiche pro Quadratmeter Grundfläche 1 bis 2 Gramm EM-Keramikpulver, das bei Dangos in der dreifachen Menge Gesteinsmehl, wenig Bokashi und reichlich EM verarbeitet wird.

Wann und wie der Teich auf eine EM-Zufuhr reagiert, ist sehr verschieden, und eine Wirkung kann auch mit zeitlicher Verzögerung erfolgen. Bei dauerhafter Belastung eines Gewässers ist die regelmäßige Gabe von EM empfehlenswert. Je weitgehender die Eutrophierung fortgeschritten war, desto länger kann die Umstellung in einen stabilen gesunden Zustand dauern.

Abwasser

Bei Kleinkläranlagen gibt man pro Kubikmeter Inhalt 2 bis 4 Liter EM in gefüllte Gruben und führt fortlaufend 1 Liter EM pro Kubikmeter Abwasser in die Toiletten zu. Zusätzlich kann man EM-Keramikpulver in die Grube einstreuen, gegebenenfalls auch feines Bokashi.

Für eine Erstanwendung nach entleerter Grube gibt man 3 bis 8 Liter EM auf 25 Liter Wasser in die erste Kammer. Die Wände können mit 1 Liter EM pro 10 Liter Wasser ausgespült werden, dabei muss aber eine frisch entleerte Grube wegen Erstickungs- und Explosionsgefahr aufgrund der in ihr enthaltenen Faulgase gut belüftet werden.

Für die Abwasserklärung gibt es ein EM-Spezialpräparat, das um Mikroorganismenstämme angereichert wurde, die verstärkt Kohlenwasserstoffe aus Fetten und Ölen sowie Zellulose aus Toilettenpapier aufspalten.

Großkläranlagen bedürfen immer einer auf die jeweilige Situation abgestimmten Behandlung. Dabei spielen die Zusammensetzung und Menge der Schmutz- und Niederschlagswasser und die technische Art der Anlage ebenso eine Rolle wie das Verständnis der Beteiligten und die rechtlichen Rahmenbedingungen. Dies erfordert eine Beratung durch erfahrene EM-Fachleute.

EM in Baumaterialien

Bei Zufügen von EM oder EM-Keramikpulver in Materialien aller Art ist grundsätzlich zu beachten, dass die Gewährleistung durch Herstellerfirmen dadurch unter Umständen eingeschränkt wird. Es gibt allerdings bereits Firmen, zum Beispiel einen bekannten Schweizer Kalkfarbenhersteller, die diese auch bei privatem Zufügen von EM-Keramikpulver leisten. Im Zweifelsfall empfiehlt sich ein Gespräch mit den Verantwortlichen.

Immer ist bei der EM-Anwendung zu bedenken, dass die Mikroorganismen selbst Lebewesen sind. Bei allen Materialien, die organischen Ursprungs sind, können sie Bestandteile verdauen, so zum Beispiel zellulosebasierte Bindemittel in biologischem Kleister, der dadurch weniger gut klebt, wohingegen ein Zufügen von EM-Keramikpulver dessen Klebeeigenschaften verbessern kann. Bei Baumaterialien wird daher überwiegend EM-Keramik eingesetzt. Helle Wandfarben erhalten durch EM eine braune Nuance, farbige Lacke und ähnlich konzentrierte Medien werden auch durch größere Mengen des EM-Keramikpulvers farblich verändert.

Die Trocknungszeit von plastischen Materialien verkürzt sich durch den Einsatz der EM, sodass man sie stets erst kurz vor der Verwendung zugibt.

Mischt man EM-Keramikpulver in Farben, Lacke oder Grundierungen ein, verquirlt man die gewünschte Menge zunächst grundsätzlich im passenden Lösungsmittel ein, also zum Beispiel in Wasser oder Terpentin, und dieses dann ins gesamte Material. Dadurch vermeidet man, dass sich Pulverblasen oder Flecken bilden, und erreicht eine gleichmäßigere Verteilung.

Werden beim Hausbau sämtliche Materialien mit EM-Keramikpulver versehen, summiert sich deren feinstoffliche Schwingungswirkung. Überschreitet man dabei ein Maß, das den jeweiligen Bewohnern bekömmlich ist, kann dies dazu führen, dass bei ihnen Schlafstörungen in dem Haus auftreten. Daher ist bei der Dosierung viel Feingefühl gefragt.

In Beton werden 0,5 bis 1 Promille EM-Keramikpulver in Bodenplatten von Wohnhäusern und bis 5 Promille bei Nutzbauten, zum Beispiel Gülletanks, zugegeben. Können EM dem Beton nicht beigemischt werden, kann man die Baugrube einige Tage vorher mit EM-Keramikpulver in EM und Wasser eingerührt aussprühen. Auch der Bauaushub kann, wenn er später wieder aufgeschüttet wird, vorher mit EM besprüht werden. Folgende Zumischungen werden empfohlen:

- *Mineral- und Kunststoffputz* Außenwand: 0,5 Promille EM-Keramikpulver.
- *Gips- und Kalkputz* Innenwand: 0,25–0,5 Promille EM-Keramikpulver, außer in Schlafräumen.
- *Lehmputz:* 20 Milliliter bis 1 Liter EM und 10 bis 50 Gramm EM-Keramikpulver pro 30 Kilogramm Fertiglehmputz.
- *Wandfarbe:* 10 Gramm (etwa 1 Esslöffel) EM-Keramikpulver je 10 Liter Farbe.
- *Spachtelmasse:* 10 Gramm EM-Keramikpulver auf 25 Kilogramm Spachtelmasse.
- *Kleber:* 10 Gramm EM-Keramikpulver pro 20 Kilogramm Kleber.

Bei Außenanstrichen, die aufgesprüht werden, ist erfahrungsgemäß der Zusatz von EM-Keramik für die übliche Düsengröße voll passagefähig. Weil die Keramikpartikelchen oft schwerer als die Grundmasse sind, muss für eine häufige Aufmischung gesorgt werden.

Rezepturen

Bokashi für den Boden

Grundsätzlich kann alles organische Material mit EM zu Bokashi fermentiert werden. Immer muss alles zerkleinert sein, unter weitgehendem Luftabschluss mit EM und Melasse vermengt und bei warmen Temperaturen für mehrere Wochen ruhiggestellt werden. Fertiges Bokashi wird kühl gelagert und kann jahrelang aufbewahrt werden.

Da Bokashi sauer ist bei einem pH-Wert zwischen 3 und 4, wird es nie konzentriert an Pflanzen gegeben, sondern mit Erde vermengt (siehe das Kapitel »Erfahrungen mit Bokashi«, Seite 249). Auch Futter-Bokashi kann prinzipiell als Bodendüngung dienen.

Rasenschnitt-Bokashi

Die folgende Rezeptur bezieht sich auf eine exemplarische Menge Rasenschnitt, und in der Realität wird man das Gras, ohne es zu wiegen, nach Gefühl mit EM verarbeiten. Dazu misst man sich einmalig kleine Mengen aus. Je größer die Grasmenge ist, desto weniger EM werden proportional zugefügt, bei 30 Kilogramm genügen dann auch je 300 Milliliter EM und Melasse. Wichtiger ist die anschließende anaerobe und temperierte Lagerung.

5 Kilogramm kurzgeschnittener Rasenschnitt
5 Kilogramm Getreidekleie (erhältlich beispielsweise bei Mühlenbäckern und in landwirtschaftlichen Genossenschaften)
100 Gramm Gesteinsmehl (erhältlich im Gartenbedarf)
20 Gramm EM-Keramikpulver
150 Milliliter Zuckerrohrmelasse
Heißes und kaltes Wasser
150 Milliliter EM
1 Gießkanne mit Brausekopf
1 Messbecher
1 Schaufel zum Mischen
Ebener Untergrund oder Plastikplane als Mischfläche
Verschließbare Eimer oder Gläser, zum Beispiel leere Farbeimer aus dem Malereibedarf

- Man mäht den Rasen, lässt das Schnittgut antrocknen oder breitet es separat zum Trocknen aus. Dann dünn genug auslegen und gelegentlich aufmischen, damit es nicht zu faulen beginnt.

Weizenkleie wird über den getrockneten Rasenschnitt gestreut und untergemischt.

EM-Keramikpulver wird darübergestäubt.

- Wenn er angetrocknet ist, den Rasenschnitt auf einer Arbeitsfläche oder -plane ausbreiten. Kleie darüberstreuen.
- Gesteinsmehl und EM-Keramikpulver darüberstreuen und alles gut miteinander vermengen. Die Mischung sollte sich jetzt trocken anfassen. Klumpt man etwas davon in der Hand zusammen, fällt es beim Öffnen der Hand trocken auseinander.
- Zuckerrohrmelasse in heißem Wasser auflösen. Mit kaltem Wasser auffüllen, bis die Mischung handwarm ist, keinesfalls über 40 Grad Celsius.
- EM hinzufügen und eine Viertelstunde stehen lassen, um die Mikroben mit der Melasse vertraut zu machen. Dann die Trockenmasse nochmals umwenden.
- Ein Drittel der Flüssigkeit über die Trockenmasse gießen. Alles gut mischen und wenden.
- Man gießt dann das zweite Drittel darüber und mischt die Masse nochmals gut.
- Man überprüft den Feuchtigkeitsgehalt. Eine zusammengedrückte Handvoll muss nach dem Öffnen der Hand noch gut auseinanderfallen können. Klumpt die Masse zusammen, darf keine Flüssigkeit mehr zugegeben werden. Tropft Wasser heraus, ist sie zu nass. Dann kann man nochmals Weizenkleie und Rasenschnitt zugeben.
- Die restliche Flüssigkeit zufügen. Gut mischen und Feuchtigkeitsgehalt wie gehabt überprüfen.
- Dann alles in dünne Schichten fest in den Eimer einstampfen, sodass kein Luftraum dazwischen verbleibt, und Deckel so verschließen, dass keine Grasreste eingeklemmt werden, weil dort sonst Luft eintritt und Schimmel wachsen kann.
- Eimer warm stellen, zum Beispiel in einen Heizungskeller. Je nach Raumtemperatur dauert die Reifung nun drei bis sieben Wochen. Riecht das Bokashi fruchtig-milchsauer vergoren, ist es fertig. Seine Strukturen sind sichtbar erhalten.

Rasenschnitt-Bokashi hält sich lange, wenn die Oberfläche nach Entnehmen von Material zum Beispiel mit einer Plastikfolie abgedeckt wird. Es kann in kleinen Mengen Pflanzerde zugefügt, oberflächlich bei Topfblumen und in Beete eingearbeitet oder als Dünger wieder auf dem Rasen ausgestreut werden.

Die Herstellung von Dangos

Für Gewässer, die bereits von einem Übermaß an Nährstoffen belastet werden, darf man nur so wenig Bokashi wie möglich verwenden. Man kann dafür besser Dangos ohne Bokashi formen, die unter Umständen auch nach nur wenigen Tagen Antrockenzeit direkt in den Schlamm geworfen werden.

Die Lehmerde gibt den Dangos Gewicht, sodass sie auch über größere Entfernungen geworfen werden und in dicke Schlammschichten einsinken können.

EM-Keramikpulver zur Informierung der Dangos und des Wassers
Urgesteinsmehl zur Adsorption der EM
Flüssige EM, die am Zielort wirken sollen
Lehmerde als Grundmaterial für die Bällchen
*Für Trockendangos feines Bokashi**

- Man nimmt EM-Keramikpulver trocken mit einer dreifachen Menge Urgesteinsmehl und vermengt es mit flüssigen EM, bis das Ganze formbar ist. In die vier- bis fünffache Menge Lehmerde einkneten. Masse zu handlichen Bällchen formen.
- Werden die EM-Lehmkugeln ausgiebig getrocknet, kann man nach dem Vermengen der Zutaten Bokashi einarbeiten.
- Nach dem Formen der Bällchen bei 16 bis 25 Grad Celsius vollständig lufttrocknen lassen. Dies kann zwei bis drei Wochen dauern, wobei sich ein weißlicher Pilzüberzug bilden kann. Direkte Sonneneinstrahlung und längere Lagerung verringern die Mikrobendichte.
- Gleichmäßig auf dem Gewässergrund verteilen, am besten zeitgleich mit den anderen EM-Maßnahmen.

Rezeptur zum Brotbacken

Beim Ansetzen von Sauerteig müssen nicht alle EM-Anwendungen gleichzeitig durchgeführt werden. Möglich ist Folgendes:

- Mehl mit zehn bis dreißig EM-Keramikröhrchen vermischt lagern und vor Gebrauch aussieben.
- Das Wasser für die Teigbereitung etwa zehn Minuten mit EM-Keramikröhrchen stehen lassen.
- *Anfrischsauer:* je 100 Gramm Roggenmehl mit etwa derselben Menge Wasser und 20 Milliliter frischen EM vermengen, bis ein zähflüssiger Teig entsteht. 1 Tag lang warm und bedeckt stehen lassen.

* Zum Beispiel aus Kleie, um den EM in den Dangos während der Trocknungszeit organisches Material zur Verfügung zu stellen.

- *Grundsauer:* die gleiche Menge Mehl mit Wasser und etwas EM zugeben, verrühren und wiederum ein bis zwei Tage stehen lassen. Wenn der Teig Luftblasen bildet, ist er fertig.
- *Vollsauer:* Salz, Gewürze und etwa die doppelte Menge Mehl des Ansatzes sowie Wasser zugeben, bis ein Teig entsteht, der sich gut von der Schüssel löst.
- Gründlich durchkneten, Laib formen und mehlen.
- Auf Backpapier auf ein Blech oder in eine gut gefettete Form geben.
- 2 bis 3 Stunden mit feuchtem Tuch bedeckt in der Wärme aufgehen lassen.
- Oberfläche mit Wasser bestreichen, damit sich beim Backen nicht sofort eine Kruste bildet, sondern der Teig in der Hitze erst noch aufgehen kann.
- Im vorgewärmten Ofen bei 180 bis 200 Grad etwa 1 Stunde backen.

EM-Pflanzengärsaft (FPE)

Ausgewählte Pflanzen
Wasser, auch heißes
EM
Zuckerrohrmelasse
1 verschließbares Vermehrungsgefäß
Messbecher
Thermometer
Wärmequelle
pH-Wert-Messstreifen

Zerkleinerte Pflanzenteile werden zu der gleichen Volumenmenge Wasser unter Zugabe von je 3 Prozent EM und Melasse angesetzt. Das Gefäß muss verschließbar und mit einer Möglichkeit versehen sein, Gase abzulassen. Die Vorgehensweise ist ähnlich wie bei der Vermehrung zu EMa:

- Melasse separat in heißem Wasser auflösen.
- Kaltes Wasser zufügen, bis die Mischung lauwarm, unter 40 Grad Celsius ist.
- EM zufügen und eine Viertelstunde lang stehen lassen.
- Frisch zerkleinerte Pflanzen in das Fermentierungsgefäß geben und mit der EM-Melasse-Lösung übergießen, sodass keine Lufträume zwischen den Pflanzen verbleiben.
- Behutsam mischen.
- Gefäß vollständig füllen oder Masse luftdicht abdecken.
- Gefäß bei etwa 30 bis 35 Grad Celsius warm stellen. Sobald die Gärung beginnt und Gasbläschen entstehen, Masse gelegentlich kurz umrühren.
- Steigen keine Gasbläschen mehr auf, was nach ein bis zwei Wochen der Fall sein wird, ist die Fermentation abgeschlossen.
- Den pH-Wert messen; er sollte unter 3,7 liegen.
- Gärsaft durch ein Sieb, Tuch oder feine Gaze abseihen. Er sollte süß-säuerlich und nach Pflanzen riechen.

- Zwischen 3 und 10 Milliliter pro Liter Wasser verdünnt am gewünschten Ort anwenden. Die Verdünnung hängt von Pflanzenart und Verwendungszweck ab.
- Gärsaft kühl, dunkel und bei gleichbleibender Temperatur lagern. Er bleibt erfahrungsgemäß viele Wochen verwendbar.
- Trester dem Kompost zuführen oder mit Erde vermengt an passenden nahrungsbedürftigen Stellen im Garten ausbringen.

Wahlweise kann man Gärsaft ansetzen, indem man die zerkleinerten Pflanzen in einen Jutesack eingebunden in der EM-Melasse-Lösung hängend fermentieren lässt.

Dank

Von Herzen danke ich allen, die zu diesem Buch beigetragen haben, im Besonderen Landwirtschaftsmeister Adolf Daenecke, dessen umfangreiche Kenntnisse und tiefe Liebe zur Natur für viele Menschen wegweisend geworden ist. Unsere vertrauensvolle Zusammenarbeit mit EM führte zu der Kraft, aus der sich auch dieses Buch speist.

Besonders danke ich auch allen, die Bildmaterial zur Verfügung gestellt und sich dadurch zum Teil mit unglaublicher Großherzigkeit an diesem Werk beteiligt haben, und Urs Hunziker vom AT Verlag für sein großes Verständnis für die besondere Situation dieses Buches.

Danke für die fachlichen Gespräche und das gemeinsame Nachdenken, für die vielen freundlichen und hilfreichen Auskünfte in Bibliotheken, Archiven, Ämtern, Universitäten und Instituten. Für das Malen der Illustrationen und für das Fotografieren. Für das Abtippen des handschriftlichen Manuskripts und die kritische Lektüre der Texte, für die Hilfe bei der Technik, für den Mittagstisch, für die Unterstützung in Haus und Garten. Danke allen, die mich in diesen Jahren des Schreibens begleitet und gestärkt haben. Ich danke allen Menschen, die uns in Vorträgen und Seminaren mit Fragen zu EM angeregt, und denen, die mir ihre persönlichen Erlebnisse mit EM anvertraut haben.

Namentlich gilt der Dank: Adolf Daenecke, Eleonore Marenz, Dr. Hildegard Theobald, Susanne Michels, Elke Meyer, Lisa Zimmermanns, Diane Starke, Alexandra Kaumanns, Magdalena und Werner Michels, Karola und Günter Hötzel, Dr. Ingo Dobner, Dr. Falko Feldmann, Dr. Detlef Kramer, Friedrich Haun, Prof. Dr. Joachim Reitner, Paula Iten, Wolfgang Höhn, Josef Schlaghecken, Dr. Klaus Ockenfeld, PD Dr. Birgit Sattler, Oliver Meckes, Nicole Ottawa, Angela Krumpen, Beate Hammerich, Werner und Rebecca Zumbühl, Oscar Erni, Dipl.-Geogr. Jochen Dinstuhl, Peter und Christel Eppelt, Dagmar Heinze, Dr. Götz Deml, Dr. Michael Thalken, Marie-Therese Esser, Oriana Stock, Dr. Gerd Lüling, Dr. Haide Mies, Ingo Braunewell, Gerda Hoffmann, Dr. Dieter Berger, Dr. Elisabeth Brenig, Ursula Richard, Marie-Charlotte v. Lehsten, Anne-Marie Kasper, Ingrid Knauf, PD Dr. Jürgen Schulze, Dr. Michael de Vrese, Daniela Hacke, Karin Zschocke, Irene Lange, Horst Neumann, Gabi Schmückle, Jutta Buchin, Angelika Barion, Susan Putnam-Vüllers, Dr. Martina Mund, Ralf Lay, Adrian Pabst und Urs Hunziker.

Literatur zum Weiterlesen

Bauer, J.: *Prinzip Menschlichkeit,* Hoffmann und Campe, Hamburg 2006

Blech, J.: *Leben auf dem Menschen. Die Geschichte unserer Besiedler,* Rowohlt, Hamburg 2000

Bischof, M.: *Tachyonen, Orgonenergie, Skalarwellen,* AT Verlag, Aarau 2002

Fortey, R.: *Leben. Eine Biographie. Die ersten vier Milliarden Jahre,* dtv, München 2003

Großgebauer, K.: *Eine kurze Geschichte der Mikroben,* Verlag für Angewandte Wissenschaften, München 1997

Grüntzig, J. W., und Mehlhorn, H.: *Expeditionen ins Reich der Seuchen,* Elsevier, München 2005

Jenny, H.: *Kymatik. Wellenphänomene und Schwingungen.* AT Verlag, Baden 2009

Koenemann, E. W.: *Am anderen Ende des Mikroskops,* Spektrum, Heidelberg 2003

Lauterwasser, A.: *Wasser Klang Bilder. Die schöpferische Musik des Weltalls,* AT Verlag, Aarau 2004

Leven, K. H.: *Geschichte der Medizin von der Antike bis zur Gegenwart,* C. H. Beck, München 2008

Löwenstein, F.: *Food Crash. Wir werden uns ökologisch ernähren oder gar nicht mehr,* Pattloch, o. O. 2011

Margulis, L., und Sagan, D.: *Leben. Vom Ursprung zur Vielheit,* Spektrum, Heidelberg 1999

Meckes, O., und Ottawa, N.: *Die fantastische Welt des Unsichtbaren. Entdeckungen im Mikrokosmos,* GEO bei Gruner+Jahr, Hamburg 2002

Rolle, M., und Mayr, A.: *Medizinische Mikrobiologie. Infektions- und Seuchenlehre,* Enke, Stuttgart 2007

Rosenberg, M. B.: *Konflikte lösen durch Gewaltfreie Kommunikation. Ein Gespräch mit Gabriele Seils,* Herder, Freiburg 2004

Sahtouris, E.: *Gaia. Vergangenheit und Zukunft unserer Erde,* Insel, Frankfurt 1993

Rusch, H. P.: *Naturwissenschaft von morgen,* Hartmann, Zürich 1955

Schwenk, Th.: *Das sensible Chaos,* Freies Geistesleben, Stuttgart 1988

Schrödinger, E.: *Was ist Leben?,* Piper, München 1987

Weber, A.: *Alles fühlt. Mensch, Natur und die Revolution der Lebenswissenschaften,* Berlin Verlag, Berlin 2008

Wilkens, A., et al.: *Wasser bewegt,* Haupt, Bern 2009

Zschocke, A. K.: *Die erstaunlichen Kräfte der Effektiven Mikroorganismen EM,* MensSana bei Knaur, München 2011

Anmerkungen

1 Zum Beispiel Al-Khalili, J.: *Quantum. Moderne Physik zum Staunen*, Elsevier, München 2005.
2 *Faust 1*, »Studierzimmer«, Schülerszene, Zeilen 1936 bis 1939.
3 Kooreman, Peter, und Baars, Erik W.: »Patients whose GP knows complementary medicine tend to have lower costs and live longer«, *The European Journal of Health Economics*, http://members.ziggo.nl/peterkooreman/gpcs.pdf, 22. Juni 2011.
4 »Gink(g)o biloba«, geschrieben im September 1815, 1819 in der Sammlung *West-östlicher Diwan* veröffentlicht.
5 Ravens-Sieberer, U., et al.: *Psychische Gesundheit von Kindern und Jugendlichen in Deutschland. Ergebnisse aus der BELLA-Studie im Kinder- und Jugendgesundheitssurvey (KiGGS)*, Springer Medizin Verlag 2007, www.kiggs.de/experten/downloads/Basispublikation/Ravens-Sieberer_psychische_Ges.pdf.
6 Schleifer, K.-H.: *Bedeutung der Mikroorganismen für die Umwelt. Rundgespräch der Bayerischen Akademie der Wissenschaften*, Pfeil, München 2002, S. 15. Mündlich als immer noch aktuell bestätigt von K.-H. Schleifer im August 2011.
7 Finucane, M., et al.: »National, regional, and global trends in body-mass index since 1980: systematic analysis of health examination surveys and epidemiological studies with 960 country-years and 9.1 million participants, *Lancet*, 377/2011, S. 557–567, doi:10.1016/S0140-6736(10)62037-5 (7. Dezember 2011).
8 Wilkinson, R., und Pickett, K.: *The Spirit Level. Why Equality is Better for Everyone*, Penguin, London 2010.
9 Malhotra-Kumar, S., et al.: »Effect of azithromycin and clarithromycin therapy on pharyngeal carriage of macrolide-resistant streptococci in healthy volunteers: a randomised, double-blind, placebo-controlled study«, *Lancet*, 369/2007, S. 482.
10 Langzeitstudie der DAK, zitiert nach Angela Stoll: »Nur noch ein Nervenbündel«, *Kölner Stadt-Anzeiger*, 20. September 2010.
11 *Gesundheitsreport 2011*, Veröffentlichungen zum Betrieblichen Gesundheitsmanagement der Techniker Krankenkasse, Bd. 26, S. 59, www.tk.de/centaurus/servlet/contentblob/281898/Datei/61603/Gesundheitsreport-2011.pdf
12 Beckmann, G., und Rüffer, A.: *Mikroökologie des Darmes*, Schlütersche, Hannover 2000.
13 Siegmund-Schultze, N.: »Krankenhausinfektionen: Rasanter Wandel der Erreger«, *Deutsches Ärzteblatt* 107 (33), 2010.
14 http://sari.ipse-freiburg.de/auswertung/pages/eco3.php, Erfassungszeitraum Januar 2001 bis Dezember 2010 (8. Dezember 2011).
15 Zitiert nach Angela Krumpen, Moderatorin, Domforum Köln, 20. Mai 2010.
16 Steiner, R.: Neunter Vortrag, Berlin, 16. November 1908, *Geisteswissenschaftliche Menschenkunde*, Rudolf Steiner-Verlag, Dornach 1988.
17 Madigan, M. T.: *Brock Mikrobiologie*, Spektrum, Heidelberg 2001, S. 1101.
18 Allan, M.: *Darwins Leben für die Pflanzen*, Econ, Düsseldorf und Wien 1980, S. 266.
19 Dante Alighieri: *Die Göttliche Komödie*, Gesang 33, Vers 82.
20 Zum Beispiel Bosse, D.: *Die gemeinsame Evolution von Erde und Mensch*, Freies Geistesleben, Stuttgart 2002.
21 Margulis, L., und Sagan, D.: *Leben. Vom Ursprung zur Vielfalt*, Spektrum, Heidelberg 1999.
22 Vgl. zum Beispiel den Beitrag »Entdeckung in der Tiefsee. An den Schloten der Hölle« von Kurt F. de Swaaf, Spiegel Online, 4. Januar 2012, www.spiegel.de/wissenschaft/natur/0,1518,807098,00.html#ref=rss (5. Januar 2012).
23 Nessenius, E.: *Der Planetenembryo. Neu entdeckte Zusammenhänge zwischen der Evolution und der Entstehung des Planeten Erde*, Books on Demand, Norderstedt 2009.
24 Altermann, W., und Schopf, J. W. »Microfossils from the Neoarchean Campbell Group, Griqualand West Sequence of the Transvaal Supergroup, and their paleoenvironmental and evolutionary implications«, *Precambrian Research*, 75, 1995, S. 65–90; Schopf, W.: »Microfossils of the Early Archean Apex Chert: New

Evidence of the Antiquity of Life«, *Science*, 260/5108, 30. April 1993, S. 640–646, DOI: 10.1126/science.260.5108.640 (8. Dezember 2011).
25 Wiesmann, E.: *Medizinische Mikrobiologie. Ein kurzgefaßtes Lehrbuch*, Thieme, Stuttgart 1982, S. 61.
26 Madigan: *Brock Mikrobiologie*, a. a. O., S. 104.
27 Cano, R. J., und Borucki, M. K.: »Revival and identification of bacterial spores in 25- to 40-million-year-old Dominican amber«, *Science* 268/5213, 1995, S. 1060–1064 (Biological Sciences, California Polytechnic State University, San Luis Obispo 93407, USA).
28 Postgate, J.: *Mikroben und Menschen*, Spektrum, Heidelberg 1994, S. 38.
29 Santo, E., und Rusch, H. P.: »Das Gesetz von der Erhaltung der lebendigen Substanz«, *Wiener Medizinische Wochenschrift* 37, 1951, S. 706 ff.
30 Rusch, H. P.: *Bodenfruchtbarkeit. Eine Studie biologischen Denkens*, OLV Organischer Landbau Verlag, Kevelaer, 7. Aufl. 2004, S. 54.
31 Ritzka, Dr. M.: »Knöllchenbakterien auf dem Rückzug«, *aid-Infodienst*, 38/07, 19. September 2007, www.aid.de/presse/presseinfo_archiv.php?mode=beitrag&id=3107 (8. Dezember 2011).
32 Madigan: *Brock Mikrobiologie*, a. a. O., S. 719.
33 Lüttge, U., Kluge, M., und Thil, G.: *Botanik. Die umfassende Biologie der Pflanzen*, Wiley-VCH, Weinheim 2010, S. 663.
34 Fröhlich, H. J. (Hg.): *Vitalisierung von Bäumen*, Monumente – Publikationen der Deutschen Stiftung Denkmalschutz, Bonn 2005, S. 49–70.
35 Knöbel, M.: »Mykorrhiza – Versuch einer ganzheitlichen Betrachtung der Wurzel-Pilz-Symbiose«, *Tycho de Brahe-Jahrbuch für Goetheanismus*, Tycho Brahe Verlag, Niefern 1987, S.199–220.
36 Münzenberger, B.: »Künstliche Inokulation mit Mykorrhizapilzen«, Fröhlich: *Vitalisierung von Bäumen*, a. a. O., S. 78.
37 Beckmann, G., und Rüffer, A.: *Mikroökologie des Darmes. Grundlagen, Diagnostik und Therapie*, Schlütersche, Hannover 2000, S. 20.
38 Krois, J., et al.: *Nature Chemical Biology*, 6, 28. Februar 2010, S. 261 ff.
39 Costello, E. K., et al.: »Bacterial Community Variation in Human Body Habitats Across Space and Time«, *Science*, 326/5960, 18. Dezember 2009, S. 1694–1697.
40 Riedl-Seifert, R. J., et al.: »Orale Immunstimulation«, *Zeitschrift für Allgemeinmedizin*, 66, 1990, S. 718.
41 Ege, M. J., et al.: »Exposure to Environmental Microorganisms and Childhood Asthma«, *The New England Journal of Medicine*, 364, 24. Februar 2011, S. 701–709.
42 Kaspar, H.: *Ernährungsmedizin und Diätetik*, Elsevier, München 2004, S. 89.
43 Rusch, V.: *Mikrobiologische Therapie. Grundlagen und Praxis*, Haug, Heidelberg 2001, S. 18 f.
44 Crull, K., et al.: »Biofilm formation by *Salmonella enterica* serovar Typhimurium colonizing sold tumours«, *Cellular Microbiology*, 13/8, 2011, S. 1223–1233.
45 Vallina, S. M., und Simó, R.: »Strong Relationship between DMS and the Solar Radiation Dose over the Global Surface Ocean, *Science*, 315/2007, S. 506.
46 Mertens, M.: »Wissenschaftler beginnen den ›Lauschangriff‹ auf Flüsse«, *Bergsträßer Anzeiger*, Bensheim, 3. Juli 2010, S. 8.
47 http://de.wikipedia.org/wiki/Symbiose.
48 Blaffer Hrdy, S.: *Mütter und andere. Wie die Evolution uns zu sozialen Wesen gemacht hat*, Berlin Verlag, Berlin 2010.
49 Dixon, B.: *Der Pilz, der John F. Kennedy zum Präsidenten machte. Und andere Geschichten aus der Welt der Mikroorganismen*, Spektrum, Heidelberg/Berlin 1995, S.102 ff.
50 Aus Varros Werk *Res Rustica*, zitiert nach Mochmann, H., und Köhler, W.: *Meilensteine der Bakteriologie. Von Entdeckungen und Entdeckern aus den Gründerjahren der Medizinischen Mikrobiologie*, Wötzel, Frankfurt/Main 1997, S. 18.
51 Zitiert nach www.sanpharma.com/sp/de/entdeckungen.html (22. Dezember 2011).
52 Löffler, F.: *Vorlesungen über die geschichtliche Entwicklung der Lehre von den Bakterien*, Vogel, Leipzig 1887, S. V (*Hervorhebung* durch die Autorin).
53 Goethe, J. W. v.: *Maximen und Reflexionen.* Insel, Leipzig 1988, S. 114.
54 Zitiert nach de Kruif, P.: *Mikrobenjäger*, Füssli, Zürich 1927, S. 15.
55 Ebenda, S. 30.
56 Lauterwasser, A.: *Wasser Klang Bilder. Die schöpferische Musik des Weltalls*, AT Verlag, Aarau 2002.
57 Gradmann, C.: *Krankheit im Labor. Robert Koch und die medizinische Bakteriologie*, Wallstein, Göttingen 2005, S. 52.

58 Koch, R.: »Untersuchungen über die Ätiologie der Wundkrankheiten« (1878), in Koch, R.: *Gesammelte Werke*, Bd. 1, hg. v. J. Schwabe, Thieme, Leipzig 1912; zitiert nach Gradmann, *Krankheit im Labor*, a. a. O., S. 97.
59 Goldhahn, R.: *Spital und Arzt von Einst bis Jetzt*, Enke, Stuttgart 1940, S. 116.
60 Löffler, F.: »Zum 25jährigen Gedenktage«, *Deutsche Medizinische Wochenschrift*, 33, 1907, S. 449; zitiert nach Gradmann: *Krankheit im Labor*, a. a. O., S. 105.
61 Koch, R.: »Über bakteriologische Forschung« (1890); in: Steinbrück, P., Thom, A.: *Robert Koch (1843–1910). Ausgewählte Texte*, Barth, Leiptig 1982, S. 109
62 Korb-Döbeln, H.: *Liederbuch für deutsche Ärzte und Naturforscher*, Gebrüder Lüdeking, Hamburg 1892, Nr. 190, S. 471, Nr. 192, S. 477, und Nr. 181, S. 455.
63 Ebenda, Nr. 187, S. 463, und Nr. 192, S. 475.
64 Ebenda, »Der letzte Bazillus«, eine »Reminiszenz aus dem Jahre 2282« (1887), Nr. 193, S. 479.
65 Ebenda, Nr. 188, S. 467.
66 Gradmann: *Krankheit im Labor*, a. a. O., S. 70.
67 Ebenda, S. 157 (151–158).
68 Mochmann, H., und Köhler, W.: *Meilensteine in der Bakteriologie*, Edition Wötzel, Frankfurt/Main 1984, S. 80; Oriel, J. D.: »Eminent venereologistes. 3. Philippe Ricord«, *Genitourinary Medicine*, 65, 1989, S. 388–393.
69 Reverby, S. M.: »›Normal Exposure‹ and Inoculation Syphilis: A PHS ›Tuskegee‹ Doctor in Guatemala, 1946–1948«, *Journal of Policy History*, 23/1, 2011, S. 6–28.
70 De Kruif: *Mikrobenjäger*, a. a. O., S. 328.
71 Blackburn, J. K., et al.: »Evidence of antibiotic resistance in free-swimming, top-level marine predatory fishes«, *Journal of Zoo and Wildlife Medicine*, 41/1, März 2010, S. 7–16.
72 Repschläger, U., et al. (Hg.): *Barmer GEK Gesundheitswesen aktuell 2011*, S. 221.
73 Saeidi, N., et al.: »Engineering microbes to sense and eradicate Pseudomonas aeruginosa, a human pathogen«, *Molecular Systems Biology*, 7/521, 2011, doi:10.1038/msb.2011.55.
74 Bundesinstitut für Arzneimittel, persönliche Mitteilung vom 21. April 2010.
75 Abschlussbericht »Evaluierung des Antibiotikaeinsatzes in der Hähnchenhaltung«, LANUV, Recklinghausen, 14. November 2011, www.umwelt.nrw.de/verbraucherschutz/pdf/antibiotika_masthaehnchen_studie.pdf (22. Dezember 2011).
76 Bayerische Akademie der Wissenschaften: *Bedeutung der Mikroorganismen für die Umwelt*, Pfeil, München 2001, S. 139.
77 Ebenda, S. 142.
78 Passim, zum Beispiel http://de.wikipedia.org/wiki/Claude_Bernard_(Physiologe).
79 Pasteur, L.: *Die Hühnercholera, ihr Erreger, ihr Impfstoff* (1880), übersetzt von G. Sticker, Joh. Ambrosius Barth, Leipzig 1923, S. 22.
80 Siehe Anmerkung 61.
81 Zitiert nach Großgebauer, K.: *Eine kurze Geschichte der Mikroben*, Verlag für Angewandte Wissenschaften, München 1997, S. 386.
82 Venzmer, G.: *Kleinste Feinde der Menschheit*, Kosmos, Stuttgart 1943, S. 28.
83 Rusch, V.: *Bakterien. Freunde oder Feinde?*, Urania, Freiburg 1999, S. 45.
84 Madigan: *Brock Mikrobiologie*, a. a. O., S. 846.
85 Rusch, K., und Rusch, V.: *Mikrobiologische Therapie. Grundlagen und Praxis*, Haug, Heidelberg 2001, S. 27.
86 Lehrstuhl für Mikrobiologie der Universität München, zitiert nach *Der Spiegel*, 34, 2003.
87 Wanderausstellung »MenschMikrobe«, Informationstext der Ausstellung der Deutschen Forschungsgemeinschaft und des Robert-Koch-Instituts im Deutschen Museum München, 22. September 2011 bis 15. Januar 2012, www.menschmikrobe.de.
88 Günther, I.: »Machos, Macht und Militär«, *Kölner Stadt-Anzeiger* vom 24. Januar 2007.
89 Rusch: *Bakterien. Freunde oder Feinde?*, a. a. O., S. 45.
90 Winkler, H. A.: *Der lange Weg nach Westen, Bd. 1: Deutsche Geschichte vom Ende des Alten Reiches bis zum Untergang der Weimarer Republik*, Beck, München 2001, S. 235.
91 »Bakterien gegen Viren«, *Spiegel*, 1, 2010, S. 109; siehe auch Walker, T., et al.: The wMel Wolbachia strain blocks dengue and invades caged Aedes aegypti populations, *Nature*, 476/2011, S. 450–453 (25. August 2011), doi:10.1038/nature10355.
92 Jakob, H. E.: *6000 Jahre Brot*, Rowohlt, Hamburg 1954, S. 50.

93 Ebenda, S. 51.
94 Latte, K.: *Handbuch der Altertumswissenschaft, Abt. V, 4: Römische Religionsgeschichte*, Nr. 40, Beck, München 1960, S. 143.
95 Brand, M. J.: *Handbuch Sauerteig*, Behr's, Hamburg 2006, S. 2.
96 Plinius d. Ä.: *Naturgeschichte* (circa 77 n. Chr.), Buch 18, Nr. 26.
97 2. Mose 12, 8.
98 2. Mose 12, 34.
99 Ternes, W.: *Naturwissenschaftliche Grundlagen der Lebensmittelzubereitung*, Behr's, Hamburg 1995, S. 567.
100 Irenäus von Lyon: *Gegen die Häresien*, 4. Buch, Herder, Freiburg u. a. 1995, Kap. 18, 4.
101 Kluge, F.: *Etymologisches Wörterbuch der deutschen Sprache*, De Gruyter, Berlin, 24. Aufl. 2002, S. 152, 554, 566.
102 Bauer, I.: *Produktion funktioneller Weizenspeicherproteine in transgenen Stämmen der Hefe Saccharomyces cerevisiae*, Dissertation, Technische Universität, Berlin 2006.
103 Ebenda, S. 18.
104 Burgstaller, E.: »Met im österreichischen Brauchtum. Ergebnis einer Rundfrage über die brauchtümliche Verwendung des Mets in Oberösterreich durch das Institut für Landeskunde 1952«, *Österreichische Heimatblätter*, 1/2, Jg. 10, 1956, S. 88.
105 1. Mose 9, 20.
106 »Prickelnde Wirkung von Bakterien«, *Kölner Stadt-Anzeiger* vom 14. Juni 2005, S. 40.
107 Granito, M., et al.: »Effect of natural and controlled fermentation on flatus-producing compounds of beans *(Phaseolus vulgaris)*«, *Journal of the Science of Food and Agriculture*, 83/10, August 2003, S. 1004–1009.
108 Datenbank der www.transgen.de (14. Dezember 2011).
109 Metschnikow, E.: *Beiträge zu einer optimistischen Weltauffassung*, Lehmanns, München 1908, S. 146–155.
110 Rusch, H. P.: *Naturwissenschaft von morgen*, Hartmann, Zürich 1955, S. 98.
111 Nißle, A.: »Über die Grundlagen einer neuen ursächlichen Bekämpfung der pathologischen Darmflora«, *Deutsche medizinische Wochenschrift*, 39, Leipzig 1916, S. 1181–1184.
112 Rusch/Rusch: *Mikrobiologische Therapie*, a. a. O., S. 1.
113 Rusch, V.: *Probiotics and Definitions. A short Overview*, Institut für Integrative Biologie, Herborn o. J., S. 2.
114 Zitiert nach Diller, H. (Hg./Übers.): *Hippokrates. Ausgewählte Schriften*, Reclam Universal-Bibliothek, Stuttgart 1994, S. 8.
115 Hundt-Rinke, K., et al.: *Beurteilung der Gesamtumweltexposition von Silberionen aus Biozid-Produkten*, Forschungsbericht des Bundesumweltamtes Nr. 43, 2008, www.umweltdaten.de/publikationen/fpdf-l/3673.pdf (15. Dezember 2011).
116 Van Limburg Stirum, J.: »Zahntoxine und Gesundheit«, *Dimensions*, 4, 2002, S. 4–10, www.komstar.ch/zm/medien/artikel-deutsch.pdf (15. Dezember 2011).
117 Wireman, J., et al.: »Association of Mercury Resistance with Antibiotic Resistance in the Gram-Negative Fecal Bakteria of Primates«, *Applied and Environmental Microbiology*, 36/11, 1997, S. 4494–4503.
118 Weaver, L., et al.: »Survival of *Clostridium difficile* on copper and steel: futuristic options for hospital hygiene«, *Journal of Hospital Infection*, 68, 2008, S. 145–151.
119 Noyce, J. O., et al.: »Potential use of copper surfaces to reduce survival of epidemic meticillin-resistant *Staphylococcus aureus* in the healthcare environment«, *Journal of Hospital Infection*, 63, 2006, S. 289 ff.
120 Larson, E. L., et al.: »Effect of antibacterial home cleaning and handwashing products on infectious disease symptoms: a randomized, double-blind trial«, *Annals of Internal Medicine*, 140, 2004, S. 321–329.
121 Aiello, A. E., et al.: »Effect on Hand Hygiene on Infectious Disease Risk«, *American Journal of Public Health*, 8/98, 2008, S. 1372–1381.
122 Vgl. Lauterwasser: *Wasser Klang Bilder*, a. a. O.
123 Favre, D.: »Mobile phone-induced honeybee worker piping«, Open Access, Spingerlink.Com, 2010, http://genevalunch.com/files/2011/05/favre.pdf, DOI: 10.1007/s13592-011-0016-x (8. April 2011).
124 Pfeiffer, E.: *Die Fruchtbarkeit der Erde*, Rudolf Geering, Dornach 1977, S. 191.
125 Dähler, F.: *Praktische Anleitung zum organisch-biologischen Landbau*, Bauernschule, Möschberg 1979, S. 9.
126 Mößmer, E.-M.: *Gesunde Böden braucht der Wald*, Stiftung Wald in Not, Bonn 2001, S. 13.
127 Rusch: *Bodenfruchtbarkeit*, a. a. O., S. 207.
128 Kurch, K. P.: »Unermüdlich im Dienst der Bodenpflege«, *Natürlich Gärtnern*, 1, 2006, S. 24.

129 Reikosky, D. C.: »Tillage intensity and CO_2 emission from soils«, *Proceedings of the 14th ISTRO-Conference, Pulawy/Poland 1997*, S. 555–558; nach Moitzi, G.: »Kraftstoffverbrauch beim Zwei-Schichten-Pflug«, Kurzvortrag im Rahmen des ÖKL-Fachgesprächs »Technik im biologischen Landbau«, Universität für Bodenkultur, Wien, 11. Oktober 2007.
130 Paffrath, A.: *Systemvergleich wendende und nicht-wendende Bodenbearbeitung unter Anbaubedingungen des Ökologischen Landbaus*, Landwirtschaftskammer Rheinland, Bonn 2002, S. 169–173.
131 Thun, M.: *Erfahrungen für den Garten*, Kosmos, Stuttgart 1994, S. 43.
132 Higa, T.: *Eine Revolution zur Rettung der Erde*, OLV, Xanten 2000.
133 Higa, T.: *An Earth Saving Revolution*, Sunmark, Tokio 1996, S. 49.
134 Haydel, S. E., Remenih, C. M., und Williams, L. B.: »Broad-spectrum in vitro antibacterial activities of clay minerals against antibiotic-susceptible and antibiotic-resistant bacterial pathogens«, *Journal of Antimicrobial Chemotherapy*, 61, 2008, S. 353–361.
135 Zschocke, Dr. A. K.: *Die erstaunlichen Kräfte der Effektiven Mikroorganismen EM*, MensSana bei Knaur, München 2011, S. 148.
136 Glaser, B.: »Prehistorically modified soils of Central Amazonia: a model for sustainable agriculture in the twenty-first century«, *Philosophical Transactions of the Royal Society B (Biological Sciences)*, 362, 27. Februar 2007, S. 187–196.
137 *Eco Fruit, Proceedings for the 14th International Conference on Organic Fruit-Growing Feb 22nd to Feb 24th, 2010 at the University of Hohenheim, Germany*, S. 281–284.
138 Rack, C.: *Praktische Erfahrungen mit effektiven Mikroorganismen (EM) in Pflanzenbau und Tierhaltung*, Diplomarbeit, Fachhochschule Weihenstephan 2006, S. 24–28.
139 Paschoal, A. D., et al.: »Effect of EM on Soil Quality, Fruit Quality and Yield of Orange Trees in an Brazilian Citrus Orchard«, *Proceedings of the 4th International Conference on Kyusei Nature Farming*, Paris, 19.–21. Juni 1995, S. 105.
140 Zhao, Q.: »Effect of EM on Peanut Production and Soil Fertility in the Red Soil Region of China«, *Proceedings of the 4th International Conference on Kyusei Nature Farming*, a. a. O., S. 99–102.
141 Sieg, V.: *Untersuchungen zum Bodenhilfsstoff EM 1: Produkt, Wirkung auf Bodenorganismen und Einfluss auf die Sorption bakterieller Toxine an Bodensubstrate*, Dissertation, Halle/Saale 2008, S. 89.
142 Heckel, M.: *Einfluss von Siliermitteln auf Silierertolg und Biogasproduktion verschiedener Energiepflanzen*, Diplomarbeit, Leibniz-Institut für Agrartechnik, Potsdam 2005/06, S. 75 f.
143 Ndona, R., et al.: *Einfluss von Behandlungen mit EM-Effektive® Mikroorganismen auf Tomaten im geschützten Anbau*, Universität Wien 2007, www.multikraft.com/de/literatur/studien.html (18. Dezember 2011).
144 Kazaz, S., Erba, S., und Baydar, H.: »Breaking seed dormancy in oil rose *(Rosa damascena Mill.)* by microbial inoculation«, *African Journal of Biotechnology*, 9/39, September 2010, S. 6503–6508.
145 Nach Jochen Dinstuhl, Diplom-Geograf, Oberhausen, www.emgeo.de.
146 Sangakkara, U. R., Nissanka, P., Weerasekera, P., und Higa, T.: »Crop Yields and Soil Organic Matter as Affected by Kyusei Nature Farming an EM Technology«, *Proceedings of Sixth International Conference on Kyusei Nature Farming*, Pretoria, Südafrika, 1999, S. 187–193.
147 Heckel: *Einfluss von Siliermitteln …*, a. a. O., S. 66–69.
148 Krüger, M., Thäns, K., und Schrödl, W.: *Wirkung von probiotischen Mikroorganismen auf den Magen-Darm-Trakt von Menschen und Tieren unter besonderer Berücksichtigung Effektiver Mikroorganismen*, Universität Leipzig 2005, http://shop.mikroveda.com/out/oxbaseshop/html/0/images/wysiwigpro/referenzenpdf/institut_fuer_bakteriologie.pdf (18. Dezember 2011).
149 Rotenbühler, U.: »Spitzenleistung bei Milchkühen und trotzdem möglichst stressfrei – ein Widerspruch?«, Vortrag anlässlich der EM-Konferenz in Olten/Schweiz, Oktober 2004, www.embio.it/catalog_1/download/wissenschaft/vortrag ueli/vortrag ueli.de.pdf (18. Dezember 2011).
150 Li, W. J., Ni, Y. Z., und Umemura, H.: »Effective Microorganisms for Sustainable Animal Production in China«, *Proceedings of Fourth International Conference on Kyusei Nature Farming*, Paris 1995, S. 172.
151 Anjum, A. D., et al.: »Influence of Effective Microorganisms on Health an Immun System of Broilers under Experimental Conditions«, http://emrojapan.com/emdb/content/349.html (18. Dezember 2011).
152 Zaki, M. A., El-Nakieb, F., und Labib, E.: »Sustainable Environmental Development for Fish Aquaculture by Using Effective Microorganisms (EM) as a Probiotic«, http://emrojapan.com/emdb/content/375.html (18. Dezember 2011).
153 Hader, U., Firma Multikraft, Pichl/Wels, Österreich. Persönliche Mitteilung, 25. Oktober 2002.
154 Henrich, I.: *Einsatz von Zusatzstoffen auf der Kläranlage Petershausen mit dem Ziel der Reduktion*

des Überschussschlammes. Darstellung und Vergleiche von Auswirkungen und Einsparpotentialen, der Anwendungsbereiche sowie deren Auswirkungen auf den Kläranlagenbetrieb, Bachelorarbeit, FH München 2011, S. 46.
155 Amon, B., Fröhlich, M., Kryvoruchko, V., und Amon, T.: *Einfluss von »Effektiven Mikroorganismen (EM)« auf Ammoniak, Lachgas- und Methanemissionen und auf das Geruchsemissionspotential aus einem Schrägbodenstall für Mastschweine*, Universität für Bodenkultur, Wien 2004, S. 22–26.
156 Selend, N.: »Erste Schule mit Bakterien geputzt«, *Mittelbayerische Zeitung*, 19. September 2010.
157 Haslinger, D.: *Überprüfung der Reinigungswirkung EM – Effektiver Mikroorganismen*, Diplomarbeit, Wels 2006, S. 26–59.
158 »Kolkata Suburbs Use EM for Environmental Management«, *APNAN News*, 15/2, 2004, S. 8.
159 Harder, R.: *Einfluss von EM Effektiven Mikroorganismen auf das Korrosionsverhalten von Betonstahl*, Bachelorarbeit, ETH Zürich 2006, S. 52 ff.
160 Tanaka, S.: *EM-X*, OLV, Xanten 2001; ders.: *Fit und vital mit Antioxidanzien*, OLV, Xanten 2005.
161 Sato, N., und Higa, T.: »Research on the Antioxident Components of EM-X and the Mechanisms of Action«, *Collection of Research Papers 1st International EM Medical Conference*, Okinawa, Japan, November 2011, S. 27–39.
162 Usmani, K.: »EM-X Therapy in Breast Cancer«, *Journal of Fatima Jinnah Medical College*, I/1, 4, 2000, S. 6–9.

Bildnachweis

Sämtliche Illustrationen von Lisa Zimmermanns, © Dr. Anne Katharina Zschocke:
Seite 33, 46, 58, 60, 66, 68, 79 unten, 81, 89, 99, 102, 104, 184, 188 oben
unter Verwendung von Vorlagen aus: M. T. Madigan: *Brock Mikrobiologie,* Spektrum, Heidelberg 2001 (Seite 46, 66, 184), H. H. Polling und U. Meyer-Ötting: *Grundstufe Agrarwirtschaft,* BLV, München 2000 (Seite 68) sowie G. Beckmann und A. Rüffer: *Mikroökologie des Darmes,* Schlütersche, Hannover 2000 (Seite 81)

Fotos © Dr. Anne Katharina Zschocke: Seite 37, 62, 70 (alle außer Foto unten links), 71, 72 unten, 145, 165, 182, 186, 188 unten, 189, 211, 217, 226 rechts, 232 links, 246, 270
Fotos Alexandra Kaumanns, © Dr. Anne Katharina Zschocke: Seite 48, 67, 79 oben links, 153, 183 links, 187, 192, 205, 209, 210, 215, 232 rechts, 274
Foto Elisabeth Rottländer, © Dr. Anne Katharina Zschocke: Seite 226 links
Foto Silvia Koch, © Dr. Anne Katharina Zschocke: Seite 267 rechts
Foto Horst Neumann, © Dr. Anne Katharina Zschocke: Seite 281

Folgende Abbildungen mit freundlicher Genehmigung der jeweiligen Rechteinhaber (sofern bekannt):
Nicole Ottawa und Oliver Meckes, Eye of Science: Seite 51 oben, 74, 88, 103, 158, 171, 185
Adolf Daenecke: Seite 70 unten links, 73, 183 rechts, 227, 263, 267 links
Dipl. Geogr. Jochen Dinstuhl: Seite 228, 236, 237, 240, 276 Mitte und unten
Dr. Ingo Dobner: Seite 76, 77 oben, 78
Alexander Lauterwasser: Seite 122, 124, 176 links
Koloniales Bildarchiv, Universitätsbibliothek Frankfurt am Main: Seite 127, 128, 131
Paula Iten: Seite 239, 252, 276 oben
Prof. Dr. Joachim Reitner, Geobiologie Göttingen: Seite 49, 50
Dr. Detlef Kramer: Seite 75, 172
Oskar Erni: Seite 247, 248
Jens Hallfeldt: Seite 51 unten, 284
Friedrich Haun: Seite 72 oben
Dr. Falko Feldmann: Seite 77 unten
Josef Schlaghecken: Seite 79 oben rechts
J. Schulze, A. Lorenz, Potsdam-Rehbrücke: Seite 84
H. W. Moon: Seite 92 oben
Carol L. Wells: Seite 92 unten
Wissenschaftliche Stadtbibliothek der Stadt Mainz (Repro): Seite 161
Antikensammlung museumslandschaft hessen kassel Schloß Wilhelmshöhe: Seite 169
Weleda-Kalender 2006: Seite 176 rechts
Irene Lange: Seite 243

Bezugsquellen

Die Effektiven Mikroorganismen sind in Europa mittlerweile weit verbreitet, und man findet sie immer dort, wo Menschen mit ihnen vertraut geworden sind. Der Handel mit ihnen ist so vielfältig wie die Kleinstlebewesen selbst.

Um EM zu erwerben, fragen Sie am besten in der eigenen Umgebung nach, wo es sie zu kaufen gibt: in Bioläden, Gärtnereien oder Gesundheitsinstituten, im Aquarien- und Tierfutterhandel, bei Baubiologen, Obstbauern, Imkern oder Landwirten. Aber auch bei einer Teppichreinigungsfirma, einer Töpferei, im Zahnlabor oder bei einer Schneidermeisterin kann man fündig werden. Eine große Zahl von Einzelpersonen vertreibt kleingewerblich EM, und auch Versandhäuser bieten EM-Produkte an. Darüber hinaus findet der EM-Vertrieb auch über das Internet statt.

Es ist wichtig, beim Einkauf der Effektiven Mikroorganismen darauf zu achten, ob es sich um die Stammlösung handelt, die derzeit als »EM-Urlösung«, »EM-Farming« oder »EM-1« bezeichnet wird, oder um vermehrte »EMa«. Letztere unterscheiden sich, wie im Kapitel »Herstellung, Aufbewahrung und Haltbarkeit«, Seite 204, beschrieben, in Wirkdauer, Haltbarkeit, der Fähigkeit zur Vermehrung und daher auch im Preis.

Ich empfehle Ihnen, EM dort zu kaufen, wo Sie eine angemessene Haltung den Mikroorganismen gegenüber erleben und sich fachkundig beraten fühlen.

Die Autorin

Dr. Anne Katharina Zschocke wuchs in Köln auf und war in ihrer Freizeit von jeher am liebsten in der Natur. Ihre Passion ist die Harmonisierung des Menschen mit dem Universum. Neben dem Studium von Humanmedizin und Naturheilverfahren in Freiburg i. Br. und London beschäftigte sie sich mit Kultur- und Geistesgeschichte. Sie arbeitete als Ärztin und im praktischen Gartenbau. Seit vielen Jahren wirkt sie international als Freie Fachdozentin zu Themen des Paradigmenwechsels. Sie entwickelte 2001 die ersten Seminare zu Effektiven Mikroorganismen (EM) in Europa, ist Autorin des erfolgreichen Buches »Die erstaunlichen Kräfte der Effektiven Mikroorganismen« und war als EM-Fachausbilderin auch in Südamerika und Afrika tätig. Sie ist wissenschaftliche Mitarbeiterin des Naturzentrums Eifel in Nettersheim. Mit ihren revolutionären Gedanken über die Liebe zu den Bakterien als Beitrag zur Heilung der Erde schreibt sie Geschichte.

Termine von Vorträgen und Seminaren finden Sie im Internet unter:
www.EM-Praxis.de.

Ihre eigenen Erfahrungen mit EM können Sie gerne per Post oder per E-Mail an folgende Adressen richten:

Dr. Anne Katharina Zschocke
Postlagernd
D-53946 Nettersheim

oder:
Erfahrung@EM-Praxis.de

Stichwortverzeichnis

Bücher aus dem AT Verlag

Hans Jenny
Kymatik

Alexander Lauterwasser
Wasser Klang Bilder
Die schöpferische Musik des Weltalls

Alexander Lauterwasser
Das Geheimnis der Schildkröte
Eine Entdeckungsreise durch Morphologie, Zoologie und Mythologie eines wundersamen Tieres

John Michell, Allan Brown
So ist die Welt gebaut
Die kosmologische Bedeutung der Heiligen Geometrie

Jeremy Narby
Intelligenz in der Natur
Eine Spurensuche an den Grenzen des Wissens

Marco Bischof
Tachyonen, Orgonenergie, Skalarwellen
Feinstoffliche Felder zwischen Mythos und Wissenschaft

Viktor Schauberger
Das Wesen des Wassers
Originaltexte, herausgegeben und kommentiert von Jörg Schauberger

Alick Bartholomew
Das Verborgene in der Natur
Die wegweisenden Einsichten von Viktor Schauberger

Andreas Schulz
Geräte zur Wasserbelebung
Ein praktischer Führer mit Tests von 40 Geräten

Guntram Stoehr
Vom Wesen der Bäume
Geomantische Landschaftsphänomene und Baumwuchsformen

Marko Pogačnik
Quantensprung der Erde
Mensch und Natur im planetaren Wirbel

Marko Pogačnik
Synchrone Welten
Geomantie des zwölfdimensionalen Lebensraums

Wolf-Dieter Storl
Der Kosmos im Garten
Gartenbau nach biologischen Naturgeheimnissen als Weg zur besseren Ernte

Wolf-Dieter Storl
Naturrituale
Mit schamanischen Ritualen zu den eigenen Wurzeln finden

Wolf-Dieter Storl
Pflanzendevas
Die geistig-seelischen Dimensionen der Pflanzen
Mit praktischen Anleitungen zu Pflanzenmeditationen

Svenja Zuther
Die Sprache der Pflanzenwelt
Begegnung mit der Pflanzenseele – Signaturenlehre – Ganzheitliche Pflanzenheilkunde

Harald Jordan
Orte heilen
Die energetische Beziehung zwischen dem Menschen und seinem Wohnort

Jürg Reinhard
Heilung aus dem Kosmos
Die eigenen schöpferischen und heilenden Kräfte wecken

Jürg Reinhard
Sanfte Heilpraxis mit selbstgemachten Medikamenten

Carol K. Anthony, Hanna Moog
Heile dich selbst im Einklang mit dem Kosmos

Jakob Bösch
Spirituelles Heilen und Schulmedizin
Eine Wissenschaft am Neuanfang

Jakob Bösch
Versöhnen und Heilen
Spiritualität, Wissenschaft und Wirtschaft im Einklang

AT Verlag
Bahnhofstraße 41
CH-5000 Aarau
Telefon +41 (0)58 200 44 00
Fax +41 (0)58 200 44 01
E-Mail: info@at-verlag.ch
Internet: www.at-verlag.ch